材料成型及控制工程系列规划教材
编审委员会

主　任　李春峰

委　员（按姓氏笔画排序）

王文先　王东坡　王成文　王志华　王惜宝　韦红余
石文元　卢百平　田文彤　毕大森　刘　峰　刘雪梅
刘翠荣　齐芳娟　池成忠　许春香　杨立军　李　日
李六涛　李志勇　李全富　李春峰　李海鹏　吴志生
沈洪雷　张金山　张学宾　张柯柯　张彦敏　陈茂爱
陈翠欣　林晓娉　孟庆森　胡绳荪　秦国梁　高　军
郭俊卿　黄卫东　崔永树

材料成型及控制工程系列规划教材
编审委员会

普通高等教育材料成型及控制工程
系列规划教材

材料工程导论

毕大森　主编

化学工业出版社
·北京·

本书为高等学校教学用书，是材料成型及控制工程系列规划教材之一。内容包括：金属的液态成形、塑性成形和焊接成形；非金属材料成型；表面工程技术以及其他成形工艺方法。通过本书的学习可以使读者全面地了解和掌握材料工程的全貌，为以后的专业课程学习和工程实践打下基础。

本书可以作为材料成型及控制工程专业与机械类相关专业的教材和主要参考书，也可供相关行业的工程技术人员自学与参考。

图书在版编目（CIP）数据

材料工程导论/毕大森主编．—北京：化学工业出版社，2010.6（2024.9重印）
（普通高等教育材料成型及控制工程系列规划教材）
ISBN 978-7-122-08122-3

Ⅰ．材…　Ⅱ．毕…　Ⅲ．工程材料-高等学校-教材　Ⅳ．TB3

中国版本图书馆 CIP 数据核字（2010）第 055237 号

责任编辑：李玉晖　　　　文字编辑：冯国庆
责任校对：蒋　宇　　　　装帧设计：周　遥

出版发行：化学工业出版社（北京市东城区青年湖南街 13 号　邮政编码 100011）
印　　装：北京盛通数码印刷有限公司
787mm×1092mm　1/16　印张 14　字数 334 千字　　2024 年 9 月北京第 1 版第10次印刷

购书咨询：010-64518888　　　　售后服务：010-64518899
网　　址：http://www.cip.com.cn
凡购买本书，如有缺损质量问题，本社销售中心负责调换。

定　　价：38.00 元　

序

材料成型及控制工程专业是1998年国家教育部进行专业调整时，在原铸造专业、焊接专业、锻压专业及热处理专业基础上新设立的一个专业，其目的是为了改变原来老专业口径过窄、适应性不强的状况。新专业强调“厚基础、宽专业”，以拓宽专业面，加强学科基础，培养出适合经济快速发展需要的人才。

但是由于各院校原有的专业基础、专业定位、培养目标不同，也导致在人才培养模式上存在较大差异。例如，一些研究型大学担负着精英教育的责任，以培养科学研究型和科学研究与工程技术复合型人才为主，学生毕业以后大部分攻读研究生，继续深造，因此大多是以通识教育为主。而大多数教学研究型和教学型大学担负着大众化教育的责任，以培养工程技术型、应用复合型人才为主，学生毕业以后大部分走向工作岗位，因此大多数是进行通识与专业并重的教育。而且目前我国社会和工厂企业的专业人才培训体系没有完全建立起来；从人才市场来看，许多工厂企业仍按照行业特征来招聘人才。如果学生在校期间的专业课学得过少，而毕业后又不能接受继续教育，就很难承担用人单位的工作。因此许多学校在拓宽了专业面的同时也设置了专业方向。

针对上述情况，教育部高等学校材料成型及控制工程专业教学指导分委员会于2008年制定了《材料成型及控制工程专业分类指导性培养计划》，共分四个大类。其中第三类为按照材料成型及控制工程专业分专业方向的培养计划，按这种人才培养模式培养学生的学校占被调查学校的大多数。其目标是培养掌握材料成形及控制工程领域的基础理论和专业基础知识，具备解决材料成形及控制工程问题的实践能力和一定的科学研究能力，具有创新精神，能在铸造、焊接、模具或塑性成形领域从事设计、制造、技术开发、科学研究和管理等工作，综合素质高的应用型高级工程技术人才。其突出特色是设置专业方向，强化专业基础，具有较鲜明的行业特色。

由化学工业出版社组织编写和出版的这套“材料成型及控制工程系列规划教材”，针对第三类培养方案，按照焊接、铸造、塑性成形、模具四个方向来组织教材内容和编写方向。教材内容与时俱进，在传统知识的基础上，注重新知识、新理论、新技术、新工艺、新成果的补充。根据教学内容、学时、教学大纲的要求，突出重点、难点，力争在教材中体现工程实践思想。体现建设“立体化”精品教材的宗旨，提倡为主干课程配套电子教案、学习指导、习题解答的指导。

希望本套教材的出版能够为培养理论基础和专业知识扎实、工程实践能力和创新能力强、综合素质高的材料成形及加工的专业性人才提供重要的教学支持。

教育部高等学校材料成型及控制工程专业教学指导分委员会主任

李春峰

2010年4月

前　言

本书为高等学校教学用书，是材料成型及控制工程系列规划教材之一。全书共分为7章，第1～3章讲述了金属的液态成形、塑性成形和焊接成形。第4～6章阐述了非金属材料成型、表面工程技术以及其他成形工艺方法。第7章介绍了材料成形工艺的选择。通过本书的学习可以使读者全面地了解和掌握材料工程的全貌，为以后的专业课程学习和工程实践打下基础。本书可以作为材料成型及控制工程专业及机械类相关专业的教材和主要参考书，也可供有关专业的工程技术人员自学与参考。

本书第1章由太原理工大学张金山编写，第2章、第4章、第7章由天津理工大学毕大森编写，第3章由河北工业大学薛海涛编写，第5章、第6章由太原理工大学许春香编写。本书由毕大森担任主编，张金山担任副主编。天津理工大学张建担任主审。

由于条件所限，本书未能将所有参考文献一一列出，在此对所有参考文献的作者表示衷心的感谢。

在本教材的编写过程中全体编者认真探讨专业教学改革，努力将各自学校的特色通过教材体现出来，但由于编者的水平有限，书中难免有欠妥与不尽人意之处，敬请各兄弟院校的同仁及读者批评指正。

编　者

2010年1月

目　录

第1章　金属液态成形

本章导读：金属液态成形是机械制造业的主要组成部分，是先进制造技术的重要内容。机械、汽车、电力、冶金、石化、航空航天、国防、造船及家电等行业都离不开液态成形，其对国民经济的发展起着重要作用。本章主要介绍了金属液态成形工艺的基本理论、成形合金及熔炼和金属液态成形的各种方法。学完本章内容后，学生应熟悉液态成形的基本工艺原理和各种特种液态成形方法，了解成形合金的液态成形性能特点，掌握产生偏析、气孔、非金属夹杂、缩孔、缩松、热裂、应力、变形的原因以及消除和避免这些缺陷的基本方法。

1.1　液态金属成形工艺理论

1.1.1　液态金属成形工艺的概念

液态金属成形或金属浇注成形，又称为铸造，它是指把熔炼好的、符合一定化学成分要求的金属液体浇注到预制的铸型中，使之在重力场或外力场的作用下冷却、凝固而形成铸件（零件）的一种工艺方法。该工艺过程一般包括金属的熔炼、造型、浇注和冷却凝固等过程，所铸出的毛坯或零件称为铸件。对于毛坯铸件，一般需要经过机械加工后才能成为各种机器零件；少数铸件的尺寸精度和表面粗糙度等能达到使用要求，可以作为零件直接应用。

对于液态金属凝固成形的工艺方法有如下几个方面。

① 根据金属液填充进铸型方法的不同可分为：重力铸造（液态金属靠自身重力填充型腔）、低压铸造、挤压铸造、压力铸造（液态金属在一定的压力下填充型腔）等。

② 根据形成铸型材料的不同，可分为一次型（如砂型铸造、陶瓷型铸造、壳型铸造）和永久型（如金属型铸造）。对于砂型铸造，根据型砂黏结剂的不同，有黏土砂、树脂砂、水玻璃砂等。根据造型方法不同有手工造型和机器造型。

③ 此外，对于一些特殊的凝固成形件，还可采用连续铸造（等截面长铸件）、离心铸造（筒形铸件）、实型铸造、熔模铸造等方法。

液态金属成形在国民经济中占有极其重要的地位，铸件在机床、内燃机、重型机器中占70%～90%；在风机、压缩机中占60%～80%；在汽车、拖拉机、农业机械中占30%～60%；总体来说一般占各类机器质量的45%～80%。它广泛应用于机械制造、矿山冶金、能源与运输设备、航天航海、轻工纺织等各个领域。

1.1.2　液态金属成形工艺特点

在材料的热加工成形方法中，液态金属成形具有以下特点。

(1) 适用范围广　能生产形状复杂的毛坯或零件，如内燃机的汽缸体与汽缸盖、机床的箱体与机架、螺旋桨、各种阀体等，铸造壁厚最小可达 0.3mm，工业中常用金属材料的加工一般都可用液态金属成形的方法加工成型。

(2) 尺寸精度高　铸件一般比锻件、焊接件尺寸精确，且能节省材料，提高加工效率。

(3) 成本低廉　液态金属成形易实现机械化、半自动化生产，可利用废旧零件和再生材料，尺寸精度高，加工余量少，加工工时较小，故生产成本低。

(4) 液态金属成形存在的不足　如成形件组织的内部晶粒粗大，常有缩孔、缩松、气孔、砂眼和成分偏析等铸造缺陷，故力学性能不如锻件高；液态金属成形中的一些工艺过程难以精确控制，且工序繁多，有时导致废品率高；铸造生产的工作条件差。

1.1.3　合金的铸造性能

合金的铸造性能一般包括铸造合金的流动性，凝固与收缩特性，以及偏析与裂纹倾向性。合金的铸造性能是衡量铸造合金优劣的标志之一，是保证铸件质量的重要因素。在此主要讨论铸造合金的流动性及铸件内部产生缩孔、疏松和冷热裂纹等缺陷的倾向性。这些性能对于获得高质量铸件是非常重要的。

1.1.3.1　合金的流动性

(1) 定义　合金的流动性是指熔融液态铸造合金本身的流动能力。合金的流动性与合金的化学成分、温度、杂质含量及其物理性质有关，流动性好，易于充满薄而复杂的型腔，可避免出现冷隔、浇不足等缺陷，易于获得形状完整、轮廓清晰的铸件；流动性好，有利于液态合金中气体、夹杂物及时浮出，从而减少气孔和夹渣缺陷的产生；流动性好，有利于填充和弥合铸件在凝固期间产生的缩孔或因收缩受阻产生的裂纹缺陷。

(2) 铸造合金流动性的测试方法与影响因素　在工程上和科学试验中，合金的流动性一般用浇注“流动性试样”的方法来测试，流动性试样一般有螺旋线形、球形、U 形等，其中螺旋线形试样在工程上应用最普遍，如图 1-1 所示，可根据浇注后金属所形成的螺旋线长度确定某种合金流动性的好坏，螺旋线长度越长，流动性就越好，表 1-1 为用螺旋线形方法测得的几种常用合金的流动性。

表 1-1　用螺旋线形方法测得的几种常用合金的流动性

合金种类及化学成分	铸型种类	铸型温度/℃	螺旋线长度/mm
灰铸铁 ω_C①$+\omega_{Si}=6.2\%$ $\omega_C+\omega_{Si}=5.2\%$	砂型	1300	1800 1000
铸钢　$\omega_C=0.45\%$	砂型	1600 1640	100 200
锡青铜($\omega_{Si}=10\%$,$\omega_{Zn}=2\%$)	砂型	1040	420
铝硅合金	金属型	680～720	700～800

① ω 表示质量分数。

影响铸造合金流动性的主要因素有：合金的物理性质、化学成分、结晶特点等。

① 合金的物理性质［比热容（c）、密度（ρ）和热导率（λ）］。若合金的比热容（c）和密度（ρ）较大，热导率（λ）较小，因本身含有较多的热量，而散热较慢，因此，流动性就好；反之，流动性就差。在相同条件下，合金的表面张力越大，流动性越差；反之，则流动性就越好。液态合金的黏度越大，流动性就越差；而黏度越小，流动性就越好。

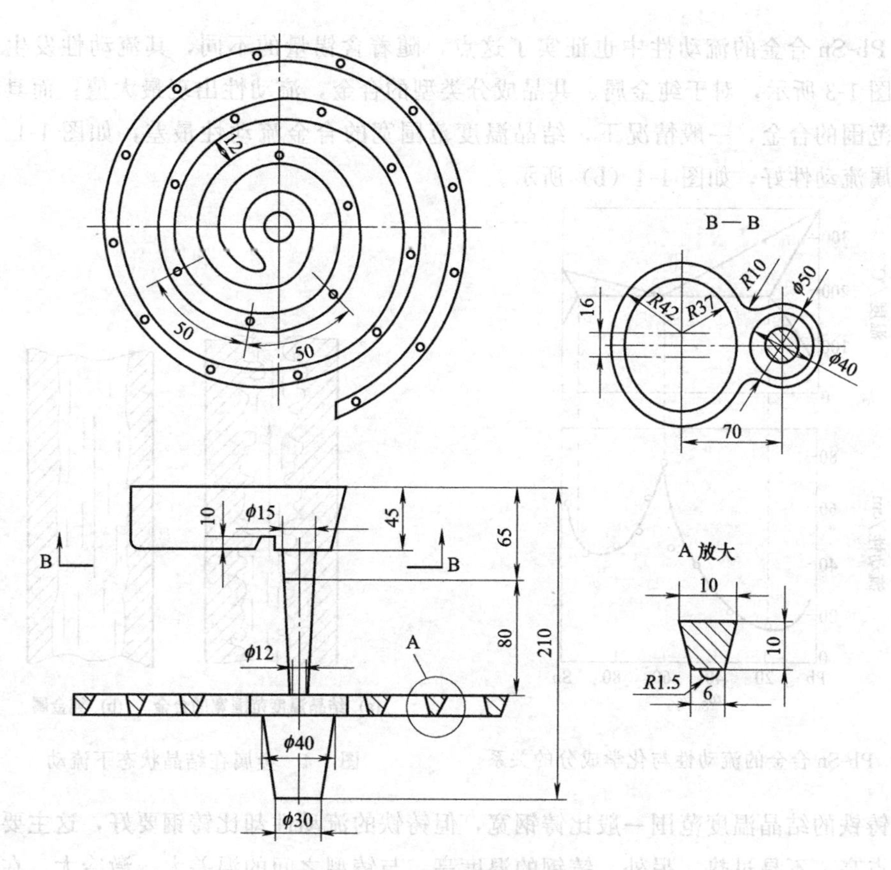

图 1-1　螺旋线形流动性试样

② 合金的化学成分。合金的化学成分不同，它们的熔点及结晶温度范围不同，其流动性也不同，Fe-C 合金的流动性与含碳量的关系如图 1-2 所示，共晶成分的合金流动性最好，凝固时从表面逐层向中心凝固，已凝固的硬壳内表面较光滑，阻碍尚未凝固的合金液体流动的阻力小，流动性好，如灰口铸铁、硅黄铜等，因而成形能力强。

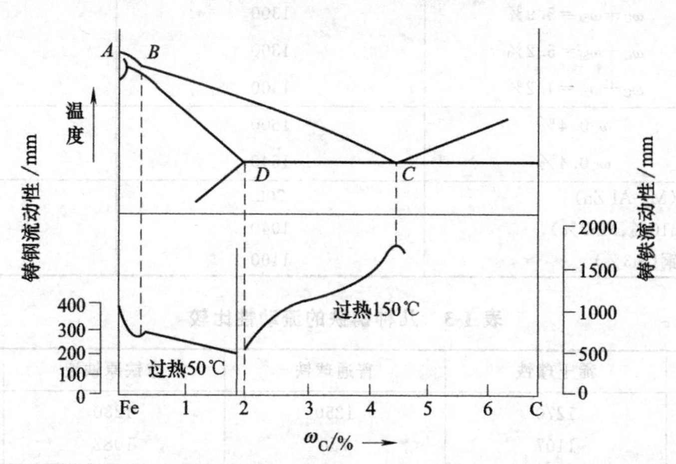

图 1-2　Fe-C 合金流动性与含碳量的关系

随着结晶温度范围的扩大，初生树枝晶已使凝固的硬壳内表面参差不齐而阻碍金属的流动，因此，从流动性考虑，选用共晶成分或结晶温度范围较窄的合金作为铸造合金为宜。人们从研究Pb-Sn合金的流动性中也证实了这点，随着含锡量的不同，其流动性发生规律性变化。如图1-3所示，对于纯金属、共晶成分类型的合金，流动性出现最大值；而具有一定结晶温度范围的合金，一般情况下，结晶温度范围宽的合金流动性最差，如图1-4（a）所示；纯金属流动性好，如图1-4（b）所示。

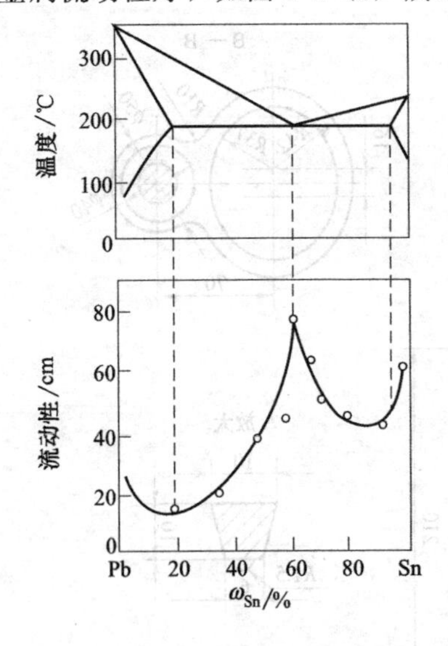

图1-3　Pb-Sn合金的流动性与化学成分的关系

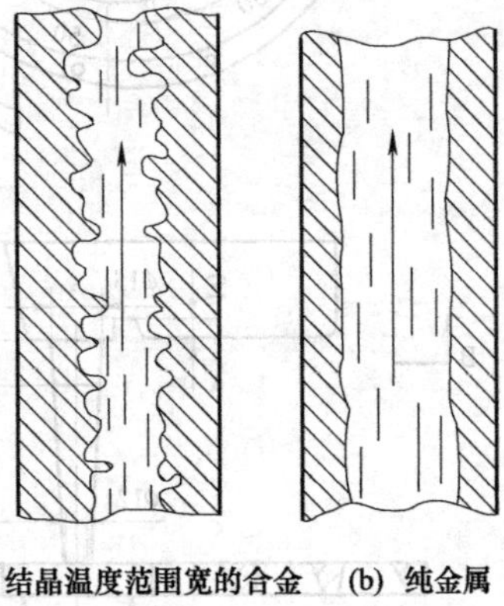

(a) 结晶温度范围宽的合金　(b) 纯金属

图1-4　金属在结晶状态下流动

虽然铸铁的结晶温度范围一般比铸钢宽，但铸铁的流动性却比铸钢要好，这主要是因为铸钢的熔点高，不易过热。另外，铸钢的温度高，与铸型之间的温差大，激冷大，在铸型中散热快，使钢液的流动能力减弱。表1-2和表1-3列举了常用铸造合金的流动性数据。

表1-2　一些合金的流动性（砂型螺旋形试样）

合　金		浇注温度/℃	螺旋形试样长度/mm
铸铁	$\omega_C+\omega_{Si}=6.2\%$	1300	1800
	$\omega_C+\omega_{Si}=5.9\%$	1300	1300
	$\omega_C+\omega_{Si}=5.2\%$	1300	1000
	$\omega_C+\omega_{Si}=4.2\%$	1300	600
铸钢	ω_C0.4%	1600	100
	ω_C0.4%	1640	200
镁合金(Mg-Al-Zn)		700	400～600
锡青铜(Sn10%、Mn2%)		1040	420
硅黄铜(Si3%)		1100	1000

表1-3　几种铸铁的流动性比较

流动性	稀土球铁	普通球铁	球铁原铁液	$\omega_C=3\%$灰铸铁
浇注温度/℃	1270	1250	1280	1295
螺旋线长度/mm	1107	750	1082	380

铸铁中的其他合金元素也影响流动性。如图1-5所示，磷含量增加，铸铁的流动性增大，这主要是由于液相线温度下降，黏度下降，同时由于磷共晶增加，固相线温度也下降。但通常不用增加含磷量的方法提高铸铁的流动性，以防止铸铁变脆，对于艺术品铸件，要求

轮廓清楚，花纹清晰，而又几乎不承受载荷，故可适当增加含磷量，以提高铁液的充型能力。在铸铁中硅的作用和碳相似，含硅量增加，液相线温度下降，故在同样过热温度下，铸铁的流动性随含硅量的增加而提高，如图 1-6 所示。

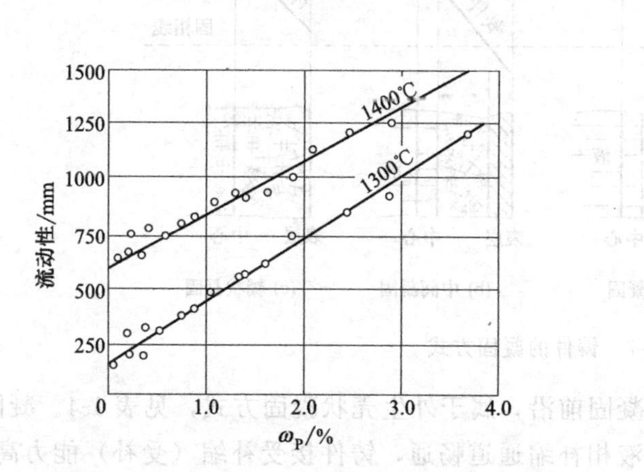

图 1-5　铸铁（$\omega_C=3\%$，即 $\omega_{Si}=2\%$）的流动性与含磷量的关系（浇注温度分别为 1400℃、1300℃）

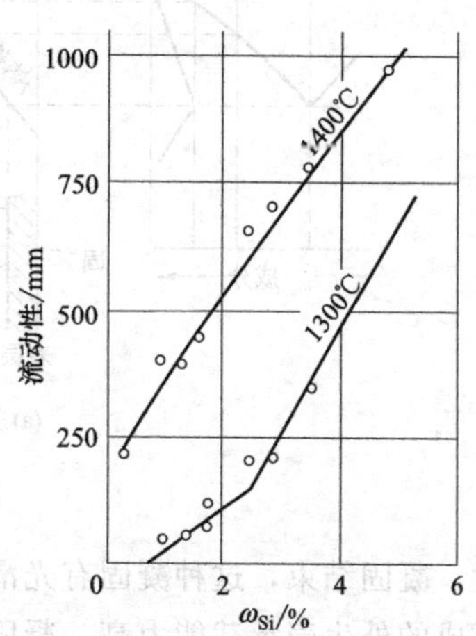

图 1-6　铸铁（$\omega_C=3\%$，$\omega_P=0.05\%$）的流动性与含硅量的关系（浇注温度分别为 1400℃、1300℃）

③ 合金的结晶特点。一般来说，在合金的结晶过程中放出潜热越多，则液态合金保持时间就越久，流动性就越好。对于纯金属和共晶成分的合金，因其结晶放出的潜热多，提高流动性的作用比结晶温度范围较宽的合金大。结晶晶粒的形状对流动性也有影响，比如同在固定温度下结晶的三种 Al-Cu 合金，中间化合物 AlCu（$\omega_{Cu}=54\%$）、Al＋AlCu 共晶（$\omega_{Cu}=33\%$）和纯 Al（$\omega_{Al}=100\%$），由于前两种合金形成球状及规则形状的晶粒，其流动性就比形成树枝状晶粒的纯铝好。

1.1.3.2　铸造合金的凝固与收缩特性

（1）合金的凝固特性　铸造合金在一定温度范围内结晶凝固时，其截面一般存在三个区域，即固相区、液-固共存区和液相区，其中液-固共存区对铸件质量影响最大，通常根据液-固共存区的宽窄将铸件的凝固方式分为逐层凝固方式、中间凝固方式和体积凝固方式。

① 逐层凝固方式。对于纯金属或共晶成分合金在凝固过程中不存在液-固相共存的凝固区，如图 1-7（a）所示，故截面上外层的固体和内层的液体由一条界限清楚地分开。随着温度的下降，固体层不断加厚，液体层不断减少，固体和液体始终保持接触，直到中心层全部凝固，这种凝固方式称为逐层凝固。纯铜、纯铝、灰铸铁、低碳钢等均属于逐层凝固。

② 中间凝固方式。介于逐层凝固和体积凝固之间的凝固方式称为中间凝固，如图 1-7（b）所示。大多数合金均属于中间凝固方式，例如，中碳钢、白口铸铁等。

③ 体积凝固方式。当合金的凝固温度范围很宽，或铸件截面温度分布曲线较为平坦时，其凝固区在某段时间内，液-固共存的凝固区贯穿整个铸件截面，如图 1-7（c）所示。高碳钢、球墨铸铁、锡青铜等合金均为体积凝固。

不同合金的结晶过程不同，导致液态合金具有不同的凝固特性。逐层凝固又可分为内生壳状凝固和外生壳状凝固，如碳素钢金属液凝固时，结晶从铸型壁开始，外生晶粒形成的凝固前沿比较光滑，凝固前沿向铸件中心的液相逐层推进，当相互面向的凝固前沿在铸件中心

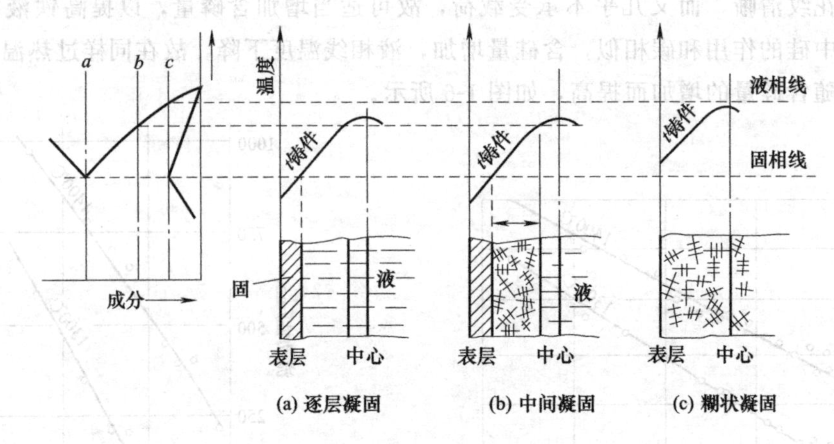

图 1-7　铸件的凝固方式

会合时，凝固结束，这种凝固有光滑的凝固前沿，属于外生壳状凝固方式，见表 1-4。凝固开始形成的外生壳承载能力高，凝固时液相补缩通道畅通，铸件接受补缩（受补）能力高；灰口铸铁液态金属及有色金属液凝固时，按内生生长方式结晶，即晶粒在金属液内部形核、长大。但在铸型壁处的晶粒由于热量能迅速传出，故形核、长大、结晶速度快，形成固体外壳，有粗糙的凝固前沿，属于内生壳状凝固，一般窄凝固温度范围合金中的共晶成分灰铸铁、共晶成分铝基合金均属于内生壳状凝固方式。

表 1-4　三种铸造合金的不同凝固特性

合金种类	碳素钢	灰口铸铁	球墨铸铁
示意图	铸型 固体　液体		
凝固方式	逐层凝固		体积凝固
	外生壳状凝固	内生壳状凝固	

（2）铸造合金的收缩特性　铸造合金的收缩特性是指将具有一定过热度的铸造合金液体浇入铸型，合金从高温液态冷却到固态的某一温度时所发生的体积和尺寸减小的现象。收缩是铸造合金的物理本性，是铸件产生缩孔、缩松、热应力、变形及裂纹等铸造缺陷的基本原因。所以收缩特性也是铸造合金的重要铸造性能之一。

铸造合金由液态到常温的收缩若用体积改变量来表示，称为体收缩。合金在固态时的收缩，若用线尺寸改变量来表示，称为线收缩。铸造合金由液态冷却到常温，一般可分为三个阶段：液态收缩阶段（Ⅰ），凝固收缩阶段（Ⅱ），固态收缩阶段（Ⅲ），如图 1-8 所示。液态收缩和凝固收缩是铸件产生缩孔、缩松缺陷的基本原因，固态收缩因收缩受阻而引起较大的铸造应力，这是产生变形和裂纹缺陷的基本原因，而且还会影响铸件的尺寸精度。

① 液态收缩。合金从浇注温度冷却到开始凝固的液相线温度时所产生的收缩称为液态

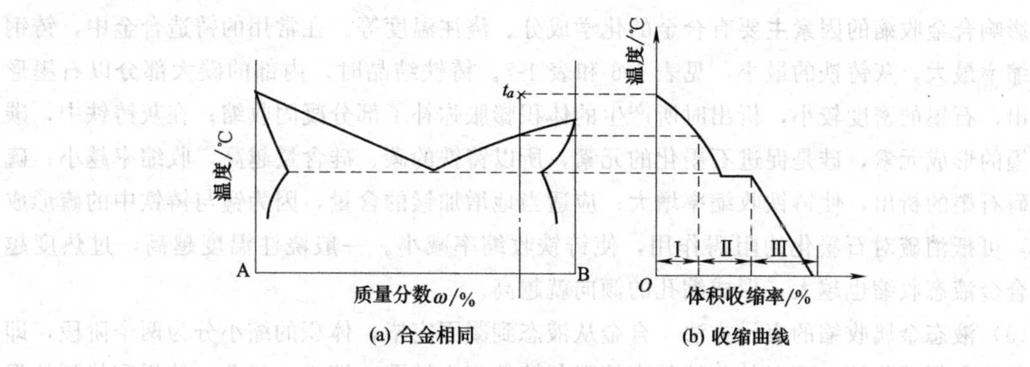

图 1-8　铸造合金收缩的三个阶段

Ⅰ—液态收缩；Ⅱ—凝固收缩；Ⅲ—固态收缩

收缩。其间，合金处于液态，因而，液态收缩会引起型腔内液面下降。

② 凝固收缩。合金从液相线温度（开始凝固的温度）冷却到固相线温度（凝固终止的温度）时的体积收缩称为凝固收缩。各种常见纯金属的凝固体积收缩率见表 1-5，其收缩量的大小与合金的结晶温度范围和状态的改变有关。

表 1-5　各种纯金属的凝固体积收缩率

金属种类	Al	Mg	Cu	Co	Fe	Zn	Ag	Sn	Pb	Sb	Bi
体积收缩率/%	6.24	4.83	4.8	4.8	4.09	4.44	4.35	2.79	2.69	−0.93	−3.1

③ 固态收缩。合金从凝固终止温度冷却到室温之间的体积收缩为固态收缩，通常表现为铸件外形尺寸的减小，对铸件的尺寸精度影响较大，常用线收缩率表示。若合金的线收缩不受铸型等外部条件的阻碍，称为自由线收缩；否则，称为受阻线收缩，常见几种铁碳合金的自由线收缩率见表 1-6，常用铸造合金的铸件线收缩率见表 1-7。

表 1-6　常见几种铁碳合金的自由线收缩率

材料名称	合金化学成分 ω/%						总收缩率/%	浇注温度/℃
	C	Si	Mn	P	S	Mg		
碳钢	0.14	0.15	0.02	0.05	0.02	—	2.165	1530
灰口铸铁	3.30	3.14	0.66	0.10	0.02	—	1.08	1270
球墨铸铁	3.40	2.96	0.69	0.11	—	0.05	0.807	1250
白口铸铁	2.65	1.00	0.48	0.06	0.26	—	2.180	1300

表 1-7　常用铸造合金的铸件线收缩率

合金类别	收缩率/%		合金类别	收缩率/%	
	自由收缩	受阻收缩		自由收缩	受阻收缩
灰铸铁中、小型铸件	1.0	0.9	白口铸铁	1.75	1.5
灰铸铁中、大型铸件	0.9	0.8	铸造碳钢和低合金钢	1.6～2.0	1.3～1.7
灰铸铁筒形件(长度方向)	0.9	0.8	含铬高合金钢	1.3～1.7	1.0～1.4
灰铸铁筒形件(直径方向)	0.7	0.5	铸造铝硅合金	1.0～1.2	0.8～1.0
孕育铸铁	1.0～1.5	0.8～1.0	铸造铝镁合金	1.3	1.0
可锻铸铁	0.75～1.0	0.5～0.75	铝铜合金(ω_{Cu}=7%～18%)	1.6	1.4
球墨铸铁	1.0	0.8	锡青铜	1.4	1.2
			铸黄铜	1.8～2.0	1.5～1.7

影响合金收缩的因素主要有合金的化学成分、浇注温度等。在常用的铸造合金中，铸钢的收缩率最大，灰铸铁的最小，见表1-6和表1-7。铸铁结晶时，内部的碳大部分以石墨形态析出，石墨的密度较小，析出时所产生的体积膨胀弥补了部分凝固收缩；在灰铸铁中，碳是石墨的形成元素，硅是促进石墨化的元素，所以铸铁的碳、硅含量越高，收缩率越小；硫能阻碍石墨的析出，使铸铁收缩率增大；应适当地增加锰的含量，因为锰与铸铁中的硫形成MnS，可抵消硫对石墨化的阻碍作用，使铸铁收缩率减小。一般浇注温度越高，过热度越大，合金液态收缩也越大，形成缩孔的倾向就越高。

（3）液态金属收缩的表示方法　合金从液态到凝固完毕，体积的缩小分为两个阶段，即液态收缩和凝固收缩。两者的收缩是直接引起铸件产生缩孔、缩松、气孔、偏析和热裂的根本原因。其中液态收缩的体积收缩率 ε_{V_L} 为

$$\varepsilon_{V_L}=\frac{V_0-V_L}{V_0}\times 100\%=\alpha_{V_L}(t_0-t_L)\times 100\% \tag{1-1}$$

式中　ε_{V_L}——液态收缩的体收缩率，%；

V_0——金属液在浇注结束时的体积；

V_L——金属液在液相线时的体积；

α_{V_L}——金属的液态体收缩系数，℃$^{-1}$；

t_0——浇注温度，℃；

t_L——液相线温度，℃。

（4）铸造合金的缩孔与缩松

① 缩孔与缩松的含义及产生原因。铸件在冷却和凝固过程中，由于合金的液态收缩和凝固收缩大于合金的固态收缩，所以在铸件最后凝固的地方常常会产生孔洞，容积大而比较集中的孔洞称为缩孔；细小且分散的孔洞称为缩松。缩孔的形成过程如图1-9所示［图（a）为铸型充满——初级阶段，图（d）和图（e）为凝固终了阶段］。缩孔产生的原因是合金的液态收缩和凝固收缩值大于固态收缩值。缩孔产生的基本条件是铸件由表及里逐层凝固，缩孔通常分布在铸件上部或最后凝固的热节部位，其外形特征为倒锥形，内表面不光滑；缩松形成的基本原因主要是液态收缩和凝固收缩大于固态收缩，产生的基本条件是合金的结晶温度范围较宽，树枝晶发达，合金以体积方式凝固，液态收缩和凝固收缩所形成的细小、分散孔洞得不到外部液态金属的补充而造成的，一般多分布于铸件的轴线区域、厚大部位或浇口附近。

② 缩孔形成机理。现以如图1-9所示的圆柱形铸件为例，来分析缩孔的形成过程。假定所浇铸的合金的结晶温度范围很窄，铸件是由表及里逐层凝固的。图1-9（a）表示液态金属充满了铸型。因铸型吸热，金属液温度下降，发生液态收缩，但它将从浇注系统中得到补充。因此，此期间型腔总是充满着金属液。

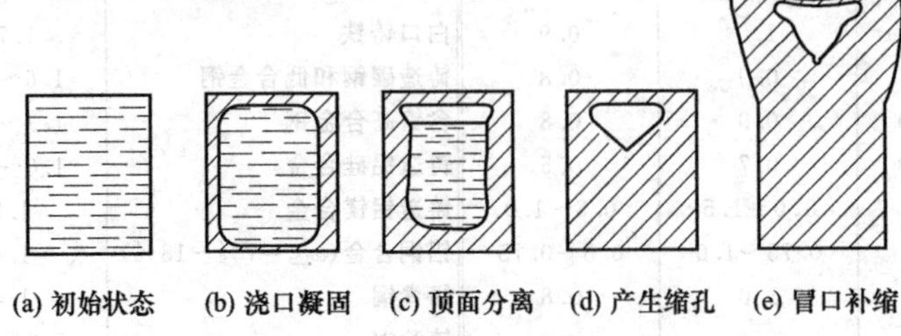

图1-9　铸件中缩孔形成过程示意图

当铸件外表温度下降到凝固温度时，铸件表面凝固了一层硬壳，并紧紧地包住内部的金属液。内浇道此时已凝固，如图 1-9（b）所示。

进一步冷却时，硬壳内的金属液因温度降低产生液态收缩，以及对形成硬壳的凝固收缩的补缩，使液面下降。与此同时，固态硬壳也因为温度降低而使铸件外表尺寸缩小。如果因液态收缩和凝固收缩引起的体积缩减等于外表尺寸缩小所造成的体积缩减，则凝固的外壳仍和内部的液态金属紧密接触，而不产生缩孔。但是，液态收缩和凝固收缩总是超过硬壳的固态收缩，因此，液面下降脱离顶部的硬壳，如图 1-9（c）所示。如此进行下去，硬壳不断增厚，液面不断下降，待金属全部凝固后，在铸件上部就形成一个倒锥形的缩孔，如图 1-9（d）所示。整个铸件体积因温度下降至常温而不断缩小，使缩孔绝对体积有所减小，如图 1-9（e）所示。

③ 缩松形成机理。铸钢件的轴线缩松通常都产生在壁厚均匀的铸壁内。从纵截面上看，产生在轴线处；从横截面上看，产生在中心部位，所以称其为轴线缩松或中心缩松。

形成轴线缩松的基本原因和形成缩孔一样，都是铸钢的凝固体收缩得不到钢液的补缩而形成的。轴线缩松的形成条件是：在缩松区域内的金属几乎是同时凝固的。

如图 1-10 所示是一个具有均匀厚度的平浇铸件。在它的左端放一个足够大的冒口。用热电偶测量浇注后各时刻铸件中心线的温度，用 X 射线检查铸件内部质量。可将铸件分为以下三个区域。

a. 冒口区。由于冒口中钢液的热作用，使其在纵向存在温度差。等液相线和等固相线越靠近冒口，向铸件中心推进越慢。因此，在冒口区中形成楔形补缩通道，扩张角为 φ_2，向冒口扩张，如图 1-10（a）所示，有利于冒口补缩，为顺序凝固，铸件在这个区域是致密的。加大冒口的压力、提高冒口中金属液的温度和延长冒口的凝固时间，都可以增加冒口区的长度。

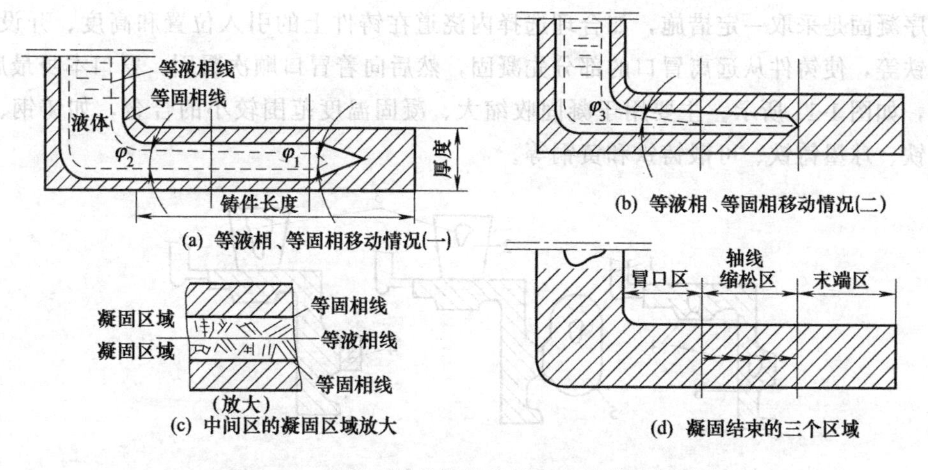

图 1-10 均壁厚铸件轴线缩松形成过程示意图

b. 末端区。因末端区比中间区多一个散热端面，所以冷却速度较快，在纵向上存在较大的温度差，越靠近端面，温度越低，因此等液相线和等固相线越靠近端面，向铸件中心推进越快，这就构成了补缩通道，其扩张角 φ_1 向冒口方向扩张。因在中间段的中心尚未构成补缩边界之前，末端区已凝固完毕，所以末端区里的钢液所产生的凝固收缩完全能获得冒口中钢液的补缩。这一段为顺序凝固，铸件是致密的。若末端区加放冷铁，可增加末端区的长度。

c. 轴线缩松区。在冒口区和末端区作用都达不到的中间段称为轴线缩松区。在这个区域，铸件的冷却速度相同，在纵向上没有温度差。等液相线和等固相线平行于铸件上、下表面向中心推进，侧面的凝固情况也相同，所以其扩张角为零，其凝固前沿是平行的，凝固方式为同时凝固，如图 1-10（b）所示。在末端区凝固完毕以后，中间区的等液相线在铸件中心汇合，构成很宽的凝固区，凝固前沿平行，当等固相线推进到铸件中心附近，在靠近等固相线的初生晶体之间的钢液发生凝固收缩，首先形成具有一定真空度的晶体间的小孔隙。这种真空的小孔隙又把中心线上的初生晶体之间的钢液吸入而得到补缩，如图 1-10（c）所示，然而却在铸件的中心线上产生断断续续的晶间小孔，称为轴线缩松。此时，冒口虽然存在补缩通道扩张角 φ_3［图 1-10（b）］，但冒口中的钢液已不能克服中间段已经搭接的晶体间的阻力来对中心处进行补缩。这就是轴线缩松形成的机理。

综上所述，形成铸件缩松的原因是：在凝固期，铸件纵截面上各点没有温差或没有足够的温度差，以致在凝固末期补缩通道消失而导致产生轴线缩松。因此，凡是能创造等于或大于临界温度差的措施，都能增加致密区的长度，能使一些宽结晶温度范围的合金获得致密的组织。

缩孔和缩松的防止措施：铸造合金的液态收缩越大，则缩孔形成的倾向越大；合金的结晶温度范围越宽，凝固收缩越大，则形成缩松的倾向也越大。凡能促使合金减少液态和凝固期间收缩的工艺措施（如降低浇注温度和减慢浇注速度，增加铸型的激冷能力，通过调整化学成分，增加在凝固过程中的补缩能力，对于灰口铸铁可促进凝固期间的石墨化等），都有利于减少缩孔和缩松的形成。为使铸件在凝固过程中建立良好的补缩条件，通过控制铸件的凝固顺序（如采用冒口和冷铁配合），使之符合“顺序凝固原则”或“同时凝固原则”，尽量使缩松转化为缩孔，并使缩孔出现在铸件最后凝固的位置。

顺序凝固是采取一定措施，如合理选择内浇道在铸件上的引入位置和高度、开设冒口、放置冷铁等，使铸件从远离冒口的部分先凝固，然后向着冒口顺次凝固，冒口本身最后凝固的过程，如图 1-11 所示。主要用于凝固收缩大、凝固温度范围较小的合金，如铸钢、高牌号灰铸铁、球墨铸铁、可锻铸铁和黄铜等。

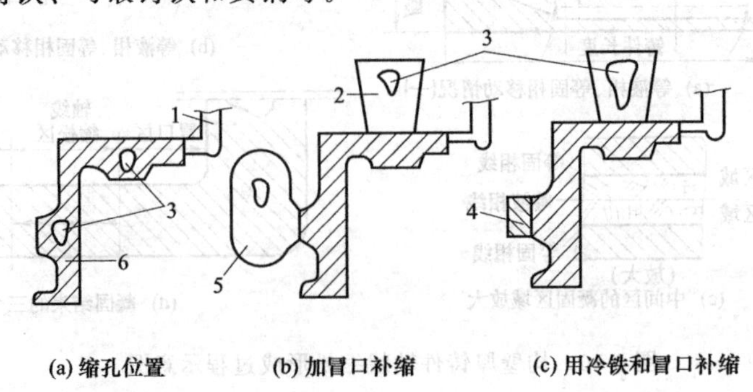

图 1-11　用冒口和冷铁消除缩孔的示意图

1—浇注系统；2—顶冒口；3—缩孔；4—冷铁；5—侧冒口；6—铸件

同时凝固是从工艺上采取措施，保证铸件结构上各部分之间没有温差或使温差尽量小，使铸件各部分基本同时凝固，一般用于凝固温度范围大、以体积方式凝固、容易产生缩松的合金，壁厚均匀的薄壁铸件或气密性要求不高的铸件。当热裂和变形成为主要矛盾时也可采用。

1.1.3.3 铸造合金中的偏析

铸件截面上不同部位所产生的化学成分不均匀的现象称为偏析。产生偏析的主要原因是各种铸造合金在结晶过程中发生溶质再分配，即在晶体长大过程中，合金的结晶速率大于溶质元素的扩散速率，使先析出的固相与液相的成分不同，先结晶部分与后结晶部分的化学成分也不相同，甚至同一晶粒内各部分的成分也不一样。根据偏析产生的范围大小可分为两大类。一类是微观偏析，微观偏析是指微小（晶粒）尺寸范围内各部分的化学成分不均匀现象。常见有两种形式：一种为晶内偏析，也叫枝晶偏析；另一种为晶界偏析。还有一类偏析为宏观偏析，它指在铸件较大尺寸范围内化学成分不均匀的现象，一般包括正偏析、逆偏析、重力偏析等。宏观偏析会使铸件力学性能、物理性能和化学性能降低，直接影响铸件的使用性能。

（1）晶内偏析　晶内偏析是指一个晶粒范围内先结晶部分和后结晶部分的成分不均匀现象，所以也称为枝晶偏析。它多发生在铸造非铁合金中，如Cu-Sn合金、Cu-Ni合金。在铸钢组织中，初生奥氏体枝晶的枝干中心含碳量较低，后结晶的枝晶外围和多次分枝部分则含碳量较高。如图1-12所示为用电子探针所测定的低合金钢中形成的树枝晶各截面成分的等浓度线，从中可以清楚地看出一次分枝、二次分枝以及晶内偏析的分布。

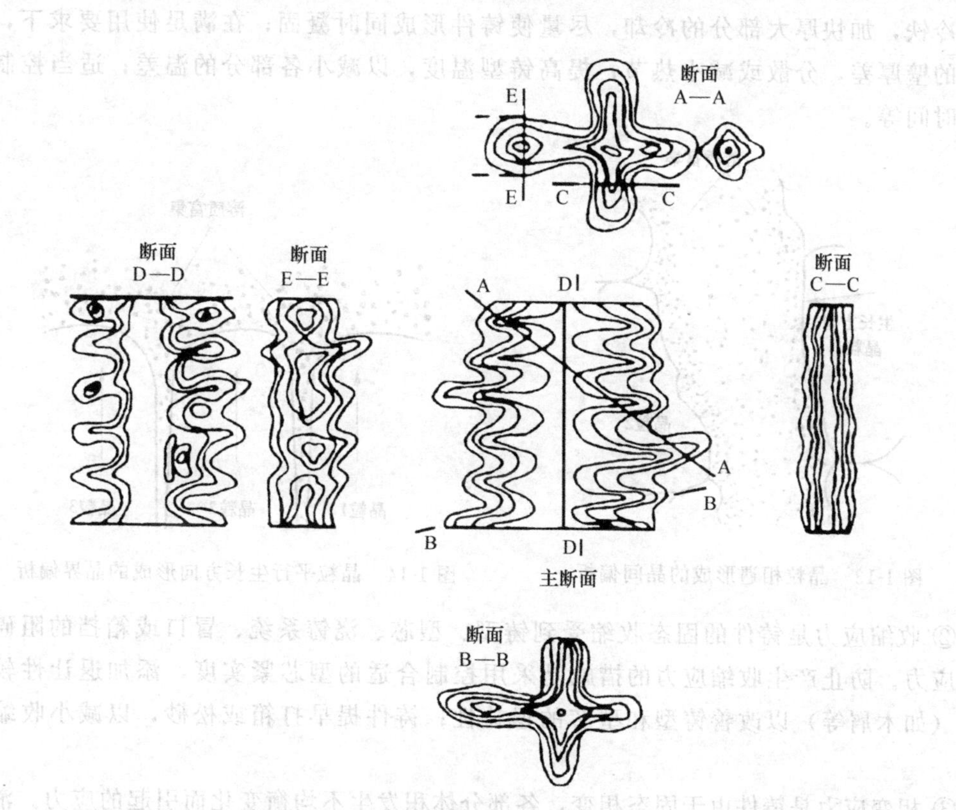

图1-12　树枝晶各截面的溶质等浓度线

产生晶内偏析的倾向取决于合金的冷却速度、偏析元素的扩散能力和溶质的平衡分配系数。在其他条件相同时，冷却速度越大，偏析元素的扩散能力越小，平衡分配系数越小，晶内偏析越严重。但当冷却速度增大到一定界限时，晶粒可以细化，晶内偏析的程度反而可以减轻。晶内偏析会使合金的强度、塑性及耐腐蚀性能下降，晶内偏析在热力学上是不稳定的。通常采用扩散退火或均匀化退火的方法，将铸件加热到低于固相线 100～200℃，进行长时间的保温，使偏析元素进行充分扩散，从而消除晶内偏析。

(2) 晶界偏析　晶界偏析是指铸件在结晶过程中，将低熔点的物质被排除在固-液界面处。当两个晶粒相对生长、相互接近并相遇时，在最后凝固的晶界处一般会有较细溶质或其他低熔点物质。如图 1-13 所示为晶粒相遇形成的晶间偏析。如图 1-14 所示为晶粒平行生长方向形成的晶界偏析。晶界偏析会使合金的高温性能降低，合金凝固过程中易产生热裂，一般采用细化晶粒或减少合金中氧化物和硫化物以及某些碳化物等措施来预防和消除。

1.1.3.4　铸件的内应力、变形与裂纹

(1) 铸造应力　铸件在凝固冷却过程中，由于温度下降而产生收缩，有些合金还会发生由固态相变而引起膨胀或收缩，会使铸件的体积和长度发生变化，若这些变化受到阻碍（热阻碍、外力阻碍等），便会在铸件中产生应力，称为铸造应力。按其产生的原因可分为三种应力：热应力、收缩应力和相变应力。

① 热应力是铸件在凝固或冷却过程中，不同部位由于不均衡的收缩而引起的应力。防止的根本途径是尽量减少铸件各部位温差，使其均衡凝固，具体工艺措施为在工艺上采用冷铁，加快厚大部分的冷却，尽量使铸件形成同时凝固；在满足使用要求下，减小铸件的壁厚差，分散或减小热节；提高铸型温度，以减小各部分的温差；适当控制铸件打箱时间等。

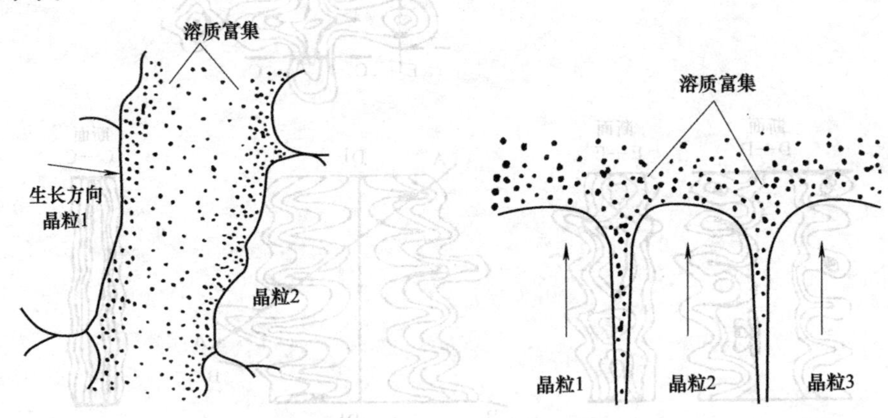

图 1-13　晶粒相遇形成的晶间偏析　　图 1-14　晶粒平行生长方向形成的晶界偏析

② 收缩应力是铸件的固态收缩受到铸型、型芯、浇铸系统、冒口或箱挡的阻碍而产生的应力。防止产生收缩应力的措施是采用控制合适的型芯紧实度，添加退让性较好的材料（如木屑等）以改善铸型和型芯的退让性；铸件提早打箱或松砂，以减小收缩时的阻力。

③ 相变应力是铸件由于固态相变，各部分体积发生不均衡变化而引起的应力。消除相变应力的方法一般是采用人工时效和振动时效。人工时效是将铸件重新加热到合金的临界温度以上，使铸件处于塑性状态的温度范围内，在此温度下保温一定时间，使铸件各部分的温度均匀，让应力充分消失，然后随炉缓慢冷却以免重新形成新的应力，人工时效的加热速度、加热温度、保温时间和冷却速度等一系列工艺参数，要根据合金的性质、铸件的结构以

及冷却条件等因素来确定。

(2) 铸件的变形　由于铸造应力的缘故，处于应力状态（不稳定状态）下的铸件能够自发地发生变形以减少内应力而趋于稳定状态，快冷部分凸起，慢冷部分凹下，机床床身变形示意图如图 1-15 所示。为了防止变形缺陷的产生，必须首先设法降低和消除铸件内的残余应力或从工艺上采取措施以减小变形。

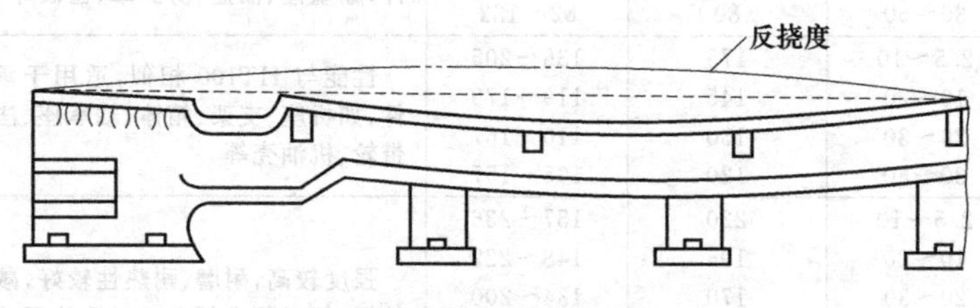

图 1-15　机床床身变形示意图

(3) 铸件的裂纹　当铸件中的内应力超过合金的强度极限时，铸件就会产生裂纹。根据裂纹产生的温度不同，把裂纹分为热裂纹和冷裂纹两种。

① 热裂纹是铸件在高温下形成的裂缝，外形曲折而不规则，断口严重氧化，无金属光泽，裂口沿晶粒边界产生和发展（铸钢件裂口表面近似黑色，铝合金则呈暗灰色），热裂纹是铸件在凝固末期形成的，是在铸钢尤其是合金钢中常见的一种缺陷。热裂纹是在凝固的末期，固相线附近，铸件中结晶的骨架已经形成并开始收缩，但在晶粒间还存在一定量的液相，且这时铸件强度和塑性极低，收缩稍受阻碍即可开裂。

② 冷裂纹是在较低温度下，铸件处于弹性状态，其热应力和机械应力的值超过合金本身的强度极限而形成的。其外形呈连续直线状或圆滑曲线状，常常是穿过晶粒延伸到整个断面，断口干净，具有金属光泽或轻微氧化色。合金的化学成分（如钢中的 C、Cr、Ni 等元素，虽可提高合金的强度，但降低钢的热导率，含量高时，冷裂倾向增大）和杂质含量（如 P 含量高时，冷脆性增加；S 及其他夹杂物富集在晶粒边界，易产生冷裂纹）对冷裂纹的形成影响很大，因为它们降低了合金的塑性和冲击韧度，因此形成冷裂纹的倾向性增大。

1.2　铸造合金及熔炼

1.2.1　常用铸造合金

常用的铸造合金包括铸铁、铸钢和铸造有色合金。其中最常用的铸造合金是铸铁件，它大量应用于机器制造业中，通常铸铁件占机器总重量的 50%以上。

1.2.1.1　铸铁

铸铁是含碳量大于 2.11%的铁碳合金。根据碳在铸铁中存在的不同形式，铸铁可分为白口铸铁、灰口铸铁和麻口铸铁。白口铸铁中的碳以渗碳体形式存在，断口呈银白色，硬脆性大，很少用于制作机器零件。灰口铸铁中的碳以石墨形式存在，断口呈暗灰色，应用较广。麻口铸铁中的碳以自由渗碳体和石墨形式混合存在，断口为黑白相间的麻点，硬脆性大。

其中灰口铸铁根据石墨的不同形态又可分为普通灰口铸铁、可锻铸铁、球墨铸铁和蠕墨铸铁。各种牌号铸铁的力学性能和用途见表 1-8～表 1-10。

表 1-8 常用普通灰口铸铁的牌号、性能及用途

类别	牌号	铸件壁厚/mm	抗拉强度/MPa	硬度/HBS	特性及应用举例
普通灰口铸铁	HT100	2.5～10 10～20 20～30 30～50	130 100 90 80	110～167 93～140 87～131 82～122	铸造性能好，工艺简便，铸造应力小，不需人工时效处理，减震性好，适用于负荷很小的不重要件或薄件，如重锤、油盘、防护罩、盖板等
	HT150	2.5～10 10～20 20～30 30～50	175 145 130 120	136～205 119～179 110～167 105～157	性能与 HT100 相似，适用于承受中等载荷的零件，如机座、支架、箱体、轴承座、法兰、阀体、泵体、皮带轮、机油壳等
	HT200	2.5～10 10～20 20～30 30～50	220 195 170 160	157～236 148～222 134～200 129～192	强度较高，耐磨、耐热性较好，减震性好；铸造性能较好，但必须进行人工时效处理，适用于承受中等或较大载荷和要求一定气密性或耐蚀性等较重要的零件，如汽缸、衬套、齿轮、飞轮、底架、机体、汽缸体、汽缸盖、活塞环、油缸、凸轮、阀体、联轴器等
孕育铸铁	HT250	4～10 10～20 20～30 30～50	270 240 220 200	174～262 164～247 157～236 150～225	
	HT300	10～20 20～30 30～50	290 250 230	182～272 168～251 161～241	强度和耐磨性很好，但白口倾向大，铸造性能差，必须进行人工时效处理，适用于要求保持高度气密性的零件，如压力机、自动机车床和其他重型机床的床身、机座、主轴箱、曲轴、汽缸体、汽缸盖、缸套等

表 1-9 常用球墨铸铁的牌号、性能及应用举例

牌 号	抗拉强度/MPa	屈服极限/MPa	伸长率/%	主要特性及应用举例
QT400-17	400	250	17	焊接性及切削加工性能好，韧性高。主要应用于汽车、拖拉机底盘零件，如轮毂、驱动桥壳体、离合器壳
QT420-10	420	270	10	焊接性及切削加工性能好，韧性略低，强度高，适用于阀体、阀盖、压缩机高低压汽缸
QT500-5	500	350	5	中等强度与韧性，切削加工性尚可，适合机油泵齿轮、座架、传动轴、飞轮
QT600-2	600	420	2	中高强度，塑性低，耐磨性好，主要用于大型发动机曲轴、凸轮轴、连杆、进排气门座
QT800-2	800	560	2	较高的强度和耐磨性，塑性和韧性较低，主要用于中小型机器的曲轴、缸体、缸套、机床主轴
QT1200-1	1200	840	1	高的强度和耐磨性，较高的弯曲疲劳强度、接触疲劳强度和一定的韧性，可用于汽车、拖拉机的减速齿轮、汽车后桥螺旋锥齿轮、曲轴、凸轮

表 1-10 常用可锻铸铁的牌号、性能及用途

名称	牌 号	力学性能			应用举例
		抗拉强度/MPa	伸长率/%	硬度/HB	
铁素体可锻铸铁	KT300-06	300	6	120～163	三通、管件、中压阀门
	KT330-09	330	8	120～163	输电线路件，汽车、拖拉机的前后轮壳，差速器壳，转向节轮，制动器，农机件及冷暖器接头等
	KT350-10	350	10	120～163	
	KT370-12	370	12	120～163	
珠光体可锻铸铁	KTZ450-5	450	5	152～219	曲轴、凸轮轴、连杆、齿轮摇臂、活塞环、轴套、犁片、耙片、闸、万向接头、棘轮、扳手、传动链条、矿车轮
	KTZ500-4	500	4	179～241	
	KTZ600-3	600	3	201～269	
	KTZ700-2	700	2	240～270	

1.2.1.2　铸钢

铸钢为含碳量小于2.11%的用于浇注铸件的铁碳合金。铸钢的强度与铸铁相近，但冲击韧性和疲劳强度要高得多，力学性能优于各类铸铁，主要用于强度、韧性、塑性要求较高、冲击载荷较大或有特殊性能要求的铸件，如起重运输机械中的一些齿轮、挖土机掘斗等。另外，铸钢的焊接性能远比铸铁优良，这对于采用铸焊联合工艺制造大型机器零件是很重要的。铸钢件产量约占铸件总产量的30%，仅次于铸铁件。

（1）铸钢的分类　铸钢按化学成分可分为碳素铸钢和合金铸钢两大类。

碳素铸钢应用最广，占铸钢总产量的80%以上，牌号以"ZG"加两组数字表示，第一组数字表示厚度为100mm以下铸件室温时的屈服点最小值，第二组数字表示铸件的抗拉强度最小值。用于制造零件的碳素铸钢主要是含碳量在0.25%～0.45%的中碳钢。这是由于低碳钢熔点高，流动性差，易氧化和热裂；高碳钢虽然铸造性能较好（熔点低、流动性好），但由于含碳量增高，铸件收缩率增加，同时使导热性能降低，容易产生冷裂。表1-11列出了几种常用碳素铸钢的牌号及用途。

表1-11　几种常用碳素铸钢的牌号及用途

牌　号	化学成分的质量分数/%				应　用　举　例
	C	Si	Mn	P、S	
ZG200～400	0.20	0.50	0.80	0.04	用于受力不大，要求韧性高的各种机械零件，如机座、箱体等
ZG230～450	0.30	0.50	0.90	0.04	用于受力不大，要求韧性高的各种机械零件，如外壳，轴承盖、阀体、砧座等
ZG270～500	0.40	0.50	0.90	0.04	用于轧钢机机架、轴承座、连杆、曲轴、缸体、箱体等
ZG310～570	0.50	0.60	0.90	0.04	用于负荷较高的零件，如大齿轮、缸体、动轮、辊子等
ZG340～640	0.60	0.60	0.90	0.04	用于齿轮、棘轮、连接器、叉头等

合金铸钢按合金元素的含量分为低合金铸钢和高合金铸钢两类。低合金铸钢中合金元素的总质量分数小于或等于5%，力学性能比碳钢高，因而能减轻铸钢重量，提高铸件使用寿命，主要用于制造齿轮、转子及轴类零件。高合金铸钢中合金元素的总质量分数大于10%，具有耐磨性、耐热性和耐腐蚀性，可用来制造特殊场合下的耐磨和耐腐蚀零件。

（2）铸钢的铸造特点　铸钢的浇注温度高、易氧化、流动性差、收缩大，因此铸造困难，容易产生粘砂、缩孔、冷隔、浇不足、变形和裂纹等缺陷。铸钢件造型用的型砂及芯砂的透气性、耐火性、强度和退让性都要好一些。为了防止粘砂，铸型表面还要使用石英粉或锆砂粉涂料。为了减少气体来源，提高合金流动性和铸型强度，一般多用干型或快干型。铸件大部分安置相当数量的冒口、冷铁，采用顺序凝固原则，以防止缩孔、缩松缺陷的产生。对于壁厚均匀的薄件，可采用同时凝固的原则，开设多道内浇口，让钢液均匀、迅速地填满铸件，同时必须严格控制浇注温度，防止温度过高或过低致使铸件产生缺陷。铸钢件铸后晶粒粗大，组织不均匀，有较大的铸造内应力，强度低，塑性、韧性较差。为了细化晶粒、消除应力、提高铸钢件的力学性能，铸钢铸后要进行退火或正火热处理。

1.2.2　铸造合金熔炼

1.2.2.1　铸铁的熔炼

获得合格的、高质量的液态金属是凝固成形技术的重要方面，所谓合格的、高质量的液态金属通常包括三个方面的要求：具有所需要的温度；低的杂质含量；符合要求的化学成分。铸铁熔炼设备有：冲天炉、电弧炉、工频炉和中频感应电炉等，其中冲天炉应用最广。

(1) 冲天炉熔炼　冲天炉的燃料为焦炭。金属炉料有：铸造生铁锭、回炉料（浇冒口、废机件）、废钢、铁合金（硅铁、锰铁）等。熔剂为石灰石和氟石。

熔炼工艺是获得优质铸铁的基本因素。对铸铁熔炼工艺的基本要求是：铁液质量好，化学成分合格，浇注温度高，纯净度高，熔化速度快，各类耗损（燃料、能源、金属烧损等）低，操作方便。

冲天炉熔炼铸铁具有结构简单、操作方便、可连续熔炼、生产率高、能耗低等优点，但不足之处是铁液出炉温度低（最高1460℃）、化学成分不稳定，杂质含量高。

(2) 感应电炉熔炼　感应电炉（包括工频、中频炉）的应用正日益广泛，其熔炼温度可高达1650℃，加热速度快，铁液化学成分稳定，杂质含量低。元素烧损少，吸气少，铁液质量好，对环境污染小，劳动强度低，但是耗电量大。

现在的发展趋势是采用冲天炉（高炉）-感应电炉双联熔炼法，即将冲天炉（高炉）熔炼出的铁水在感应电炉中进一步提温、调整成分，这样可充分发挥冲天炉（高炉）和感应电炉的各自的长处，扬长避短，以较低的能耗和成本获得高温优质的铁水。

1.2.2.2　铸钢的熔炼

熔炼是铸钢生产的重要环节，钢液的质量直接关系到铸钢件的质量。熔炼铸钢的设备主要有电弧炉、感应电炉等。

(1) 电弧炉炼钢　在一般的铸钢车间里，普遍采用三相电弧炉来炼钢，其构造如图1-16所示。电弧炉炼钢是利用石墨电极与金属炉料间的高温电弧热熔化炉料，容量多为5～30t。目前最大已达到100～300t。

电弧炉炼钢温度高、合金元素烧损较少、操作方便、开炉停炉方便、设备投资少；对炉料的要求较低，可用来熔炼优质钢、高级合金钢和特殊钢等；钢液质量高，能严格控制钢液成分。但其消耗电能大、成本高。

炼钢的金属炉料主要是废钢、生铁、铁合金等，其他还有造渣材料、氧化剂、还原剂和增碳剂等。铸钢熔炼的任务是把固体炉料（废钢、生铁）熔化成钢液，并通过一系列物理、

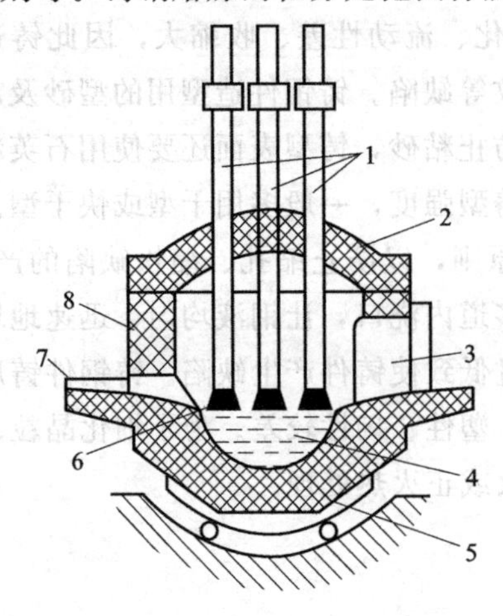

图1-16　三相电弧炉示意图

1—电极；2—加料口；3—钢液；4—炉底；5—炉墙；6—出液口；7—电弧；8—炉墙

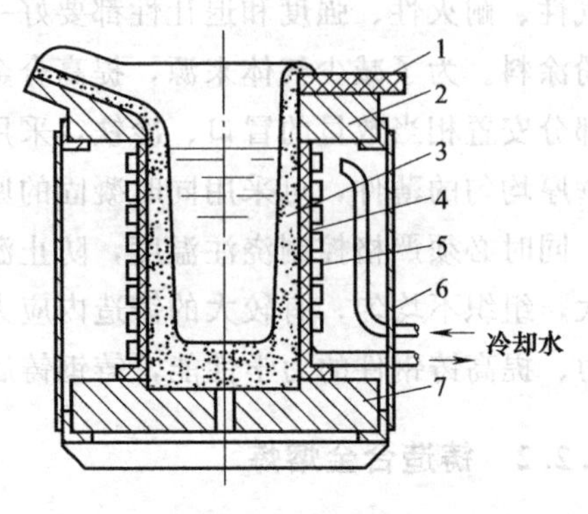

图1-17　中频感应电炉示意图

1—盖板；2—耐火砖框；3—坩埚；4—绝缘布；5—感应线圈；6—防护板；7—底座

化学反应使钢液的化学成分、纯净度和温度达到要求。

(2) 感应电炉炼钢　工厂用于炼钢的感应电炉多为中频炉（500～1000Hz），其容量多为0.25～3t，如图1-17所示。感应电炉炼钢是利用交流电感应的作用，使坩埚内的金属炉料在交变磁场作用下产生感应电流（称涡流）而发热并熔化。感应电炉炼钢加热速度快，合金元素氧化烧损少，钢液成分、温度易控制，因而钢液质量好；由于熔炼过程基本上就是炉料的重熔过程，因而操作简便，劳动条件好，能耗少；它能熔炼各种合金钢和碳质量分数极低的钢种，适于铸钢车间生产中、小型铸钢件使用。但感应电炉炼钢设备投资大、容量小；炉渣温度较低，无法对金属液进行精炼处理，金属液的冶金质量较电弧炉略差，因此对冶金质量要求较高的各种高级合金钢最好用电弧炉来冶炼。

目前，真空感应电炉炼钢已得到实际应用。由于炉料在真空条件下熔化，合金氧化甚微，钢水纯净，气体含量极低，不需进行氧化和脱氧操作，冶金过程简单，适于高纯净度的合金钢铸件生产。

1.3　铸造成型工艺

铸造的方法很多，主要可分为砂型铸造和特种铸造两大类。其中砂型铸造为铸造生产中最基本的方法，其生产工序主要包括型砂和芯砂的配制、模样和芯盒的制作、造型、造芯、金属熔炼、落砂清理和质量检验等，其砂型铸造工艺过程如图1-18所示。砂型铸造约占铸造总产量的60%左右。而特种铸造又包括熔模铸造、离心铸造、金属型铸造、压力铸造、低压铸造、挤压铸造和消失模铸造等。铸造方法的选择主要根据铸件的合金种类、重量、尺寸精度、表面粗糙度、铸件批量、生产周期、设备条件等方面的要求综合考虑才能决定。

1.3.1　砂型铸造

1.3.1.1　概述

砂型铸造是指铸型由砂型和砂芯组成。型砂及芯砂是制造铸型和型芯的造型材料，它主要由原砂、黏结剂、附加物和水混制而成。型（芯）砂按黏结剂的种类可分为造型用砂［又称型（芯）砂黏土砂型］、水玻璃砂型和有机黏结剂砂型等。

(1) 黏土砂　黏土砂是以黏土为黏结剂配制而成的型砂。

由原砂（应用最广泛的是硅砂，主要成分 SiO_2）、黏土、水及附加物按一定比例配制而成，其结构示意如图1-19所示，黏土砂是迄今为止铸造生产中应用最广泛的型砂。可用于制造铸铁件、铸钢件及非铁合金的铸型和不重要的型芯。

(2) 水玻璃砂　水玻璃砂是以水玻璃（硅酸钠 $Na_2O \cdot mSiO_2$ 的水溶液）为黏结剂配制成的化学硬化砂。它是除黏土砂以外用得最广的型砂。水玻璃砂铸型或型芯无需烘干、硬化速度快、生产周期短、易于实现机械化、工人劳动条件好。

(3) 树脂砂　树脂砂是以树脂为黏结剂配制成的型砂。树脂砂又分为热硬树脂砂、壳型树脂砂、覆模砂等。用树脂砂造型或制芯，铸件质量好、生产率高、节省能源和工时费用、工人劳动强度低、易于实现机械化和自动化、适宜于成批大量生产。

1.3.1.2　型（芯）砂性能

为防止铸件产生粘砂、夹砂、砂眼、气孔和裂纹等缺陷，型砂应具备下列主要性能。

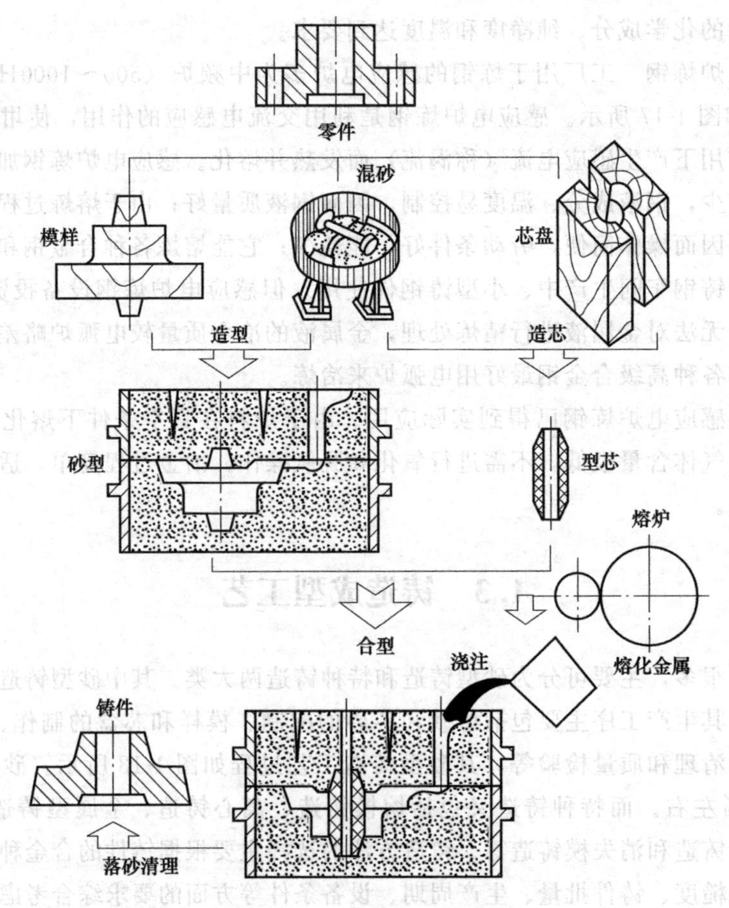

图 1-18 砂型铸造工艺过程

(1) 型砂强度 指型砂试样抵抗外力破坏的能力。

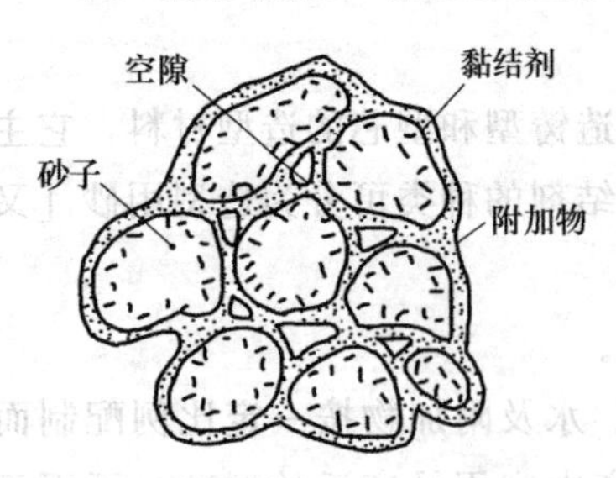

图 1-19 黏土砂结构示意图

(2) 透气性 表示紧实砂样孔隙度的指标。若透气性不好，易在铸件内部形成气孔缺陷。

(3) 型砂耐火度 型砂耐火度指型砂承受高温作用的能力。耐火性差，铸件易产生粘砂。

(4) 退让性 退让性指型砂不阻碍铸件收缩的高温性能。退让性不好，铸件易产生内应力或开裂。

此外，型砂性能还包括流动性、紧实度、成形性、起模性及溃散性等。

一般每生产 1t 铸件需消耗 3～6t 型砂，而与造型材料有关的废品率占铸件总废品率的 60％～80％，因此，现在各国对造型材料都很重视，工厂及专门研究机构都有科研技术人员负责专门研究和进行质量监控。

1.3.1.3 *砂型铸造的造型方法*

造型是砂型铸造最基本的工序，造型方法选择是否合理，对于铸件质量和成本具有重要影响。砂型铸造根据完成造型工序的不同，分为手工造型和机器造型两大类。

(1) 手工造型 手工造型是指用手工完成紧砂、起模、修整、合箱等主要操作的造型、制芯过程。它操作灵活，适应性强，工艺设备简单，成本低。但手工造型铸件质量差、生产率低、劳动强度大、技术水平要求高，故手工造型主要用于单件小批生产，特别是重型和形状复杂的铸件。手工造型方法很多，生产中应根据铸件的尺寸、形状、生产批量、使用要求以及生产条件，合理地选择造型方法。这对保证铸件质量、提高生产率、降低生产成本是很重要的。

（2）机器造型（制芯） 现代化铸造多用机器造型和制芯，并与机械化砂处理、浇注和落砂等工序共同组成流水生产线。机器造型和制芯可大大提高劳动生产率，制出铸件的尺寸精确、表面光洁、加工余量小。机器造型是将紧砂和起模等主要工序实现机械化。为适应不同形状、尺寸和不同批量铸件生产的需要，造型机的种类繁多，其紧砂和起模方式也有所不同，其中以压缩空气驱动的震压式造型机最为常用。

① 顶杆起模式震压造型机的工作过程如图 1-20 所示，分为以下几步。

a. 填砂。打开砂斗门，向砂箱中放满型砂。

b. 震击紧砂。先使压缩空气从进气口 1 进入震击汽缸底部，活塞在上升过程中关闭了进气口，接着又打开排气口，使工作台与震击汽缸顶部发生撞击，如此反复进行震击，使型砂在惯性力的作用下被初步紧实。

c. 辅助压实。由于震击后砂箱上层的型砂紧实度仍然不足，还必须进行辅助压实。此时，压缩空气从进气口 2 进入压实汽缸底部，压实活塞带动砂箱上升，在压头作用下，压实型砂。

d. 起模。当压缩空气推动压力油进入起模油缸时，四根顶杆平稳地将砂箱顶起，从而使砂型与模型分离。震压式造型机主要用于制造中、小铸型，其主要缺点是噪声大、工人劳

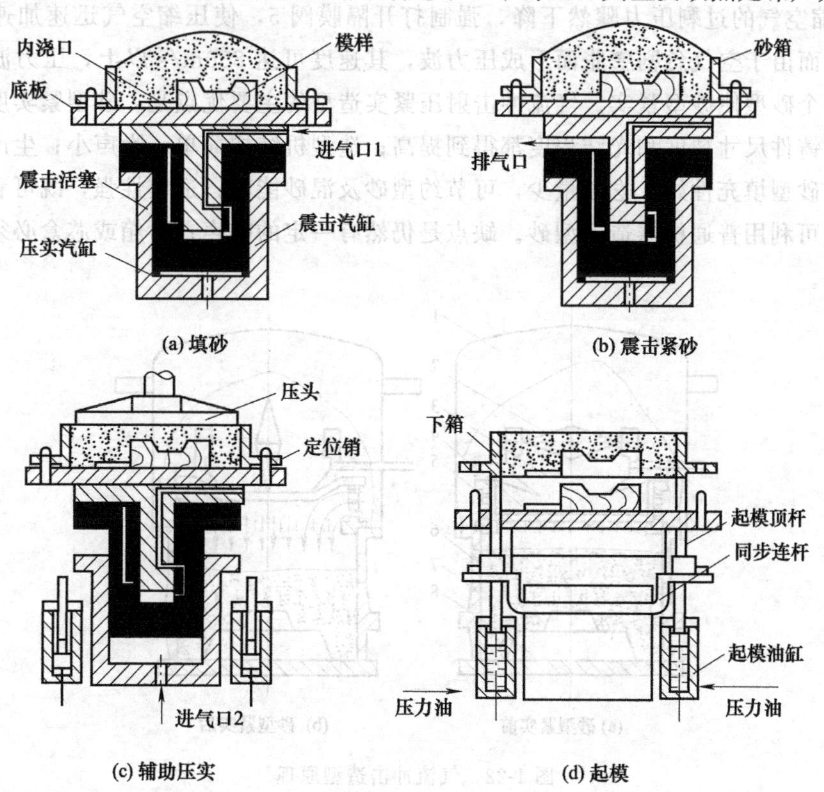

图 1-20 顶杆起模式震压式造型机工作原理

动条件较差，且生产率不够高。在现代化的铸造车间，震压式造型机已逐步被机械化程度更高的造型机（如微震压实造型机、高压造型机、射压造型机、气冲造型机和静压造型机等）所取代。

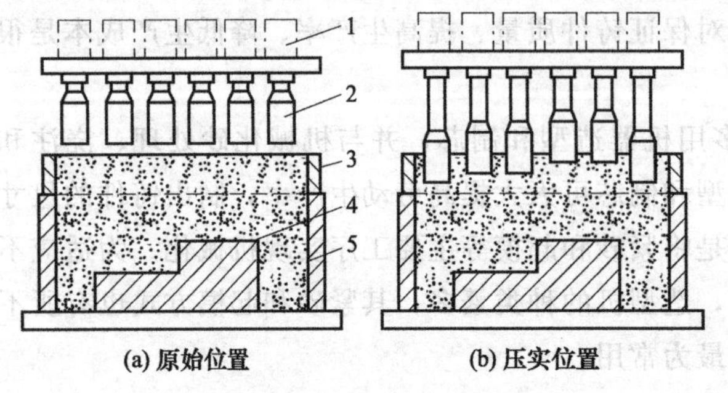

图 1-21 多触头高压造型机工作原理图

1—油箱；2—触头；3—填砂筐；4—模样；5—砂箱

② 高压造型。压实比压大于0.7MPa的机器造型称为高压造型。与微震压实造型的区别在于比压高，并采用多触头压头（图 1-21）。造型时，先启动微震机构进行预振。压震时，当压实活塞向上推动时，触头将型砂从余砂框压入砂箱，而自身在多触头箱体相互连通的油腔内浮动，使砂型各部位的紧实度均匀。

高压造型铸件精度高，表面质量好。但设备结构复杂，对工艺装备及维修保养要求高，投资大，仅用于生产批量大的自动化造型生产线。

③ 气流冲击射压紧实造型。气流冲击紧实造型是将压力为0.4～0.6MPa的压缩空气以均匀的气流冲击型砂表面，使型砂紧实的造型新方法（图 1-22）。铸型的紧实机构采用脉冲发生器（冲击头），其结构如图 1-22（a）所示，内有一小室 3，室内压缩空气压力通常为0.4～0.6MPa，称为过剩压力。小室外部压缩空气压力通常比室内空气压力低0.1MPa，称为贮气罐压力。砂箱 7 和辅助框 6 充满型砂，移到冲击头下边并被压紧后，打开单向快开阀 2，室内压缩空气的过剩压力骤然下降，强制打开隔膜阀 5，使压缩空气迅速加速而产生气流冲击，继而由于空气急剧膨胀而形成压力波，其速度可达800m/s以上，压力波在若干毫秒内穿透整个砂型使砂型紧实。气流冲击射压紧实造型的主要优点是：砂型紧实度均匀，砂型硬度高，铸件尺寸精度和光洁程度都得到提高；造型机结构简单，噪声小；生产率高，劳动条件好；砂型填充性好，吃砂量少，可节约型砂及混砂能耗；适应性强，既可利用高压造型型砂，也可利用普通机器造型型砂。缺点是仍然有一定的噪声；砂箱或芯盒必须有足够的强度和刚度。

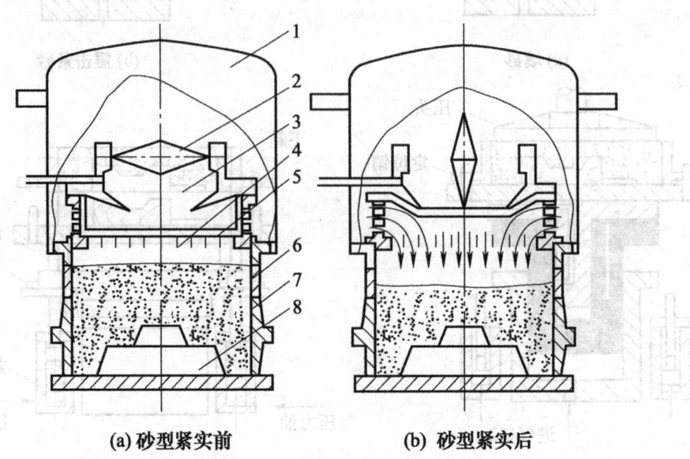

图 1-22 气流冲击造型原理

1—贮气罐；2—单向快开阀；3—小室；4—分流器；5—隔膜阀；6—辅助框；7—砂箱；8—模样

④ 射压造型。射压造型是采用射砂与压实相结合的方法将型砂紧实。如图 1-23 所示为垂直分型无箱射压造型过程。射砂机构将型砂高速射入造型室内［图 11-23（a）］，再由液压系统进行高压压实，形成两面都带有型腔的型块［图 1-23（b）］，然后，反压板退出造型室，压实板推动已造好的型块向前并合型［图 1-23（c）］，接着压实板后退，反压板放下，闭合造型室，进入下一个造型循环［图 1-23（d）］，最后在浇注平台上形成一串垂直分型且无砂箱的铸型。浇注可同时连续进行，无箱射压造型紧实度高而均匀，铸件尺寸精确，造型不用砂箱，工装投资少，占地面积小，生产率高，生产小型铸件每小时高达 300 型以上，噪声低，劳动条件好，易于实现自动化，是目前最先进的造型方法之一。

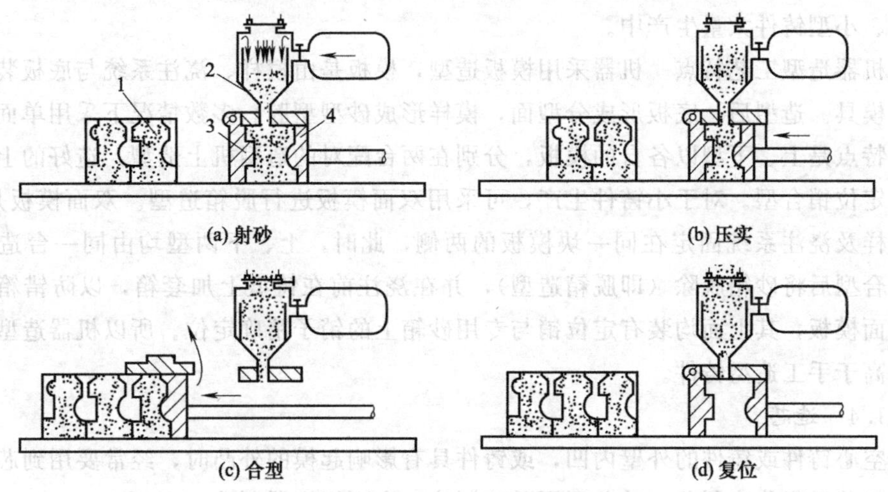

图 1-23 垂直分型无箱射压造型过程

1—砂型；2—射砂头；3—左模板；4—右模板

⑤ 静压造型是在多触头高压造型的基础上发展起来的。它是利用压缩空气渗透进行预紧实和多触头高压压实复合紧砂方法造型。如图 1-24 所示是静压造型工作示意图。在

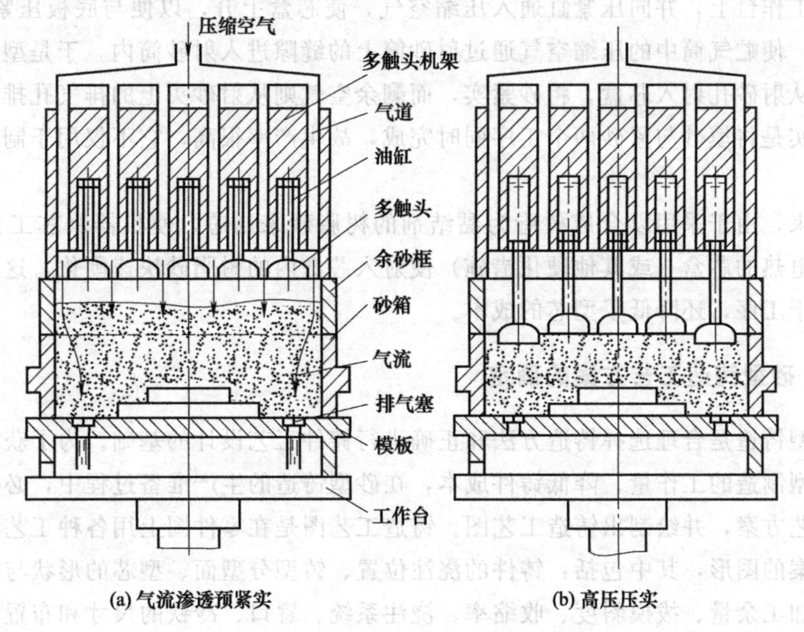

图 1-24 静压造型工作示意图

砂箱四周及模样深凹部位的模板处需设置排气塞。加砂后模板、砂箱和填砂框一起上升到多触头机架下口并压紧，开启快开阀，压缩空气通过气道进入型砂上部空腔，瞬间(0.2～0.4s) 压力升高（升压速率为5MPa/s)，气流渗透到砂粒中然后从排气塞排走[图1-24 (a)]，使型砂得到较好的填充并被预紧实。然后，再用多触头对型砂施以高压压实 [图1-24 (b)]。

为适应复杂铸件的要求，曾出现了冲击气流压实造型机，即将压缩空气的升压速率从5MPa/s提高到约30MPa/s，从而使型砂被冲击波预紧实，然后再进行高压压实。

静压造型紧实度高而均匀，噪声小，效率高，但机器结构较复杂，目前广泛用于精度要求高的中、小型铸件大量生产中。

(3) 机器造型工艺特点　机器采用模板造型，模板是由模样、浇注系统与底板装配成一体的专用模具。造型后，底板形成分型面，模样形成砂型型腔。多数情况下采用单面模板来造型，其特点是上、下型以各自的模板，分别在两台配对的造型机上造型，造好的上、下半型用砂箱定位销合型。对于小铸件生产，可采用双面模板进行脱箱造型。双面模板是把上、下两个模样及浇注系统固定在同一块模板的两侧，此时，上、下两型均由同一台造型机制出，铸型合型后将砂箱脱除（即脱箱造型)，并在浇注前在铸型上加套箱，以防错箱。无论单面或双面模板，其上面均装有定位销与专用砂箱上的销子精确定位。所以机器造型的铸件尺寸精度高于手工造型铸件。

1.3.1.4　造芯

当制空心铸件或铸件的外壁内凹，或铸件具有影响起模的外凸时，经常要用到芯子。制作芯子的工艺过程称为制芯。砂芯可用手工制造，也可用机器制造。

手工制芯主要用于单件小批生产及产品的试制，手工制芯时为了提高芯子的刚度和强度，需在芯子中放入芯骨。

机器制芯除可采用前述的震击、压实等紧砂方法外，最常用的是吹芯机或射芯机。首先将芯盒置于工作台上，并向压紧缸通入压缩空气，使芯盒上升，以便与底板压紧。射砂时，打开射砂阀，使贮气筒中的压缩空气通过射砂筒上的缝隙进入射砂筒内，于是型芯砂形成了高速的砂流从射砂孔射入芯盒，将砂紧实，而剩余空气则从射砂头上的排气孔排入大气。可见，射砂紧实是将填砂与紧砂两个工序同时完成，故生产率很高，它不仅用于制芯，也开始用于造型。

近些年来，由于采用以合成树脂为黏结剂的树脂砂来制芯，使机器制芯工艺发生了变革。它采用电热的芯盒（或其他硬化措施）使射入芯盒内的树脂砂快速硬化，这不仅省去了型芯骨和烘干工序，还降低了型芯的成本。

1.3.2　砂型铸造工艺方案的确定

掌握砂型铸造是合理选择铸造方法和正确进行铸件工艺设计的基础。为了获得健全的铸件、减少铸型制造的工作量、降低铸件成本，在砂型铸造的生产准备过程中，必须合理地制定出铸造工艺方案，并绘制出铸造工艺图。铸造工艺图是在零件图上用各种工艺符号表示出铸造工艺方案的图形，其中包括：铸件的浇注位置、铸型分型面、型芯的形状与数量、型芯固定方法、加工余量、拔模斜度、收缩率、浇注系统、冒口、冷铁的尺寸和布置等。铸造工艺图是指导模样（芯盒）和模板设计、生产准备、铸型制造及铸件检验的基本工艺文件。依据铸造工艺图，结合所选定的造型方法，便可绘制出模样图、模型图及合箱图。

1.3.2.1 浇注位置的选择原则

浇注位置是指浇注时铸件在型内所处的空间位置，浇注位置的确定是铸造工艺设计中重要的一环，关系到铸件的质量能否得到保证，也涉及铸件的尺寸精度以及造型工艺过程。一般是在铸造方法选定之后进行。确定浇注位置在很大程度上着眼于控制铸件的凝固顺序，是以保证铸件的质量为依据，故选择浇铸位置时应考虑如下原则。

（1）铸件的重要加工面应朝下或侧立　因为铸件的上表面容易产生砂眼、气孔、夹渣等缺陷，组织也不如下表面致密。如果这些加工面难以做到朝下，则应尽力使其位于侧面，当一个铸件有几个重要的加工面时，则应将较大的平面朝下，如图 1-25 所示。图 1-25（a）是合理的，它将齿轮要求较高并需要进行机械加工的齿面朝下。图 1-25（b）将齿面朝上，难以保证其质量。图 1-25（c）将齿面立放，会导致齿轮周围质量不均。

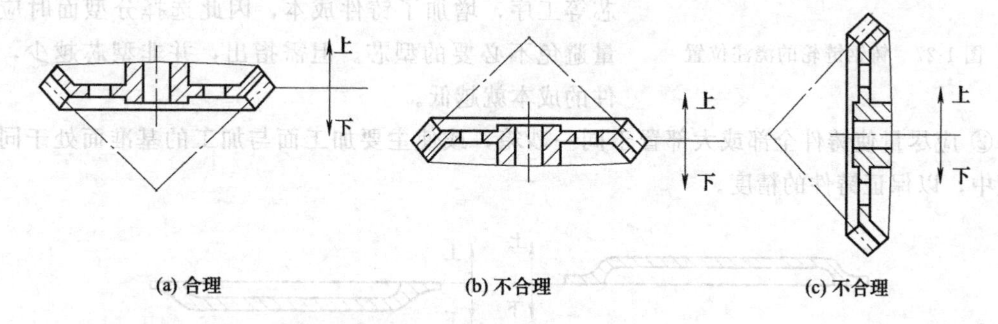

图 1-25　锥齿轮浇注位置的比较

（2）铸件的大平面应朝下　型腔的上表面除了容易产生砂眼、气孔、夹渣等缺陷外，大平面还常产生夹砂缺陷。这是由于在浇注过程中金属液对型腔上表面有强烈的热辐射，型砂因急剧热膨胀和强度下降而拱起或开裂，于是金属液进入表层裂缝之中，形成了夹砂缺陷。因此，对平板、圆盘类铸件大平面应朝下，如图 1-26 所示。

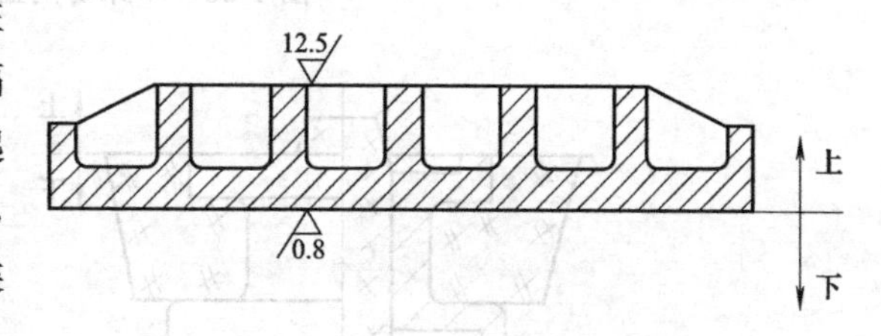

图 1-26　平板类铸件的合理浇注位置

（3）应有利于实现顺序性凝固　对于容易产生缩孔的铸件，应使厚的部分放在分型面附近的上部或侧面，以便在铸件厚实处（热节处）直接安置冒口，使之实现自下而上的顺序凝固，如图 1-27 所示。

（4）应保证铸件能充满，避免产生浇不到和冷隔缺陷　为防止铸件薄壁部分产生浇不足或冷隔缺陷，应将面积较大的薄壁部分置于铸型下部或使其处于垂直或倾斜位置。浇注薄壁件时要求金属液到达薄壁处所经过的距离或所需的时间越短越好，使金属液在静压力的作用下平稳地填充型腔的各个部分，以保证金属液的填充，避免出现浇不到和冷隔缺陷，如图 1-28 所示。

1.3.2.2 铸型分型面的选择原则

分型面是指两个半铸型相互接触的表面。一般来说，分型面在浇注位置确定后再选择。铸型分型面如果选择不当，不仅影响铸件质量，而且还会使制模、造型、制芯、合箱或清理等工序复杂化，甚至还可增大切削加工的工作量。因此，分型面的选择应能在保证铸件质量

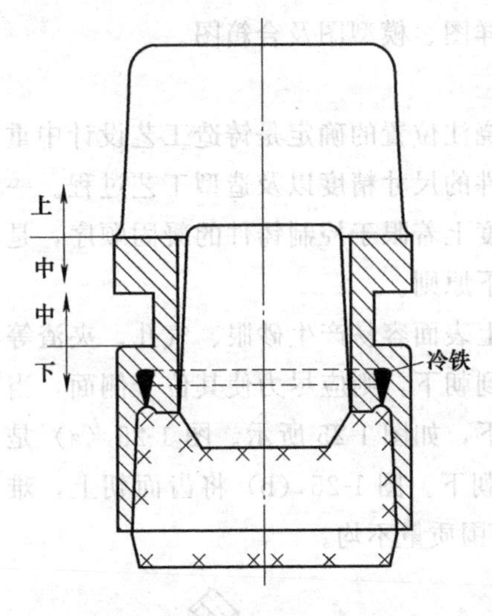

图 1-27　铸钢链轮的浇注位置

的前提下，尽量简化工艺，节省人力物力。分型面的选择是以方便其模为出发点，故选择分型面应考虑如下原则。

① 应便于起模，使造型工艺简化。尽量使分型面平直、数量少，避免不必要的活块和型芯等。应尽量使铸型只有一个分型面，以便采用工艺简便的两箱造型，同时因为多一个分型面，铸型就增加一些误差，使铸件的精度降低。如图 1-29 所示。铸件的内腔一般是由型芯形成的，有时还可用型芯来简化模型的外形，以制出妨碍起模的凸台、凹槽等，如图 1-30 所示。但制造型芯需要专门的型芯盒和型芯载，还需烘干、下芯等工序，增加了铸件成本，因此选择分型面时应尽量避免不必要的型芯。但需指出，并非型芯越少，铸件的成本就越低。

② 应尽量使铸件全部或大部置于同一砂箱，或使主要加工面与加工的基准面处于同一砂型中，以保证铸件的精度。

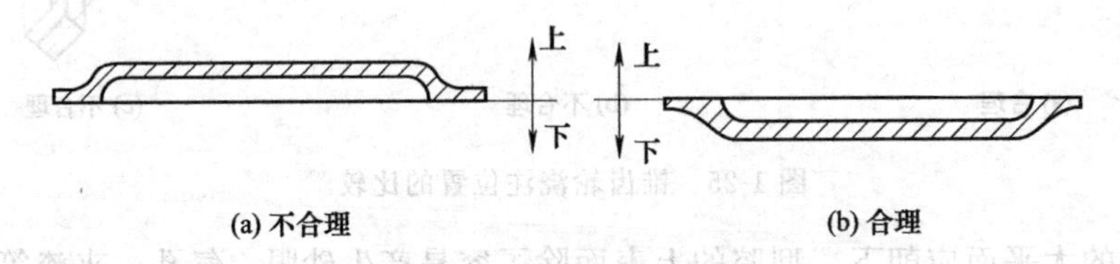

(a) 不合理　　(b) 合理

图 1-28　车床切削盘浇注位置

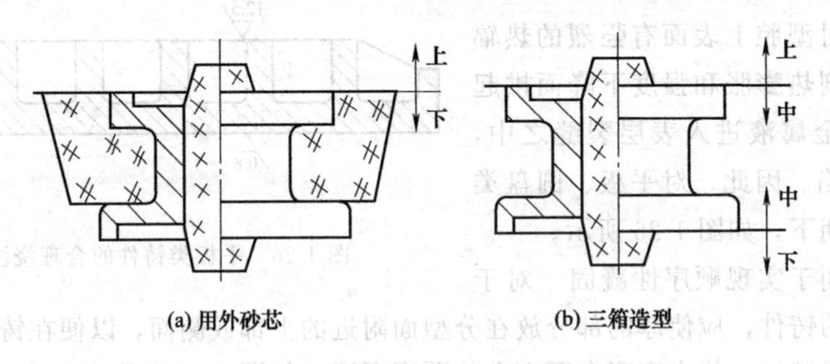

(a) 用外砂芯　　(b) 三箱造型

图 1-29　确定分型面数目的分型方案

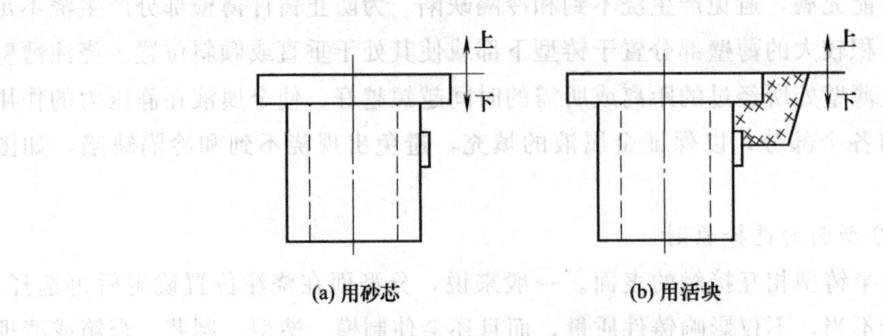

(a) 用砂芯　　(b) 用活块

图 1-30　铸件有凸台的两种方案

如图 1-31 所示为管子堵头的分型方案，铸件加工是以四方头中心线为基准加工外螺纹。若四方头与带螺纹的外圆不同心，就会给加工带来困难，甚至无法加工。

③ 分型面尽量平直。如图 1-32 所示。为摇臂铸件的分型方案，若分型面不平直成为曲面分型时，使制模和造型困难。

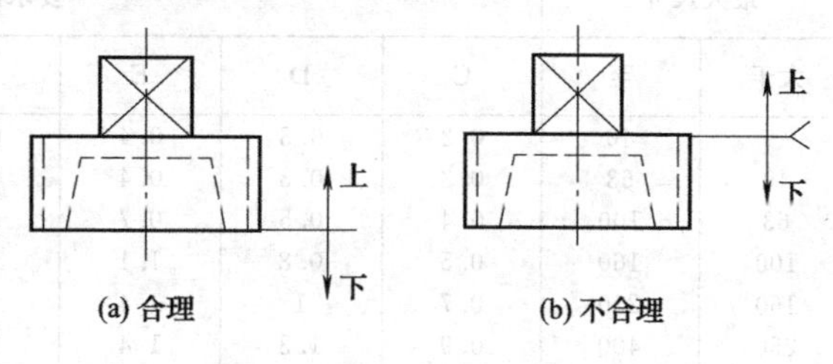

图 1-31 堵头铸件的分型方案

④ 要便于下芯、合箱及检查型腔尺寸。为便于造型、下芯、合箱和检验铸件壁厚，应尽量使型腔及主要型芯位于下箱。但下箱型腔也不宜过深，并尽量避免使用吊芯和大的吊砂，如图 1-33 所示。

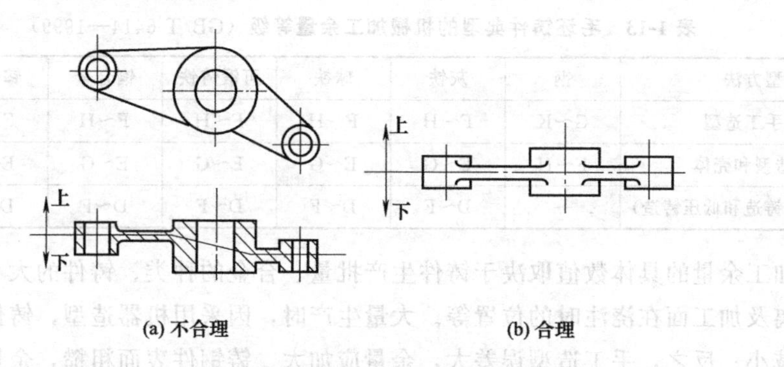

图 1-32 摇臂铸件的分型方案

上述原则，对于某个具体铸件一般难以全面满足，因此须抓住主要矛盾以全面考虑，对于次要矛盾，则应从工艺措施上设法解决。例如，质量要求很高的铸件（如机床床身、立柱、刀架、钳工平板、造纸机烘缸等），应在满足浇注位置要求的前提下再考虑造型工艺的简化。对于没有特殊质量要求的一般铸件，则以简化铸造工艺、提高经济效益为主要依据，不必过多地考虑铸件的浇注位置，仅对朝上的加工表面采用稍大的加工余量即可。

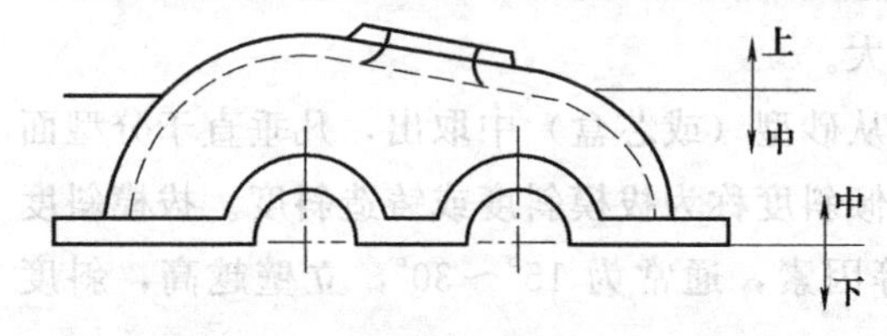

图 1-33 减速器箱盖手工造型方案

1.3.2.3 砂型铸造的工艺参数

铸造工艺参数是指铸造工艺设计时需要确定的某些工艺数据，这些工艺数据一般都与模样及芯盒尺寸有关，即与铸件的精度有密切的关系，同时也与造型、制芯、下芯及合箱的工艺过程有关。这些常用的铸造工艺参数主要包括机械加工余量、拔模斜度、收缩率、型芯头尺寸等。

(1) 机械加工余量　在铸件上为切削加工而加大的尺寸称为机械加工余量。加工余量必须慎重选取，余量过大，切削加工费时，且浪费金属材料；余量过小，制品会因残留黑皮而报废，或者因铸件表面过硬而加速刀具磨损。一般要求的机械加工余量（RMA）等级有 A、B、Z、P、Z、J、G、H、J 和 K 共 10 级。确定铸件的机械加工余量之前，需要先确定机械加工余量等级，推荐用于各种铸造合金及铸造方法的 RMA 等级列于表 1-12 中，加工余量的具体数值按表 1-13 选取。

表 1-12　推荐用于各种铸造合金及铸造方法的 RMA 等级（GB/T 6414—1999）　单位：mm

最大尺寸		要求的机械加工余量等级							
大于	至	C	D	E	F	G	H	J	K
—	40	0.2	0.3	0.4	0.5	0.5	0.7	1	1.4
40	63	0.3	0.3	0.4	0.5	0.7	1	1.4	2
63	100	0.4	0.5	0.7	1	1.4	2	2.8	4
100	160	0.5	0.8	1.1	1.5	2.2	3	4	6
160	250	0.7	1	1.4	2	2.8	4	55.5	8
250	400	0.9	1.3	1.4	2.5	3.5	5	7	10
400	630	1.1	1.5	2.2	3	4	6	9	12
630	1000	1.2	1.8	2.5	3.5	5	7	10	14
1000	1600	1.4	2	2.8	4	5.5	8	11	16

表 1-13　毛坯铸件典型的机械加工余量等级（GB/T 6414—1999）

造型方法	钢	灰铁	球铁	可锻铸铁	铜合金	锌合金	轻合金
砂型手工造型	G～K	F～H	F～H	F～H	F～H	F～H	F～H
机器造型和壳体	F～H	E～G	E～G	E～G	E～G	E～G	E～G
金属型(重力铸造和低压铸造)	—	D～F	D～F	D～F	D～F	D～F	D～F

机械加工余量的具体数值取决于铸件生产批量、合金的种类、铸件的大小、加工面与基准面的距离及加工面在浇注时的位置等。大量生产时，因采用机器造型，铸件精度高，故加工余量可减小；反之，手工造型误差大，余量应加大。铸钢件表面粗糙，余量应加大；有色合金铸件价格昂贵，且表面光洁，所以余量应比铸钢小。铸件的尺寸越大或加工面与基准面的距离越大，铸件的尺寸误差也越大，故余量也应随之加大。此外，浇注时朝上的表面因产生缺陷的概率较大，其加工余量应比底面和侧面大。

(2) 拔模斜度　为了使模型（或型芯）易于从砂型（或芯盒）中取出，凡垂直于分型面的立壁，制造模型时必须留出一定的倾斜度，此倾斜度称为拔模斜度或铸造斜度。拔模斜度的大小取决于立壁高度、造型方法、模型材料等因素，通常为 15°～30°，立壁越高，斜度越大。

起模斜度的三种形式如图 1-34 所示。一般在铸件加工面上采用增加铸件厚度法［图 1-34 (a)］；在铸件不与其他零件配合的非加工表面上，可采用三种形式的任何一种；在铸件与其他零件配合的非加工表面上，采用减少铸件壁厚法［图 1-34 (c)］或增加和减少铸件厚度法［图 1-34 (b)］。原则上，在铸件上留出起模斜度后，铸件尺寸不应超出铸件的尺寸公差。

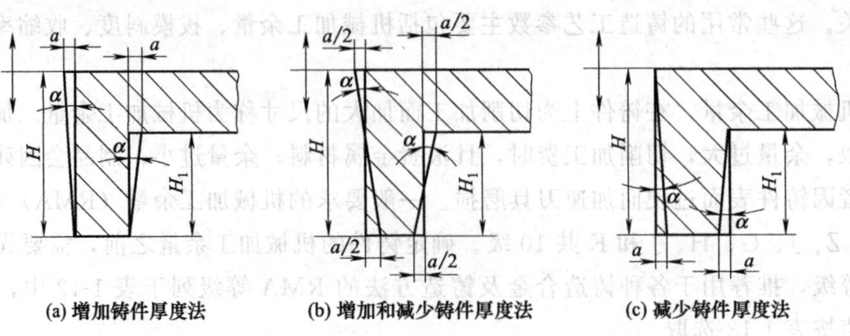

图 1-34　起模斜度的三种形式

(3) 铸造收缩率　铸造收缩率又称铸件线收缩率，是铸件从线收缩开始温度冷却至室温的线收缩率。铸造收缩率用模样与铸件的长度差占铸件长度的百分数表示：

$$\varepsilon=\frac{L_1-L_2}{L_2}\times 100\% \tag{1-2}$$

式中　ε——铸造收缩率,%；

L_1——模样长度，mm；

L_2——铸件长度，mm。

因为铸件在冷却过程中各部分尺寸都要缩小，所以必须将模样及芯盒的工作面尺寸根据铸件收缩率来放大，放大的尺寸称为缩尺。

铸造收缩率主要与合金的收缩大小和铸件收缩时受阻条件有关，如合金种类、铸型种类、砂芯退让性、铸件结构、浇冒口等。

在生产中制造模样时，为了方便起见，常用特制的缩尺，缩尺的刻度比普通尺长，其加长的量等于收缩量。常用的有0.8%、1.0%、1.5%、2.0%等缩尺。

(4) 最小铸出孔及槽　铸件的孔及槽是否铸出，不仅取决于工艺上的可能性，还必须考虑其必要性。一般来说，较大的孔、槽应当铸出，以节约金属和机加工工时，同时也可减小铸件上的热节。较小的则不必铸出，留待后加工反而更经济。一般灰铸铁件成批生产时，最小铸出孔直径为15～30mm，单件小批量生产时为30～50mm；铸钢件最小铸出孔直径为30～50mm，薄壁铸件取下限，厚壁铸件取上限。对于有弯曲形状等特殊的孔，无法机械加工时，则应直接铸造出来。需用钻头加工的孔（中心线位置精度要求高的孔）最好不铸出。难于加工的合金材料，如高锰钢等铸件的孔和槽应铸出。铸件的最小孔和槽的数值可查相关手册。

1.4 特种铸造

1.4.1 熔模铸造

熔模铸造又称失蜡铸造，它是先制造蜡模，然后在蜡模上涂覆一定厚度的耐火材料，待耐火材料层固化后，将蜡模熔化去除而制成型壳，型壳经高温焙烧后进行浇铸获得铸件的铸造方法。用熔模铸造制造的铸件具有较高的尺寸精度和较好的表面质量。

(1) 熔模铸造的工艺过程　熔模铸造通常包括制造蜡模、结壳、脱蜡、熔烧型壳、浇铸和脱壳与清理等工艺过程，如图1-35所示。

① 制造蜡模。蜡模材料常用石蜡、硬脂酸和其他一些化工原料配制，以满足工艺要求为准。首先将具有一定温度的蜡料压入压型（压制熔模用的模具），冷凝后取出即为蜡模。为提高生产率，常把数个蜡模熔焊在蜡棒上，成为蜡模组。

② 结壳。在蜡模组表面浸挂一层以黏结剂和耐火材料粉配制的涂料，然后在上面撒一层较细的耐火砂，并放入固化剂（如氯化物水溶液）中硬化。如此反复多次，使蜡模组外面形成由多层耐火材料组成的坚硬型壳（一般为4～10层），型壳的总厚度为5～7mm。

③ 熔化蜡模（脱蜡）。通常将带有蜡模组的型壳放在80～90℃的热水或高温蒸汽中，使蜡料熔化后从浇注系统中流出。

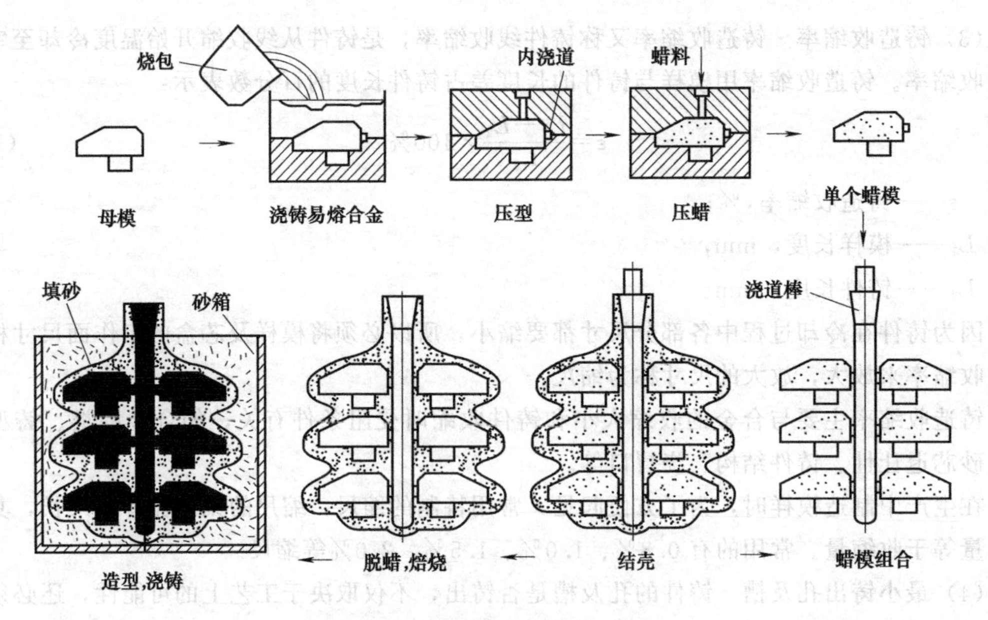

图 1-35　熔模铸造的工艺过程

④ 熔烧型壳。把脱蜡后的型壳放入加热炉中，加热到 800～950℃，保温 0.5～2h，烧去型壳内的残蜡和水分，并使型壳强度进一步提高。

⑤ 浇注。将型壳从熔烧炉中取出后，周围堆放干砂，加固型壳，然后趁热（600～700℃）浇入合金液，并凝固冷却。

⑥ 脱壳与清理。用人工或机械方法去掉型壳并切除浇冒口，清理后即得铸件。

（2）熔模铸造铸件的结构工艺性　熔模铸造铸件的结构，除应满足一般铸造工艺的要求外，还具有其特殊性。铸孔一般应大于 2mm，铸孔太小和太深，则不得不采用陶瓷芯，这就使得工艺复杂，清理困难。铸件壁厚不可太薄，一般为 2～8mm。熔模铸造工艺一般不用冷铁，少用冒口，多用直浇道直接补缩，故铸件的壁厚应尽量均匀，不能有分散的热节。

（3）熔模铸造的特点和应用

① 熔模铸造的铸件精度高、表面质量好，铸件尺寸精度可达 IT11～IT14，表面粗糙度为 $Ra2.5\sim6.3\mu m$。如熔模铸造的涡轮发动机叶片，铸件精度已达到无加工余量的要求。

② 可制造形状复杂铸件。其最小壁厚可达 0.3mm，最小铸出孔径为 0.5mm。对由几个零件组合成的复杂部件，可用熔模铸造一次铸出。

③ 可铸造各种合金。用于高熔点和难切削合金，更具显著的优越性。

④ 生产批量基本不受限制。既可成批、大批量生产，又可单件、小批量生产。

⑤ 熔模铸造工序繁杂，生产周期长，原、辅材料费用高，生产成本较高。由于受蜡模与型壳强度、刚度的限制，熔模铸造铸件一般不宜太大、太长，主要用于生产汽轮机及燃气轮机的叶片、泵的叶轮、切削刀具以及飞机、汽车、拖拉机、风动工具和机床上的小型零件。

1.4.2　金属型铸造

金属型铸造是将液态金属在重力作用下浇入金属铸型以获得铸件的一种方法。铸型用金属制成，可以反复使用几百次到几千次，故又称硬模铸造。

(1) 金属型的结构与材料　根据分型面位置的不同，金属型可分为垂直分型式、水平分型式和复合分型式三种结构。其中，垂直分型式金属型开设浇注系统和取出铸件比较方便，易实现机械化，应用较广，如图 1-36 所示。金属型的材料熔点一般应高于浇注合金的熔点。如浇注锡、锌等低熔点合金，可用灰铸铁制造金属型；浇注铝、铜等合金，则要用合金铸铁或钢制金属型。金属型用的芯子有砂芯和金属芯两种。

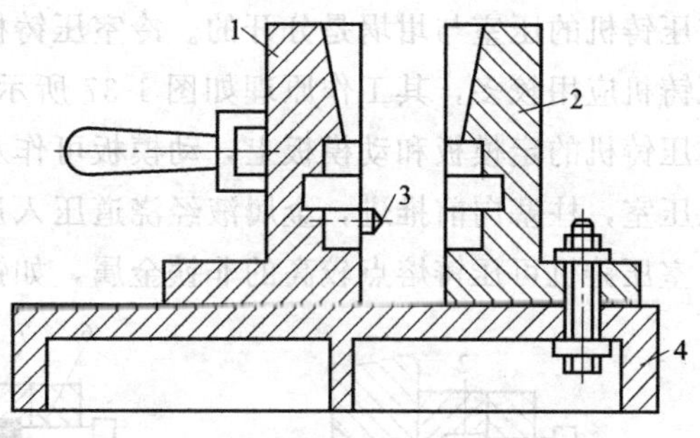

图 1-36　垂直分型式金属型

1—动型；2—定型；3—定位销；4—底座

(2) 金属型铸件的结构工艺性

① 金属型无退让性，铸件结构要保证能顺利出型，铸件结构斜度比砂型铸件大。

② 铸件壁厚要均匀，以防出现缩松或裂纹。同时，为防止浇不足、冷隔等缺陷，铸件的壁厚不能过薄，如铝硅合金铸件最小壁厚为 2～4mm，铝镁合金为 3～5mm，铸铁为 2.5～4mm。

③ 铸孔的孔径不能过小、过深，以便于金属型芯的安放和抽出。

(3) 金属型铸造工艺措施　金属型导热速度快，没有退让性和透气性，为了确保获得优质铸件和延长金属型的使用寿命，必须采取下列工艺措施。

① 加强金属型的排气。在金属型腔上部设排气孔、通气塞，在分型面上开通气槽等。

② 在型腔表面喷刷涂料。金属型与高温金属液直接接触的工作表面上应喷刷耐火涂料，以保护金属型，并可调节铸件各部分冷却速度，提高铸件质量。

③ 预热金属型。金属型浇注前需预热，预热温度一般为 200～350℃，目的是防止金属液冷却过快而造成浇不到、冷隔和气孔等缺陷。

④ 开型。金属型无退让性，如果浇注后铸件在铸型中停留时间过长，易引起过大的铸造应力而导致铸件开裂，因此，应及时从铸型中取出。通常铸铁件出型温度为 780～950℃，开型时间为 10～60s。

(4) 金属型铸造的特点及应用范围

① 尺寸精度可达 IT12～IT16，表面粗糙度为 $Ra2.5$～$6.3\mu m$，机械加工余量小。

② 由于金属型的导热性好，冷却速度快，铸件的晶粒较细，力学性能好。

③ 一型多铸，劳动生产率高。节省造型材料，环境污染小，劳动条件好。金属型制造成本高，不宜生产大型、形状复杂和薄壁的铸件。受金属型材料熔点的限制，熔点高的合金不适宜用金属型铸造。

1.4.3　压力铸造

压力铸造（简称压铸）是将熔融合金在高压（5～150MPa）条件下高速充型，并冷却凝固成型的精密铸造方法。压力铸造需要使用压铸机和金属铸型。压铸所用的压射比压为30～70MPa，金属液充满铸型的时间为 0.01～0.2s，所以高压和高速是压力铸造的重要特点。

(1) 压铸生产设备和压铸工艺过程　压铸机是压铸生产的基本设备，根据压室工作条件不同，可分为冷室压铸机和热室压铸机两种类型。热室压铸机的压室与坩埚连成一体，而冷室压铸机的压室与坩埚是分开的。冷室压铸机又可分为立式和卧式两种，目前以卧式冷压室压铸机应用较多，其工作原理如图 1-37 所示。压铸型由定型和动型两部分组成，分别固定在压铸机的定模板和动模板上，动模板可作水平移动。动型与定型合型后，将定量金属液浇入压室，柱塞向前推进，金属液经浇道压入压铸模型腔中，凝固后开型，顶杆将铸件推出。冷室压铸机可压铸熔点较高的非铁金属，如铜、铝、镁和锌合金等。

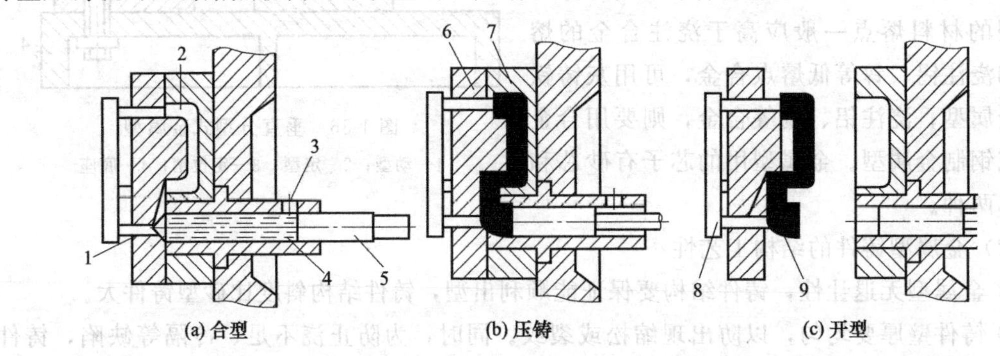

图 1-37 卧式冷压室压铸机工作原理

1—浇道；2—型腔；3—浇入金属液处；4—液态金属；5—压射冲头；
6—动型；7—型；8—顶杆；9—铸件及余料

(2) 压铸件的结构工艺性

① 压铸件上应消除内侧凹，以保证压铸件从压型中顺利取出。

② 压力铸造可铸出细小的螺纹、孔、齿和文字等。

③ 压力铸造应尽可能采用薄壁并保证壁厚均匀。由于压铸工艺的特点，金属浇注和冷却速度都很快，厚壁处不易得到补缩而形成缩孔和缩松。压铸件适宜的壁厚为：铝合金 1.5～5mm，锌合金 1～4mm，铜合金 2～5mm。

④ 对于复杂而无法取芯的铸件或局部有特殊性能（如耐磨、导电、导磁和绝缘等）要求的铸件，可采用嵌铸法，把镶嵌件先放在压型内，然后和压铸件铸合在一起。

(3) 压力铸造的特点及其应用范围

① 高压和高速充型是压力铸造的最大特点，因此，它可以铸出形状复杂、轮廓清晰的薄壁铸件，如铝合金压铸件的最小壁厚可为 0.5mm，最小铸出孔直径为 0.7mm。

② 铸件的尺寸精度高（公差精度等级可达 IT11～IT13），表面质量好（表面粗糙度为 $Ra3.2$～$5.6\mu m$），一般不需机械加工可直接使用；而且组织细密，铸件强度高。

③ 压铸件中可嵌铸其他材料（如钢、铁、铜合金、金刚石等）的零件，以节省贵重材料和机械加工工时。有时嵌铸还可以代替部件的装配过程。

④ 生产率高，劳动条件好，压力铸造是所有铸造方法中生产率最高的。

压力铸造存在的不足之处主要是：压铸机造价高、投资大，铸型结构复杂、成本费用高、生产周期长。由于液态金属高速充型，液流中易卷入大量气体，最后以气孔的形式留在压铸件中，因此压铸件机械加工的余量不能过大，以免气孔暴露于表面，影响铸件的使用性能。压铸件一般也不能进行热处理，因为在高温时，铸件内部的气体会膨胀而使表面鼓泡。

压力铸造主要适用于大批量生产非铁合金（铝合金、镁合金、锌合金等）的中小型铸件，如汽缸盖、箱体、发动机汽缸体、化油器、发动机罩、管接头、仪表和照相机的壳体与支架、齿轮等，在汽车、拖拉机、仪表、电器、航空、医疗器械等行业获得广泛的应用。

1.4.4 低压铸造

低压铸造是液体金属在压力作用下由下而上填充型腔而后凝固形成铸件的方法。所用的压力较低，一般为0.02~0.06MPa。

(1) 低压铸造的工艺过程　低压铸造装置如图1-38所示。下部是密闭的保温坩埚炉，贮存金属液。坩埚炉顶部紧固着铸型（通常为金属型），升液管使金属液与浇注系统相通。具体工艺过程是：先预热铸型，而后向型腔内喷刷涂料。压铸时，先缓慢地向坩埚炉内通入干燥的压缩空气，金属液受压力作用，沿升液管和浇注系统充满型腔。这时将气压上升到规定值，使金属液在压力下结晶。凝固后，使大气与坩埚相通，液面压力恢复到大气压，在升液管及浇注系统中尚未凝固的金属液回流到坩埚中。然后开启铸型，取出铸件。

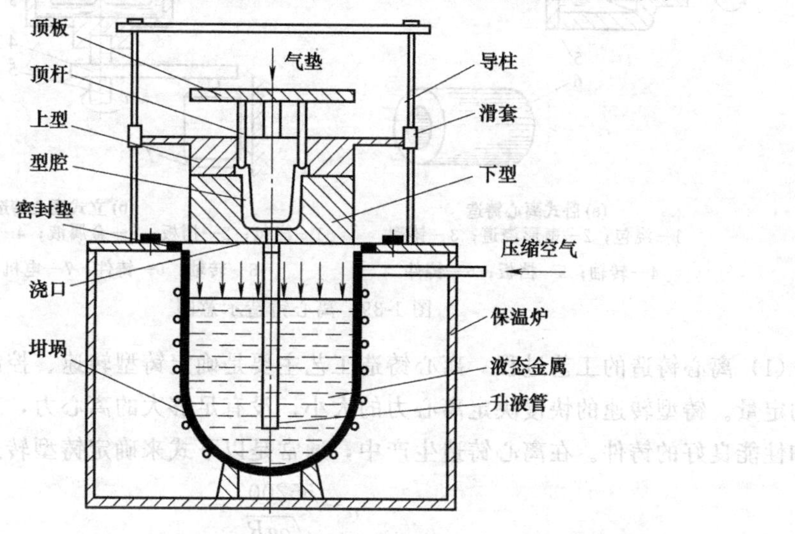

图1-38　低压铸造示意图

(2) 低压铸造的特点及应用　低压铸造金属液充型平稳，对铸型的冲刷力小，故可适用各种不同的铸型（砂型或金属型）；金属在压力下结晶，而且浇口内的金属液在压力作用下保持着一定的补缩作用，故铸件组织致密，力学性能高；金属液在外界压力作用下强迫流动，提高了其充型能力，铸件的成型性好，合格率高。此外，低压铸造设备投资少，便于操作，易于实现机械化和自动化。

低压铸造主要适用于对铸造质量要求较高的铝合金、镁合金铸件，也可用于形状复杂或薄壁壳体类铸铁件，如汽缸体、汽缸盖、曲轴、活塞、曲轴箱等。

1.4.5 离心铸造

离心铸造是指将熔融金属浇入高速旋转的铸型中，使液体金属在离心力作用下填充铸型并凝固成形的一种铸造方法。

离心铸造是将液体金属浇入旋转的铸型中，在离心力的作用下完成金属液的填充和凝固成形的一种铸造方法。离心铸造必须在专门的设备——离心铸造机上完成。根据铸型旋转轴在空间位置的不同，离心铸造机可分为卧式离心铸造机和立式离心铸造机两种类型。

卧式离心铸造机的铸型是绕水平轴或与水平线成一定夹角（小于15°）的轴线旋转的，

如图 1-39（a）所示。它主要用来生产长度大于直径的套筒类或管类铸件，在铸铁管和汽缸套的生产中应用极广。

立式离心铸造的铸型是绕垂直轴旋转的，如图 1-39（b）所示。它主要用于生产高度小于直径的圆环类铸件，如轮圈和合金轧辊等，有时也可在这种离心机上浇注异形铸件。由于在立式铸造机上安装及稳固铸型比较方便，因此，不仅可采用金属型，也可采用砂型、熔模壳型等非金属型。

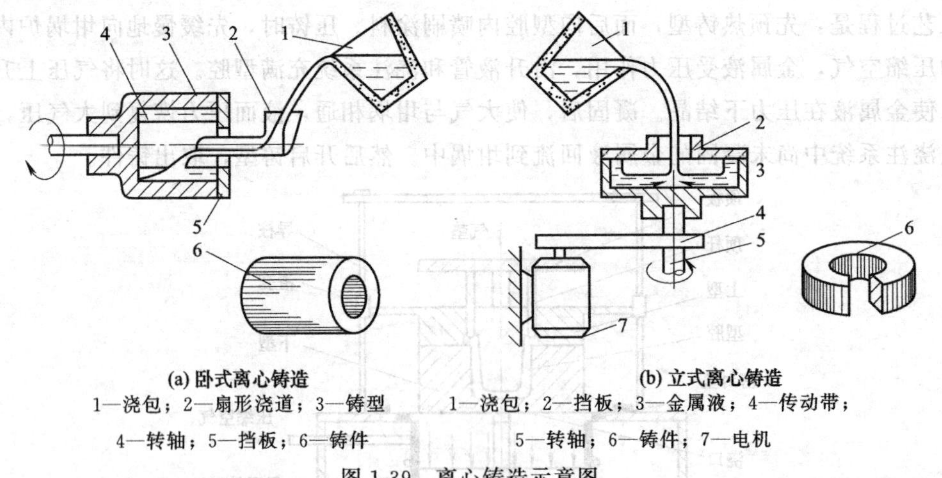

(a) 卧式离心铸造
1—浇包；2—扇形浇道；3—铸型
4—转轴；5—挡板；6—铸件

(b) 立式离心铸造
1—浇包；2—挡板；3—金属液；4—传动带；
5—转轴；6—铸件；7—电机

图 1-39　离心铸造示意图

（1）离心铸造的工艺过程　离心铸造工艺主要是确定铸型转速、控制浇注温度以及金属液的定量。铸型转速的快慢决定离心力的大小，没有足够大的离心力，就不可能获得形状正确和性能良好的铸件。在离心铸造生产中，通常是以下式来确定铸型转速。

$$n=\frac{55200}{\sqrt{\rho g R}} \tag{1-3}$$

式中　n——铸型转速，r/min；

ρ——液态金属的密度，kg/m³；

g——重力加速度；

R——铸件内表面半径，m。

一般情况下，铸型转速在 250～1500r/min 的范围内。浇注筒状或环状铸件时，铸件的孔将由金属液的自由表面形成，铸件壁厚的大小取决于金属液的多少，一般可根据定容积法和定重量法来控制。

（2）离心铸造的特点及应用范围

① 液体金属在铸型中能形成中空的自由表面，不用型芯即可铸出中空铸件，大大简化了套筒、管类铸件的生产过程。

② 液体金属受离心力作用，离心铸造提高了金属填充铸型的能力，因此一些流动性较差的合金和薄壁铸件都可用离心铸造法生产。

③ 由于离心力的作用，改善了补缩条件，气体和非金属夹杂物也易于自金属液中排出，产生缩孔、缩松、气孔和夹杂等缺陷的倾向较小。

④ 无浇铸系统和冒口，可节约金属。

由于离心力的作用，金属中的气体、熔渣等因密度较小而集中在铸件内表面，所以内孔尺寸不精确，质量较差，必须增加加工余量。铸件有成分偏析和密度偏析。

1.4.6 挤压铸造

挤压铸造是将符合一定化学成分要求的定量金属液浇入铸型型腔并施加较大的机械压力，使其在压力下凝固、成形后获得毛坯或零件的一种工艺方法。挤压铸造按液体金属填充的特性和受力情况可分为柱塞挤压、直接冲头挤压、间接冲头挤压等，如图1-40所示。

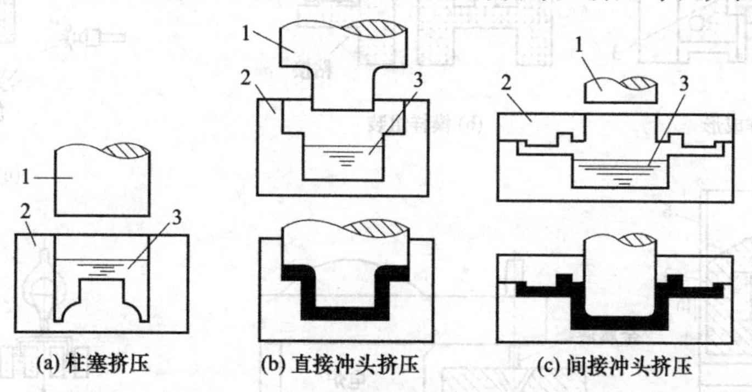

图1-40 三种挤压铸造原理图

1—压头；2—铸型；3—金属液

(1) 挤压铸造的工艺过程　铸型准备，加热到一定温度时在型腔表面喷涂料，将铸型预热，然后进行浇注，即将定量的金属液浇入型腔，再进行合型加压，将上、下型锁紧，依靠冲头压力使金属液充满型腔，进而升压到预定的压力并保持一定时间，使金属液在压力下凝固，最后卸压、开型、取出铸件。

(2) 挤压铸造的特点及应用范围　挤压铸造生产的铸件尺寸精度高，表面粗糙度值低，加工余量小；铸件冷却速度快，晶粒细小，力学性能好；无需设置浇冒口系统，金属利用率高；工艺过程较简单，生产率较高，易于实现机械化和自动化。与压力铸造相比，挤压铸造时金属液充型平稳，补缩效果好，因而铸件的气孔和缩孔倾向小，致密度高。挤压铸件允许的厚度和重量也大于压铸件。

目前，挤压铸造已应用来生产活塞、汽缸体、轮毂、阀体等。

1.4.7 消失模铸造

消失模铸造又称气化模铸造或实型铸造。它是采用聚苯乙烯泡沫塑料模样代替普通模样紧实造型，造好铸型后不取出模样，直接浇入金属液，在高温金属液的作用下，模样受热气化、燃烧而消失，金属液取代原来泡沫塑料模样占据的空间位置，冷却凝固后即获得所需的铸件。消失模铸造的工艺过程如图1-41所示。消失模铸造与砂型铸造相比具有如下特点。

(1) 铸件的尺寸精度高、表面粗糙度低　因铸型紧实后不用起模、分型，没有铸造斜度和活块，取消了砂芯，因此避免普通砂型铸件尺寸误差和错箱等缺陷；同时由于泡沫塑料模样的表面粗糙度较低，故消失模铸件的模表面粗糙度也较低。铸件的尺寸精度可达CT5～6级，表面粗糙度可达 Ra 6.3～12.5μm。

(2) 增大了铸件结构设计的自由度　消失模铸造由于没有分型面，也不存在下芯、起模等问题，许多在普通砂型铸造中难以铸造的铸件结构在消失模铸造中也不存在任何困难。

(3) 简化了铸件生产工序，提高了劳动生产率，容易实现清洁生产　因消失模铸造不用砂芯，省去了芯盒制造、芯砂配制、砂芯制造等工序；型砂不需要黏结剂，铸件落砂及砂处

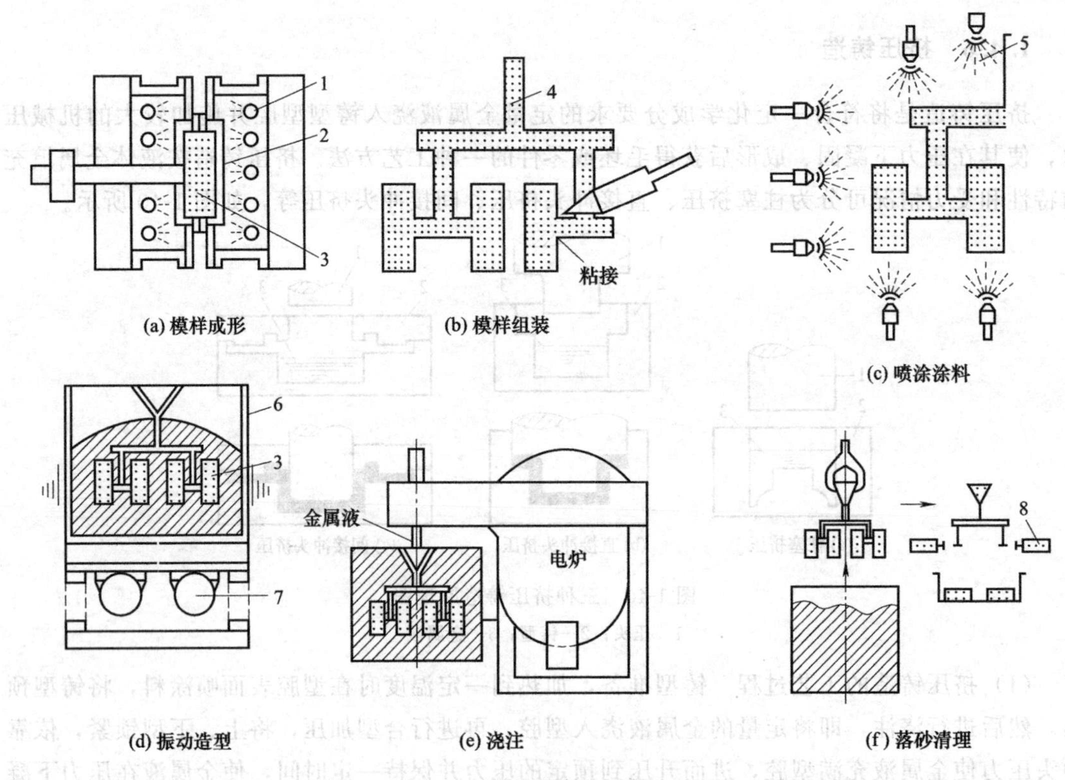

图 1-41　消失模铸造工艺过程

1—水冷通道；2—模具；3—泡沫塑料模样；4—浇道；5—涂料；6—砂箱；7—振动台；8—铸件

理系统简便；同时，劳动强度降低、环境改善。

(4) 减少了材料消耗，降低了铸件成本　因消失模铸造采用无黏结剂干砂造型，可节省大量型砂黏结剂，旧砂可以全部回用。型砂紧实及旧砂处理设备简单，所需的设备也较少。

总之，消失模铸造是一种液态金属精确成形技术之一，近年来，随着消失模铸造中的关键技术不断取得突破，其应用的增长速度加快。

1.5　金属液态成形技术的发展

1.5.1　固态金属铸造成形技术

半固态金属的基本成形工艺分为流变成形（rheoforming）和触变成形（thixoforming）两种，工艺过程如图 1-42 所示。经加热熔炼的合金原料液体通过机械搅拌、电磁搅拌或其他复合搅拌，在结晶凝固过程中形成半固态浆料，接着的工艺分为两种：一种是将半固态浆料直接压入模具腔进而压铸成形或对半固态浆料进行直接轧制、挤压等加工方式成形，即流变成形；另一种是将半固态浆料制成锭坯，经过重新加热至半固态温度，形成半固态浆料再进行成形加工，此即触变成形。半固态金属成形工艺生产出的制品与普通加工方法相比质量更好，这是由于触变材料比液态金属的黏度更大，成形温度更低。以压铸为例，半固态金属是以“较黏的固态前端”填充铸型，而与之相比的金属液则呈“飞溅浪花状”充型，这就更容易卷入气体和夹杂从而产生缺陷；由于半固态金属凝固收缩比全液态金属明显减少，使零

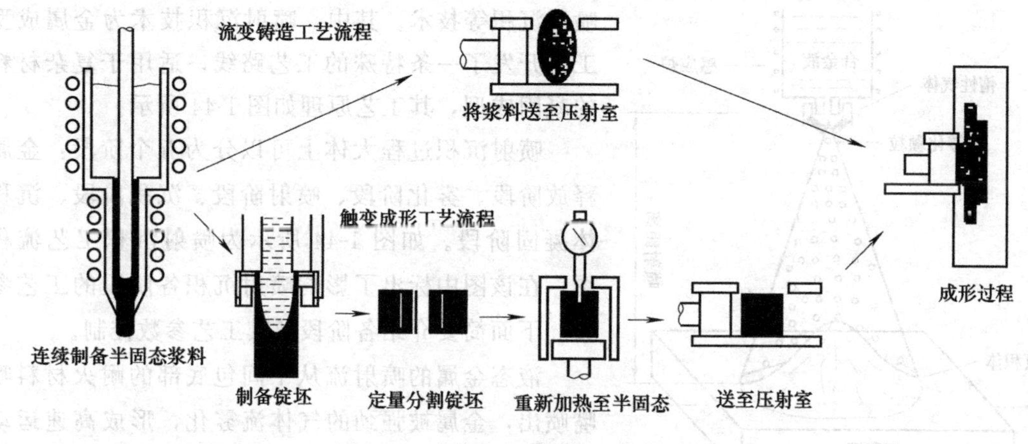

图 1-42　半固态金属成形工艺流程图

件完整性得以改善，尺寸近净形化。

目前，采用半固态成形的铝和铝合金件已经成功地应用于汽车工业的特殊零件上。生产出的汽车零件主要有：汽车轮毂、主制动缸体、反锁阀体、盘式制动钳、动力换向壳体、离合器总泵体、发动机活塞、液压管接头、空压机本体、空压机盖等。

半固态金属触变注射成形工艺近乎采用了塑料注射成形的方法和原理（其结构示意图如图 1-43 所示），目前该设备系统主要用于镁合金零件的半固态注射成形。其成形过程为被制成粒料、梢料或细块料的镁合金原料从料斗中加入；在螺旋进给器的作用下，镁合金材料被向前推进并加热至半固态；一定量的半固态金属在螺旋进给器的前端累积；最后在注射缸的作用下，半固态金属被注射入模具内成形。

该成形方法的优点是成形温度低（比镁合金压铸温度低约 100℃）、成形时不需要气体保护、制件的气孔隙率低（低于 0.069%）、制件的尺寸精度高等。此方法是目前国外成功地用于实际生产唯一的“一步法”半固态金属成形工艺。

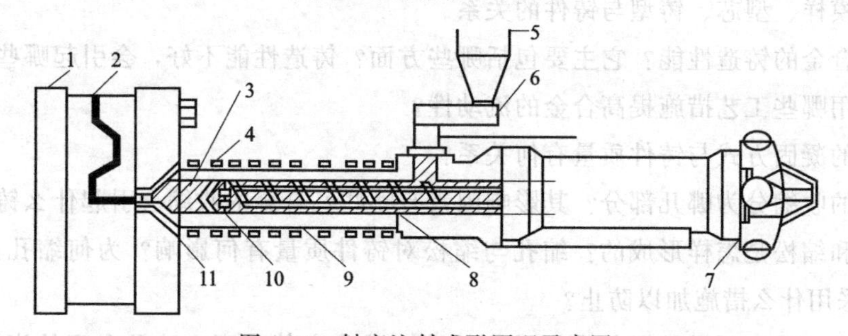

图 1-43　触变注射成形原理示意图

1—模具架；2—模型；3—半固态镁合金累积器；4—加热器；5—镁粒料斗；6—给料器；7—旋转驱动及注射系统；8—螺旋给进器；9—筒体；10—单向阀；11—射嘴

该方法的缺点是所用原材料为粒料、梢料或细块料，原材料的成本高；由于半固态金属的工作温度较高，机器内螺杆及内衬等构件材料的使用寿命短，高温下构件材料的耐磨、耐蚀性有待提高。

1.5.2　近净成形铸造技术

该项技术主要包括薄板坯连铸（厚度 40～100mm）、带钢连铸（厚度小于 40mm）以及

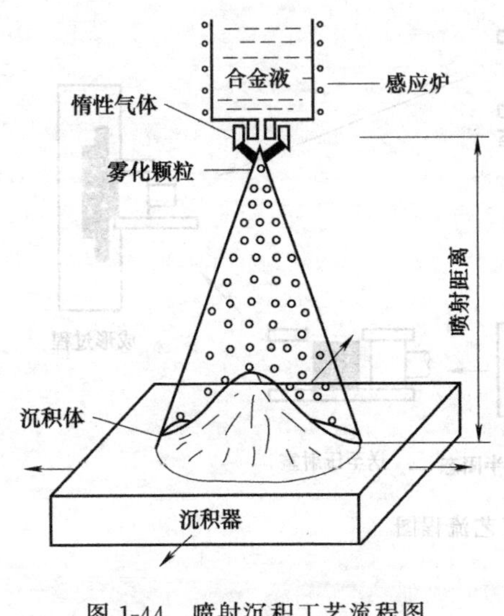

图 1-44　喷射沉积工艺流程图

喷射沉积等技术。其中，喷射沉积技术为金属成型工艺开发了一条特殊的工艺路线，适用于复杂材料的凝固成型，其工艺原理如图 1-44 所示。

喷射沉积过程大体上可以分为五个阶段：金属释放阶段、雾化阶段、喷射阶段、沉积阶段、沉积体凝固阶段。如图 1-44 所示为喷射沉积工艺流程图，在该图中标出了影响喷射沉积各阶段的工艺参数。下面简要介绍各阶段及其工艺参数控制。

液态金属的喷射流从中间包底部的耐火材料喷嘴喷出，金属被强劲的气体流雾化，形成高速运动的液滴。雾化液滴与基体接触前，温度介于固、液相温度之间。随后液滴冲击在基体上，完全冷却和凝固，形成致密的产品。根据基体的几何形状和运动方式，可以生产各种形状的产品，如小型材、圆盘、管子和复合材料等。当喷射锥的方向沿平滑的循环钢带移动时，便可得到扁平状的产品。多层材料可由几个雾化装置连续喷雾成型，空心的产品也可采用类似的方法制成，将液态金属直接喷射到旋转的基体上，可制成管坯、圆坯和管子。以上讨论的各种方式均可在喷射射流中加入各种颗粒，制成颗粒复合材料。该工艺是可代替带钢连铸或粉末冶金的一种生产工艺。

习题与思考题

1. 试说明铸造生产的特点及其存在的主要问题。

2. 砂型铸造的生产过程包括哪几个主要工序？

3. 指出模样、型芯、铸型与铸件的关系。

4. 何谓合金的铸造性能？它主要包括哪些方面？铸造性能不好，会引起哪些缺陷？

5. 可采用哪些工艺措施提高合金的流动性？

6. 合金的凝固方式与铸件质量有何关系？

7. 合金的收缩分为哪几部分？其影响因素有哪些？合金的收缩会引起什么铸造缺陷？

8. 缩孔和缩松是怎样形成的？缩孔与缩松对铸件质量有何影响？为何缩孔比缩松较容易防止？可采用什么措施加以防止？

9. 如图 1～图 4 所示的零件采用砂型铸造，试确定其造型方法及合理的浇注位置和分型面。

10. 何谓铸件的浇注位置？它是否就是指铸件上的内浇道位置？铸件的浇注位置对铸件的质量有什么影响？应按何原则来选择？

11. 试述分型面与分模面的概念。分模造型时，其分型面是否就是其分模面？从保证质量与简化操作两方面考虑，确定分型面的主要原则有哪些？

12. 分析砂型铸造、金属型铸造、压力铸造、低压铸造、熔模铸造、陶瓷型铸造、消失模铸造、离心铸造的特点及适用范围。

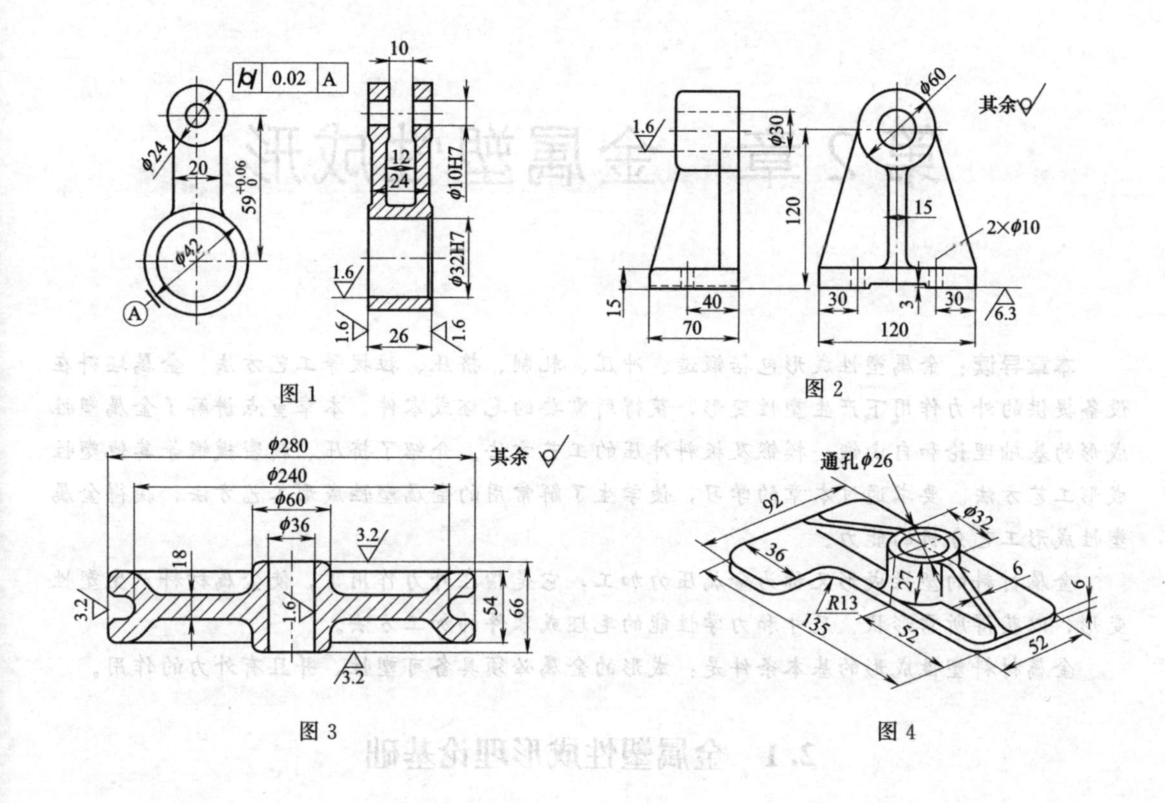

0.02
A
10
φ24
20
59 +0.06 0
12
24
φ10H7
φ42
φ32H7
1.6
26
φ60
φ30
其余
15
120
2×φ10
40
70
30
3
6.3
φ280
φ240
φ60
φ36
3.2
18
54
66
通孔φ26
92
φ32
36
6
27
R13
135
52

图 1

图 2

图 3

图 4

第2章　金属塑性成形

本章导读：金属塑性成形包括锻造、冲压、轧制、挤压、拉拔等工艺方法。金属坯料在设备提供的外力作用下产生塑性变形，获得所需要的毛坯或零件。本章重点讲解了金属塑性成形的基础理论和自由锻、模锻及板料冲压的工艺方法。介绍了挤压、精密模锻等其他塑性成形工艺方法。要求通过本章的学习，使学生了解常用的金属塑性成形工艺方法，获得金属塑性成形工艺分析的能力。

金属材料的塑性成形又称为金属压力加工，它是指在外力作用下，使金属材料产生塑性变形，以获得所需形状、尺寸和力学性能的毛坯或零件的加工方法。

金属材料塑性成形的基本条件是：成形的金属必须具备可塑性，并且有外力的作用。

2.1　金属塑性成形理论基础

2.1.1　金属塑性变形

2.1.1.1　金属的塑性变形

金属塑性变形时，由外力引起的金属内部应力超过该金属的屈服点，其内部的原子排列位置将发生不可逆变化。滑移变形和孪生变形是金属晶内塑性变形的两种基本形式，滑移是在切应力的作用下晶体的一部分相对于另一部分沿一定的晶面和晶向发生相对的滑移；孪生是晶体在切应力作用下，晶格的一部分相对于另一部分沿孪晶面发生相对转动的结果，如图2-1和图2-2所示。滑移变形是金属最主要的塑性变形方式。

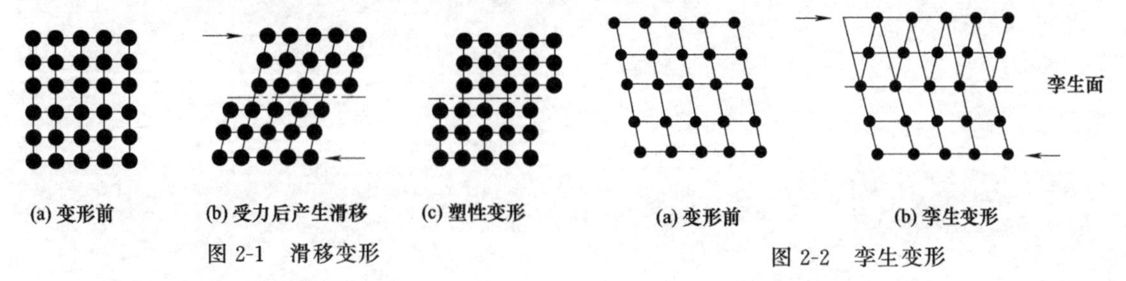

图2-1　滑移变形

图2-2　孪生变形

金属的塑性变形还包括晶界变形，分为晶界滑动和晶界迁移两种形式，是由于各晶粒间的相对位移和转动所引起的。

实际使用的金属材料由多晶体构成的，其塑性变形过程复杂，变形不均匀，变形抗力较大。

2.1.1.2　金属塑性变形规律

（1）最小阻力定律　金属在塑性变形过程中，其质点都将沿着阻力最小的方向移动。

应用最小阻力定律可以分析塑性成形时金属的流动。一般来说，金属内某一质点在塑性变形时移动的最小阻力方向就是通过该质点向金属变形部分的周边所作的最短法线的方向。如图 2-3 所示为正方形截面的金属坯料在镦粗变形时金属的流动。

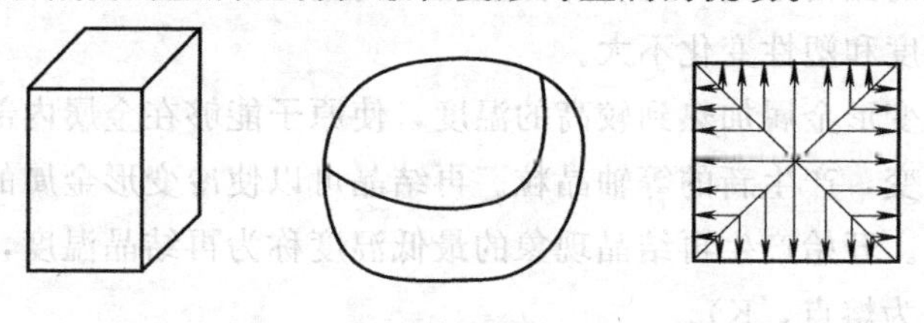

(a) 正方形截面坯料　(b) 镦粗变形　(c) 金属质点流动方向

图 2-3　镦粗变形时的金属流动

(2) 体积不变定理　金属塑性成形时金属变形后的体积等于变形前的体积。

依据体积不变定律，在金属塑性变形时，坯料一个方向上的尺寸减少，必然在其他方向上的尺寸有所增加。所以，根据体积不变定律可以确定金属塑性变形的毛坯尺寸和各中间工序尺寸的变化。

2.1.2　金属塑性变形后的组织与性能

根据金属材料塑性变形时的温度不同，可以分为冷变形和热变形。金属在再结晶温度以下进行的塑性变形称为冷变形；金属在再结晶温度以上进行的塑性变形称为热变形。

2.1.2.1　冷变形对金属组织与性能的影响

(1) 冷变形后的金属显微组织　冷变形会使金属的显微组织发生明显的改变，由最初的等轴晶粒沿主变形方向被拉长，变形量越大，晶粒的伸长程度越明显。当变形量很大时，晶界被破坏，形成纤维组织。纤维组织具有明显的方向性，如图 2-4 所示。当金属的冷变形量足够大时，会形成“形变织构”，它是由于金属内部的大部分晶粒沿主变形方向排列而产生的择优取向引起的。形变织构使金属的力学性能产生各向异性。

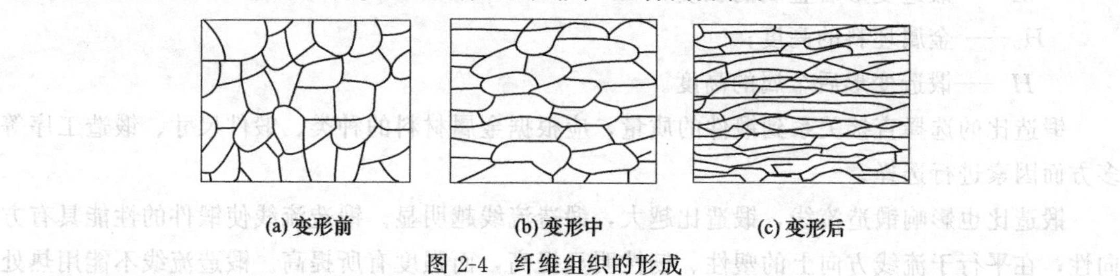

(a) 变形前　(b) 变形中　(c) 变形后

图 2-4　纤维组织的形成

(2) 加工硬化　金属冷变形时，随着变形量的增加，金属的强度和硬度提高，塑性和韧性下降的现象。

不同金属材料在相同的塑性变形时其加工硬化程度会有所不同。金属材料的加工硬化使其变形抗力增加，塑性下降，并使其继续变形受到影响。因此，在实际生产中采用中间退火工艺来消除加工硬化，降低变形抗力，使塑性变形能够继续进行。加工硬化还可以用来强化金属材料，特别是对一些不能用热处理强化的金属材料。

(3) 残余应力　残余应力是指金属材料除去变形外力后残余在内部的应力。残余应力主要由于金属在外力作用下变形不均匀而引起的。残余应力使金属内部的原子处于一种高能状态，具有自发恢复到平衡状态的倾向，因此在特定的条件下，残余应力会释放出来。

冷变形使金属的组织处于热力学不稳定状态，可以通过回复和再结晶来改善其性能。

回复是指将冷成形后的金属材料加热到（0.25～0.3）T_m（T_m 为熔点，K）以下的温度范围，可以消除晶粒的晶格扭曲，显著降低金属的内应力，而金属内部晶粒的尺寸和形状无明显变化，金属的强度和塑性变化不大。

再结晶是指将冷变形金属加热到较高的温度，使原子能够在金属内部重新排列，促使变形组织向稳定状态转变，产生新的等轴晶粒。再结晶可以使冷变形金属的强度和硬度显著下降，塑性和韧性提高。开始产生再结晶现象的最低温度称为再结晶温度，对于纯金属再结晶温度约为 $0.4T_m$（T_m 为熔点，K）。

2.1.2.2　热变形对金属组织与性能的影响

（1）消除缺欠与细化组织　热变形可以焊合铸锭中未氧化的气孔、疏松等缺欠，使金属材料的致密度提高。同时可以打碎粗大的铸态组织，使其细化，从而提高其力学性能。

（2）动态回复和动态再结晶　在热变形中，金属材料的加工硬化过程与回复和再结晶软化过程同时发生。因此，在热变形后的金属材料中不会产生硬化，这种现象称为动态回复和动态再结晶。

（3）锻造比及锻造流线　锻造塑性变形程度常用锻造前后金属坯料的横截面积比值或长度（高度）比值来表示，称为锻造比；铸态金属在锻造时其晶粒形状和沿晶界分布的杂质形状都发生了变形，它们沿着变形方向被拉长，呈纤维形状，这种结构称为锻造流线。

锻造比分为拔长锻造比 $Y_{拔}$ 和镦粗锻造比 $Y_{镦}$。

$$Y_{拔}=\frac{F_0}{F}=\frac{L}{L_0} \qquad Y_{镦}=\frac{F}{F_0}=\frac{H_0}{H} \tag{2-1}$$

式中　F_0——金属坯料的横截面积；

F——锻造变形后金属的横截面积；

L_0——金属坯料的长度；

L——锻造变形后金属的长度；

H_0——金属坯料的高度；

H——锻造变形后金属的高度。

锻造比的选择直接关系到锻件的质量，应根据金属材料的种类、锻件尺寸、锻造工序等多方面因素进行选择。

锻造比也影响锻造流线，锻造比越大，锻造流线越明显。锻造流线使锻件的性能具有方向性，在平行于流线方向上的塑性、韧性明显提高，而强度有所提高。锻造流线不能用热处理的方法消除，只能用变形的方法改变其方向和分布。因此，在零件中必须考虑锻造流线的合理分布。如图 2-5 所示为螺钉内锻造流线的分布情况，图 2-5（a）为棒料经切削加工成形的螺钉，其头部的部分流线被切断，因此其使用时承载能力较差；图 2-5（b）为锻造成形的螺钉，其流线分布合理，承载能力强，质量好。

2.1.3　金属可锻性及影响因素

金属的可锻性是指金属材料承受锻造成形的能力，通常用塑性和变形抗力来综合评价。金属的塑性越高、变形抗力越低，则可锻性越好。金属的可锻性受其本身的成分、组织等内部因素和锻造温度、变形速度、应力状态等外部因素的影响。

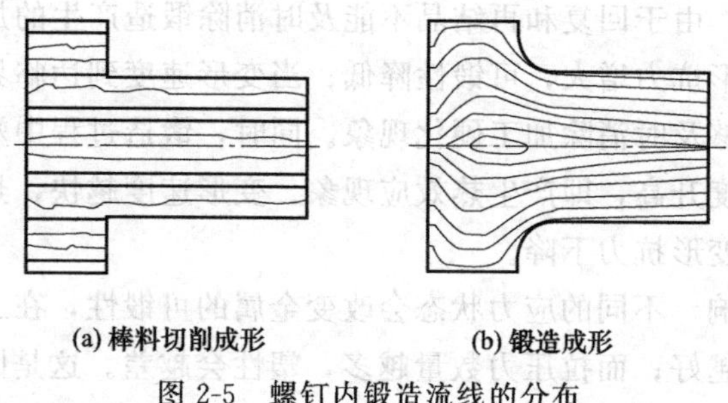

图 2-5　螺钉内锻造流线的分布

2.1.3.1　内部影响因素

(1) 化学成分的影响　不同成分的金属材料塑性不同，其可锻性也不同。一般纯金属的可锻性好于合金，低碳钢的可锻性优于高碳钢。因此，钢中加入合金元素，特别是难熔合金元素，其塑性差、变形抗力大，锻造成形困难。

(2) 组织与结构的影响　金属内部的组织和相结构对可锻性有很大的影响。如纯金属及固溶体（如奥氏体）的可锻性好，而碳化物（如渗碳体）的可锻性差。因此，碳钢中碳的含量越高、渗碳体量越多，其可锻性越差。

铸态柱状组织和粗大晶粒结构使可锻性降低，而晶粒细小、均匀的组织可锻性好。另外，高温时晶间低熔点共晶夹杂物处于熔化或半熔化状态，这会使晶界处脆化，使金属的可锻性变差。

2.1.3.2　外部影响因素

(1) 锻造温度的影响　较高的温度可以提高金属的塑性和降低变形抗力，改善可锻性。如图 2-6 所示为低碳钢力学性能随温度的变化曲线。

但锻造温度过高会产生使晶粒急剧长大的“过热”现象，这会使金属材料的力学性能下降。若锻造温度接近熔点，则晶界处还会发生氧化，破坏晶粒间的结合，使金属失去塑性，这称为“过烧”。

金属锻造加热时允许的最高温度称为始锻温度。在锻造过程中金属坯料的温度会不断下降，当温度降低到一定程度后，金属坯料的塑性下降，变形抗力增大，此时如果继续锻造会引起坯料的加工硬化甚至开裂，必须停止锻造，这时的温度称为终锻温度。始锻温度与终锻温度之间的温度范围称为锻造温度范围。

(2) 变形速度的影响　变形速度即单位时间金属坯料的变形程度，它对可锻性的影响较为复杂，如图 2-7 所示。

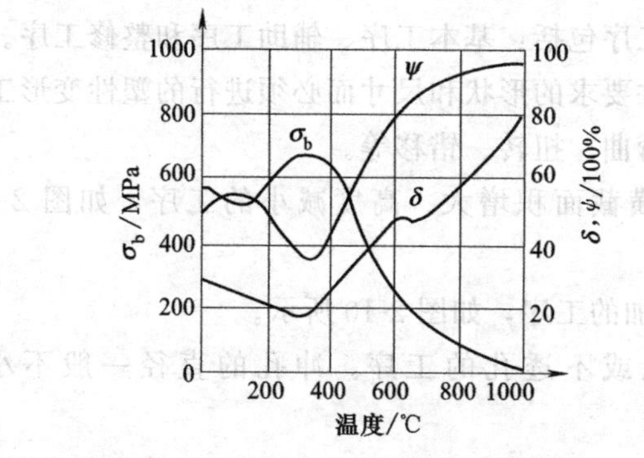

图 2-6　低碳钢力学性能随温度变化曲线

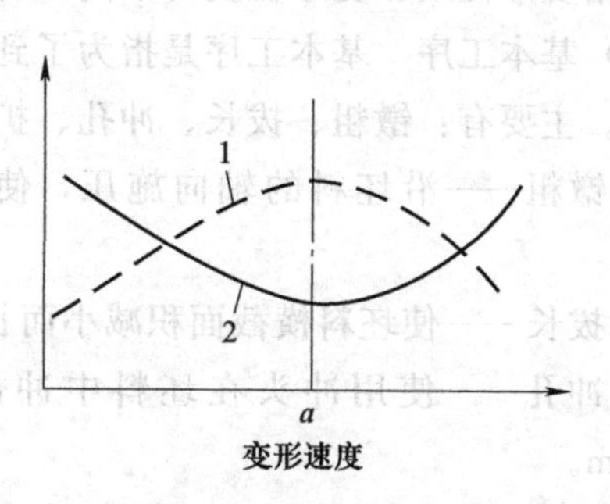

图 2-7　变形速度对变形抗力与塑性的影响

1—变形抗力；2—塑性

当变形速度较低时，由于回复和再结晶不能及时消除锻造产生的加工硬化现象，所以金属坯料的塑性下降，变形抗力增大，可锻性降低；当变形速度到达临界变形速度 a 时，回复和再结晶能力提高，能够及时消除加工硬化现象。同时，锻造过程中塑性变形功的一部分会转换为热能，使金属温度升高，即产生热效应现象。变形速度越快，热效应现象越明显。热效应使金属塑性提高，变形抗力下降。

(3) 应力状态的影响　不同的应力状态会改变金属的可锻性，在三向应力状态中，压应力的数量越多，塑性会越好；而拉压力数量越多，塑性会越差。这是因为压应力可以使金属毛坯密实，防止或减少裂纹的产生和扩展；而拉压力会促使金属毛坯内部的缺陷迅速扩展而使其破坏。在实际生产中，不同的工艺方法使金属坯料受到的应力状态不同，如图 2-8 所示，挤压时受三向压应力作用，金属毛坯的塑性好，不易开裂；而拉拔时受两向压应力、一向拉压力作用，其金属坯料的塑性低于挤压。

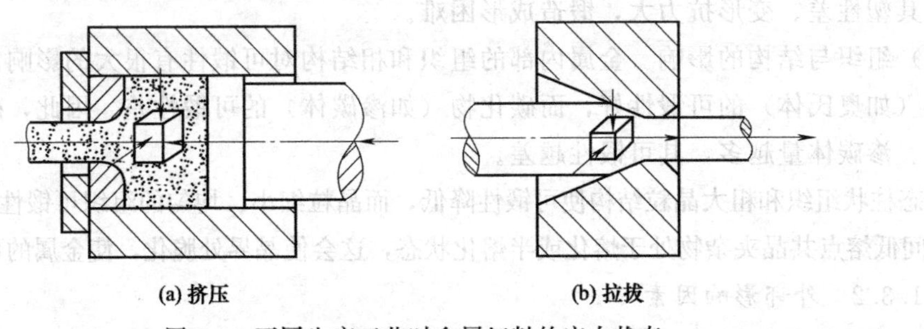

图 2-8　不同生产工艺时金属坯料的应力状态

2.2　锻造成形工艺

2.2.1　自由锻

自由锻是使坯料在自由锻设备的上、下砧铁之间进行塑性变形，从而获得所需锻件的塑性成形工艺方法。自由锻根据所使用的设备分为手工自由锻和机器自由锻。

自由锻工艺较简单，设备和工具的通用性强，成本低。自由锻件的尺寸精度较差，生产效率低，适用于形状简单的小批量及大型锻件的生产。

2.2.1.1　自由锻工序

根据变形性质和变形程度的不同，自由锻工序包括：基本工序、辅助工序和整修工序。

(1) 基本工序　基本工序是指为了到达锻件要求的形状和尺寸而必须进行的塑性变形工艺过程。主要有：镦粗、拔长、冲孔、扩孔、弯曲、扭转、错移等。

① 镦粗——沿坯料的轴向施压，使坯料横截面积增大、高度减小的工序，如图 2-9 所示。

② 拔长——使坯料横截面积减小而长度增加的工序，如图 2-10 所示。

③ 冲孔——使用冲头在坯料中冲出透孔或不透孔的工序。冲孔的直径一般不小于 25mm。

④ 扩孔——对于直径较大的孔，先冲出小孔，然后再用冲头或芯轴扩大其直径的工序。

⑤ 弯曲——使用一定的工具将毛坯弯曲成一定形状和角度的工序。

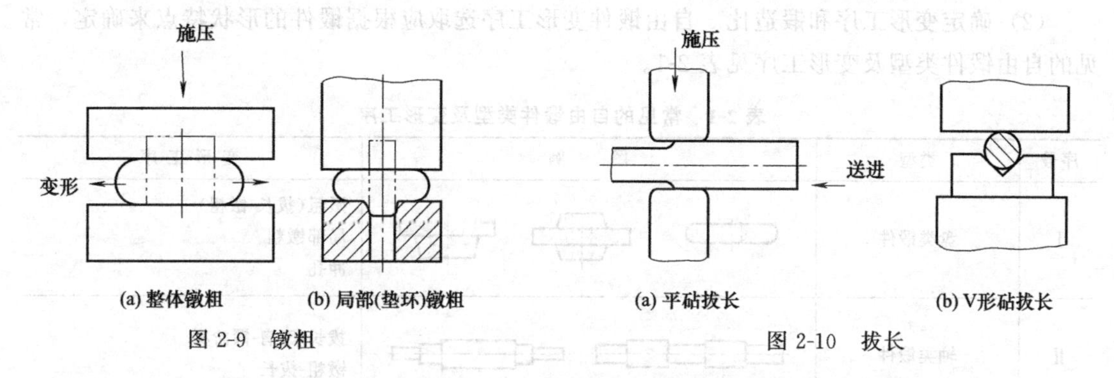

图 2-9　镦粗　　　　　　　　　　　　图 2-10　拔长

⑥ 扭转——使毛坯的一部分相对另一部分的形状或轴线旋转一定角度的工序。

⑦ 错移——使毛坯轴线的一部分相对另一部分错开，但两部分的轴线仍然保持平行的工序。

(2) 辅助工序　为完成基本工序而进行的辅助成形工序，包括压钳口、倒棱、压肩、压痕等。

(3) 整修工序　为提高锻件质量和尺寸、形状精度而进行的工序，包括校正、整形、滚圆等。

2.2.1.2　自由锻工艺规程

自由锻工艺规程是自由锻生产的依据，内容包括：根据零件图绘出锻件图；确定变形工序和锻造比；计算毛坯质量和尺寸；选择设备和工具；确定锻造温度范围、火次、加热和冷却及热处理规范；对锻件提出技术要求和检验要求；编制工时定额和工艺卡片。

(1) 锻件图的绘制　锻件图依据零件图绘制，在零件图的基础上考虑余块、机械加工余量和锻造公差三个因素而形成锻件图。锻件上的余块是为了简化结构，也称为敷料。机械加工余量和锻造公差可以查相关标准选取。

锻件图上的锻件形状用粗实线描绘，为了便于了解零件的形状和检查锻造后的实际余量，在锻件图上用假象线（双点画线）画出零件的简单形状。锻件的公称尺寸和公差注在尺寸线上面，而机械加工后的零件公称尺寸注在尺寸线下面的括号内，加放余块的部分在尺寸线之间的括号内注上零件尺寸。在锻件图上还应注明锻件的总长和各部分的长度。如图2-11所示为轴的锻件图。

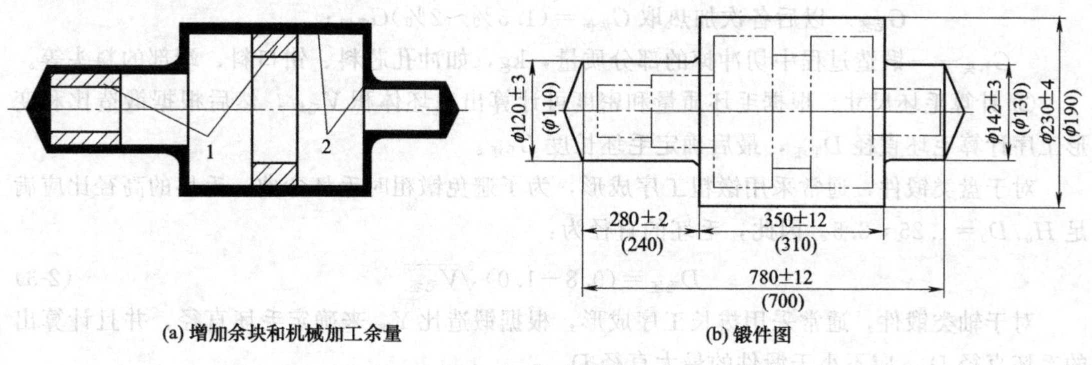

图 2-11　轴的锻件图

1—余块；2—机械加工余量

（2）确定变形工序和锻造比　自由锻件变形工序选取应根据锻件的形状特点来确定，常见的自由锻件类型及变形工序见表 2-1。

表 2-1　常见的自由锻件类型及变形工序

序号	类型	图　例	变形工序
Ⅰ	盘类锻件		镦粗（拔长-镦粗） 局部镦粗 冲孔
Ⅱ	轴类锻件		拔长-压肩-锻阶梯 镦粗-拔长
Ⅲ	筒类锻件		镦粗（拔长-镦粗） 冲孔 心轴拔长
Ⅳ	环类锻件		镦粗（拔长-镦粗） 冲孔 心轴扩孔
Ⅴ	曲轴类锻件		拔长 错移、扭转 锻阶梯
Ⅵ	弯曲类锻件		拔长（压肩-锻阶梯） 镦粗 弯曲

锻造比的选取可查相关手册，通常，对于碳素结构钢，拔长取锻造比≥3，镦粗取≥2.5；对于合金结构钢，锻造比为 3～4；不锈钢的锻造比为 4～6。

（3）计算毛坯质量和尺寸

① 计算毛坯质量。锻件毛坯质量 $G_{毛坯}$ 为锻件质量与锻造过程中各种质量消耗的总和。

$$G_{毛坯}=G_{锻件}+G_{烧损}+G_{料头} \tag{2-2}$$

式中　$G_{毛坯}$——毛坯质量，kg；

$G_{锻件}$——锻件质量，kg；

$G_{烧损}$——加热时毛坯表面氧化烧损的质量，kg，一次加热时取 $G_{烧损}=(2\%\sim3\%)G_{毛坯}$，以后各次加热取 $G_{烧损}=(1.5\%\sim2\%)G_{毛坯}$；

$G_{料头}$——锻造过程中切冲掉的部分质量，kg，如冲孔芯料、钳口料、端部的料头等。

② 计算毛坯尺寸。根据毛坯质量和密度可计算出毛坯体积 $V_{毛坯}$，然后根据锻造比和变形工序计算毛坯直径 $D_{毛坯}$，最后确定毛坯长度 $L_{毛坯}$。

对于盘类锻件，通常采用镦粗工序成形，为了避免镦粗时毛坯弯曲，毛坯的高径比应满足 $H_0/D_0=1.25\sim2.5$。因此，毛坯的直径为：

$$D_{毛坯}=(0.8-1.0)\sqrt[3]{V_{毛坯}} \tag{2-3}$$

对于轴类锻件，通常采用拔长工序成形，根据锻造比 $Y_{拔}$ 来确定毛坯直径，并且计算出的毛坯直径 $D_{毛坯}$ 应不小于锻件的最大直径 D_{max}：

$$D_{毛坯}\geqslant\sqrt{Y_{拔}}D_{max} \tag{2-4}$$

计算出的毛坯直径$D_{毛坯}$需要圆整到国标规定的标准直径$D_{标准}$，然后再根据锻件毛坯体积$V_{毛坯}$计算出毛坯长度$L_{毛坯}$。

（4）选择设备和工具　常用的自由锻设备分为锻锤和水压机两大类。锻锤利用锤头落下的冲击力使毛坯变形；水压机采用静压力使毛坯变形。

锻锤分为空气锤、蒸汽-空气锤、电液锤等。锻锤的吨位以落下部分的质量来表示。如图 2-12 所示为空气锤外形及结构示意图。

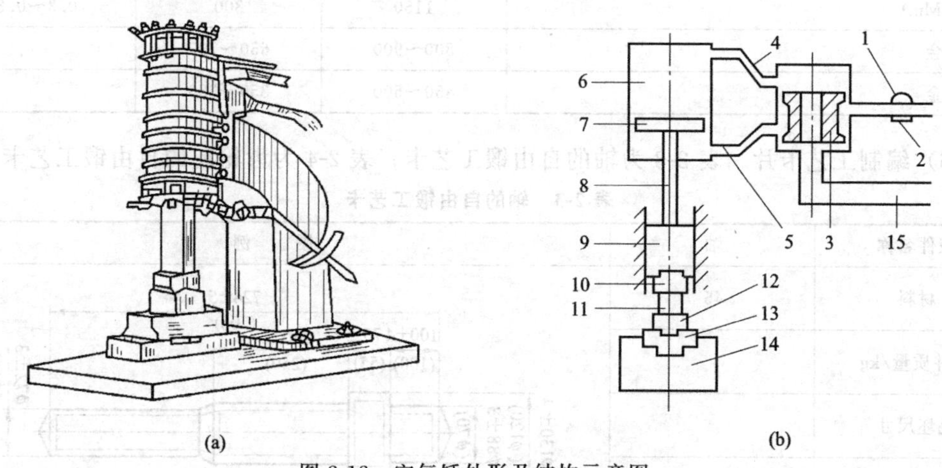

图 2-12　空气锤外形及结构示意图

1—进气管；2—节气阀；3—滑阀；4—上气道；5—下气道；6—汽缸；7—活塞；8—锤杆；9—锤头；10—上砧；11—毛坯；12—下砧；13—砧垫；14—砧座；15—排气管

空气锤利用压缩空气使锤头上下往复运动进行锤击。空气锤结构简单，操作、维护方便，但吨位较小，仅适用于较小型锻件。蒸汽-空气锤吨位较大，适用于较大的锻件。

水压机吨位大，可以锻造大型锻件。水压机工作平稳，振动噪声小，但设备投资大。

自由锻设备的选取应考虑锻件的尺寸、质量、类型、材料及锻造基本工序等因素，并根据现有的实际生产条件确定。自由锻所用工具主要依据锻造基本工序的要求选择。

（5）确定锻造温度范围　锻造温度范围应尽量大一些，以方便生产。一般加热的始锻温度取固相线以下 100～200℃，以避免发生过热和过烧现象。终锻温度高于再结晶温度 50～100℃，以保证锻造后再结晶完全，锻件获得细晶组织。如图 2-13 所示为碳素钢的锻造温度范围，表 2-2 为常用金属材料的锻造温度范围。

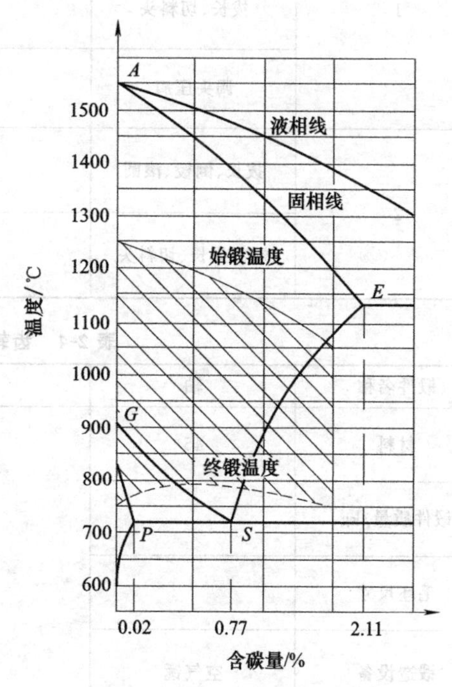

图 2-13　碳素钢的锻造温度范围

表 2-2 常用金属材料的锻造温度范围

材料类型	始锻温度/℃	终锻温度/℃	保温时间/(min/mm)
10、15、20、25、30、35、40、45、50 钢	1200	800	0.25～0.74
15GrA、16Gr2MnTiA、38GrA、20MnA、20GrMnTiA	1200	800	0.3～0.8
12GrNi3A、12GrNi4A、38GrMoAiA、25GrMnNiTiA、30GrMnSiA、50GrVA、18Gr$_2$Ni4WA、20GrHi3A	1180	850	0.3～0.8
40GrMnA	1150	800	0.3～0.8
铜合金	800～900	650～700	
铝合金	450～500	350～380	

(6) 编制工艺卡片　表 2-3 为轴的自由锻工艺卡；表 2-4 为齿轮坯的自由锻工艺卡。

表 2-3 轴的自由锻工艺卡

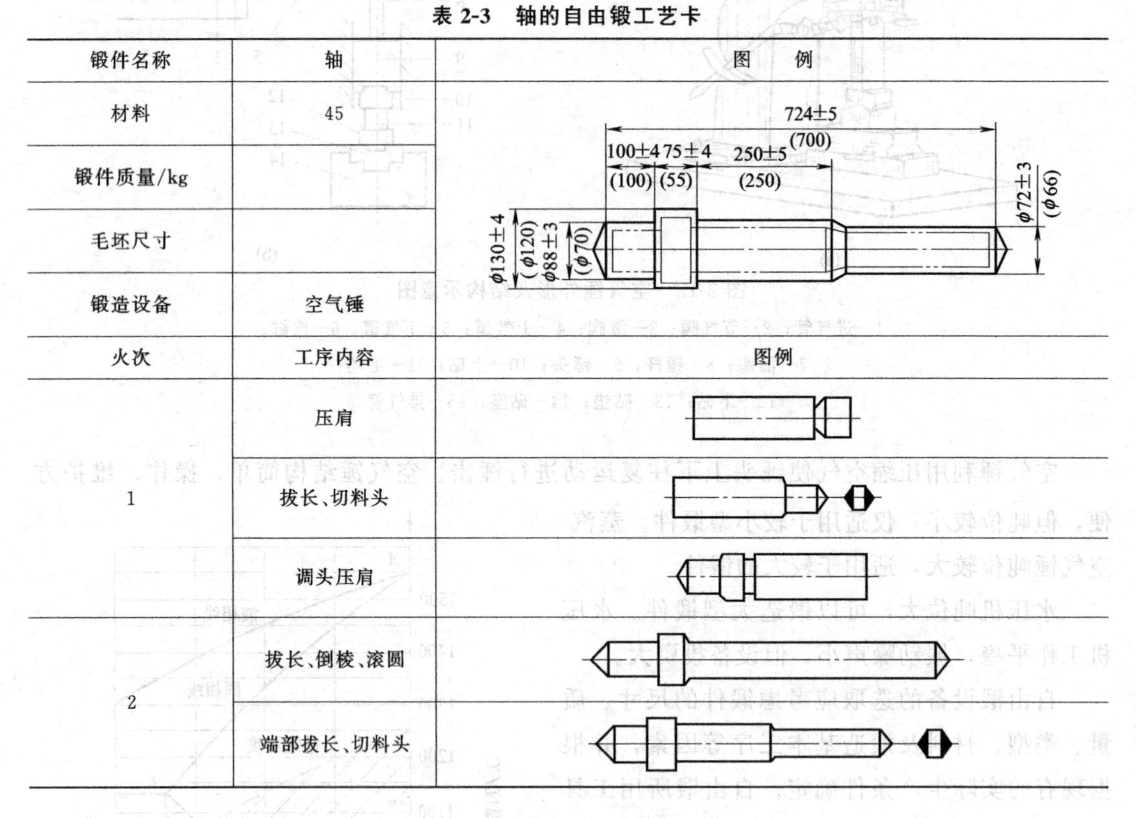

锻件名称	轴	图例
材料	45	
锻件质量/kg		
毛坯尺寸		
锻造设备	空气锤	
火次	工序内容	图例
1	压肩	
	拔长、切料头	
	调头压肩	
2	拔长、倒棱、滚圆	
	端部拔长、切料头	

表 2-4 齿轮坯的自由锻工艺卡

锻件名称	轴	图例
材料	45	28±4 φ301±5 (φ289) 62±4 (52) (18) φ131±6 (φ145) φ213±5 (φ201)
锻件质量/kg		
毛坯尺寸		
锻造设备	空气锤	

续表

火次	工序内容	图例
1	镦粗	
	垫环镦粗	φ280 10 φ154
	冲孔	
	扩孔	
	整修	φ301 φ130 28 62 φ213

2.2.2 模锻

模锻是使金属毛坯在锻模模膛内受冲击力或压力作用产生塑性变形而获得所需形状、尺寸和内部质量锻件的锻造方法。

与自由锻相比，模锻具有以下特点。

① 模锻时，金属毛坯在模膛内变形，其生产效率远高于自由锻。

② 模锻件的质量好，由于模膛的限制，模锻件的尺寸精度高，表面质量好，节省材料。而且模锻可以成形外形较为复杂的锻件。

③ 模锻操作简单，工人劳动强度低，易于实现机械化、自动化。

④ 模锻需要专门的模锻设备和锻模，投资大，周期较长。因此模锻适合于大批量生产的中、小型锻件。

2.2.2.1 锤上模锻

锤上模锻是使用蒸汽-空气模锻锤（图 2-14）、高速锤、电液锤等模锻设备，将锻模固定在锤头和模垫上（图 2-15），对锻模模膛内的金属毛坯进行锻打，从而获得所需模锻件的锻造方法。

(1) 锻模结构　锤上锻模由带有燕尾的上模与下模组成，上、下模内有相应的模膛，上、下模闭合后形成具有一定形状的模腔。根据模膛的功能不同，可以分为制坯模膛和模锻模膛。

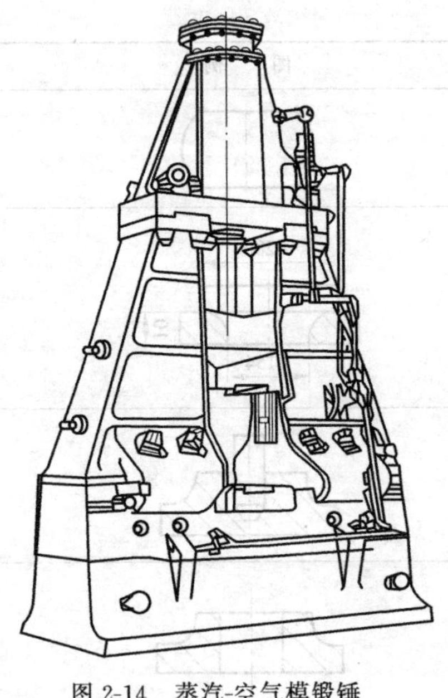

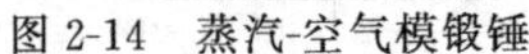

图 2-14　蒸汽-空气模锻锤

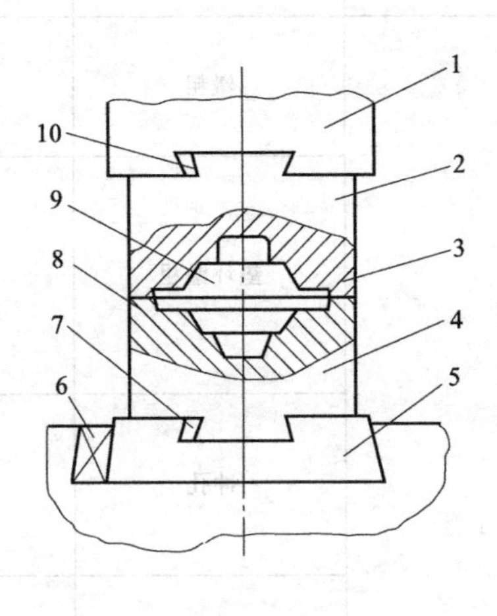

图 2-15　锤上锻模固定示意图

1—锤头；2—上模；3—飞边槽；4—下模；
5—模垫；6,7,10—紧固楔铁；
8—分模面；9—模膛

① 制坯模膛。制坯模膛的作用是合理分配毛坯金属，使其通过预变形接近模锻件所需的形状，以便获得高质量的模锻件。常用的制坯模膛如下。

a. 拔长模膛。拔长模膛的作用是减小毛坯某部分的横截面积，以增加长度，如图 2-16 所示。

b. 滚挤模膛。滚挤模膛的作用是减小毛坯某部分的横截面积，以增加另一部分的横截面积，从而使金属材料能够按照模锻件的形状要求合理分布，如图 2-17 所示。

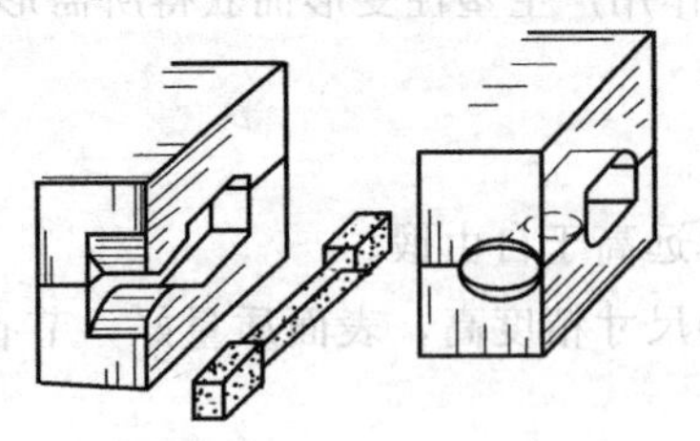

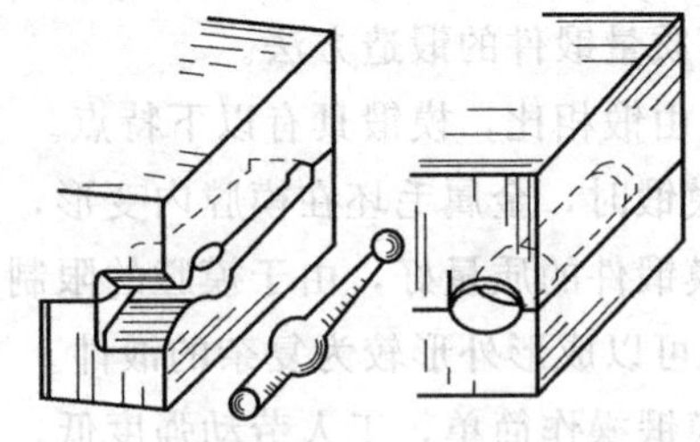

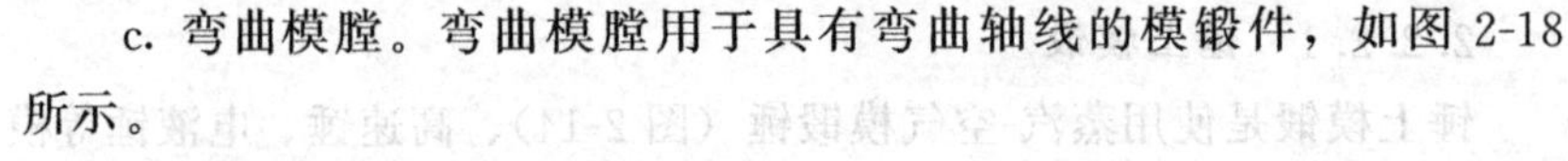

(a) 开式拔长模膛　(b) 闭式拔长模膛

图 2-16　拔长模膛

(a) 开式滚挤模膛　(b) 闭式滚挤模膛

图 2-17　滚挤模膛

c. 弯曲模膛。弯曲模膛用于具有弯曲轴线的模锻件，如图 2-18 所示。

d. 镦粗台。镦粗台用于减小毛坯高度，增大直径。同时，镦粗可以去除毛坯表面的氧化皮。

② 模锻模膛。模锻模膛分为预锻模膛和终锻模膛，终锻模膛用来获得模锻件的最终形状，是锻模上必须有的模膛；预锻模膛用于形状复杂、精度要求较高、批量较大的模锻件，是否采用预锻模膛要根据实际情况确定。如图 2-19 所示为连杆的模锻模膛。

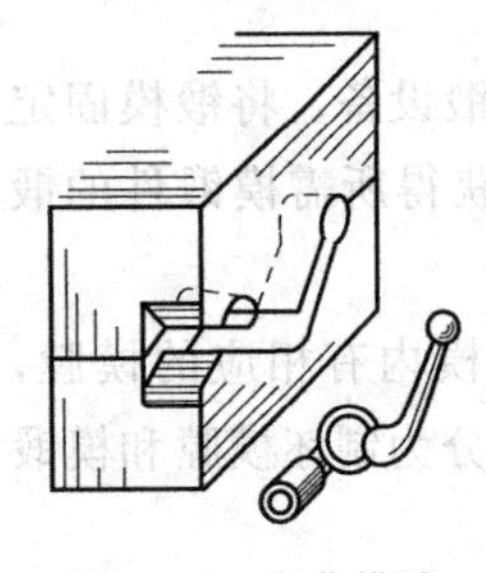

图 2-18　弯曲模膛

终锻模膛的形状应与模锻件一致，其尺寸应在锻件尺寸上放大一个收缩量，对于钢锻件收缩量可取1.5%。终锻模膛的四周设有飞边槽，如图2-20所示为常用飞边槽的示意图，飞边槽桥部的高度小，对流向仓部的金属形成很大的阻力，可迫使金属充满模膛，获得高质量的模锻件。同时，飞边槽还可以容纳多余的金属。另外，飞边槽中形成的飞边能缓和上、下模间的冲击，延长模具的使用寿命。模锻件上的飞边在锻后利用切边模切除。

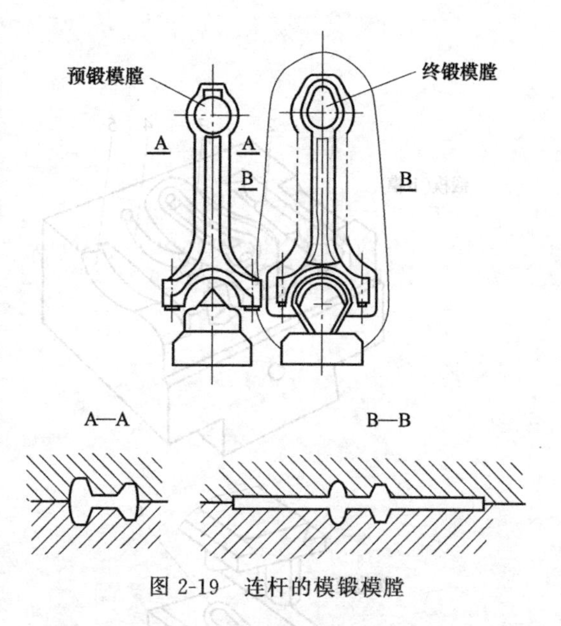

图2-19 连杆的模锻模膛

预锻模膛是用来改善金属在终锻模膛中的流动条件，使其易于充满终端模膛，并提高模具使用寿命。预锻模膛的形状、尺寸与终锻模膛相似，只是模锻斜度和圆角半径较大，高度尺寸较大，以保证终锻时金属能用镦粗的形式充满终锻模膛。预锻模膛一般没有飞边槽。

锻模上除了制坯模膛和模锻模膛以外，有时还设有切断模膛。切断模膛是设在上、下模角上的一对刃口，如图2-21所示。切断模膛用来切断锻件上的钳口，或在多件锻造时分离各个锻件。

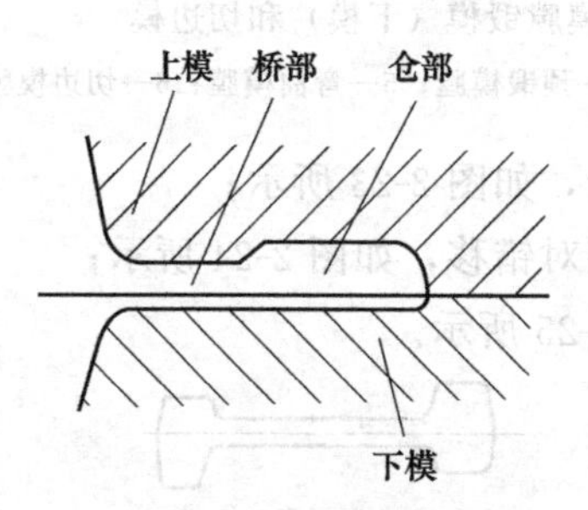

图2-20 常用飞边槽示意图

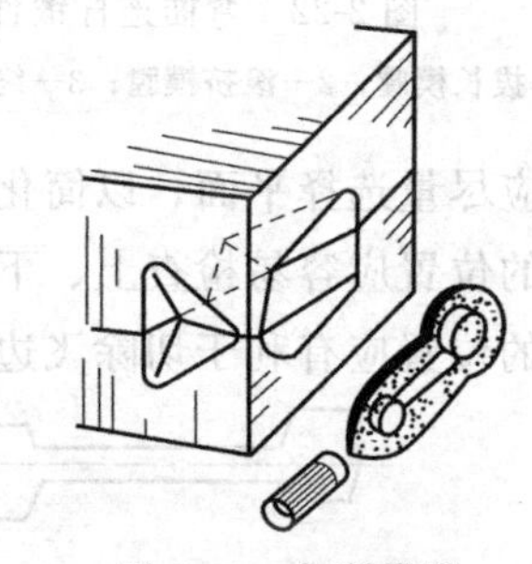

图2-21 切断模膛

锻模上模膛的选用要根据锻件的具体情况确定，锻件形状越复杂需要的模膛数量越多，锻模越复杂，制造成本越高。如图2-22所示为弯曲连杆锻件所用的多模膛锻模和切边模。

（2）模锻工艺规程制定

① 绘制锻件图。根据产品零件图，结合技术条件和实际工艺绘制锻件图，锻件图是用来设计及制造锻模、计算坯料及验收锻件的依据，是指导生产的重要技术文件。在绘制模锻件的锻件图时，需要正确地选择分模面，选定机械加工余量及公差，确定模锻斜度与圆角半径、冲孔连皮，并在技术条件内说明在锻件图上不能标明的技术要求。

a. 分模面。分模面是指上、下锻模在锻件上的分界面。它的位置直接影响到模锻工艺过程、锻模结构及锻件质量等。选择分模面时首先必须保证模锻后锻件能完整地从模膛中方便地取出。还应考虑以下几点：

ⓐ 分模面必须保证金属易于充满模膛，因此分模面应选择在模膛深度较浅的最大截面上；

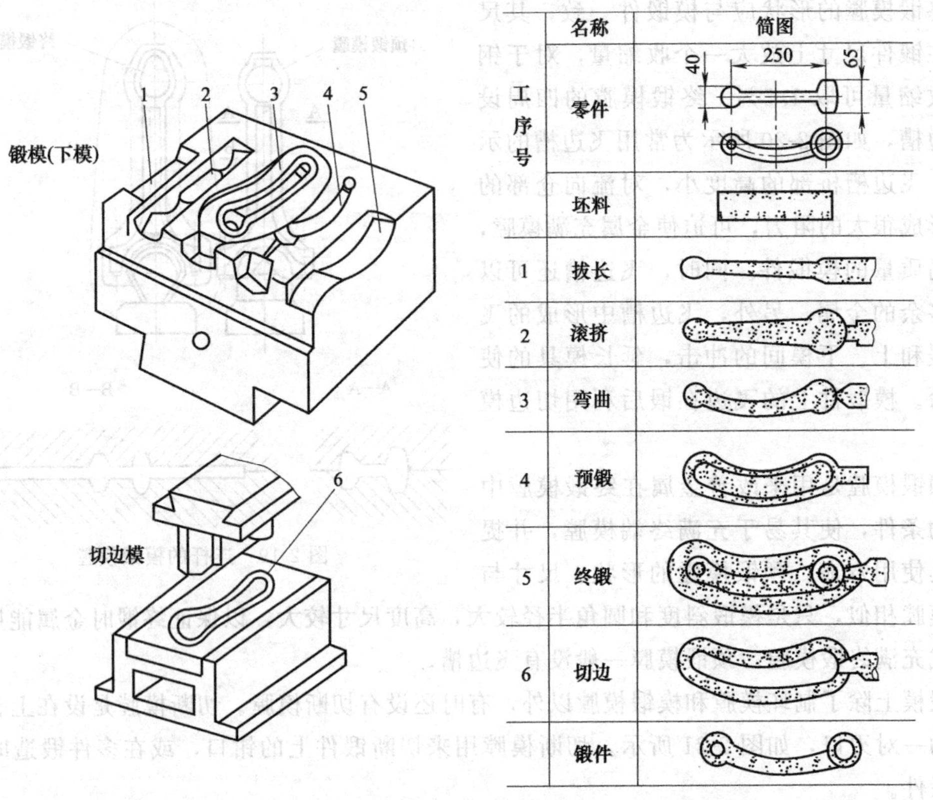

图 2-22　弯曲连杆锻件所用的多模膛锻模（下模）和切边模

1—拔长模膛；2—滚挤模膛；3—终锻模膛；4—预锻模膛；5—弯曲模膛；6—切边模膛

ⓑ 分模面应尽量选择平面，以简化模具制造，如图 2-23 所示；

ⓒ 分模面的位置应容易检查上、下模膛的相对错移，如图 2-24 所示；

ⓓ 分模面的位置应有利于切除飞边，如图 2-25 所示。

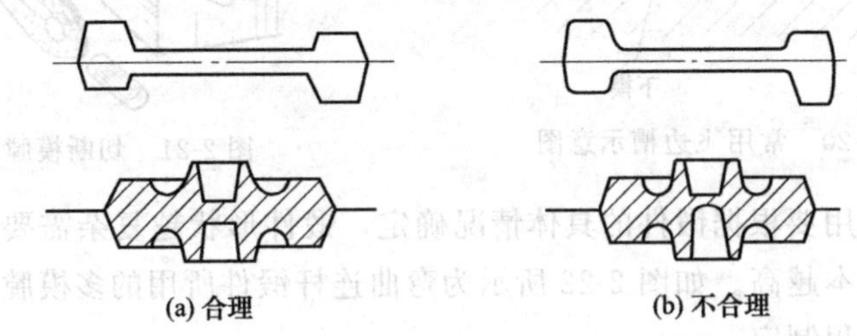

图 2-23　分模面应尽量选择平面

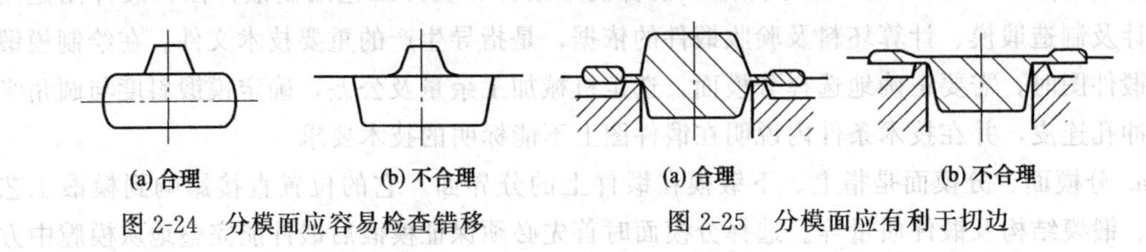

图 2-24　分模面应容易检查错移　　图 2-25　分模面应有利于切边

b. 机械加工余量及公差。模锻时金属在模膛内成形，因此，其尺寸精度、机械加工余量及公差比自由锻件小得多。模锻件的加工余量一般取 1～4mm，锻造公差取±(0.3～3)mm。具体可根据 GB/T 12362—90《钢质模锻件公差及机械加工余量》选取。

c. 模锻斜度。模锻件上与分模面相垂直的表面附加的斜度称为模锻斜度。模锻斜度的作用是使锻件很容易从模膛中取出，同时使金属更好地充满模膛。模锻斜度分外斜度和内斜度，如图 2-26 所示。

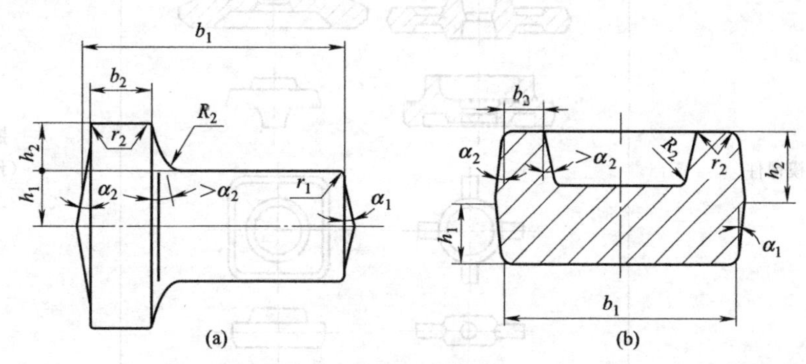

图 2-26 模锻斜度

锻模斜度与模膛深度 h 和宽度 b 的比值有关，比值越大，斜度值越大。锤上模锻时，模锻斜度可取 5°～15°，内斜度比外斜度增大 2°～5°。

d. 圆角半径。模锻件上凡是面与面相交的地方都不允许有尖角，必须以适当的圆弧光滑地连接起来，称之为圆角半径。模锻件上的凸角圆角半径为外圆角半径 r，凹角圆角半径为内圆角半径 R。外圆角的作用是便于金属充满模膛，并避免锻模的相应部分在热处理和模锻时因产生应力集中造成开裂；内圆角的作用是使金属易于流动充满模膛，避免产生折叠，防止模膛压塌变形，如图 2-27 所示。

钢质模锻件外圆角半径 r 一般取 1.5～12mm，内圆角半径 R 比外圆角半径 r 大 2～3 倍。锻模模膛的深度越大，圆角半径取值越大。

e. 冲孔连皮。模锻时不能直接锻出透孔，在孔内留有一层具有一定厚度的金属称为冲孔连皮，如图 2-28 所示。冲孔连皮可以在切边压力机上冲掉或在机械加工时切除。冲孔连皮可以减轻模锻时上、下模的刚性接触，起到缓冲作用，避免损坏锻模。

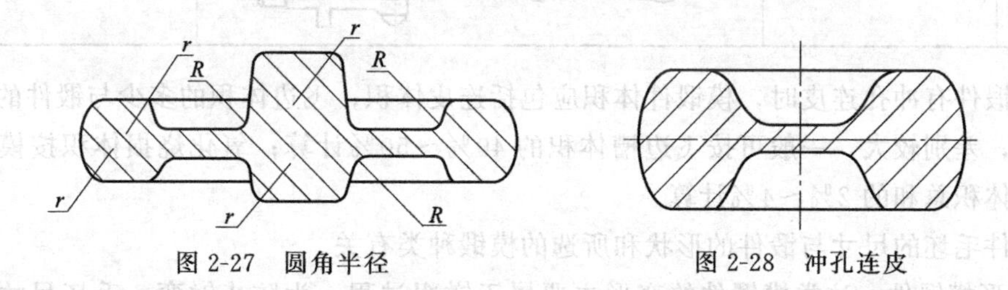

图 2-27 圆角半径　　图 2-28 冲孔连皮

模锻中，孔的直径小于 25mm 时一般不锻出。大于 25mm 的孔，其冲孔连皮的厚度与孔径有关，当孔径为 25～80mm 时，冲孔连皮厚度为 4～8mm。

② 确定模锻工序。常见模锻件的模锻工序见表 2-5。

③ 确定毛坯尺寸。首先确定模锻件毛坯体积 $V_{坯}$，然后再确定毛坯尺寸。

$$V_{坯}=V_{锻件}+V_{飞边}+V_{烧损} \tag{2-5}$$

式中 $V_{坯}$——模锻件毛坯体积；

$V_{锻件}$——模锻件体积；

$V_{飞边}$——飞边体积；

$V_{烧损}$——氧化烧损体积。

表 2-5 常见模锻件的模锻工序

类型		图例	模锻工序
盘类模锻件		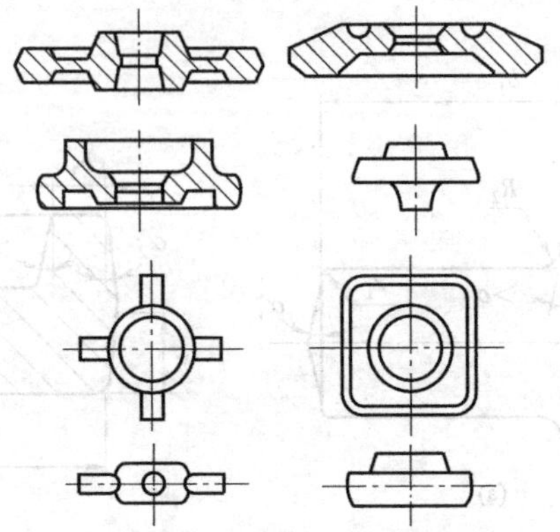	镦粗 （预锻） 终锻
长轴类模锻件		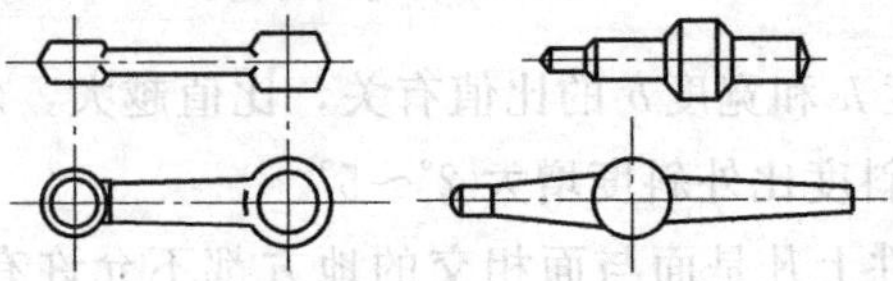	拔长 滚挤 （预锻） 终锻
复杂形状模锻件	弯曲类模锻件	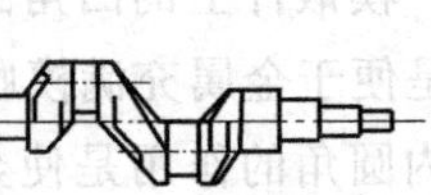	拔长 滚挤 弯曲 （预锻） 终锻
	枝杈类模锻件	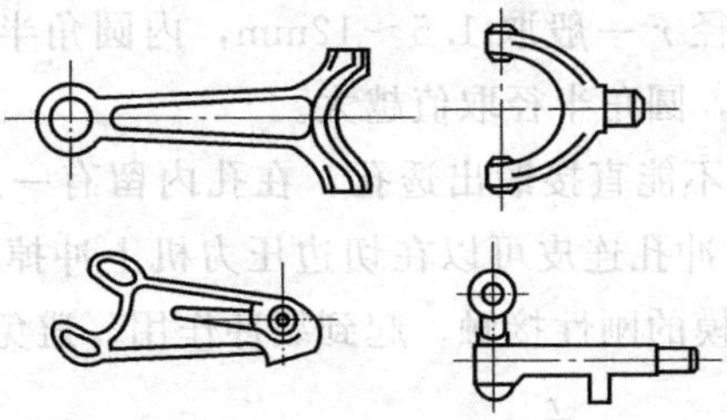	拔长 滚挤 成形 预锻 终锻

当模锻件有冲孔连皮时，模锻件体积应包括连皮体积；飞边体积的多少与锻件的形状和大小有关，差别较大，一般可按飞边槽体积的 40%～50%计算；氧化烧损体积按模锻件体积和飞边体积总和的 2%～4%计算。

模锻件毛坯的尺寸与锻件的形状和所选的模锻种类有关。

a. 盘形模锻件。这类模锻件的变形主要属于镦粗过程，为防止镦弯，毛坯尺寸可按下式计算：

$$1.25<\frac{\text{毛坯高度}}{\text{毛坯直径}}<2.5 \tag{2-6}$$

b. 长轴类模锻件。模锻件沿轴线各处截面积相差不多，则毛坯的尺寸可按下式计算：

$$\text{毛坯截面积}=(1.05\sim1.3)\frac{\text{毛坯体积}}{\text{模锻件长度}} \tag{2-7}$$

c. 复杂形状模锻件。形状复杂而各处截面积相差较大的模锻件，金属的变形过程主要有拔长、滚压等过程，使金属有积聚变形，其毛坯尺寸可按下式计算：

$$\text{毛坯面积}=(0.7\sim0.85)\text{模锻件最大部分的截面积（含飞边）} \tag{2-8}$$

$$毛坯长度=\frac{毛坯体积}{毛坯面积} \tag{2-9}$$

④ 选择模锻设备。选择锻造设备要根据模锻件的质量、尺寸大小、形状复杂程度及选择的基本工序等因素确定，还必须考虑工厂的实际设备条件。例如，1～16t 蒸汽-空气模锻锤可锻造 0.5～150kg 的模锻件。

⑤ 确定模锻温度。模锻温度可参照自由锻温度选取。

⑥ 模锻后续工序。模锻后，为保证模锻件质量还应考虑以下工序。

a. 切边、冲孔。切掉模锻件带有的飞边，冲掉冲孔连皮。

b. 校正。在切边、冲孔及其他工序中可能使模锻件变形，因此要对模锻件进行校正。一般分为热校正和冷校正，热校正是将热切边和冲孔后的模锻件立即放回终锻模膛内进行；冷校正是热处理后在专门的校正模内进行校正。

c. 清理。清除模锻件表明的氧化皮、油污、毛刺等表面缺陷，提高模锻件的表面质量，改善切削加工性能。一般采用酸洗、滚筒、喷砂等方法。

d. 精压。对于高精度的模锻件，还应在压力机上进行精压，以满足要求。精压分为平面精压和体积精压，精压后锻件尺寸精度可达±(0.1～0.5)mm，表明粗糙度可达 R_a0.80～0.40μm。

e. 热处理。由于模锻件锻后可能存在过热组织、内应力等缺陷，应采用正火、退火等热处理方法来改变其组织和性能，以保证模锻件的质量。

2.2.2.2 压力机模锻

锤上模锻的工艺适应性广，但工作时震动噪声大、劳动条件差、生产效率低，正在逐渐被压力机模锻所代替。常用的压力机模锻有：热模锻曲柄压力机模锻、摩擦压力机模锻和平锻压力机模锻。

(1) 热模锻曲柄压力机模锻　热模锻曲柄压力机如图 2-29 所示。

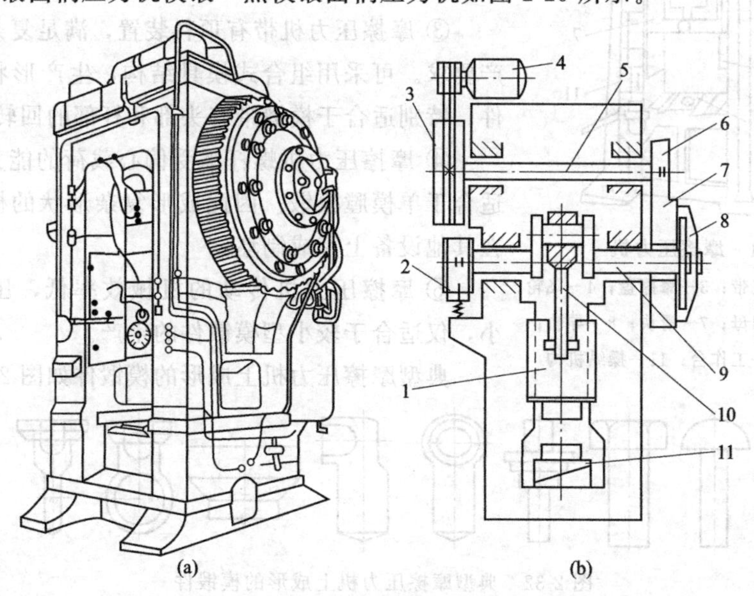

图 2-29　热模锻曲柄压力机

1—滑块；2—制动器；3—大皮带轮（飞轮）；4—电机；5—轴；6—小齿轮；7—大齿轮；8—离合器；9—曲轴；10—连杆；11—工作台

热模锻曲柄压力机模锻具有如下特点。

① 压力机作用于毛坯上的力为静压力，无震动，工作噪声小。

② 压力机机身刚度大，滑块运动精度高，模锻件尺寸精度高，质量好。

③ 静压力使金属在模膛内的流动速度低、流动平稳，有利于低塑性金属的成形。

④ 锻模可以采用镶块式结构，模具制造简单，更换容易，模具寿命长。

⑤ 生产效率高于锤上模锻。

⑥ 热模锻曲柄压力机设备复杂、价格高。

因此，热模锻曲柄压力机模锻适合于大批量模锻件的生产，常用于模锻自动化生产线。典型的热模锻压力机上成形的模锻件如图 2-30 所示。

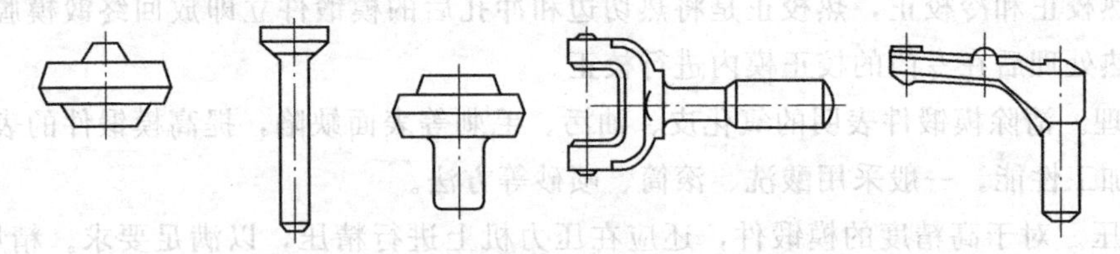

图 2-30　典型的热模锻压力机上成形的模锻件

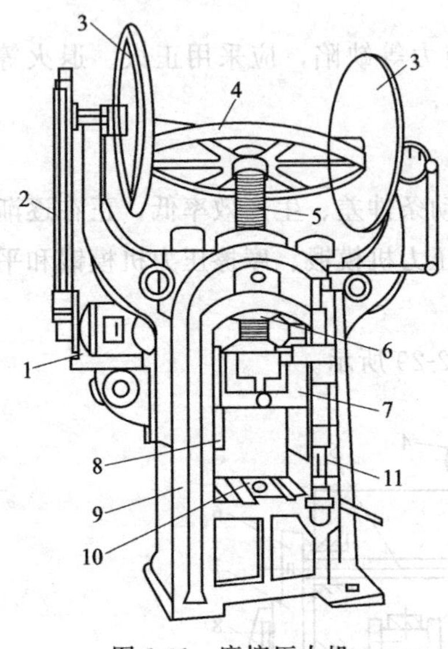

图 2-31　摩擦压力机

1—电动机；2—皮带；3—摩擦盘；4—飞轮；5—螺杆；6—螺母；7—滑块；8—导轨；9—机身；10—工作台；11—操纵机构

（2）摩擦压力机模锻　摩擦压力机如图 2-31 所示。摩擦压力机模锻具有如下特点。

① 摩擦压力机滑块行程速度介于模锻锤与热模锻压力机之间，有一定的冲击力。并且滑块行程和打击能量可控，工艺性好，可以满足各种工序的需要。

② 滑块运动速度较低，金属变形过程中的再结晶充分，对塑性较差的金属成形有利，如低塑性合金钢、铜合金等，但生产效率较低。

③ 摩擦压力机带有顶料装置，满足复杂模锻件的生产要求。可采用组合式模具结构，生产形状复杂的模锻件。特别适合于模锻带有头部和杆部的回转体小模锻件。

④ 摩擦压力机螺杆承受偏心载荷的能力差，一般仅适合于单模膛模锻。因此成形复杂形状的模锻件，需要在其他设备上完成制坯。

⑤ 摩擦压力机传动的机械效率低，压力机吨位较小，仅适合于较小型模锻件的生产。

典型摩擦压力机上成形的模锻件如图 2-32 所示。

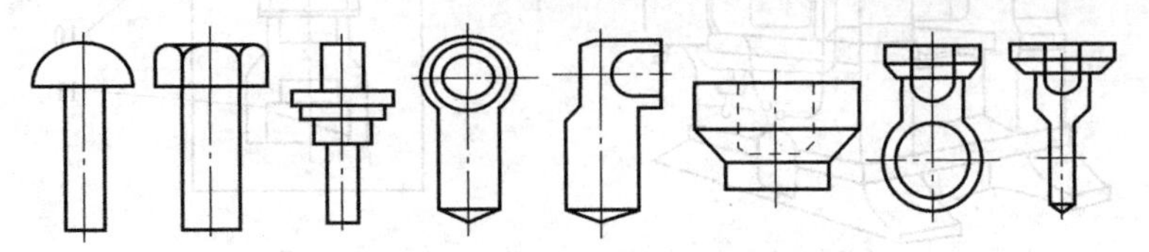

图 2-32　典型摩擦压力机上成形的模锻件

（3）平锻压力机模锻　平锻机又称为卧式锻造机，其滑块做水平方向上的运动，如图 2-33 所示。

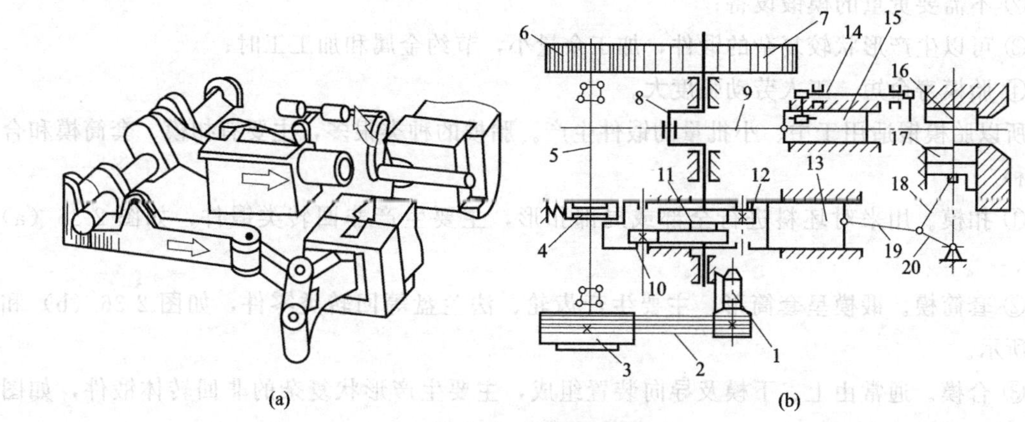

图 2-33　平锻压力机

1—电动机；2—皮带；3—皮带轮；4—离合器；5—传动轴；6,7—齿轮；
8—曲轴；9—连杆；10,12—导轮；11—凸轮；13—夹紧滑块；
14—挡料板；15—主滑块；16—固定凹模；
17—活动凹模；18～20—连杆

平锻机上的模锻过程如图 2-34 所示，图 2-34（a）将一端已加热的棒料放入固定凹模内，并由挡料板定位；图 2-34（b）夹紧滑块运动使活动凹模与固定凹模闭合，夹紧棒料，挡料板退回；图 2-34（c）主滑块上的冲头向前运动，使棒料局部镦粗成形；图 2-34（d）模具打开取出模锻件。

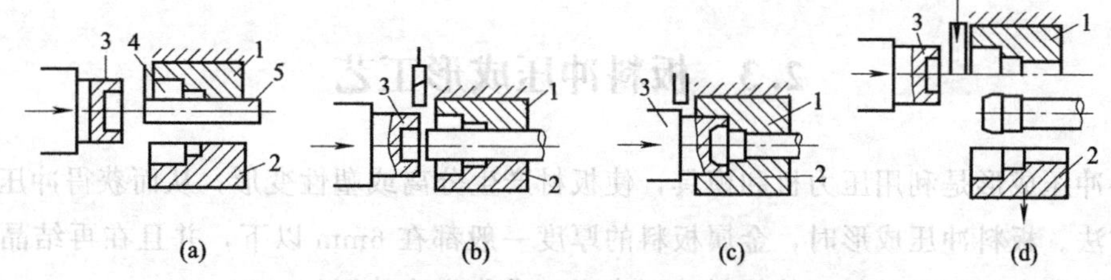

图 2-34　平锻机上的模锻过程

1—固定凹模；2—活动凹模；3—冲头；4—挡料板；5—坯料

如图 2-35 所示为典型平锻机上成形的模锻件。

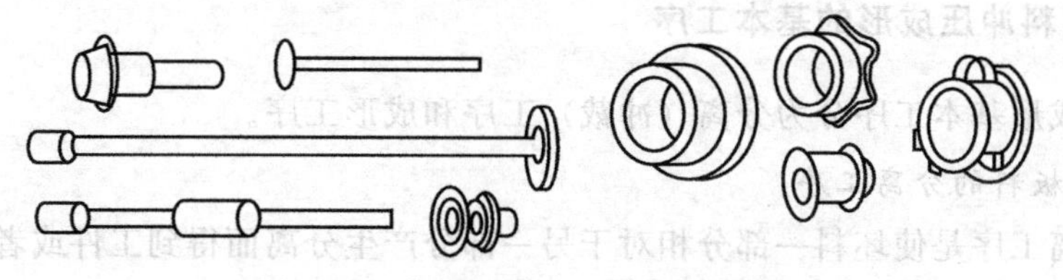

图 2-35　典型平锻机上成形的模锻件

2.2.2.3　胎模锻

胎模锻是在自由锻设备上使用可移动模具生产模锻件的一种锻造方法。所用的模具称为胎膜，胎膜不用固定在锤头和砧座上，用时才放上去。一般选用自由锻方法制坯，在胎模中最后成形。胎模锻是介于自由段和模锻之间的一种工艺，与自由锻和模锻相比有以下特点：

① 模具简单，容易制造，使用方便；

② 不需要贵重的模锻设备；

③ 可以生产形状较复杂的锻件，加工余量小，节约金属和加工工时；

④ 胎模寿命短，工人劳动强度大。

所以胎模锻适用于中、小批量的锻件生产。胎模的种类很多，主要有扣模、套筒模和合模三种。

① 扣模。用来对坯料进行全部或局部扣形，主要生产非回转类锻件，如图 2-36（a）所示。

② 套筒模。锻模呈套筒形，主要生产齿轮、法兰盘等回转类零件，如图 2-36（b）和（c）所示。

③ 合模。通常由上、下模及导向装置组成，主要生产形状复杂的非回转体锻件，如图 2-36（d）所示。

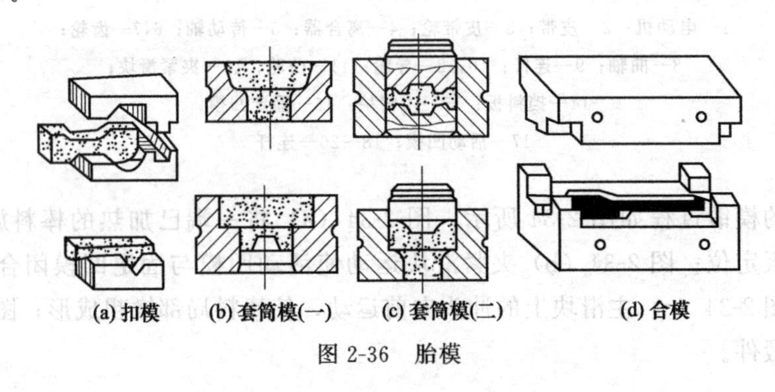

图 2-36 胎模

2.3 板料冲压成形工艺

板料冲压成形是利用压力机和模具，使板材产生分离或塑性变形，从而获得冲压成形件的加工方法。板料冲压成形时，金属板料的厚度一般都在 6mm 以下，并且在再结晶温度以下（通常是在常温下）进行，故板料冲压成形又常称为冷冲压。

板料冲压成形工艺广泛地应用于工业生产中，尤其是汽车、拖拉机、航空、电器、仪表等行业中，板料冲压成形占有十分重要的地位。

2.3.1 板料冲压成形的基本工序

板料冲压成形基本工序分为分离（冲裁）工序和成形工序。

2.3.1.1 板料的分离工序

板料的分离工序是使坯料一部分相对于另一部分产生分离而得到工件或者坯料的成形方法。包括：落料、冲孔、切断、修整等。

（1）落料与冲孔　落料与冲孔统称为冲裁。在落料和冲孔过程中，坯料的变形过程和模具结构均相似，只是材料的取舍不同。落料是被分离的部分为成品，而留下的部分是废料；冲孔是被分离的部分为废料，而留下的部分是成品。例如：冲制平面垫圈，制取外形的冲裁工序称为落料，而制取内孔的工序称为冲孔。

① 金属板料冲裁成形过程。冲裁件质量、冲裁模结构与冲裁时板料的变形过程密切相

关。当凸、凹模的间隙正常时，冲裁变形过程可分为三个阶段，如图 2-37 所示。

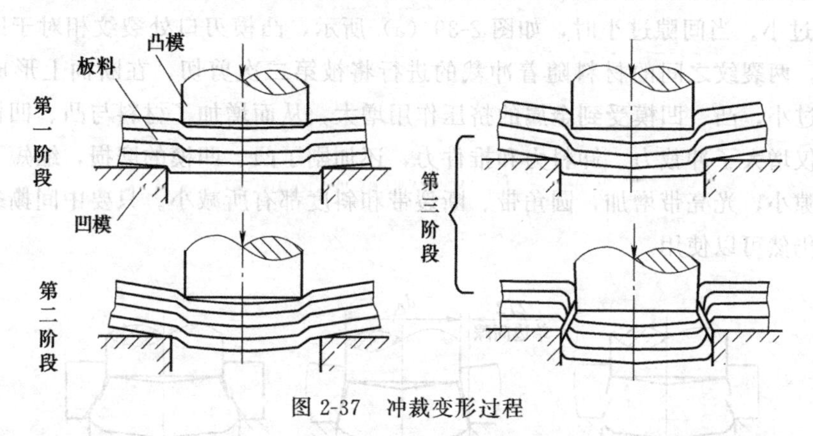

图 2-37　冲裁变形过程

a. 弹性变形阶段。在凸模压力下，板料产生弹性压缩、拉伸和弯曲变形并向上翘曲，凸、凹模的间隙越大，板料弯曲和上翘越严重。同时，凸模挤入板料上部，板料的下部则略挤入凹模孔口，但板料的内应力未超过材料的弹性极限。

b. 塑性变形阶段。凸模继续压入，板料内的应力达到屈服点时，便开始产生塑性变形。随凸模挤入板料深度的增大，塑性变形程度增大，变形区板料加工硬化加剧，冲裁变形力不断增大，直到刃口附近侧面的板料由于拉应力的作用出现微裂纹时，塑性变形阶段结束。

c. 断裂分离阶段。随凸模继续压入，已形成的上、下微裂纹沿最大剪应力方向不断向板料内部扩展，但上、下裂纹重合时，板料便被剪断分离。

② 剪切断面。冲裁件的剪切断面不很光滑，并有一定锥度。与冲裁过程各变形阶段相对应，冲裁出的工件断面具有明显的特征带，包括：圆角带、光亮带、断裂带和毛刺，如图 2-38 所示。

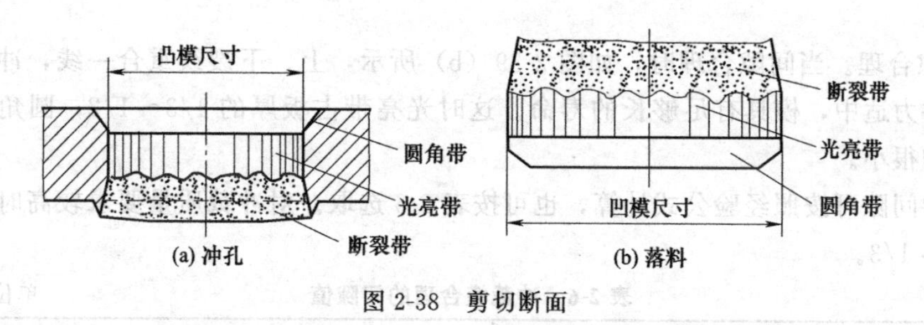

图 2-38　剪切断面

圆角带是冲裁过程中刃口附近的材料被弯曲和拉伸变形的结果。在大间隙和软材料冲裁时，圆角带尤为明显。

光亮带是塑性变形阶段刃口切入板料后，材料被模具侧面挤压而形成的表面。光亮带光滑、垂直，是剪切面上精度和质量最高的部分，通常光亮带占全断面的 1/3～1/2。塑性好的材料，其光亮带大。

断裂带是由于刃口处的微裂纹在拉应力作用下不断扩展而形成的撕裂面，表面粗糙，无光泽，略呈锥度。塑性差的材料，断裂带大。

毛刺是伴随裂纹的出现而产生的。当凸模和凹模件的间隙不合适或刃口变钝时，会产生较大的毛刺。

③ 冲裁间隙。冲裁间隙是一个重要的工艺参数，它不仅对冲裁件的断面质量有极重要

的影响，而且还影响模具寿命、卸料力、推件力、冲裁力和冲裁件的尺寸精度等。

a. 间隙过小。当间隙过小时，如图 2-39（a）所示，凸模刃口处裂纹相对于凹模刃口裂纹向外错开，两裂纹之间的材料随着冲裁的进行将被第二次剪切，在断面上形成第二光亮带。因间隙过小，凸、凹模受到金属的挤压作用增大，从而增加了材料与凸、凹模之间的摩擦力。这不仅增大了冲裁力、卸料力和推件力，还加剧了凸、凹模的磨损，缩短了模具的寿命。但是间隙小，光亮带增加，圆角带、断裂带和斜度都有所减小。只要中间撕裂不是很严重，冲裁件仍然可以使用。

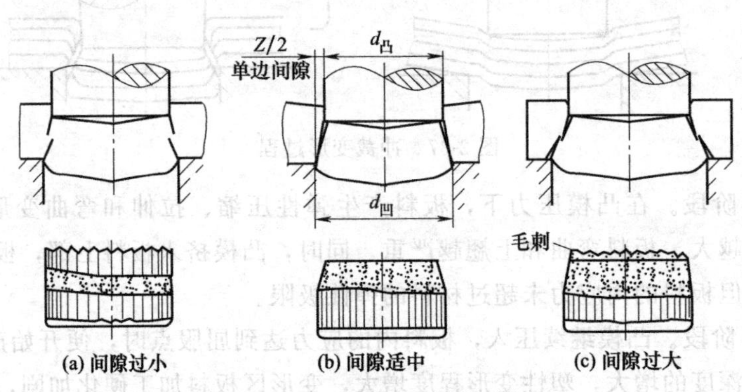

图 2-39　间隙对断面质量的影响

b. 间隙过大。当间隙过大时，如图 2-39（c）所示，凸模刃口裂纹相对于凹模刃口裂纹向内错开，板料的弯曲与拉伸加大，易产生剪切裂纹，塑性变形阶段较早结束，致使切断面光亮带减小，圆角带与锥度增大，形成厚而大的拉长毛刺，且难以去除。同时冲裁件的翘曲现象严重。另一方面，推件力和卸料力大为减小，材料对凸、凹模的摩擦作用大大减弱，所以模具寿命较长。因此，对于批量较大而公差有无特殊要求的冲裁件，可适当采用“大间隙”冲裁。

c. 间隙合理。当间隙合理时，如图 2-39（b）所示，上、下裂纹重合一线，冲裁力、卸料力和推件力适中，模具有足够长的寿命。这时光亮带占板厚的 1/3～1/2，圆角带、断裂带和锥度均很小。

合理的间隙可按照经验公式计算，也可按表 2-6 选取。对冲裁质量要求较高时，可将表中数据减小 1/3。

表 2-6　冲裁模合理的间隙值　　单位：mm

板料种类	板料厚度 δ				
	1.4～0.4	0.4～1.2	1.2～2.5	2.5～4	4～6
软钢 黄铜	0.01～0.02	(0.07～0.10)δ	(0.9～0.12)δ	(0.12～0.14)δ	(0.15～0.18)δ
硬钢	0.01～0.05	(0.10～0.17)δ	(0.18～0.25)δ	(0.25～0.27)δ	(0.27～0.29)δ
铝及铝合金(软)	0.01～0.03	(0.08～0.12)δ	(0.11～0.12)δ	(0.11～0.12)δ	(0.11～0.12)δ
铝及铝合金(硬)	0.01～0.03	(0.10～0.14)δ	(0.13～0.14)δ	(0.13～0.14)δ	(0.13～0.14)δ

合理间隙 Z 的经验公式为：

$$Z=ct \tag{2-10}$$

式中　t——板料厚度，mm；

c——与板料厚度、性能有关的系数。

当 $t\leqslant 3$mm 时，对于低碳钢、铜合金、铝合金等取 $c=0.06\sim0.10$，对于高碳钢，取$c=$

0.08～0.12；当 $t \geqslant 3$mm 时，c 值可适当加大。

④ 凸模与凹模刃口尺寸的确定。冲裁件的尺寸和冲裁模间隙取决于凸模和凹模的刃口尺寸。

设计落料模时，以凹模作为设计基准，即使落料模的凹模刃口尺寸等于落料件的尺寸，而凸模的刃口尺寸等于凹模刃口尺寸减去双边间隙值。

设计冲孔模时，以凸模作为设计基准，使冲孔模的凸模刃口尺寸等于被冲孔径尺寸，而凹模的刃口尺寸等于凸模刃口尺寸加上双边间隙值。

⑤ 冲裁力的计算。冲裁力是确定冲压设备吨位和检验模具强度的重要依据。

平刃冲裁时的冲裁力按下式计算：

$$P = KL\delta\tau \tag{2-11}$$

式中 P——冲裁力，N；

K——系数，一般可取 $K=1.3$；

L——冲裁件周边长度，mm；

δ——冲裁件厚度，mm；

τ——材料的抗剪强度，MPa，可查有关手册确定，也可根据 $\tau=0.8\sigma_b$ 估算。

⑥ 冲裁件的排样。排样是指落料件在条料、带料或板料上进行布置的方法。合理排样可减少废料，提高板料的利用率。

如图 2-40 所示为同一落料件的四种排样方式，分为有搭边排样［图 2-40（a）～（c）］和无搭边排样［图 2-40（d）］两种类型。无搭边排样是利用落料件的一个边作为另一个落料件的边。这种排样板料利用率最高，但落料件尺寸不易精确，毛刺不在同一平面上，质量较差，只有在对落料件品质要求不高时才采用。有搭边排样是在各个落料件之间均留有一定尺寸的搭边。其优点是毛刺小，而且在同一个平面上，落料件尺寸精确，品质较好，但板料消耗较多。

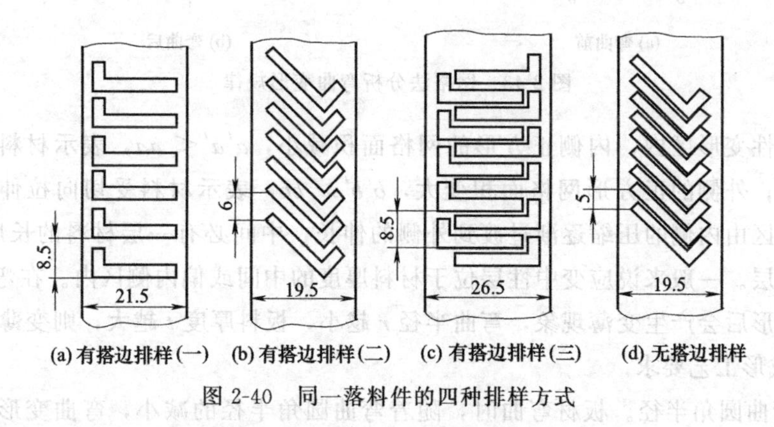

图 2-40　同一落料件的四种排样方式

（2）切断　切断是指用剪刃或冲模将板料或其他型材沿不封闭轮廓进行分离的工序。切断用来制取形状简单、精度要求不高的平板类工件或下料。

（3）修整　如果零件的精度和表面粗糙度要求较高，则需用修整工序将冲裁后的孔或落料件的周边进行修整，即利用修整模沿冲裁件外缘或内孔刮削一薄层金属，以切掉冲裁件断面上存留的剪裂带和毛刺，如图 2-41 所示，提高冲裁件的尺寸精度和降低表面粗糙度。

修正所切除的余量很小，一般每边为 0.02～0.05mm，粗糙度可达 $R_a=1.6 \sim 0.8\mu$m，

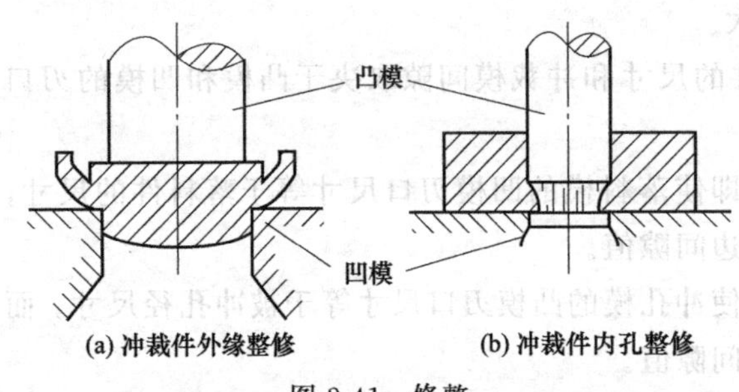

图 2-41 修整

精度可达 IT6～IT7。实际上，修正工序的实质属于切削过程，但比机械加工的生产率高得多。

2.3.1.2 板料成形工序

板料成形工序是使板料发生塑性变形而形成一定形状和尺寸的冲压件的冲压成形方法。主要包括：弯曲、拉深、翻边和成形等。

(1) 弯曲 弯曲是将板料弯成一定角度、一定曲率而形成一定形状零件的成形工序方法。弯曲变形过程如图 2-42 所示。

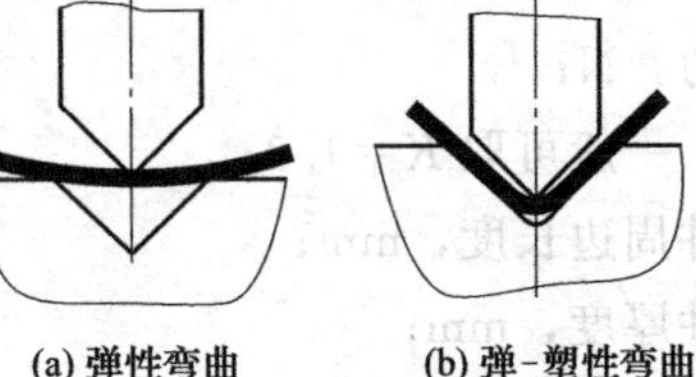
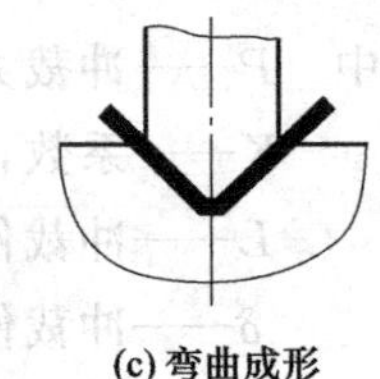

图 2-42 弯曲变形过程

通常采用网格法分析弯曲变形规律，在板料侧面画出正方形网格，然后进行弯曲，观察弯曲变形后网格的变化情况。如图 2-43 所示，在弯曲中心角 α 的范围内，正方形网格变成了扇形网格。而弯曲板料的直边部分的网格仍然是正方形。由此可知弯曲时塑性变形区主要集中在弯曲件的圆角部分。

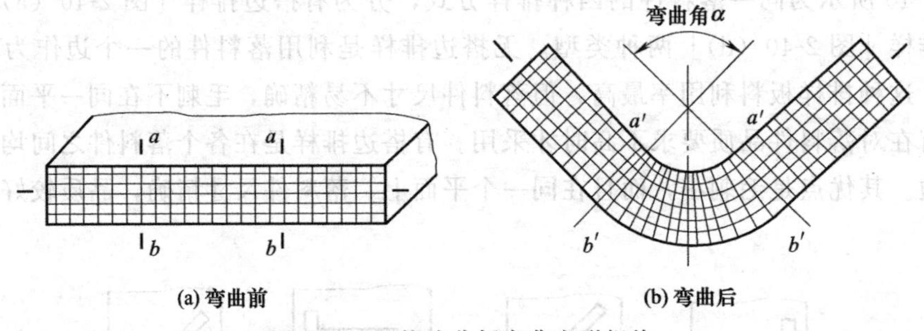

图 2-43 网格法分析弯曲变形规律

在弯曲塑性变形区内，内侧正方形的网格面积减小，$a'a' < aa$，表示材料受切向压缩的作用而缩短；外侧的正方形网格面积变大，$b'b' > bb$，表示材料受切向拉伸的作用而伸长。塑性变形区由内侧的压缩逐渐过渡到外侧的伸长，中间必有一层材料的长度保持不变，称为应变中性层。一般来说应变中性层位于材料厚度的中间或偏内侧区内。在弯曲塑性变形区内，板料变形后会产生变薄现象，弯曲半径 r 越小，板料厚度 t 越大，则变薄越严重。

① 弯曲成形工艺要求

a. 最小弯曲圆角半径。板材弯曲时，随着弯曲圆角半径的减小，弯曲变形区内的变形程度会逐渐增加，变形区外侧所受到的拉应力也会不断增加。当拉应力大于变形材料的抗拉强度 σ_b 时，板料的外层将出现裂纹，这会使弯曲件报废。因此，板料弯曲时存在一个板料外侧不出现裂纹所允许的最小圆角半径值，为最小弯曲圆角半径值，板料的实际弯曲圆角半径不应小于此值。

b. 板料弯曲的方向。用于冲压的板材大多数为冷轧制板材，板材在轧制时会在其内部产生沿轧制方向的纤维线，这种纤维线使板材的力学性能产生异向性，即沿纤维线方向板料的塑性提高，垂直于纤维线方向板料的塑性降低。所以，板料弯曲时，弯曲线的方向直接影响弯曲时所允许的变形程度。弯曲成形时的弯曲线最好与纤维线垂直，这样弯曲时不易开裂，如图 2-44 所示。当弯曲线垂直于纤维方向时所允许的最小弯曲圆角半径值较小。

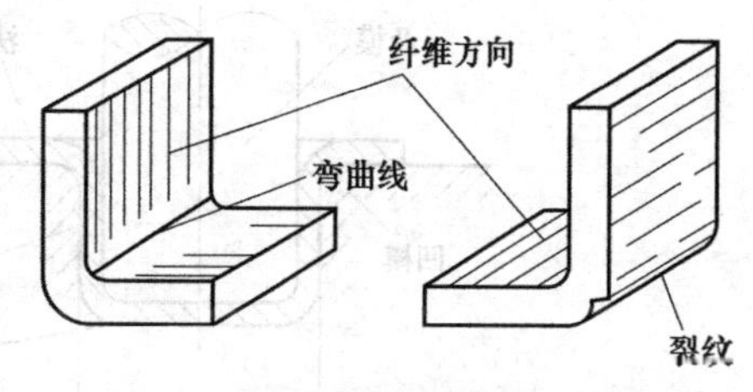

图 2-44　纤维线与弯曲线的关系

c. 板材的表面与侧面质量。板材的表面质量较差时，容易产生应力集中，使塑性降低，在弯曲时易开裂。板料的侧面质量对弯曲开裂的影响也很大，因为弯曲件的毛坯往往是经冲裁落料而成的，其冲裁的断面一面是光滑的，另一面则带有毛刺。弯曲时应使有毛刺的一面作为弯曲件的内侧，这样可以有效地防止弯曲裂纹的产生。如果弯曲时必须将毛刺置于弯曲件的外侧时，应尽量加大弯曲圆角半径。

② 弯曲件的回弹。弯曲变形时，在外力作用下毛坯产生的变形由弹性变形部分和塑性变形部分组成。当外力去除后，塑性变形部分被保留下来，而弹性变形部分会回复，这会使弯曲件的形状和尺寸发生变化而与模具的形状和尺寸不一致，这种现象叫做回弹。

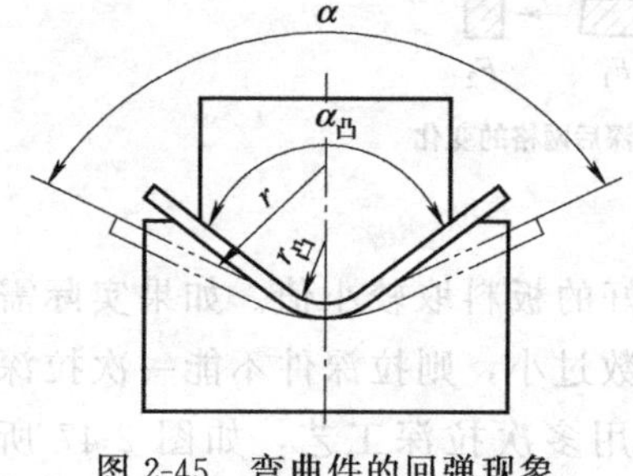

图 2-45　弯曲件的回弹现象

图 2-45 表示了弯曲件的回弹现象，弯曲凸模的圆角半径为 $r_{凸}$，弯曲角度为 $\alpha_{凸}$，而弯曲件产生回弹后圆角半径变为 r，弯曲角度变为 α 。这种弯曲角度的变化 $\Delta\alpha=\alpha-\alpha_{凸}$ 称为角度回弹量，弯曲圆角半径的变化 $\Delta r=r-r_{凸}$ 称为弯曲圆角半径回弹量。

由于弯曲时内侧与外侧的切向压力方向不一致，因而弹性回复方向也相反，即外侧为弹性缩短，而内侧为弹性伸长，这种反向的弹性回复大大加剧了工件形状和尺寸的变化，直接影响了弯曲工件的尺寸精度。

为了得到形状尺寸精确的弯曲件，就应当确定回弹值。由于影响回弹的因素很多，因此很难精确地确定回弹值，通常采用的方法是，先根据经验数值和简单的计算来初步确定回弹值，然后在试模时进行修正。

(2) 拉深。拉深是利用拉深模使板料变成开口空心件的冲压工序。拉深可以制成筒形、阶梯形、盒形、球形、锥形及其他复杂形状的薄壁零件。

① 拉深变形过程。如图 2-46 所示为拉深变形过程。

平板圆形毛坯在拉深凸模与凹模的作用下，成形为圆筒形空心件。拉深过程中板料产生塑性流动，如图 2-46 (b) 所示，阴影部分的多余三角形产生塑性流动，这使得拉深后工件的实际高度增加。即毛坯直径为 D，在拉深后成为直径 d、高度 $h>(D-d)/2$ 的圆筒形拉深件。拉深过程使毛坯上画出的网格发生变化，如图 2-46 (c)、(d) 所示，在拉深前为扇形 F_1，拉深后变成了矩形 F_2，若不计板料厚度的变化，则单元体的面积不变，即 $F_1=F_2$。

② 拉深成形工艺要求

a. 拉深因数。拉深件直径 d 与坯料直径 D 的比值称为拉深因数 m，即 $m=d/D$，是衡量拉深变形程度的指标。

拉深因数越小，变形程度越大，板料拉深成形越困难。能保证拉深过程正常进行的最小拉深因数称为极限拉深因数，一般情况下，极限拉深因数取 0.5～0.8，塑性差的板料取较

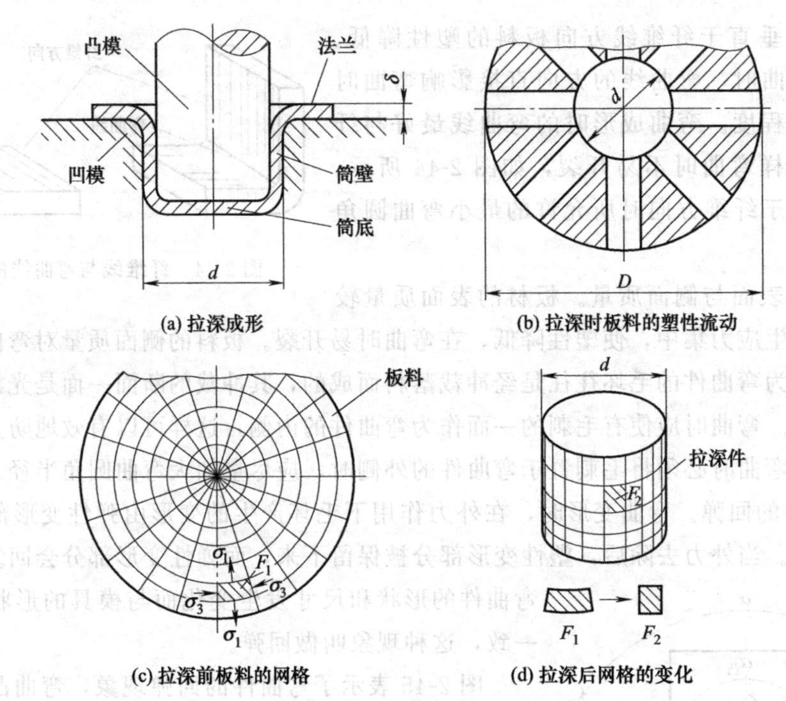

图 2-46　拉深变形过程

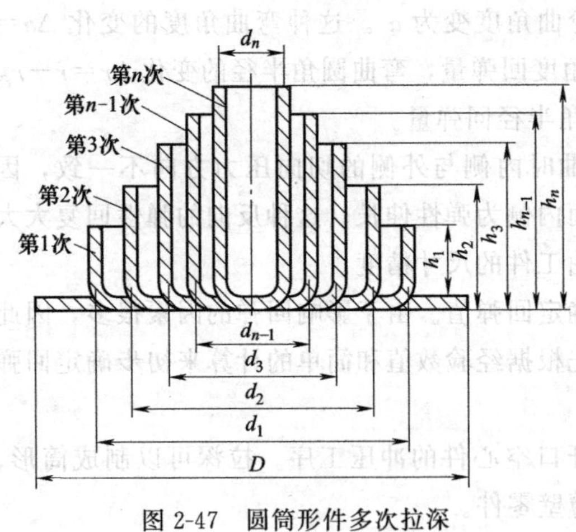

图 2-47　圆筒形件多次拉深

大值，塑性好的板料取较小值。如果实际需要的拉深因数过小，则拉深件不能一次拉深成形，可采用多次拉深工艺，如图 2-47 所示，首次拉深因数较小，以后各次拉深因数逐次增加，具体的数据可查相关手册。

b. 拉深质量。拉深中常见的质量问题是拉裂和起皱。

ⓐ 拉深过程中，拉深件最危险的部位是直壁与底部的过渡圆角处，当拉应力超过材料的屈服点时，此处将被拉裂，如图 2-48 所示。拉深时应采用减少拉应力的措施防止拉裂。

ⓑ 拉深变形时，拉深毛坯的凸缘部分由于失稳而产生波浪形的褶皱称为起皱，如图 2-49所示。起皱是因为拉深毛坯受到较大的切向压应力，使板料产生失稳。实际生产中可以采用压边圈增加压应力，来防止板料的失稳起皱，如图 2-50 所示。

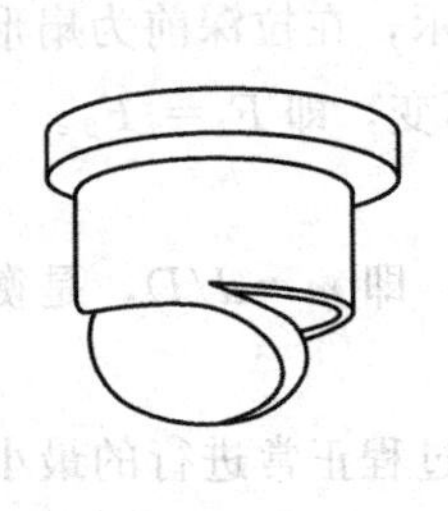

图 2-48　拉裂

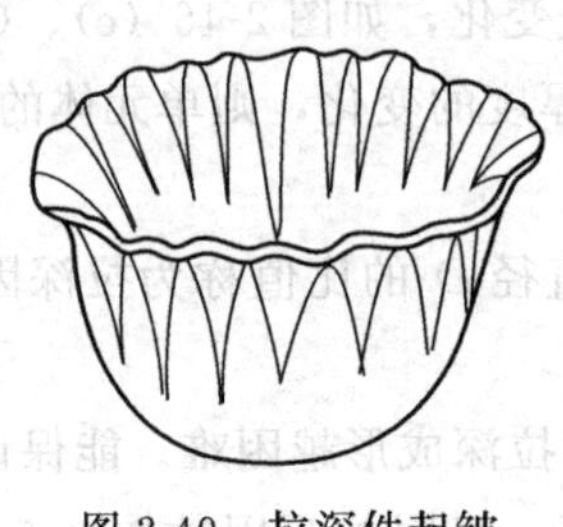

图 2-49　拉深件起皱

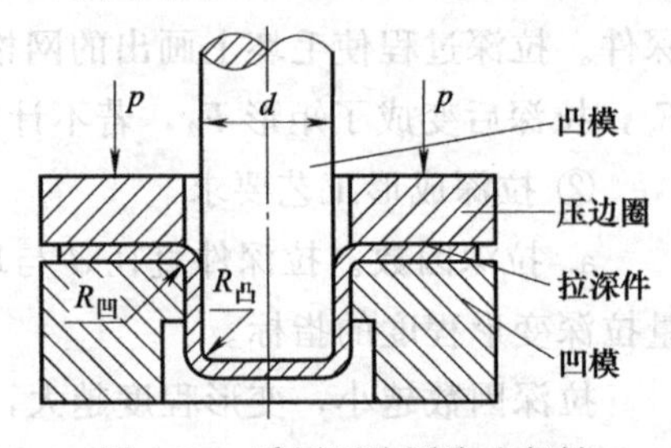

图 2-50　采用压边圈防止起皱

(3) 其他冲压成形工艺方法　除弯曲和拉深外，冲压成形工艺还包括胀形、翻边、缩口和旋压等。这些成形方法的共同特点是板料只发生局部塑性变形。

① 胀形。胀形主要指板料的局部胀形（或称为起伏成形），如压制凹坑、加强筋、起伏性的花纹及标记等；另外，还有管形毛坯料的胀形，如波纹管的成形、板料的拉形等，均属于胀形工艺方法。

胀形时，板料的塑性变形局限于一个固定的变形区之内，通常没有外来的材料进入变形区内。变形区内板料的变形主要是通过减薄壁厚、增大局部表面积来实现的。由于胀形时板料处于两向拉应力状态，变形区的坯料不会产生失稳现象，因此，胀形成形的零件表面光滑，质量好。胀形所用的模具可分为钢模和软模两类。软模胀形使板料的变形比较均匀，容易保证零件的精度，便于成形复杂的空心零件，所以在生产中广泛应用。如图 2-51 所示为采用软凸模胀形的两种方式。

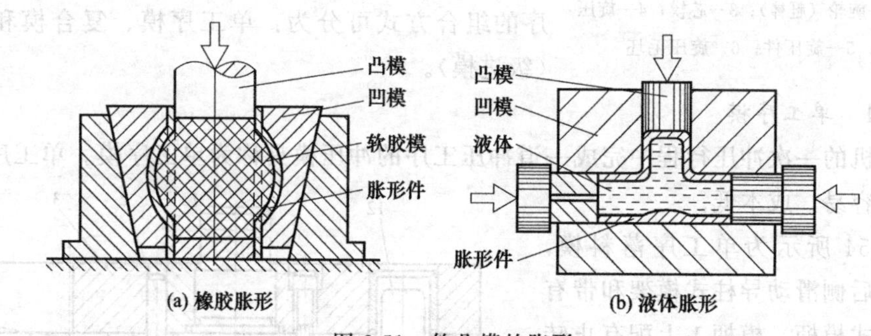

图 2-51　软凸模的胀形

② 翻边。翻边是使材料的平面部分或曲面部分上沿一定的曲率翻成竖立边缘的冲压成形工艺。根据零件边缘的性质和应力状态的不同，翻边可分为内孔翻边（图 2-52）和外缘翻边。

内孔翻边的主要变形是坯料的切向和径向拉伸，越接近孔边缘变形越大。因此，内孔翻边的缺陷往往是边缘拉裂。翻边破裂的条件取决于变形程度的大小。内孔变形程度可用翻边因数 K_0 表示，K_0 等于翻边前孔径 d_0 与翻边后孔径 d 的比值，即 $K_0=d_0/d$。

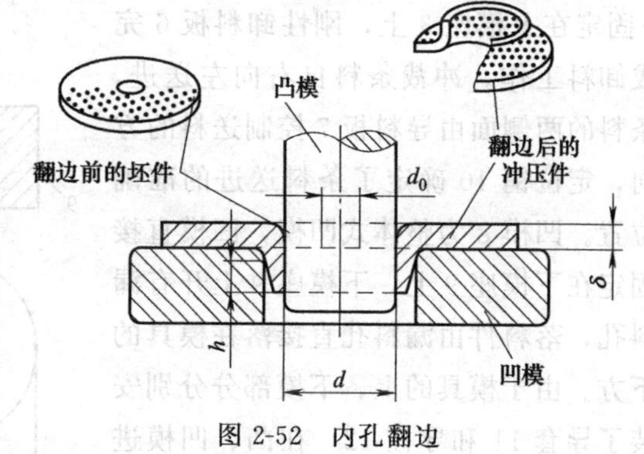

图 2-52　内孔翻边

显然，K_0 值越小，变形程度越大。翻边时孔边不破裂所能达到的最小 K_0 值称为极限翻边系数。对于低碳钢，K_0 为 0.72～0.78。

当零件所需的凸缘较高，一次翻边成形有困难时，可采用先拉深、后冲孔（按 K_0 计算得到的容许孔径）、再翻边的工艺来实现。

③ 旋压。旋压过程的工艺过程是：用顶块把坯料压紧在模具上，机床主轴带动模具和坯料一同旋转，手工操作旋轮加压于坯料，反复碾压，使坯料逐渐贴于模具上成形，如图 2-53 所示。

旋压成形虽然是局部成形，但是如果坯料的变形量过大，也容易产生起皱甚至破裂。所以变形量大的旋压件需要多次旋压成形。对于圆筒旋压件，旋压成形的变形程度可用旋压因

数 m 表示，$m=d/D$，式中，d 为旋压件直径，D 为毛坯板料直径。

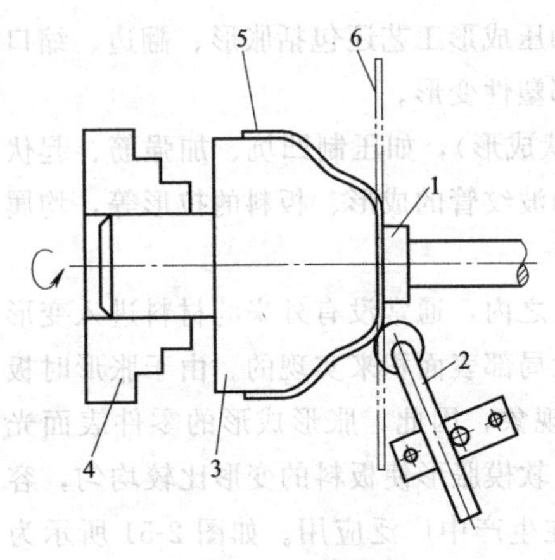

图 2-53　旋压

1—顶块；2—旋轮（赶棒）；3—芯模；4—旋压机卡盘；5—旋压件；6—旋压毛坯

低碳钢的旋压因数取 $m=0.6\sim0.8$，相对厚度较小时，m 取上限；反之，m 取下限。

由于旋压件加工硬化严重，多次旋压时必须经过中间退火处理。

2.3.2　板料冲压模具

板料冲压模具是实现冲压生产所必备的专用工艺装备，模具结构是否合理直接关系到冲压件的质量、生产效率和生产成本。常用的板料冲压模具按冲压工序的组合方式可分为：单工序模、复合模和连续模（级进模）。

2.3.2.1　单工序模

在压力机的一次冲压行程中完成一道冲压工序的冲压模具称为单工序模。单工序模结构简单、制造容易，成本低。

如图 2-54 所示为单工序落料模，该模具采用后侧滑动导柱式模架和带有台阶的压入式模柄，模柄 1 上配有止转销钉 2，以防止上模座 3 与模柄之间发生相对传动，凸模 5 直接由凸模固定板 4 固定在上模座 3 上，刚性卸料板 6 完成卸料工作。冲裁条料自右向左送进，条料的两侧面由导料板 7 控制送料的方向，定位销 10 确定了条料送进的准确位置。凹模 8 为整体式凹模，凹模直接固定在下模座 9 上，下模座 9 上开有漏料孔，落料件由漏料孔直接落在模具的下方。由于模具的上、下模部分分别安装了导套 11 和导柱 12，在凸、凹模进行冲裁之前，导柱 12 已经进入导套 11 之中，从而保证了凸模 5 与凹模 8 之间的均匀间隙。

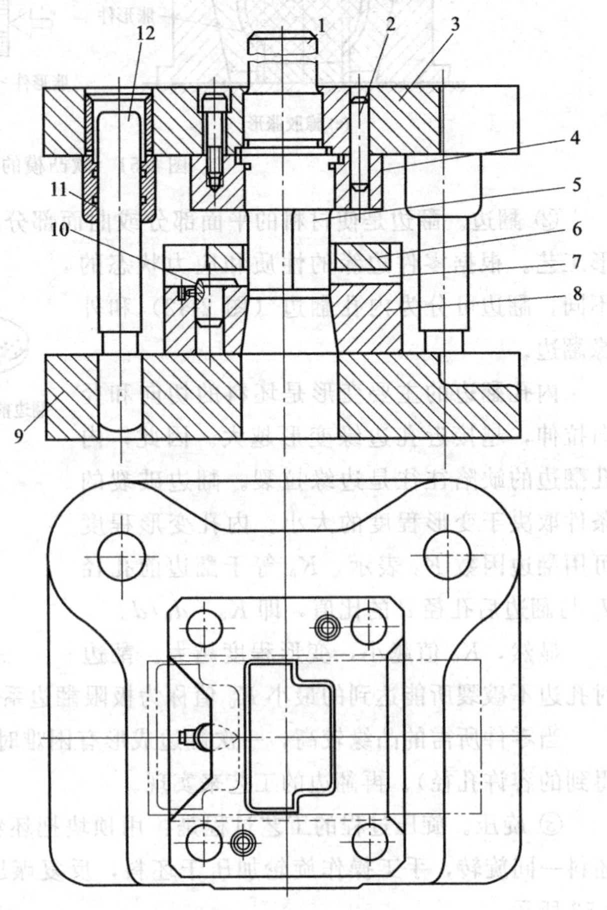

图 2-54　单工序落料模

1—模柄；2—止转销钉；3—上模座；4—凸模固定板；5—凸模；6—刚性卸料板；7—导料板；8—凹模；9—下模座；10—定位销；11—导套；12—导柱

2.3.2.2　复合模

在压力机的一次冲压过程中，在模具同一部位上同时完成两道次以上工序的冲压模具称为复合模。

复合模的结构特点是：在模具中除了凸模、凹模之外，还有凸凹模。如图

2-55所示为复合模的结构原理示意图。图中的工件要完成冲孔和落料两道工序，冲裁时，凸凹模4与凸模2配合完成冲孔工序，而凸凹模4与凹模3配合完成落料工序。冲裁结束后，条料紧卡在凸凹模4上，由卸料板5卸料。最后，推件块1将冲裁件从凸模2和凹模3中推下。

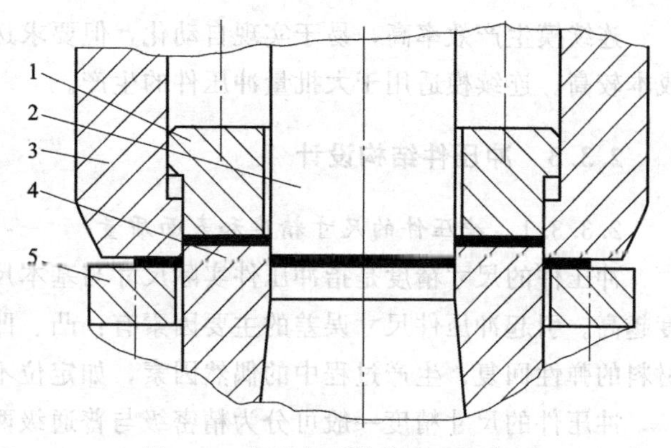

图2-55 复合模的结构原理示意图

1—推件块；2—凸模；3—凹模；4—凸凹模；5—卸料板

复合模适用于产量大、精度高的冲压件生产，但模具结构复杂，制造成本高。

2.3.2.3 连续模

在压力机的一次冲压过程中，在模具不同部位上同时完成两道以上冲压工序的冲压模具称为连续模（也称级进模）。

如图2-56所示为冲孔、落料连续模的工作原理图。条料送进时，先用始用挡料销8定位在O_1位置上，由冲孔凸模4冲出内孔d，此时落料凸模3是空冲。当第二次送进时，退回始用挡料销8，利用挡料销1粗定位，送进距离为$L=D+a$，这时带孔的条料位于O_2处，落料凸模3下行时，装在落料凸模3前端的导正销2插入内孔d中实现精确定位，接着落料凸模3的刃口部分对条料进行冲裁，得到内径为d、外径为D的制件。与此同时，在O_1的位置上又冲出了一个内孔d，待下次送料时，在O_2的位置上冲出下一个制件，这样往复进行。

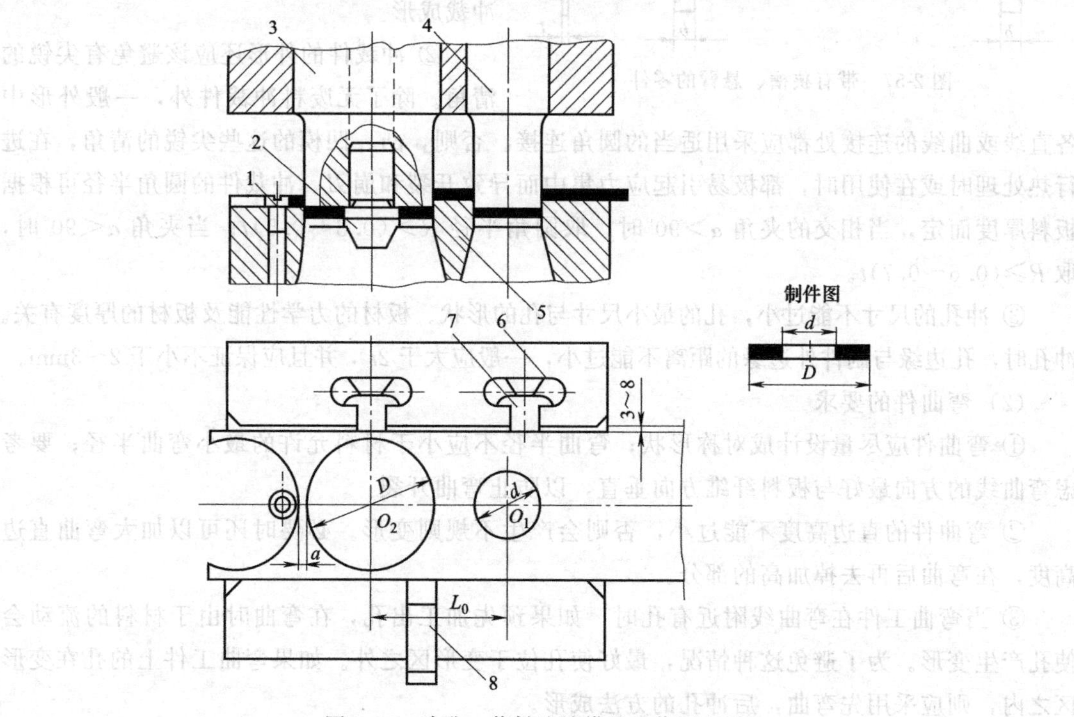

图2-56 冲孔、落料连续模的工作原理图

1—挡料销；2—导正销；3—落料凸模；4—冲孔凸模；5—凹模；6—弹簧；7—侧压块；8—始用挡料销

连续模生产效率高，易于实现自动化，但要求送料的定位精度高，模具结构复杂、制造成本较高。连续模适用于大批量冲压件的生产。

2.3.3 冲压件结构设计

2.3.3.1 冲压件的尺寸精度和表面质量

冲压件的尺寸精度是指冲压件实际尺寸与基本尺寸的差值，差值越小，则冲压件尺寸精度越高。引起冲压件尺寸误差的主要因素有：凸、凹模的制造精度；凸、凹模间隙；冲压后材料的弹性回复；生产过程中的偶然因素，如定位不准、材料性能不稳定等。

冲压件的尺寸精度一般可分为精密级与普通级两类。精密级是冲压工艺技术上所能达到的精度，而普通级是可以用较经济手段达到的精度。当模具制造精度较高时，冲压件外形尺寸精度可达到IT10级，内孔尺寸可达到IT9级。

冲压件的表面质量不应高于原材料的表面质量，否则需要增加后续加工才能达到，增加了生产成本。

2.3.3.2 冲压件的形状要求

(1) 冲裁件的要求

① 冲裁零件的外部轮廓形状应尽可能采用简单和对称的形式，这样的外部轮廓既可以充分利用板料，减少或无废料，又可以方便模具的加工制造。而带有悬臂、狭槽的零件则不适宜冲裁加工，如图 2-57 所示的零件带有宽度为 b 的狭槽和悬臂，不适宜冲裁成形。

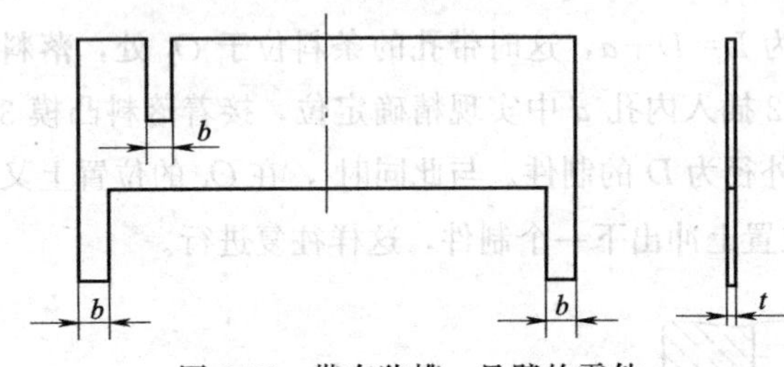

图 2-57 带有狭槽、悬臂的零件

② 冲裁件的外形还应该避免有尖锐的清角。除了无废料冲裁件外，一般外形中各直线或曲线的连接处都应采用适当的圆角连接。否则，凸、凹模的这些尖锐的清角，在进行热处理时或在使用时，都极易引起应力集中而导致开裂和崩刃。冲裁件的圆角半径可根据板料厚度而定，当相交的夹角 $\alpha>90°$时，取圆角半径 $R>(0.3\sim0.5)t$；当夹角 $\alpha<90°$时，取 $R\geqslant(0.6\sim0.7)t$。

③ 冲孔的尺寸不能过小，孔的最小尺寸与孔的形状、板材的力学性能及板材的厚度有关。冲孔时，孔边缘与制件外边缘的距离不能过小，一般应大于 $2t$，并且应保证不小于 2～3mm。

(2) 弯曲件的要求

① 弯曲件应尽量设计成对称形状；弯曲半径不应小于材料允许的最小弯曲半径；要考虑弯曲线的方向最好与板料纤维方向垂直，以防止弯曲开裂。

② 弯曲件的直边高度不能过小，否则会产生不规则变形。必要时还可以加大弯曲直边高度，在弯曲后再去掉加高的部分。

③ 当弯曲工件在弯曲线附近有孔时，如果预先加工出孔，在弯曲时由于材料的流动会使孔产生变形。为了避免这种情况，最好使孔位于变形区之外。如果弯曲工件上的孔在变形区之内，则应采用先弯曲，后冲孔的方法成形。

(3) 拉深件的要求

① 拉深件的形状应尽量简单对称，轴对称拉深件在圆周方向上的变形是最均匀的，模

具加工也容易，工艺性最好。其他形状的拉深件，应尽量避免急剧的轮廓变化。

② 拉深件各部分尺寸比例应恰当，应尽量避免设计宽凸缘和深度大的拉深件。拉深件的圆角半径要尽量大些，这样有利于制件的成形和减少拉深次数。

③ 拉深件上孔的位置应合理布置，对于拉深件凸缘上的孔和侧壁上的孔，应在拉深成形后再加工。

2.4 其他塑性成形工艺简介

2.4.1 挤压成形

挤压是利用锻压设备的简单往复运动，使金属通过模具内具有一定形状和一定尺寸的孔，发生塑性变形而得到所需要的工件。

2.4.1.1 零件的挤压方式

根据挤压时金属流动方向与凸模运动方向的关系，挤压成形可分为四种基本方式，如图2-58所示。

(1) 正挤压　挤压时金属的流动方向与凸模的运动方向一致。正挤压法适用于制造横截面是圆形、椭圆形、扇形、矩形等的零件，也可是等截面的不对称零件。

(2) 反挤压　挤压时金属的流动方向与凸模的运动方向相反。反挤压法适用于制造横截面为原形、正方形、长方形、多层圆形、多格盒形的空心件。

(3) 复合挤压　挤压时坯料的一部分金属流动方向与凸模运动方向一致，而另一部分金属流动方向则与凸模运动方向相反。复合挤压法适用于制造截面为圆形、正方形、六角形、齿形、花瓣形的双杯类、杯-杆类零件。

(4) 径向挤压　挤压时金属的流动方向与凸模的运动方向相垂直。此类成型过程可制造十字轴类零件，也可制造花键轴的齿形部分、齿轮的齿形部分等。挤压设备为机械压力机或液压机。

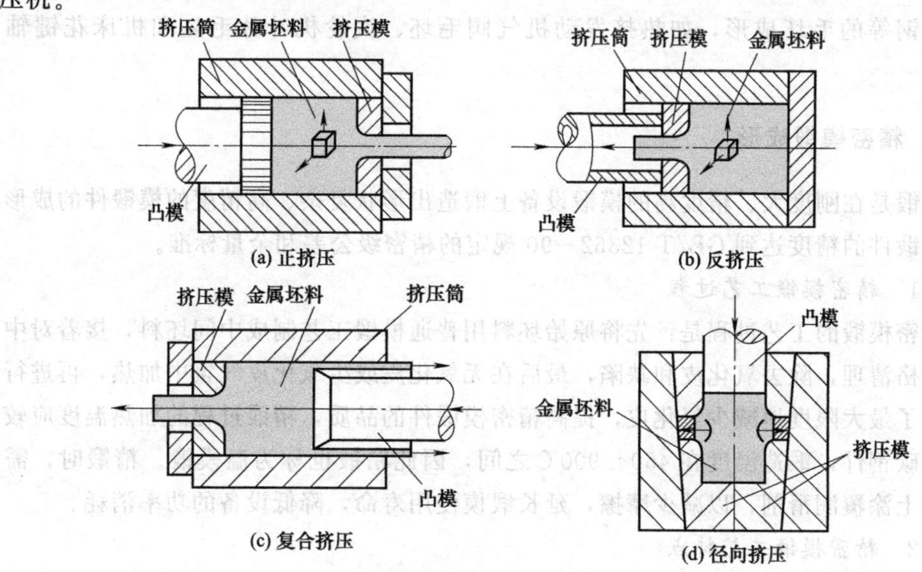

图 2-58　挤压成形

2.4.1.2 挤压的特点及应用

根据挤压金属温度的不同，挤压可分为冷挤压、温挤压和热挤压三种。

(1) 冷挤压的特点及应用　金属材料在再结晶温度下进行的挤压为冷挤压。对于大多数金属而言，其在室温下的挤压即为冷挤压。冷挤压的主要优点如下。

① 由于冷挤压过程中金属材料受三向压应力作用，挤压变形后材料的晶粒组织更加致密；金属流线沿挤压轮廓连续分布；加之挤压变形的加工硬化特性，使挤压件的强度、硬度及耐疲劳性能显著提高。

② 挤压件的精度和表面质量较高。一般尺寸精度可达 IT7～IT6，表面粗糙度 $R_a=1.6\sim0.2\mu m$。故冷挤压是一种净形或近似净形的成型方法，且能挤出薄壁、深孔、异型截面等一些较难进行机加工的零件。

③ 挤压生产的材料利用率高，生产率也高。

冷挤压已在机械、仪表、电器、轻工、宇航、军工等部门得到应用。但冷挤压的变形力相当大，特别是对较硬金属材料进行挤压时，所需的变形力更大，这就限制了冷挤压件的尺寸和质量；冷挤压模材质要求高，常用材料为 W18Cr4V、Cr12MoV 等；设备吨位大。而且为了降低挤压力，减少模具磨损，提高挤压件表面品质，金属坯料常需进行软化处理，而后清除其表面氧化皮，再进行特殊的润滑处理。

(2) 温挤压的特点及应用　把坯料加热到强度较低、氧化较轻的温度范围进行挤压称为温挤压。温挤压兼有冷、热挤压的优点，又克服了冷、热挤压的某些不足。对于一些冷挤压难以成形的材料如不锈钢、中高碳钢、耐热合金、镁合金、钛合金等，均可用温挤压成形。而且坯料可不进行预先软化处理和中间退火，也可不进行表面的特殊润滑处理，有利于机械化、自动化生产。另外，温挤压的变形量较冷挤压大，这样可减少工序、降低模具费用，且不一定需要使用大吨位的专用挤压机，但温挤压件的精度和表面品质不如冷挤压。

(3) 热挤压的特点及应用　热挤压时，由于坯料加热至锻造温度，这使得材料的变形抗力大为降低；但由于加热温度高，氧化脱碳及热胀冷缩等问题，大大降低了产品的尺寸精度和表面品质。因此，热挤压一般都用于高强（硬）度金属材料如高碳钢、高强度结构钢、高速钢、耐热钢等的毛坯成形，如热挤发动机气阀毛坯、汽轮机叶片毛坯和机床花键轴毛坯等。

2.4.2 精密模锻成形

精密模锻是在刚度大、精度高的模锻设备上锻造出形状复杂、高精度的模锻件的成形工艺方法。模锻件的精度达到 GB/T 12362—90 规定的精密级公差和余量标准。

2.4.2.1 精密模锻工艺过程

一般精密模锻的工艺过程是：先将原始坯料用普通模锻工艺制成中间坯料，接着对中间坯料进行严格清理，除去氧化皮和缺陷，最后在无氧化皮或少氧化皮气氛中加热，再进行精密模锻。为了最大限度地减少氧化皮，提高精密模锻件的品质，精锻过程的加热温度应较低一些。对于碳钢件，锻造温度在 450～900℃之间，因此精锻也称为温模锻。精锻时，需要在中间坯料上涂覆润滑剂，以减少摩擦，延长锻模使用寿命，降低设备的功率消耗。

2.4.2.2 精密模锻工艺特点

① 需要精确计算原始毛坯料的尺寸，严格按毛坯料质量下料，否则会增大模锻件尺寸

公差，降低精度。

② 需要细致清理毛坯料表面，清除干净毛坯料表面的氧化皮、脱碳层等缺陷。

③ 为提高锻件的尺寸精度和降低表面粗糙度，应采用无氧化或少氧化加热法，加快加热速度，尽量减少毛坯料在加热过程中的表面氧化。

④ 精密模锻的锻件精度在很大程度上取决于锻模的加工精度，因此，精锻模膛的精度必须很高，一般要比普通锻件精度高两级；另外，精锻模一定要有导柱、导套等导向结构，保证合模准确；为排除模膛中的气体，减少金属流动阻力，使金属更好地充满模膛，在凹模上应开有排气小孔。

⑤ 模锻时要对模膛进行良好的润滑，并及时对模膛进行冷却，以减少模膛的磨损，保证模锻件质量。

⑥ 精密模锻一般都在刚度大、精确度高的模锻设备上进行，如曲柄压力机、摩擦压力机或高速锤等。

一般精密模锻件的公差余量约为普通模锻件的1/3，表面粗糙度达到$R_a3.2\sim1.6\mu m$。精密模锻件可不经或只需少量机械加工而直接使用，节约了金属，降低了生产成本，提高生产率。

2.4.3 多向模锻

多向模锻是将坯料放入锻模内，用几个冲头从不同方向同时或依次对坯料加压，以获得形状复杂的精密锻件的成形新工艺，如图2-59所示。

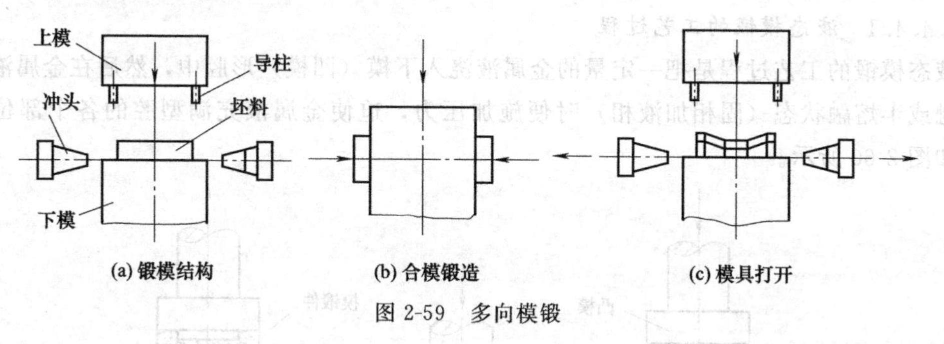

图 2-59 多向模锻

多向模锻能一次锻出具有凹面、凸肩或多向孔穴等形状复杂的锻件，这些锻件难以用常规的模锻设备制造。多向加压改变了金属的变形条件，提高了金属的塑性，适宜于塑性较差的高合金钢的模锻。由于多向模锻在实现锻件精密化和改善锻件品质等方面具有独特的优点，因此正在被广泛采用。多向模锻一般需要在具有多向施压的专用锻造设备上进行。

2.4.3.1 多向模锻的优点

① 多向模锻采用封闭式锻模，不设计飞边槽，锻件可设计成空心，精度高，锻件易于脱模，模锻斜度小，因此可节约大量金属材料。多向模锻的材料利用率为40%～90%。

② 多向模锻尽量采用挤压成形，金属分布合理，金属流线较为理想。多向模锻件强度一般可提高30%以上，极有利于产品的精密化和小型化。因此，航空、空间技术、原子能工业中的受力机械零件广泛采用多向模锻件。

③ 多向模锻往往在一次加热过程中就完成锻压工艺，减少锻件的氧化损失，有利于模锻件的机械化操作，显著降低了劳动强度。

④ 多向模锻工艺本身可以使锻件精度提高到理想程度，从而减少了机械加工余量和机械加工工时，使劳动生产率提高，产品成本下降。

⑤ 对金属材料来说，多向模锻适用范围广泛，不但可应用于一般钢材与非铁合金材料，而且也可应用于高合金钢与镍铬合金等材料。在航空、石油、汽车、拖拉机与原子能工业中的中空架体、活塞、轴类件、筒形件、大型阀体、管接头以及其他受力机械零件都可采用多向模锻件。

2.4.3.2 多向模锻的局限性

① 需要配备适合于多向模锻工艺特点的专用多向模锻压力机，锻件成形压力高于一般模锻成形压力，需要大吨位的设备，设备投资大。

② 送进模具中的坯料只允许有极薄的一层氧化皮。要使多向模锻取得良好的效果，必须对坯料进行感应电加热或气体保护无氧化加热，因此电力消耗较大。

③ 坯料尺寸要求严格，质量偏差要小，因此下料时要对毛坯尺寸进行精密计算或试料。

2.4.4 液态模锻成形

液态模锻是将液态金属直接浇入锻造模腔内，然后在一定时间内、以一定的压力作用于液态（或半液态）金属上使之成形，并在此压力下结晶和产生局部塑性变形的工艺方法。

液态模锻实际上是铸造与锻造的组合工艺，它既有铸造工艺简单、成本低的优点，又有锻造产品性能好、品质可靠的优点。因此，在生产形状较复杂而在性能上又有一定要求的锻件时，液态模锻更能发挥其优越性。

2.4.4.1 液态模锻的工艺过程

液态模锻的工艺过程是把一定量的金属液浇入下模（凹模）形腔中，然后在金属液还处在熔融或半熔融状态（固相加液相）时便施加压力，迫使金属液充满型腔的各个部位而成形，如图 2-60 所示。

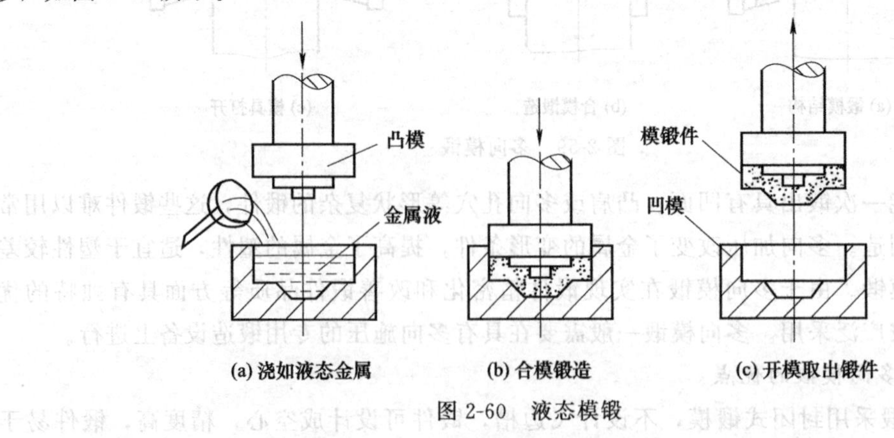

图 2-60 液态模锻

液态模锻工艺流程为：按照原材料配制配料，进行高温熔炼，将熔炼好的金属液浇入模膛，闭模冷却加压成形，开模取出模锻件，进行必要的后处理。

液态模锻主要是在液压机上进行的，液压机的压力和速度可以控制，操作容易，施压平稳，不易产生飞溅现象，故使用较多。

2.4.4.2 液态模锻工艺的主要特点

① 在成形过程中，金属液在压力下完成结晶凝固，改善了锻件的组织和性能。

② 已凝固的金属在压力作用下，产生局部塑性变形，使锻件外侧壁紧贴模膛壁，金属液从始至终都处于等静压状态。但是，由于已凝固层产生塑性变形要消耗一部分能量，因此，金属液承受的等静压不是定值，是随着凝固层的增厚而下降的。

③ 液态模锻对材料的适应范围很宽，不仅适用于铸造合金，而且适用于变形合金，也适用于非金属材料（如塑料等）。铝、铜等非铁金属以及钢铁金属的液态模锻已大量用于实际生产中。目前，铝、镁合金的半固态模锻也逐渐进入工业应用领域。

2.4.5 摆碾成形

2.4.5.1 摆碾成形原理

摆动碾压简称摆碾，其结构如图 2-61 所示。摆碾成形的工作原理是：由偏心套、球面轴承、锥体模和机身等组成摆头绕中心线做轨迹为圆的运动，摆头上锥体模（上模）的轴线与放在下模的坯料轴线呈 γ 角度，上模做圆周摆动，即一面绕轴心旋转，一面对坯体的顶端进行碾压。液压柱塞推动下模使坯料不断向上移动，摆头每一瞬间能碾压坯料顶面的某一部分，使其产生塑性变形。摆头的连续转动与坯料的不断上升，使变形连续进行。当液压柱塞上升到达顶点位置时，即可完成成形，获得所需的摆碾件。

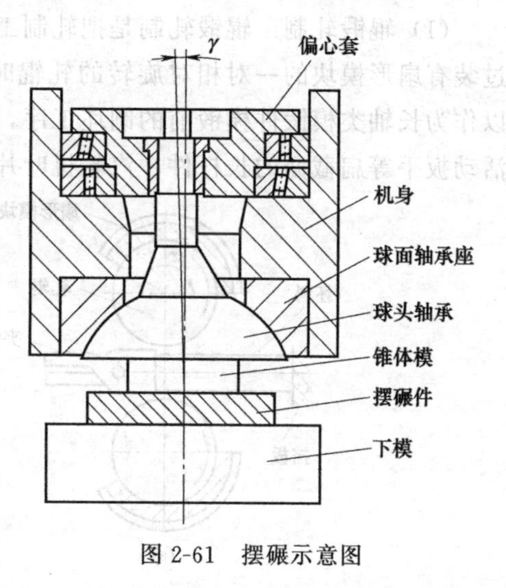

图 2-61 摆碾示意图

2.4.5.2 摆动碾压的类型

① 按成形温度分为冷摆碾成形（温度低于 $T_{再}$）、温摆碾成形（温度等于 $T_{再}$）及热摆碾成形（温度高于 $T_{再}$）。

② 按摆碾运动方式分为如图 2-62 所示的三种类型。通过控制内外两层偏心套的偏心距传动摆头（锥体模），摆碾头的运动轨迹可以为圆、直线、螺旋线、菊花线和多叶玫瑰线等多种，以适应复杂零件的成形需要。

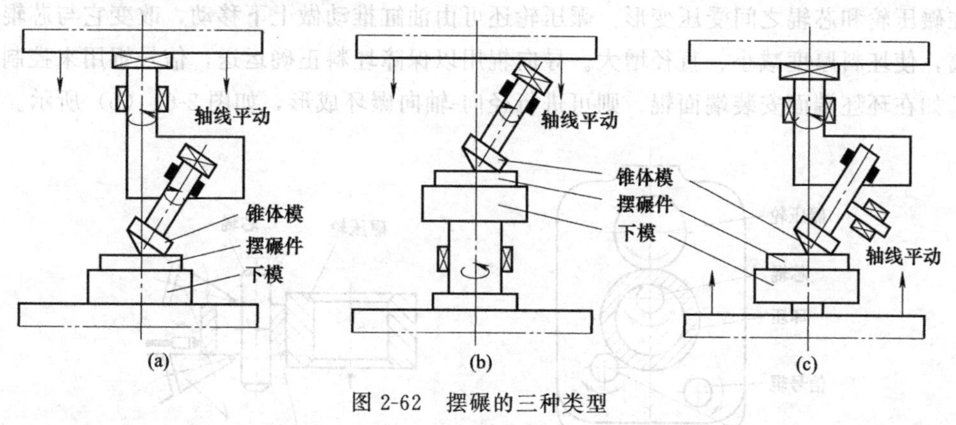

图 2-62 摆碾的三种类型

2.4.5.3 摆碾的特点及应用

① 坯料接触面积小，故所需成形压力小，设备吨位仅为一般冷锻设备吨位的 5%～10%。

② 碾压属于冷变形，变形速度慢，且逐步进行，因此摆碾表面光滑，表面粗糙度 $R_a=$

0.4～1.6μm；尺寸精度高，尺寸误差为0.025mm。

③ 能碾压成形高径比很小、一般锻造方法不能成形的薄圆盘件，如厚度为0.2mm的薄圆片。

④ 设备占地面积小，周期短，投资少，易于机械化、自动化。

目前，冷摆碾可以成形各种形状复杂的轴对称锻件，如汽车和拖拉机的伞齿轮、齿环、推力轴承圈、端面凸轮、十字头、轴套、千斤顶、棘轮等。热摆碾多用来成形尺寸较大及精度要求高的件，如汽车半轴、法兰、摩擦盘、火车轮、锣、钹、蝶形弹簧及铣刀片等。

2.4.6 轧制成形

2.4.6.1 纵轧

纵轧是轧辊轴线与坯料轴线互相垂直的轧制方法，如辊锻轧制、碾环轧制等。

(1) 辊锻轧制 辊锻轧制是把轧制工艺应用到锻造生产中的工艺方法。辊锻是使坯料通过装有扇形模块的一对相对旋转的轧辊时受压而变形的成形工艺，如图2-63所示。它既可以作为长轴类模锻件模锻前的制坯工序，也可直接辊锻成形锻件。成形辊锻适用于如扳手、活动扳手等扁截面的长杆件、汽轮机叶片及连杆类零件的生产。

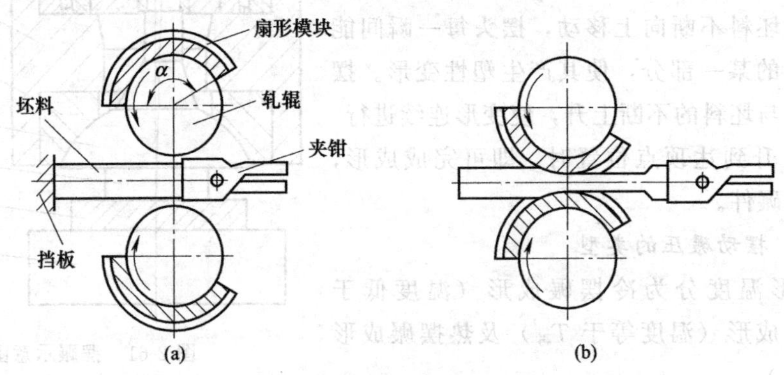

图2-63 辊锻

(2) 碾环轧制 碾环轧制是用来扩大环形坯料的外径和内径，从而获得各种无接缝环状零件的轧制成形工艺，如图2-64 (a) 所示。图中碾压轮由电动机带动旋转，利用摩擦力使坯料在碾压轮和芯辊之间受压变形。碾压轮还可由油缸推动做上下移动，改变它与芯辊之间的距离，使坯料厚度减小、直径增大。导向辊用以保障坯料正确运送，信号辊用来控制环坯直径。如在环坯端面安装端面辊，则可进行径向-轴向碾环成形，如图2-64 (b) 所示。

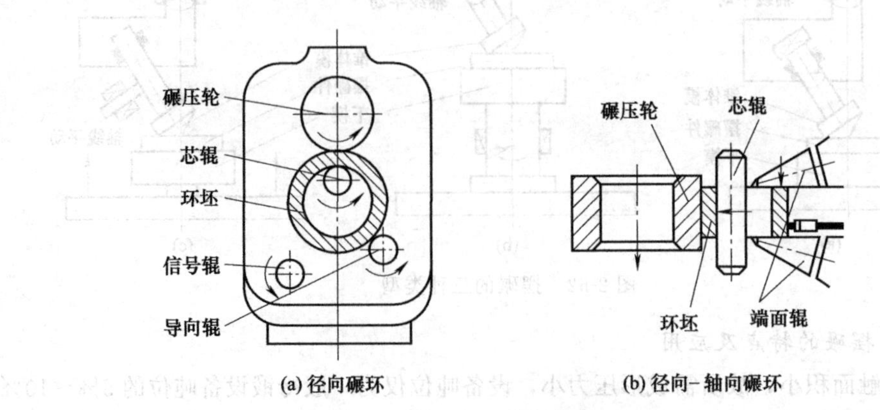

图2-64 碾环轧制

只需采用不同的辗压轮、端面辊及芯棍，即可生产各种横截面的环类零件，如火车轮箍、轴承座圈、齿轮及法兰等。

2.4.6.2　横轧

横轧是轧辊轴线与坯料轴线互相平行的轧制成形工艺，如齿轮轧制等。

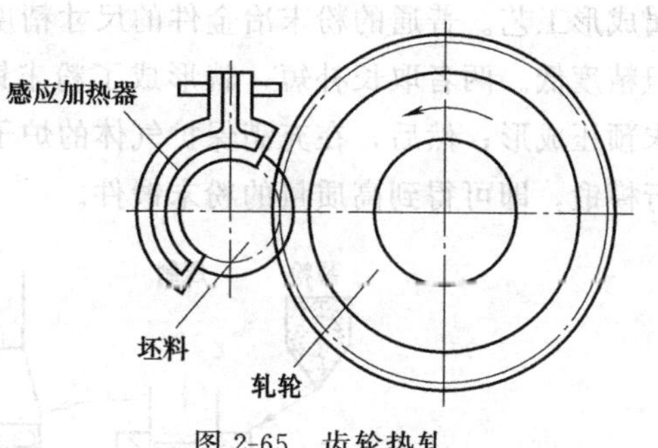

图 2-65　齿轮热轧

齿轮轧制是一种少、无切削加工齿轮的新工艺。直齿轮和斜齿轮均可用热轧制造，如图 2-65 所示。在轧制前将毛坯外缘加热，然后将带齿形的轧轮作径向进给，迫使轧轮与毛坯对碾。在对碾过程中，坯料上一部分金属受压形成齿谷，相邻部分的金属被轧轮齿部“反挤”而上升，形成齿顶。

2.4.6.3　斜轧

斜轧又称螺旋斜轧，它是轧辊轴线与坯料轴线相交一定角度的轧制成形工艺，如周期轧制［图 2-66 (a)］、钢球轧制［图 2-66 (b)］和丝杠冷轧等。

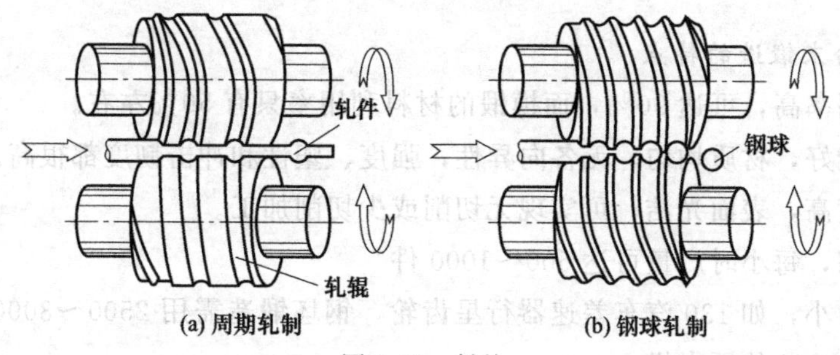

图 2-66　斜轧

螺旋斜轧采用的轧辊带有螺旋型槽，相交成一定角度，并作同方向旋转，坯料在轧辊间既绕自身轴线转动，又向前进，与此同时受压变形获得所需产品。螺旋斜轧可以直接热轧出带螺旋线的高速滚刀体、自行车后闸壳以及冷轧丝杠等。

螺旋斜轧钢球是使棒料在轧辊间螺旋型槽里受到轧制并分离成单个球，轧辊每转一周即可轧制出一个钢球。轧制过程是连续的。

2.4.6.4　楔横轧

楔横轧时轧件轴线与轧辊轴线平行，轧辊的辊面上镶有楔形凸棱，并作同向旋转的平行轧辊对沿轧辊轴向送进的坯料进行轧制的成形工艺方法，如图 2-67 所示。该工艺适用于成形高径比不小于 1 的回转体轧件。

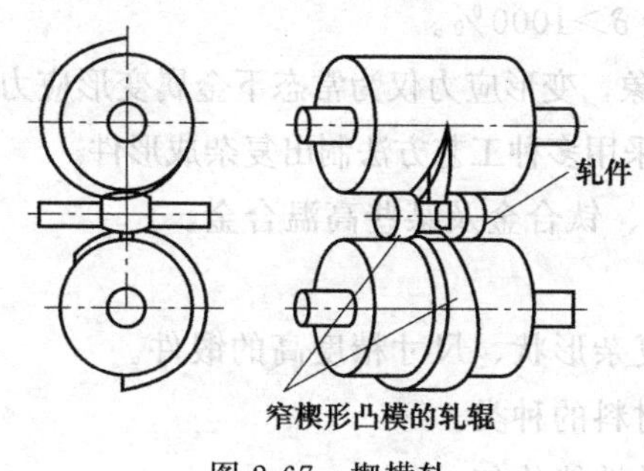

图 2-67　楔横轧

在楔横轧中，坯料的变形过程主要是靠两个楔形凸棱压缩坯料，使坯料的径向尺寸减小、轴向尺寸增大。楔横轧适合于轧制各种实心、空心台阶轴，如汽车、摩托车、电动机上的各种台阶轴、凸轮轴等。

2.4.7　粉末锻造

2.4.7.1　粉末锻造的原理

粉末锻造是粉末冶金成形和锻造相结合的一种金

属成形工艺。普通的粉末冶金件的尺寸精度高，但塑性与冲击韧度差；锻件的力学性能好，但精度低。两者取长补短，就形成了粉末锻造。它的工艺过程如图 2-68 所示，首先，将粉末预压成形；然后，在充满保护气体的炉子中烧结制坯；最后，将坯料加热至锻造温度后进行模锻，即可得到高质量的粉末锻件。

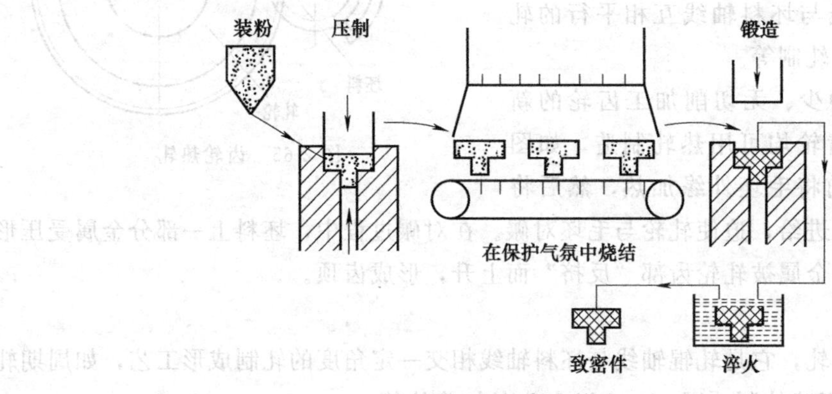

图 2-68　粉末锻造

2.4.7.2　粉末锻造的特点

① 材料利用率高，可达 90%，而模锻的材料利用率只有 50%左右。

② 力学性能好，材质均匀，无各向异性，强度、塑性和冲击韧度都很高。

③ 锻件精度高，表面光洁，可实现无切削或少切削加工。

④ 生产率高，每小时产量可达 500～1000 件。

⑤ 锻造压力小，如 130 汽车差速器行星齿轮，钢坯锻造需用 2500～3000kN 的压力机，粉末锻造只需 800kN 的压力机。

⑥ 可以加工热塑性差的材料，如难以变形的高温铸造合金；可以锻出形状复杂的零件，如差速器齿轮、柴油机连杆、链轮、衬套等。

2.4.8　超塑性成形

2.4.8.1　金属的超塑性概念

一般工程上用延伸率 δ 来判断金属材料塑性的高低。通常在室温下黑色金属的 δ 值一般不超过 40%，有色金属也不会超过 60%，即使在高温时也很难超过 100%。但有些金属材料在特定的条件下，即材料具有等轴稳定的细晶组织（晶粒平均直径为 0.5～5μm）；变形温度为（0.5～0.7）$T_{熔}$；极低的形变速度，$\varepsilon=10^{-5}\sim10^{-2}$m/s 时可呈现超塑性，其延伸率 δ 超过 100%，如钢 $\delta>500\%$，纯钛 $\delta>300\%$，锌铝合金 $\delta>1000\%$。

超塑性状态下的金属在拉伸变形过程中不产生缩颈现象，变形应力仅为常态下金属变形应力的几分之一到几十分之一。因此，该种金属极易成形，可采用多种工艺方法制出复杂成形件。

目前常用的超塑性成形材料主要是锌合金、铝合金、钛合金及某些高温合金。

2.4.8.2　超塑性成形工艺特点

① 金属在超塑性状态下有良好的流动性，可成形复杂形状、尺寸精度高的锻件。

② 金属的塑性高、变形抗力小，扩大了可锻金属材料的种类。

③ 锻件能获得均匀、细小的晶粒组织，零件的力学性能均匀一致。

利用金属的超塑性，为制造少、无切削加工的零件开辟了新的途径。

2.4.8.3 超塑性成形工艺的应用

（1）板料冲压 当零件直径较小、高度较高时，选用超塑性材料可以一次拉深成形，拉深件品质很好，性能无方向性。

（2）板料气压成形 板料气压成形过程是：把超塑性金属板料放于模具中，板料与模具一起加热到规定温度，向模具内吹入压缩空气或抽出模具内的空气形成负压，板料将紧贴在凹模或凸模上，获得所需形状的成形件。该法可加工厚度为0.4～4mm的板料。

（3）挤压和模锻 高温合金及钛合金在常态下塑性很差，变形抗力大，不均匀变形引起各向异性的敏感性强，用常规工艺难以成形，材料损耗极大。如采用普通热模锻毛坯再进行机械加工的方法，金属损耗达80%左右，致使产品成本过高。如果在超塑性状态下进行模锻，就完全克服了上述缺点。

2.4.9 内高压成形

2.4.9.1 成形原理

内高压成形又称为液力成形，它是利用液体压力使工件成形的一种塑性加工方法。按使用的坯料的不同，可以分为：板料液力成形、壳体液力成形和管坯液力成形。板料和壳体液力成形使用的成形压力一般较低，而管坯内成形的压力较高，一般要达到几千甚至上万大气压（1atm=101325Pa），故称为内高压成形。

内高压成形的原理是通过内部加压和轴向加力把管坯压入到模具型腔使其成形。其基本工艺过程为：首先将管坯放在下模内，然后闭合上模将管的两端用水平冲头和密封，并使管坯内充满液体，在加压胀形的过程中，两端的冲头同时向内推进补料，这样在内压和轴力的联合作用下使管坯贴靠模具而成形为所需的工件。

内高压成形用来制造航空、航天、汽车行业的沿构件轴线变化的圆形、矩形、截面或异型截面的空心构件以及管路配件等。如汽车方面的应用有：排气系统异型管件，副车架总成；底盘构件、车身框架、座椅框架及散热器支架；发动机托架；棚顶托梁和内支架等多种空心轻体件。在飞机上的轻体构件有：空心结构框梁；发动机上中空轴类件；进排气系统异型管和复杂管接件等。

对于轴线为曲线的零件，还需要把管坯预弯成接近零件的形状，然后加压成形。用内高压成形可以一次成形出沿着构件的轴线截面不同的复杂零件，这是内高压成形的主要优点。

目前，该技术已用于汽车、飞机等机器制造领域的实际生产。在飞机、航天器和汽车等领域，减轻重量以节约材料和运行中的能量是人们长期追求的目标，也是现代先进制造技术的发展趋势之一。进入20世纪90年代，由于燃料和原材料成本的原因，即环保法规对废气排放的严格限制，使汽车结构的轻量化显得日益重要。除了在结构上采用轻合金材料外，减重的另一个主要途径就是采用“以实代空”，即对于承受以弯曲或扭转载荷为主的构件，采用空心结构既可以减轻重量，节约材料，又可以充分利用材料的强度和刚度。内高压成形正是在这样的背景下发展起来的一种制造空心轻体件的先进制造技术。

2.4.9.2 内高压成形的特点

与传统的冲压焊接工艺相比，内高压成形的主要优点如下。

① 减轻重量节约材料。对于空心轴类零件可以减轻重量40%～50%，有些件甚至可达75%。

② 减少零件和模具数量，降低模具费用。内高压成形件通常仅需要一套模具，而冲压成形则需要多套模具完成。

③ 可减少后续机械加工和组装焊接量。

④ 提高成形件强度与刚度，尤其是疲劳强度。

⑤ 降低生产成本。据统计，内高压件比冲压件平均降低成本 15%～20%，模具费用降低 20%～30%。

2.4.10 高速高能成形

2.4.10.1 爆炸成形

爆炸成形是利用炸药爆炸产生的巨大能量使金属材料高速成形的加工方法。炸药爆炸会在 5～10s 之内产生上百万兆帕的高压冲击波，使金属坯料在极短的时间内成形，如图 2-69 所示。

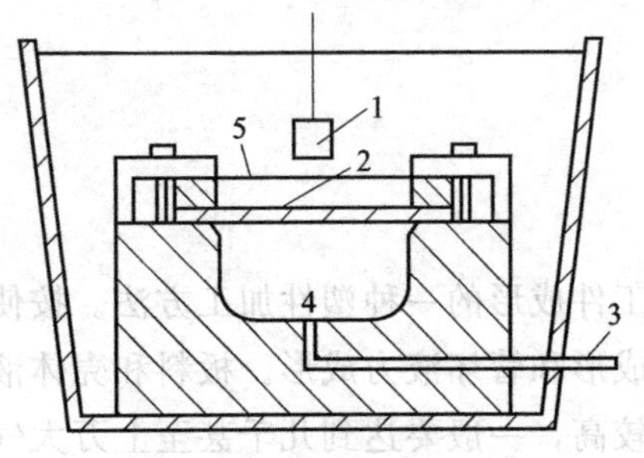

图 2-69 爆炸成形示意图

1—炸药；2—金属板料；3—排气口；4—凹模型腔；5—压紧环

爆炸成形工艺可用于板料的胀形、拉深、弯曲、冲孔等成形工艺，如球形罐体、封头等零件的成形。

2.4.10.2 电磁成形

电磁成形是利用电磁力对金属坯料加压成形的工艺方法。其原理是：利用电容器高压放电，使放电回路中产生很强的脉冲电流，由于放电回路阻抗很低，所以成形线圈中的脉冲电流在极短的时间内迅速变化，并形成磁场。在这个强大的变化磁场作用下，坯料内部产生感应电流，感应电流形成的磁场与成形线圈形成的磁场相互作用，电磁力使金属坯料产生塑性变形。

电磁成形要求被成形坯料具有良好的导电性，如钢、铜、铝等材料。如图 2-70 所示为管状金属毛坯采用电磁成形的示意图，成形线圈放在管坯的外面可以使管坯产生颈缩；成形线圈放在管坯的内部可以使管坯产生胀形。

2.4.10.3 电液成形

电液成形是利用在液态中的两电极之间放电产生的冲击波使液体流动冲击金属而成形的工艺方法。高压直流电向电容器充电，电容器高压放电，在放电回路中形成冲击电流，使电极周围形成冲击波及液流波，迫使金属板料成形，如图 2-71 所示。

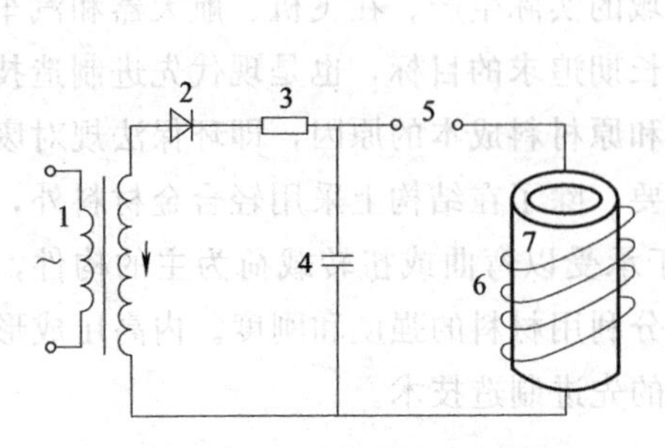

图 2-70 电磁成形的示意图

1—变压器；2—整流器；3—限流电阻；4—电容器；5—辅助间隙；6—成形线圈；7—金属管坯

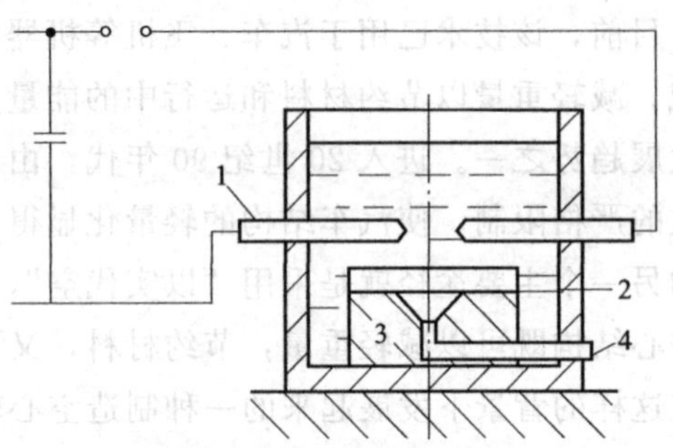

图 2-71 电液成形示意图

1—电极；2—金属板料；3—凹模；4—排气口

电液成形速度接近于爆炸成形的速度。电液成形适合于形状简单的中、小型零件的成形，特别适合于细金属管胀形加工。

习题与思考题

1. 金属塑性成形的基本规律有哪些？

2. 对比金属塑性成形与液态成形各有何优缺点？

3. 冷变形对金属组织与性能的影响有哪些？

4. 试说明为什么锻件的力学性能常优于铸件？

5. 锻造流线的存在对锻件的力学性能有何影响？

6. 什么是金属的可锻性？生产中如何提高金属的锻造性能？

7. 自由锻有何特点？适用于何种锻件的生产？

8. 自由锻有哪些基本工序？各有何用途？

9. 自由锻工艺规程包括哪些内容？

10. 锻造时为什么要加热？如何选择碳钢的锻造温度范围？

11. 绘制自由锻锻件图应考虑哪些因素？如图 1 所示轴，材料为 20 钢，生产数量为 5 件，试画出锻件图并确定其自由锻工艺规程。

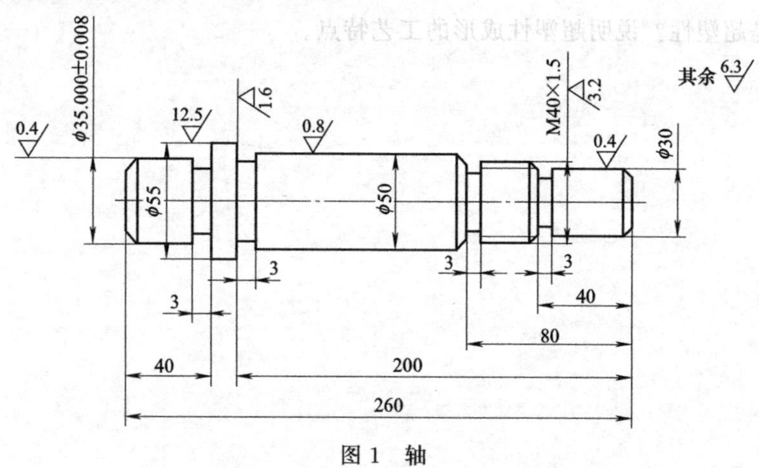

图 1　轴

12. 模锻时，如何确定分模面的位置？确定图 2 所示连杆模锻时分模面应如何选择？说明理由。

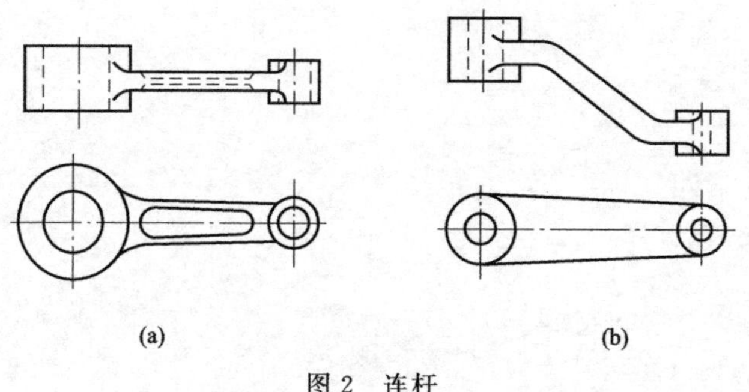

图 2　连杆

13. 预锻模膛与终锻模膛的作用有何不同？终锻模膛为什么要设置飞边槽？

14. 胎膜锻有何特点？适用于哪些类型的锻件？

15. 冲压工艺有哪些基本工序？试分析图 3 所示板料冲压件采用了哪些冲压工序？

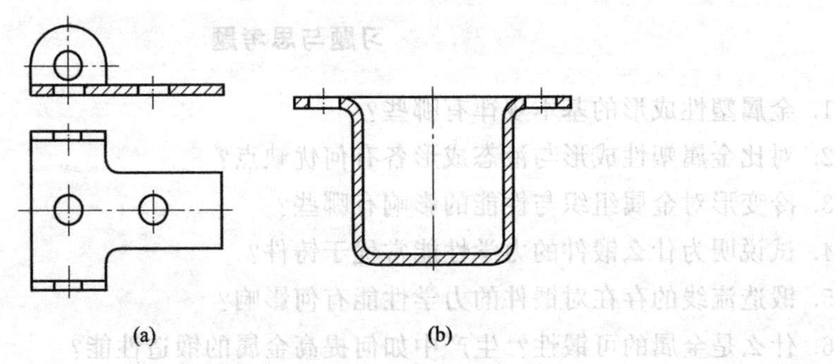

图 3　冲压件

16. 冲裁时，凸模与凹模间隙对冲裁断面质量有何影响？

17. 圆筒形拉深件易产生什么缺陷？如何防止？

18. 金属挤压有哪几种类型？挤压工艺有何特点？

19. 精密模锻时采取哪些措施保证锻件的精度？

20. 试说明多向模锻、液态模锻、轧制成形的工艺特点。

21. 什么是超塑性？说明超塑性成形的工艺特点。

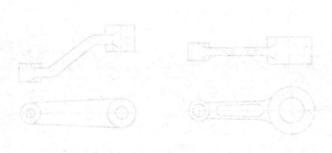

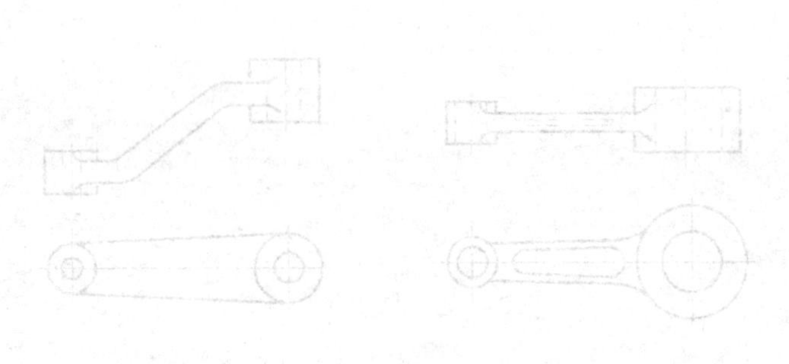

第3章 金属焊接成形

本章导读：本章的教学目的是使学生掌握焊接技术的一些基本理论和基本知识，使学生对焊接成形技术有一定的认识和了解，为学生在本领域继续学习奠定了一定的基础。本章主要包括焊接原理、常用焊接方法以及金属材料焊接性三部分内容，要求学生掌握焊接的本质、焊接接头的形成过程及其组织形成与性能的控制；常用的焊接方法的基本原理与特点；焊接性的概念及其评定方法等方面的内容。

3.1 焊接原理

3.1.1 焊接的本质与特点

焊接就是通过加热或加压，或两者并用，用或不用填充材料，使被焊材料（同种或异种）达到原子间的结合而形成永久性连接的工艺过程。一般情况下，被焊材料被称为母材或工件。与其他连接方法（如铆接、胶接等）相比，焊接工艺不仅在宏观上形成了永久性的接头，而且在微观上建立了组织上的内在联系。

由金属学的理论可知，金属是依靠金属键结合在一起的。两个原子间的结合力决定于它们之间引力与斥力共同作用的结果。由图 3-1 可知，当原子间的距离为 r_A 时，结合力最大。对于大多数金属，$r_A=0.3\sim0.5$nm，当原子间的距离大于或小于 r_A 时，结合力都显著降低。从理论上来讲，为了实现材料原子之间的连接，就是当两个被连接的固体材料表面接近到相距 r_A 时，就可以在接触表面上进行扩散、再结晶等物理化学过程，从而形成键合。然而，事实上即使是经过精细加工的表面，在微观上也是凹凸不平的，更何况在材料表面上还常带有氧化膜、油污和水分等。这样，就会阻碍材料表面的紧密接触。

焊接过程的实质就是采用物理化学方法克服被焊材料（金属）表面的凹凸不平、表面氧化物及其他表面杂质，使被连接物体（金属）能接近到原子晶格距离并形成结合力。

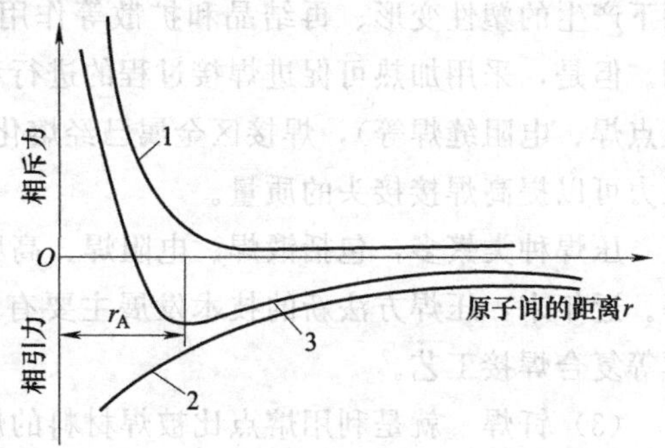

图 3-1 原子之间的作用力与距离的关系

1—斥力；2—引力；3—合力

为了克服阻碍金属表面紧密接触的各种因素，在焊接工艺上采取以下两种措施。

(1) 对被焊材料施加压力 其目的是破坏接触表面的氧化膜，使结合处增加有效的接触面积，从而达到紧密接触。

(2) 对被焊材料加热 对于金属来说，结合处达到塑性或熔化状态时接触面的氧化膜就会迅速被破坏，降低金属变形的阻力，加热也会增加原子的振动能，促进扩散、再结晶、化学反应和结晶过程的进行。

根据压力与温度的不同配合，在工程上已获得很多广泛应用的焊接方法，尽管实现焊接的方法和手段不同，但它们所达到的效果是相同的，即实现原子间的冶金结合。

3.1.2 焊接方法的分类

焊接方法种类繁多，新的方法仍在不断涌现，对焊接进行分类的方法也有所不同。有的根据焊接的热源和保护方法来分类，有的根据工艺特征来分类。按照焊接工艺特征进行分类，可以把焊接方法分为熔焊、压焊和钎焊三大类，在每一大类方法中又分成若干小类，如图 3-2 所示。

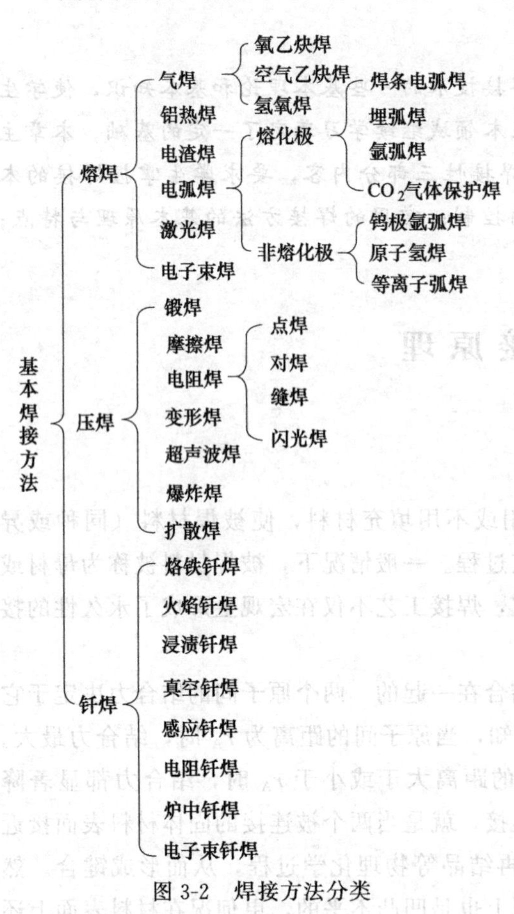

图 3-2 焊接方法分类

(1) 熔焊 也称熔化焊，是将被焊件在待焊处的局部加热熔化，连接处的界面熔合，然后冷却结晶形成焊缝的焊接方法。熔焊方法需要一个或多个能量密度足够高的热源加热金属材料使之熔化。根据焊接热源的不同，熔焊方法又可细分为：以化学热作为热源的气焊、铝热焊；以熔渣电阻热作为热源的电渣焊；以电弧作为主要热源的电弧焊；以高能束作为热源的电子束焊和激光焊等。近年来，激光＋电弧的双热源焊接工艺是熔化焊方法中较新的技术发展。

(2) 压焊 也称压力焊，是在焊接过程中必须对焊件施加压力（加热或不加热）来完成焊接的连接方法。其中，施加压力的大小与材料的种类、焊接温度、焊接环境和介质等因素有关，而压力的性质可以是静压力、冲击压力或爆炸力。

多数压焊过程中，焊接区金属仍处于固相状态，依赖于在压力（不加热或伴以加热）作用下产生的塑性变形、再结晶和扩散等作用形成接头，强调压力对形成连接接头的主导作用。但是，采用加热可促进焊接过程的进行和更易于实现焊接。在少数压力焊过程中（如电阻点焊、电阻缝焊等），焊接区金属已经熔化并同时被施加压力，通过对焊接区施加一定的压力可以提高焊接接头的质量。

压焊种类繁多，包括锻焊、电阻焊、高频感应焊、冷压焊、超声波焊、摩擦焊、爆炸焊等。近年来，压焊方法新的技术发展主要有搅拌摩擦焊、激光辅助搅拌摩擦焊和激光-高频焊等复合焊接工艺。

(3) 钎焊 就是利用熔点比被焊材料的熔点低的金属或合金作钎料，经过加热使钎料熔化而母材不熔化，液态钎料通过毛细作用填充接头接触面的间隙，润湿被焊材料表面，通过液相与固相之间相互扩散而实现连接。钎焊的热源可以是化学反应热，也可以是间接热能。

根据采用的热源不同可分为：电弧钎焊、火焰钎焊、电阻钎焊、激光钎焊、电子束钎焊、超声波钎焊、红外钎焊、感应钎焊和浸沾钎焊（液体介质中钎焊）等。

目前，由于用含铅钎料钎焊的电子产品大量废弃，其中的铅会污染地下水及环境，因此无铅钎料钎焊是钎焊技术发展的一个重要方向。

3.1.3 焊接接头的组织及性能

熔化焊时，被焊材料在高温热源作用下，发生了局部熔化，并与熔化的添加材料混合形成具有一定几何形状的液态金属，称为熔池，在此过程中，发生了冶金反应。当热源离开后，熔池开始冷却结晶、凝固及固态相变，最终形成焊缝。靠近熔池的金属，由于经历了焊接高温热源的热循环作用，其组织和性能也会发生变化，这一区域称为焊接热影响区（heat affected zone，HAZ）或近缝区。介于焊缝和热影响区之间的过渡区称为熔合区。焊接接头主要是由焊缝和热影响区组成的，如图 3-3 所示。由于焊接接头各组成部分经历的焊接热循环作用是不同的，所以会形成不同的微观组织，有时甚至会产生缺陷，从而影响到整个接头的作用。在很多情况下，焊接热影响区的质量与焊缝质量是同等重要的，有些金属的焊接热影响区存在的问题比焊缝更要复杂。

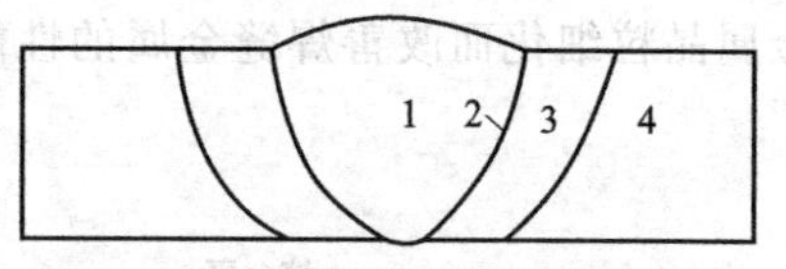

图 3-3 焊接接头组成示意图
1—焊缝；2—熔合区；3—热影响区；4—母材

3.1.3.1 焊缝金属的组织和性能

焊接熔池凝固后就形成了焊缝金属，两者存在着内在的必然的联系，因此熔池凝固过程对焊缝金属的组织和性能具有重要的影响。焊接过程中，由于熔池中的冶金条件和冷却条件的不同，可得到性能差异甚大的组织，同时有许多缺陷是在熔池凝固的过程中产生的，如气孔、夹杂、偏析和结晶裂纹等。另一方面，焊接过程是处于非平衡的热力学条件，因此熔池金属在凝固过程中会产生许多晶体缺陷，如点缺陷（空位和间隙原子）、线缺陷（位错）和面缺陷（界面）。这些缺陷的发展都严重影响焊缝金属的性能，也可能成为发生失效事故的隐患。

(1) 焊接熔池的凝固

① 熔池的凝固特点。熔池的凝固与铸造结晶过程的基本规律是一致的，都是晶核生成和晶核长大的过程。但是由于熔池的凝固条件差异，与一般铸造的结晶相比有如下的特点。

a. 熔池的体积小，冷却速度大，温度梯度高。熔池被周围冷的母材金属包围且其体积较小，所以熔池的冷却速度很大，平均可达 100℃/s，而铸造钢锭的平均冷却速度约为 1.5×10^{-2}℃/s。冷却速度大易产生淬硬组织，甚至产生裂纹，并使焊缝中柱状晶得到很大发展。

b. 熔池过热，温度不均匀。熔池的液态金属在焊接热源的作用下处于过热状态，且液态金属的不同部位温度不均匀。电弧焊时，对于低碳钢来讲，熔池平均温度可达 1870℃，而熔滴的温度更是高达 2500℃。一般铸造的温度很少超过 1550℃。过热程度大会使合金元素的烧损严重，并使熔池中非自发晶核的质点减少，从而促进焊缝中柱状晶的发展。

c. 熔池在运动状态下结晶。焊接熔池与热源是等速移动的，所以熔池中金属的熔化和凝固过程是同时进行的。同时，焊接熔池的液态金属在各种力的作用下发生剧烈的搅动，这利于熔池内部的气体外逸、夹杂物上浮以及焊缝金属成分的均匀化。

② 焊接熔池的凝固过程。焊接熔池的结晶凝固与一般金属的结晶凝固过程一样，都是生核和晶核长大的过程。但是由于焊接熔池凝固的特殊性，使得焊接熔池的形核与长大也有其特殊的规律。

a. 熔池的形核。由结晶理论可知，凝固的热力学条件是过冷，并通过萌生晶核及晶核的长大来进行的。形核方式有均匀形核和异质形核两种。在焊接条件下，异质形核占主导地位，这是由于熔池中存在合金元素或杂质的悬浮质点以及熔合区附近半熔化状态母材金属的晶粒表面，都可作为非均匀形核的现成表面，因此可以降低形核时所需要的能量。当非均匀形核从熔合区附近半熔化的母材晶粒上开始向焊缝中心以柱状晶形态成长，而且成长的取向与母材晶粒相同，即所谓的联生结晶（或称交互结晶），如图 3-4 所示。焊接时可通过焊接材料加入一定量的合金元素（如钼、钒、钛、铌等）作为熔池中非均匀形核的质点，使焊缝金属晶粒细化而改善焊缝金属的性能。

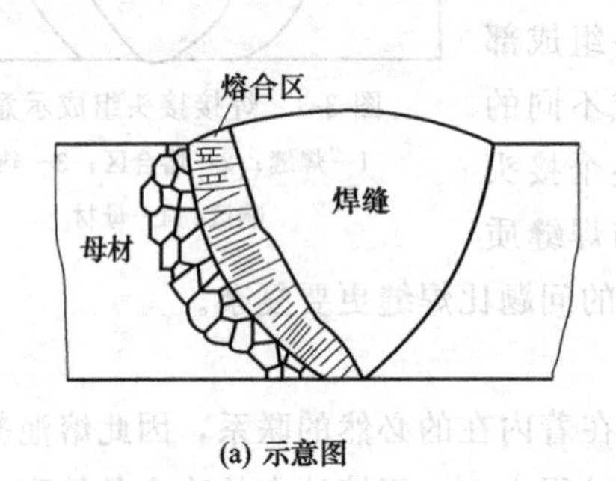

(a) 示意图

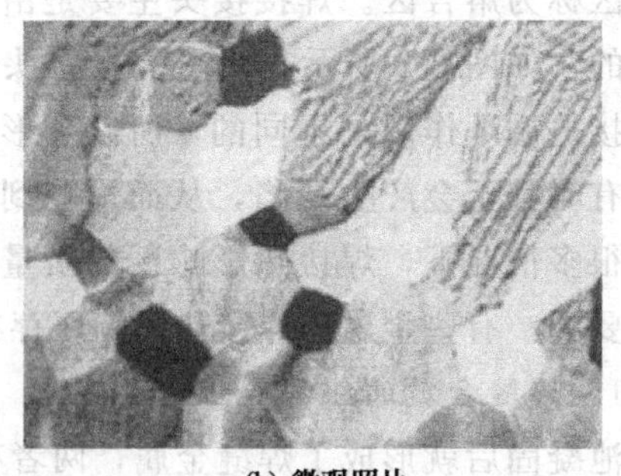
(b) 微观照片

图 3-4 交互结晶及选择长大

b. 熔池中晶核的长大。熔池中晶核形成之后，就以这些新生的晶核为核心，不断向焊缝中成长。熔池金属开始结晶时，总是从靠近熔合线处的母材上联生地长大起来。由于晶体都存在一个结晶速度最快的最易结晶取向，而且温度梯度的方向对结晶速度也有重要影响。只有最易结晶取向与温度梯度最大（散热最快）的方向一致时最有利于晶粒长大，这样的晶粒可优先得到成长，并一直长至熔池的中心，形成粗大的柱状晶体；反之，只能长到一定程度就停止下来。熔池中柱状晶体这种选择长大的结果如图 3-4（b）及图 3-5 所示。

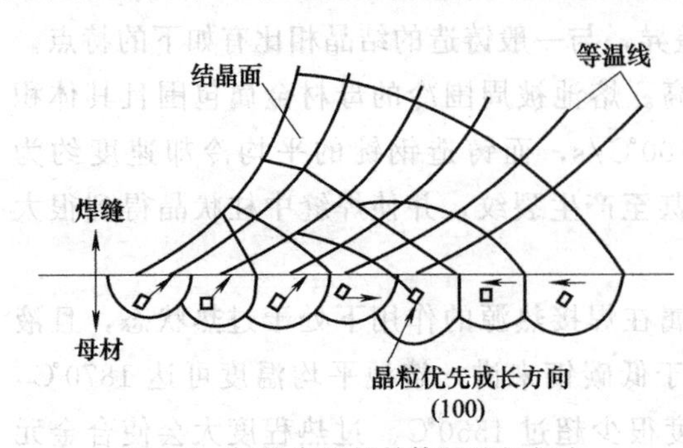

图 3-5 焊缝中柱状晶体的选择长大

c. 熔池结晶方向及速度。一般情况下，熔池的外形轮廓是椭球状的曲面，这个曲面就是结晶的等温面，熔池的散热方向是垂直于结晶等温面，因此晶粒的成长方向也是垂直于结晶等温面。由于结晶等温面是曲面，而且结晶等温面是移动的，因此，晶粒成长的主轴是弯曲的。熔池在结晶过程中晶粒成长的方向与晶粒主轴成长的线速度及焊接速度等有密切关系。晶粒成长的平均线速度是变化的，在熔合区上晶粒开始成长的瞬时，成长的方向垂直于熔合区，晶粒成长的平均线速度等于零。晶粒成长到接触焊缝中心时，晶粒成长的平均线速度等于焊接速度。

焊接工艺参数对晶粒成长方向及平均线速度均有影响，当焊速越大时，晶粒主轴的成长方向越垂直于焊缝的中心线。相反，当焊速越小时，则晶粒主轴的成长方向越弯曲，如图 3-6 和图 3-7 所示。当晶粒主轴垂直于焊缝中心时，易形成脆弱的结合面，因此，采用过大的焊速时，常在焊缝中心出现纵向裂纹。

至于焊接速度对晶粒成长平均线速度的影响也是非常明显的。当功率不变的情况下，增大焊接速度，晶粒成长平均线速度（即结晶速度）也增大，结晶加快。

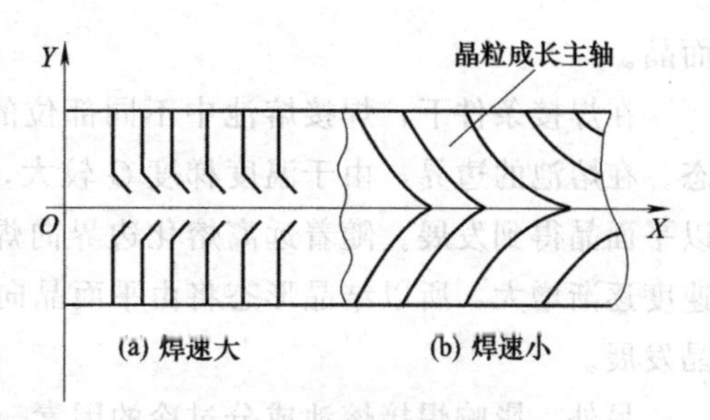

图 3-6 焊接速度对晶粒成长的影响示意图

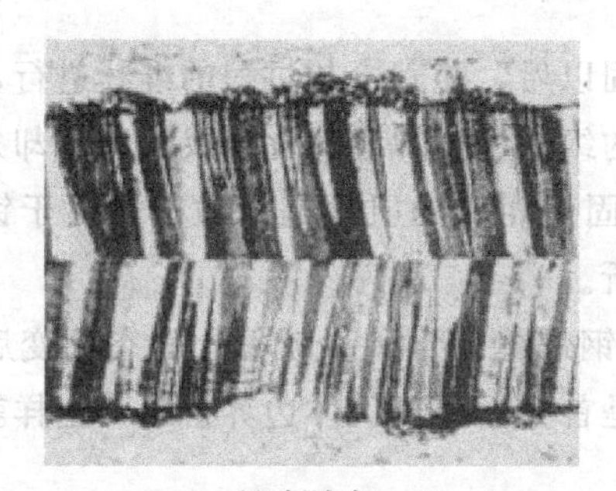
(a) 焊速大

(b) 焊速小

图 3-7 焊接速度对晶粒成长的影响微观组织图

本章述及的晶粒成长平均速度是忽略了熔池中析出结晶潜热、热源作用的周期性变化、化学成分的不均匀性以及元素扩散等因素的结果，实际情况的变化规律是晶粒成长的线速度围绕着平均线速度作波浪式变化，而且波浪起伏的振幅越来越小，最后趋向平均线速度。

③ 焊接熔池的结晶形态。焊缝中的晶粒主要是柱状晶和少量等轴晶。其中，柱状晶是通过平面结晶、胞状结晶、胞状树枝晶或树枝晶形成的，而等轴晶一般是通过树枝状结晶形成的。

以何种方式结晶，最终取决于成分过冷的程度。成分过冷程度由小到大，结晶形态依次为平面结晶、包装结晶、胞状树枝结晶、树枝状结晶和等轴结晶。影响成分过冷的因素主要有合金中溶质的浓度 c_0、结晶速度（或晶粒长大速度）R 和液相中温度梯度 G。因此可通过综合考察 c_0、R 和 G 的作用来分析熔池的结晶形态，如图 3-8 所示。

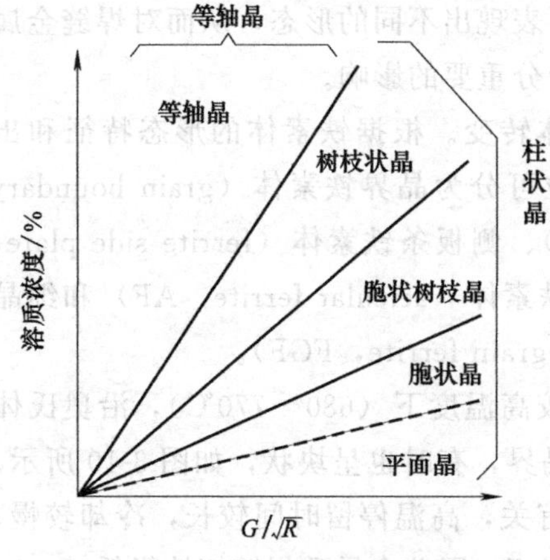

图 3-8 c_0、R 和 G 对结晶形态的影响

当结晶速度 R 和温度梯度 G 不变时，随合金中溶质浓度的提高，成分过冷增加，结晶形态由平面晶变为胞状晶、胞状树枝晶、树枝状晶，最后到等轴晶。当合金中溶质的浓度 c_0 一定时，结晶速度 R 越快，成分过冷的程度越大，结晶形态也可由平面晶过渡到胞晶、树枝状晶，最后到等轴晶。当合金中溶质浓度 c_0 和结晶速度 R 一定时，随液相温度梯度的提高，成分过冷的程度降低，因而结晶形态的演变方向相反，由等轴晶、树枝晶逐步演变到平

面晶。

在焊接条件下，焊接熔池中不同部位的成分过冷是不同的，所以会出现不同的结晶形态。在熔池的边界，由于温度梯度 G 较大，结晶速度 R 又较小，故成分过冷接近于零，所以平面晶得到发展。随着远离熔化边界向焊缝中心过渡时，温度梯度 G 逐渐变小，而结晶速度逐渐增大，所以结晶形态将由平面晶向胞状晶、树枝胞状晶（柱状晶区），一直到等轴晶发展。

另外，影响焊接熔池成分过冷的因素——溶质的浓度 c_0、结晶速度（或晶粒长大速度）R 和液相中温度梯度 G 实际上都受焊接工艺的影响，如焊接材料、焊接方法、焊接工艺参数以及焊接结构等，所以不同的焊缝会有不同的结晶组织，即使是同样的焊缝也不一定具有上述全部结晶形态。

（2）焊缝组织固态相变　焊接熔池完全凝固以后，随着冷却过程的继续进行，对于钢铁材料来讲，焊缝金属将发生组织转变。转变后的组织根据焊缝的化学成分和冷却条件的不同而不同。焊缝金属固态相变的机理与一般钢铁固态相变的机理是一致的，由于钢的种类很多，这里仅针对低碳钢和低合金钢焊缝加以分析。

① 低碳钢焊缝的固态相变组织。由于低碳钢焊缝的含碳量较低，固态相变后的结晶组织主要是铁素体加少量珠光体。铁素体一般都是首先沿原奥氏体边界析出，这样就勾勒出凝固组织的柱状轮廓，其晶粒十分粗大。

承受多层焊或热处理的焊缝金属将会得到改善的作用，使焊缝获得细小的铁素体和少量珠光体，并使柱状晶组织遭到破坏。一般使钢中柱状晶消失的临界温度在 A_3 点以上 20～30℃，但在多层焊时由于受热的温度和时间不同，故柱状晶消失的程度是不均匀的。

相同化学成分的焊缝金属，由于冷却速度不同，也会使焊缝的组织有明显的不同，冷却速度越大，焊缝金属中的珠光体越多，而且组织细化，与此同时，硬度增高。

在过热的低碳钢焊缝中，一部分铁素体具有魏氏组织的形态，其特征是铁素体在奥氏体晶界呈网状析出，也可从奥氏体晶粒内部沿一定方向析出，具有长短不一的针状或片条状，可直接插入珠光体晶粒之中，如图 3-9 所示。魏氏组织的塑性和韧性很差。

图 3-9　低碳钢焊缝的魏氏组织

② 低合金钢焊缝的固态相变组织。低合金钢焊缝固态相变后的组织化学成分和冷却条件不同，焊缝中可形成铁素体、珠光体、贝氏体和马氏体，而且各自还可表现出不同的形态，从而对焊缝金属的性能具有十分重要的影响。

a. 铁素体转变。根据铁素体的形态特征和出现的时间部位可分为晶界铁素体（grain boundary ferrite，GBF）、侧板条铁素体（ferrite side plate，FSP）、针状铁素体（acicular ferrite，AF）和细晶铁素体（fine grain ferrite，FGF）。

晶界铁素体也称为先共析铁素体，是焊缝冷却到较高温度下（680～770℃），沿奥氏体晶界首先析出的铁素体，一般呈细条状分布在奥氏体晶界，有时也呈块状，如图 3-10 所示。晶界铁素体析出量的多少，与焊接热循环的冷却条件有关，高温停留时间较长，冷却较慢，晶界铁素体就较多。晶界铁素体属于低屈服强度的脆性相，因此会导致焊缝韧性降低。

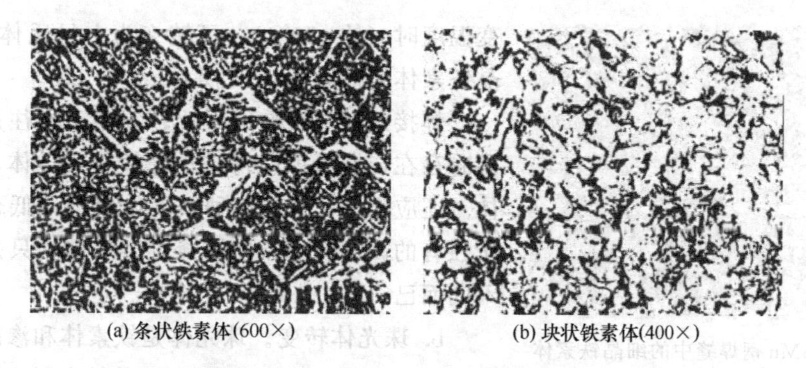

(a) 条状铁素体(600×)　　(b) 块状铁素体(400×)

图 3-10　低合金钢焊晶界铁素体的形态

侧板条铁素体的形成温度在 550～700℃，是从奥氏体晶界 GBF 的侧面以板条状向晶内成长，从形态上看呈镐牙状。由于它的转变温度偏低，而低合金钢焊缝的珠光体转变受到抑制，扩大了贝氏体的转变领域，因此也把这种组织称为无碳贝氏体（carbon free binete）。侧板条铁素体的形态如图 3-11 所示。

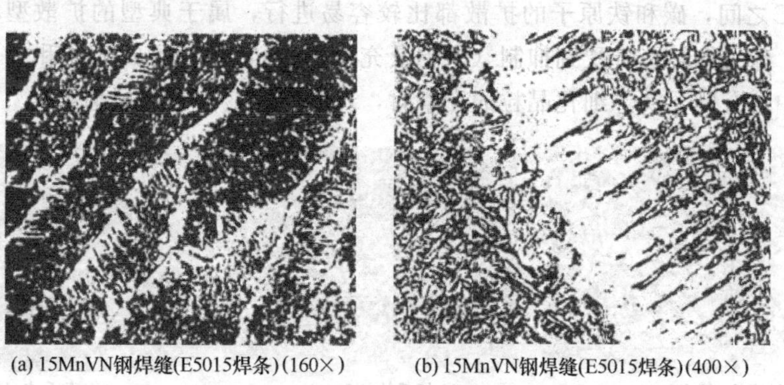

(a) 15MnVN钢焊缝(E5015焊条)(160×)　　(b) 15MnVN钢焊缝(E5015焊条)(400×)

图 3-11　焊缝中侧板条铁素体

针状铁素体的形成温度在 500℃附近，是在原始奥氏体晶内以针状分布，常以某些质点（主要氧化物弥散夹杂）为核心呈放射性成长。典型针状铁素体形态如图 3-12 所示。

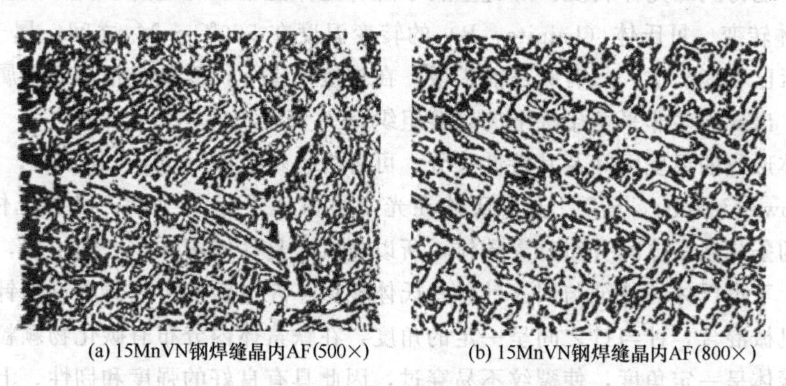

(a) 15MnVN钢焊缝晶内AF(500×)　　(b) 15MnVN钢焊缝晶内AF(800×)

图 3-12　低合金钢焊缝中的针状铁素体

细晶铁素体也称贝氏铁素体（binetic ferrite），是介于铁素体与贝氏体之间的转变产物，在奥氏体晶粒内形成，一般情况下都有细化晶粒的元素（如 Ti、B 等）存在，在细晶之间有珠光体和碳化物（Fe_3C）析出。细晶铁素体转变温度一般在 500℃以下，如果在更低的转

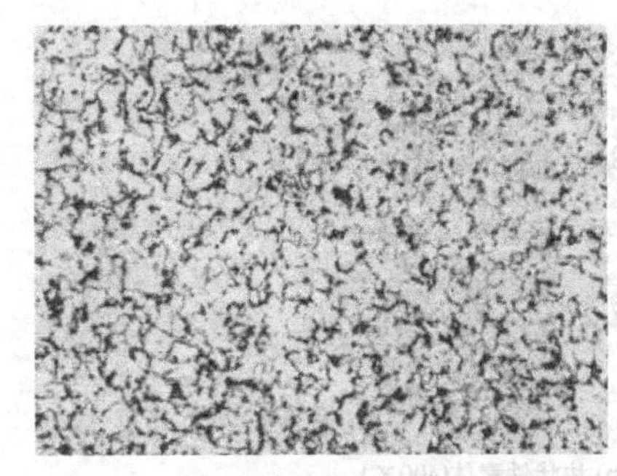

图 3-13 16Mn 钢焊缝中的细晶铁素体（E5015 焊条，含有和少量珠光体，400×）

变温度时（约 450℃），可转变为上贝氏体（B_U）。细晶铁素体组织如图 3-13 所示。

焊接条件下影响因素比较复杂，往往是多种组织同时存在，有时可能得到珠光体、贝氏体，甚至马氏体。还应指出，上述四种铁素体也不是低合金钢焊缝所独有的，即使低碳钢焊缝也会出现，只是所占比例不同而已。

b. 珠光体转变。珠光体是铁素体和渗碳体的层状混合物，先析出相为 Fe_3C。随着转变温度的降低，珠光体的层状结构越来越薄而密。根据细密程度的不同，珠光体又分为层状珠光体（lamellar pearite）、粒状珠光体（grain pearite）［又称托氏体（tyusite）］及细珠光体（fine pearite）［又称索氏体（sorbite）］。低合金钢焊缝中的珠光体如图 3-14 所示。在接近平衡状态下，珠光体转变发生在 A_{r_1}～550℃之间，碳和铁原子的扩散都比较容易进行，属于典型的扩散型相变。然而在焊接条件下，珠光体转变将受到抑制（来不及充分扩散），扩大了铁素体和贝氏体转变的领域。当焊缝中含有硼、钛等细化晶粒的元素时，珠光体转变可全部被抑制。

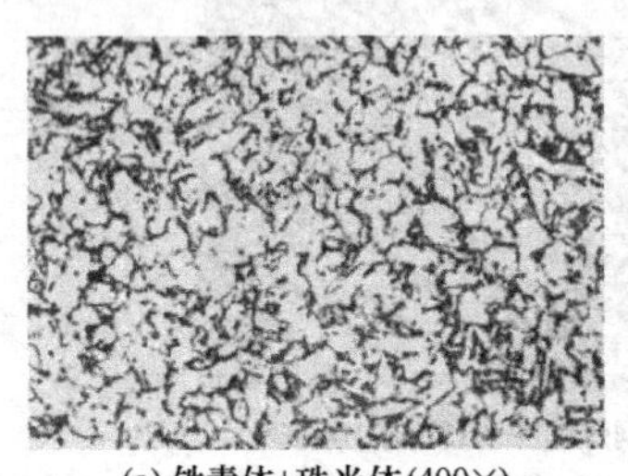

(a) 铁素体+珠光体(400×)

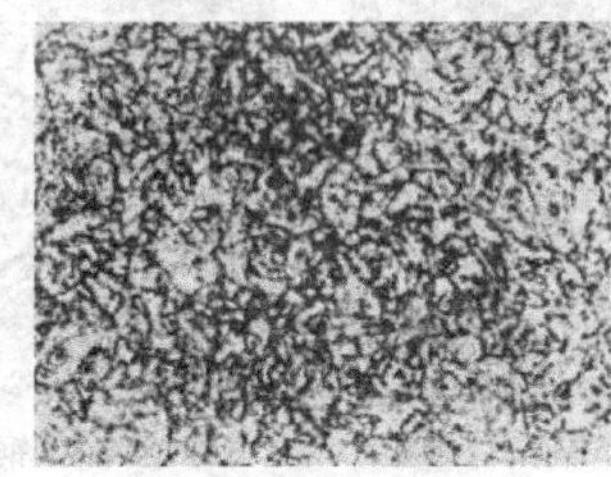

(b) 托氏体(150×)

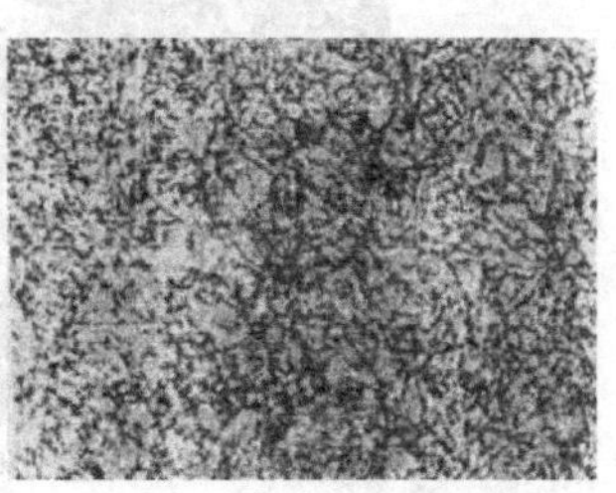

(c) 索氏体(150×)

图 3-14 低合金钢中焊缝的珠光体

低合金钢焊接时如果采用预热、缓冷和后热等工艺措施，才有少量珠光体组织存在，一般情况下很少能得到珠光体转变。焊缝金属中的珠光体能增加焊缝的强度，但会降低韧性。

c. 贝氏体转变。贝氏体（bainite，B）的转变温度在 550℃～M_s 之间，属于中温转变，此时合金元素已不能扩散，只有碳还能扩散。在焊接条件下，低合金钢焊缝金属的贝氏体转变较为复杂，出现许多非平衡条件下的过渡组织。

按贝氏体形成的温度区间及其特性来分，可分为上贝氏体（upper bainite，简称 B_U）和下贝氏体（lower bainite，B_L）。上贝氏体在光学显微镜下呈羽毛状，沿奥氏体晶界析出。由于在平行的条状铁素体间分布有渗碳体，所以裂纹容易在铁素体条之间扩展，因此上贝氏体韧性较差。下贝氏体的特征与回火针状马氏体相似。在电镜下可以看到许多针状铁素体和针状渗碳体机械混合，针与针之间呈一定的角度，在铁素体内分布有碳化物颗粒。由于下贝氏体针状铁素体呈一定角度，使裂纹不易穿过，因此具有良好的强度和韧性。上贝氏体和下贝氏体的形态如图 3-15 所示。

在贝氏体转变温度区间，由于焊缝化学成分和冷却条件所致，还可能出现粒状贝氏体。粒状贝氏体不仅在奥氏体晶界形成，也可在奥氏体晶内形成。其特征是在块状的铁素体上分布有富碳马氏体和残留奥氏体，称为 M-A 组元（constitution M-A）。它是在块状铁素体形

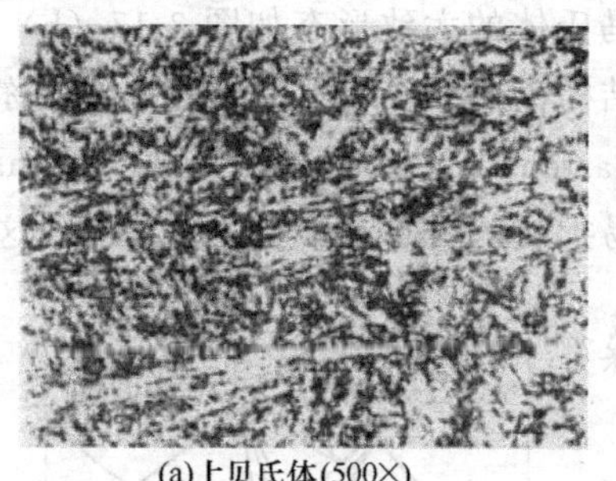
(a)上贝氏体(500×)

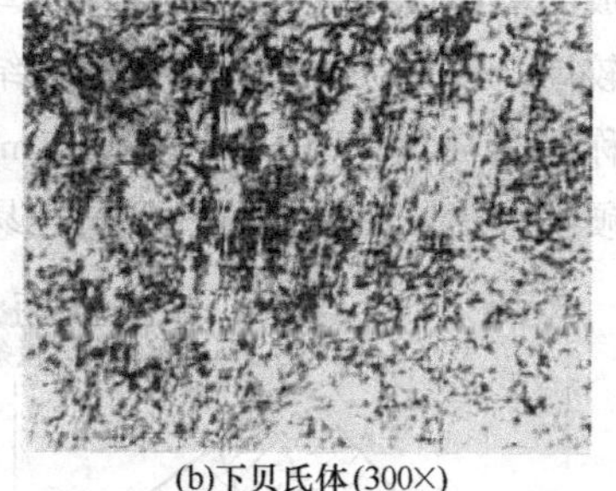
(b)下贝氏体(300×)

图 3-15　低合金钢焊缝的贝氏体

成之后，待转变的富碳奥氏体呈岛状分布在块状铁素体之中，在一定的合金成分和冷却速度下，这些富碳的奥氏体岛就转变为富碳马氏体和残留奥氏体。由于 M-A 组元中的马氏体是高碳马氏体，韧性很差，而且在界面上产生沿 M-A 组元边界扩展的显微裂纹，成为潜在的裂纹源，可产生吸氢和应力集中效应，显著增加了脆性。在块状铁素体上 M-A 组元以粒状分布时，就称“粒状贝氏体”（grain bainite，BG）。如以条状分布时，称为“条状贝氏体”（lath bainite，B_E）。焊缝中典型的粒状贝氏体的形态如图 3-16 所示。

粒状贝氏体对焊缝金属强度和韧性的影响取决于富碳奥氏体岛的转变产物。当岛内在冷却过程中部分地转变为马氏体（形成 M-A 组元）时，则此时焊缝的韧性下降；而岛内奥氏体也可能在缓慢冷却时部分地分解为铁素体和渗碳体并有残留奥氏体，则此时的焊缝韧性上升。

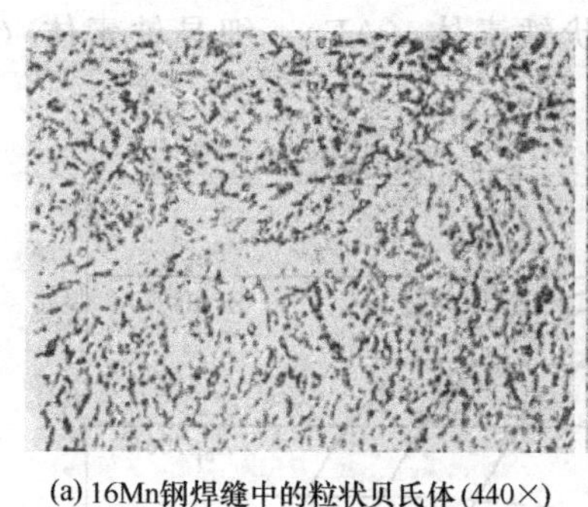
(a) 16Mn钢焊缝中的粒状贝氏体(440×)　(b) 16Mn钢焊缝中的粒状贝氏体(4800×)

图 3-16　焊缝中的粒状贝氏体

d. 马氏体转变。当焊缝金属含碳量偏高或合金元素较多时，在快速冷却情况下，奥氏体过冷到 M_s 温度以下将得到马氏体。根据含碳量的不同，可得到不同形态的板条状或片状马氏体。

板条马氏体（lath martensite）是低碳低合金焊缝金属在连续冷却条件下得到的。它的特征是在奥氏体晶粒的内部形成细条状马氏体板条，条与条之间有一定的交角，如图 3-17（a）所示。由于这种马氏体的含碳量低，而且马氏体板条内存在许多位错，因此，这种马氏体又称低碳马氏体（low carbon martensite）或位错马氏体（dislocation martensite）。板条马氏体不仅具有较高的强度，同时也具有良好的韧性。

片状马氏体（plate martensite）是在焊缝金属含碳量较高且在连续快速冷却条件下得到的，它的特征是：马氏体片不互相平行，初始形成的马氏体较粗大，往往贯穿整个奥氏体晶粒，使以后形成的马氏体片受到阻碍。片状马氏体的大致形态如图 3-17（b）所示。片状马氏体的含碳量较高，且片状马氏体内部的亚结构存在许多细小平行的带纹，称为孪晶带，故片状马氏体又称高碳马氏体（high carbon martensite）或孪晶马氏体（twins martensite）。片状马氏体的硬度很高，而且很脆，裂纹容易扩展，因此不希望焊缝中出现这种组织。

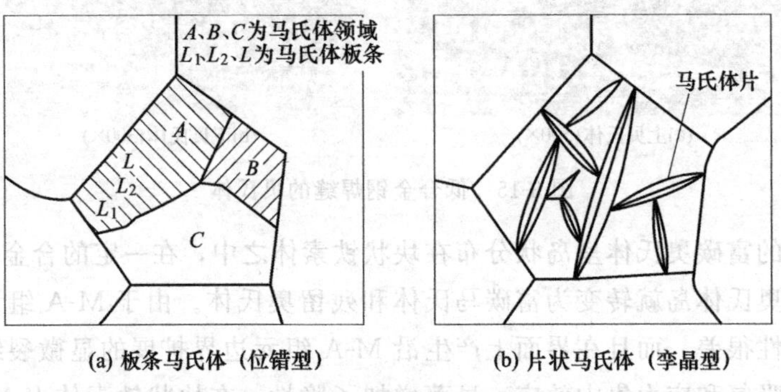

图 3-17　马氏体的形态

e. 低合金钢焊缝的组织构成。低合金钢焊缝的组织构成较复杂，随化学成分、强度级别及冷却条件的不同，可出现不同的组织，一般情况下都是几种组织混合存在。焊缝金属连续冷却组织转变图，简称焊接 CCT 图，可用来确定焊缝组织的最终构成。如图 3-18 所示，若焊缝金属成分为：C＝0.11%，Si＝0.31%，Mn＝1.44%，O＝0.071%，焊态的组织根据冷却条件的不同，主要有先共析铁素体（PF）和侧板条铁素体（FSP），并有一定针状铁素体（AF）、贝氏体（B）和少量马氏体（M）等。如果缓慢冷却可得到块状的先共析铁素体（PF）和珠光体（P），冷却快时可得到针状铁素体（AF）、细晶铁素体（FGF）和马氏体。

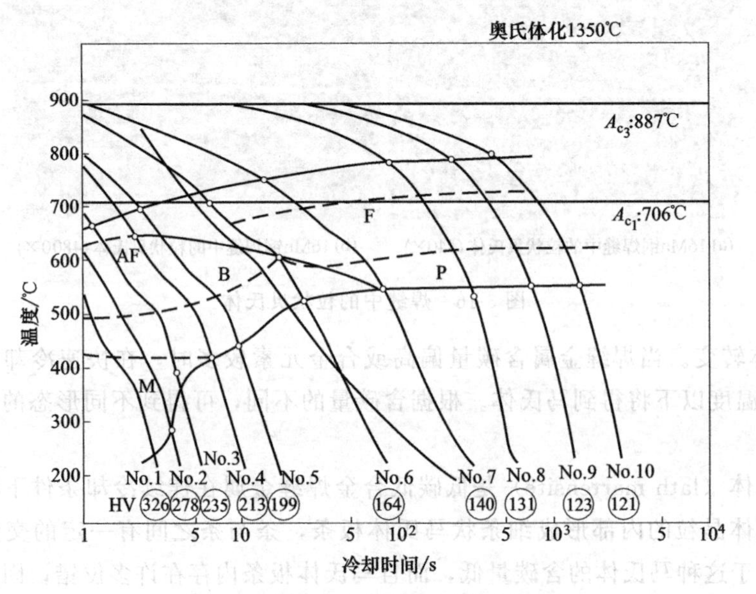

图 3-18　低合金钢焊缝的焊接 CCT 图

（3）焊缝组织及性能的控制　控制焊接质量的主要目标就是控制焊缝性能，而焊缝性能又取决于焊缝组织，因此，以下讨论如何采用合理措施控制焊缝组织来获得良好的焊缝综合力学性能。优良的焊缝综合力学性能不但要求焊缝具有足够高的强度，还要求具有足够高的韧性。实际焊接生产中，采用的方法主要有冶金方面和焊接工艺方面两类。

① 冶金方面的措施。就是通过向焊缝中添加合金元素，起固溶强化和变质处理（modification）的作用，以改善焊缝金属凝固组织的方法。这些合金元素主要有锰、硅、钛、硼、钼、铌、钒、锆、铝以及稀土元素等。

a. Mn和Si是焊缝中常用的合金化元素。它们一方面可使焊缝金属脱氧；另一方面可提高焊缝的抗拉强度（属于固溶强化），但对韧性的影响比较复杂。Mn和Si含量过低时，焊缝组织中出现粗大的先共析铁素体，使韧性降低；当Mn和Si含量较高时，焊缝组织为侧板条铁素体，韧性也较低；只有当Mn和Si含量适当时，才能得到由细晶铁素体和针状铁素体组成的焊缝组织，从而获得较高的韧性。但是，单纯采用Mn、Si提高焊缝的韧性是有限的，特别是在大的热输入进行焊接时，仍难以避免产生粗大先共析铁素体和侧板条铁素体。因此，必须向焊缝中加入其他细化晶粒的合金元素才能进一步改善组织，提高焊缝的韧性。

b. 适量的V和Nb可以提高焊缝的冲击韧性。因为V和Nb在低合金钢焊缝金属中可固溶，推迟了冷却过程中奥氏体向铁素体的转变，能抑制焊缝中先共析铁素体的产生，而促进形成细小的针状铁素体组织。另外V和Nb还可以与焊缝中的氮反应生成氮化物（VN、NbN），从而固定了焊缝中的可溶性氮，这也会提高焊缝金属的韧性。但是，采用V和Nb来韧化焊缝，当焊后不再进行正火处理时，V和Nb的氮化物以微细共格沉淀相存在，导致焊缝的强度大幅提高，而焊缝韧性下降。

c. 焊缝金属中添加适量的Ti和B能明显细化焊缝组织，显著提高焊缝的韧性。

Ti与氧、氮形成TiO和TiN，并以微小颗粒的形式弥散分布于焊缝中，在焊接熔池结晶时作为异质形核的质点，可以促进焊缝金属晶粒细化；在冷却过程中，由δ铁素体向奥氏体γ转变时，这些微小颗粒可以作为晶粒边界的“钉子”，阻碍奥氏体晶粒的长大，细化了晶粒；此后，由奥氏体γ向α铁素体转变时，这些微小颗粒还可以作为针状铁素体的形核质点，从而形成细小均匀的针状铁素体，改善焊缝的韧性。

硼原子的半径很小，高温下极易向奥氏体晶界扩散。在焊缝中由于有Ti的保护，这些B原子能够以原子状态存在，这些原子状态的B偏聚于奥氏体γ晶界，降低了晶界能，抑制了先共析铁素体和侧板条铁素体的形核与长大，从而促使生成针状铁素体，改善了焊缝组织的韧性。

d. 低合金钢焊缝中加入少量的Mo不仅提高强度，同时也能改善韧性。焊缝中的Mo含量少时，$\gamma \to \alpha$固态相变温度上升，形成粗大的先共析铁素体；当Mo含量太高时，转变温度随即降低，形成上贝氏体的板条状组织（即无碳贝氏体），韧性显著下降。只有Mo含量在0.20%～0.35%时，才有利于形成均一的细晶铁素体。如向焊缝中再加入微量Ti，更能发挥Mo的有益作用，使焊缝金属的组织更加均一化，韧性显著提高。

e. 在焊态下，焊缝Ni含量未超过2.5%时，韧性随含Ni量的提高而提高；当含Ni量超过2.5%后，韧性变差，这是由于焊缝中出现了上贝氏体（或无碳贝氏体）和马氏体组织，且含Ni量越高，韧性越差。只有经过调质处理使焊缝具有细小的铁素体组织，焊缝韧性才随Ni含量增加而提高。另外，Ni的有利作用还需以限制S、P、C等元素含量为前提，否则不仅难以获得良好的韧性，还可能促使产生结晶裂纹。

f. 稀土是化学活性极强的元素，它可以与钢中的有害杂质，如氧、氮、硫等发生激烈的作用，从而减轻和消除这类微量杂质的有害影响，改善焊缝的抗热裂倾向；稀土与钢中的合金元素发生作用，可改善组织及夹杂物形态和分布，从而提高韧性；可降低焊缝中的扩散氢含量能改善焊缝金属的低温韧性；细小的稀土氧化物颗粒弥散分布于焊缝中，可作为针状铁素体的形核质点，促进针状铁素体的形成及晶粒细化，提高了焊缝金属的韧性。

需要指出的是，稀土元素在焊缝中的含量具有最佳范围，过多的添加量反而会恶化焊缝金属的韧性，这是由于稀土原子在晶界处的富集，造成晶界“污染”，削弱了晶粒之间的结合力，降低焊缝金属的韧性。

g. 碲（Te）和硒（Se）是属于同族元素，向焊缝中过渡微量碲，可使焊缝金属中的扩散氢含量显著降低，从而使抗冷裂能力大为提高，并使焊条的抗潮性改善。如果再配合少量稀土（Y或Ce）的加入，将会进一步降氢，使夹杂物球化并弥散分布、焊缝组织细化，提高低温韧性。

② 焊接工艺方面的措施。除采用冶金方面的措施来改善焊缝组织来提高性能的途径之外，还可以通过调整焊接工艺的方法来提高焊缝的性能。

a. 在焊接结构和焊接材料一定的情况下，通过调整焊接工艺参数可以控制焊缝组织和性能。调整焊接工艺参数（如焊接热输入、预热及后热等）可控制焊接区的冷却条件，进而控制熔池的结晶形态、晶粒的大小以及固态相变组织形态，从而提高焊缝金属的强度和韧性。

b. 振动结晶。采用振动的方法来破坏正在成长的晶粒，一方面可以增加结晶中心，改变结晶形态，获得细晶组织；另一方面振动的搅拌作用可消除气孔和夹杂，有利于成分的均匀化。根据振动的方式不同，可分为低频机械振动、高频超声振动和电磁振动等。

低频机械振动的频率在10000Hz以下，这种振动一般都是采用机械的方式实现的，振幅一般都在2mm以下。高频超声振动的频率在20kHz以上，振幅只有0.1μm。超声振动可使焊接熔池中正在结晶的金属承受拉压交替的应力，从而形成一种强大的冲击波。电磁振动是利用强磁场使熔池中的液态金属发生强烈的搅拌，使成长着的晶粒不断受到“冲洗”，造成较大的剪应力。

c. 焊后热处理可以改善整个焊接接头的组织，可充分发挥焊接结构的潜在性能。因此，一些重要的焊接结构都要进行焊后热处理。

d. 对于相同板厚焊接结构，采用多层焊接可以有效地提高焊缝金属的性能。这种方法一方面由于每层焊缝变小而改善了凝固结晶的条件；另一方面，使后一层对前一层焊缝具有附加热处理的作用，从而改善了焊缝固态相变的组织。

e. 锤击焊道表面既能改善后层焊缝的凝固结晶组织，也能改善前层焊缝的固态相变组织。因为锤击焊道可使前一层焊缝（或坡口表面）产生不同程度的晶粒破碎，使后层焊缝在凝固时晶粒细化，这样逐层锤击焊道就可以改善整个焊缝的组织性能。此外，锤击可产生塑性变形而降低残余应力，从而提高焊缝的韧性和疲劳性能。

f. 跟踪回火就是每焊完一道焊缝立即用气焊火焰加热焊道表面，温度控制在900～1000℃。采用跟踪回火，不仅改善了焊缝的组织，同时也改善了整个焊接区的性能，因此焊接质量得到显著的提高。

3.1.3.2 焊接热影响区的组织和性能

焊接热影响区是焊缝两侧没有熔化的母材在焊接热循环作用下发生组织和性能变化的区

域，是焊接接头的重要组成部分。由于焊接热影响区距离焊缝的距离不同，所受到的热作用也不同，因此其组织和性能也不是均匀一致的。

（1）焊接热影响区组织转变特点

① 焊接热影响区热循环特点。金属在加热和冷却过程中发生的组织变化，取决于其化学成分与经历的热过程两个因素。而焊接条件下的组织转变，与热处理条件下的基本原理是一致的。但是，焊接热循环的特殊性使得焊接热影响区的组织变化也具有一定的特殊性。焊接热循环的特殊性如下。

a. 加热温度高。对大多数钢材，熔合区附近的母材最高加热温度可达1400℃左右，而热处理时，加热温度仅略高于A_{c_3}。

b. 加热速度快。热处理时为了保证加热均匀、减小热应力，对加热速度作了较严格的限制。而熔焊时采用的热源强烈集中，加热的速度比热处理时大几十倍或上百倍。

c. 高温停留时间短。焊接时，热影响区的温度由于热源的移动而随时间变化，在A_{c_3}以上保温的时间很短，如焊条电弧焊时只有十几秒，埋弧焊时要长些，也不过30～100s，而热处理时可根据产品与工艺要求对保温时间加以控制。

d. 局部加热。热处理时的工件是在炉中整体加热。而焊接时是局部集中加热，并且随热源的移动，被加热的范围也随之移动，焊接热影响区各点的温度也随时间而变化。这种局部加热与热源运动所造成的复杂温度场，使得焊接热影响区在复杂的应力状态下进行不均匀相变。

e. 自然条件下的连续冷却。热处理时可根据需要来控制冷区速度或者在冷却的不同阶段加以保温。而焊接时在不采取缓冷或保温措施的条件下，焊接热影响区的冷却都属于自然条件下的连续冷却。同时由于温度分布极不均匀，冷速很高。此外，冷却过程还要受到焊接参数、产品结构等诸多因素的影响。

鉴于上述焊接热循环的特殊性，必须在金属学热处理的基本理论上，结合焊接热循环的特点，才能正确掌握焊接热影响区组织转变的情况。

② 焊接加热时热影响区的组织转变特点。由于焊接时加热速度很快、高温停留时间短以及冷却速度快，使得与扩散有关的组织转变都难于进行，因而影响到热影响区的组织转变过程及进行的程度，呈现出与等温过程和热处理过程组织转变明显不同的特点。

a. 相变温度升高。一般焊接结构常用的亚共析钢的室温组织是铁素体＋珠光体，在平衡条件下，加热温度超过A_1线时首先发生珠光体向奥氏体的转变，随后温度继续上升，剩下的铁素体不断溶入奥氏体，到达A_3线温度全部溶解，得到单一的奥氏体相。在实际生产条件下，转变温度因相变的“滞后”而高于上述平衡条件下的理论值。焊接时，加热速度越快，相变温度的“滞后”越严重，实际的相变温度越高。当钢种含有较多的碳化物形成元素时，A_{c_1}和A_{c_3}升高得更显著。这是由于珠光体或铁素体向奥氏体转变时是扩散重结晶过程，形成奥氏体的晶核需要原子的扩散，而扩散需要时间，即所谓的孕育期。在快速加热条件下，来不及完成扩散过程所需的孕育期，就会造成相变温度的提高。若钢中含有大量的碳化物形成元素时，这些元素会显著降低碳在奥氏体中的扩散速度，减慢奥氏体形成时间，促使相变温度升得更高。

b. 奥氏体均质化程度降低。奥氏体的均质化过程是扩散过程，由于焊接条件下的加热速度快和高温停留时间短，都不利于扩散过程的进行，就使得已形成的奥氏体来不及均匀化。这种不均匀的高温组织将影响冷却过程的组织转变。

c. 部分晶粒严重长大。熔合线附近的热影响区温度峰值可达熔点附近，易导致晶粒过热而严重长大。

③ 焊接冷却时热影响区的组织转变特点。焊接热影响区冷却时的组织转变不仅与等温转变不同，与热处理条件下的连续冷却组织转变也不同，这主要是受焊接加热时热影响区的组织转变特点的影响。例如，45#钢以相同的冷却速度冷却时，焊接条件下比在热处理条件下的淬硬倾向大；而对于40Cr钢来说，在同样的冷却速度下，焊接条件下比热处理条件下的淬硬倾向反而小。这是由于，碳化物合金元素（如Cr、Mo、V、Ti、Nb等）只有充分溶解在奥氏体的内部，才会增加奥氏体的稳定性（即增加淬硬倾向）。在热处理条件下，可以有充分的时间使碳化物合金元素向奥氏体内部溶解。而在焊接条件下，由于加热速度快，高温停留时间短，所以这些合金元素不能充分地溶解在奥氏体中，因此降低了淬硬倾向。对于45#钢来说，由于不含碳化物合金元素，因而不存在碳化物的溶解过程，另外，在焊接条件下，由于近缝区组织粗化，故淬硬倾向比热处理条件下要大。

④ 焊接热影响区组织和性能的预测。采用焊接连续冷却组织转变图（CCT图）能够预测焊接热影响区的组织和性能，并可作为选择焊接热输入、预热温度和制定焊接工艺的依据，也可判定钢种的淬硬倾向以产生冷裂纹的倾向。

要想利用焊接CCT图来预测焊接热影响区的组织和性能，必须要知道焊接条件下熔合区附近的冷却速度，对于一般碳钢和低合金钢常用从800℃冷却到500℃所经历的时间 $t_{8/5}$ 来表示。$t_{8/5}$ 可利用公式计算或者通过线算图来查询，其中线算图法简单易行。焊条电弧焊时 $t_{8/5}$ 与焊接工艺参数关系的线算图如图3-19所示。若板厚为 $\delta=10$mm，焊接热输入 $E=18000$J/cm，预热温度 $T_0=200$℃，则确定 $t_{8/5}$ 的步骤为：根据板厚 $\delta=10$mm 和焊接热输入 $E=18000$J/cm 连直线（1），与室温下的 $t_{8/5}$ 线交于 A 点，再根据 A 点和 $T_0=200$℃连直线（2），与预热温度下的 $t_{8/5}$ 线交于 B 点，则 B 点就是预热200℃时的 $t_{8/5}$。

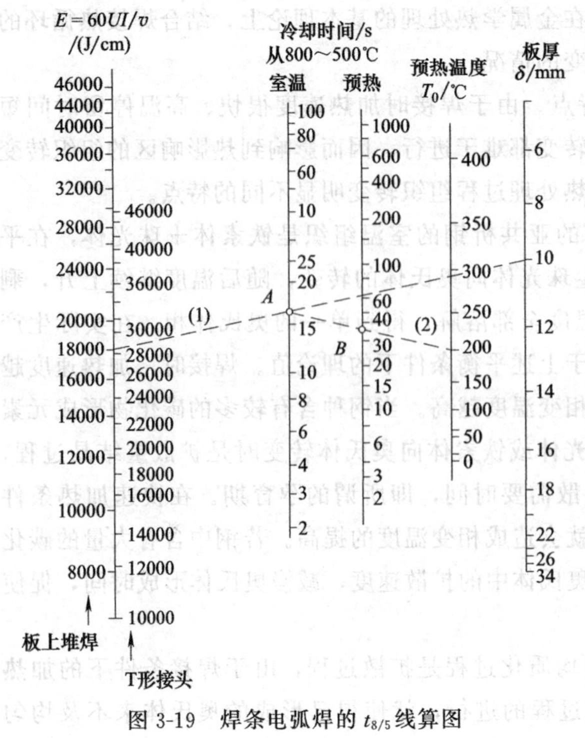

图3-19　焊条电弧焊的 $t_{8/5}$ 线算图

Q345（16Mn）钢的CCT图以及对焊接热影响区组织和性能的影响如图3-20所示，根据给定的 $t_{8/5}$ 即可确定热影响区的组织及硬度，也可根据热影响区的组织及硬度要求来确定所需要的 $t_{8/5}$。

（2）焊接热影响区的组织特征　焊接热影响区各点因距离焊缝远近不同，因此各点经历的焊接热循环也是不同的，获得的组织也就不同。另外，不同钢种即使经历的热循环相同，其热影响区获得的组织也不同。焊接结构用钢一般可分为两类：一类是淬火倾向较小的钢，如低碳钢和某些低合金钢，称为不易淬火钢；另一类钢含碳量较高或者合金元

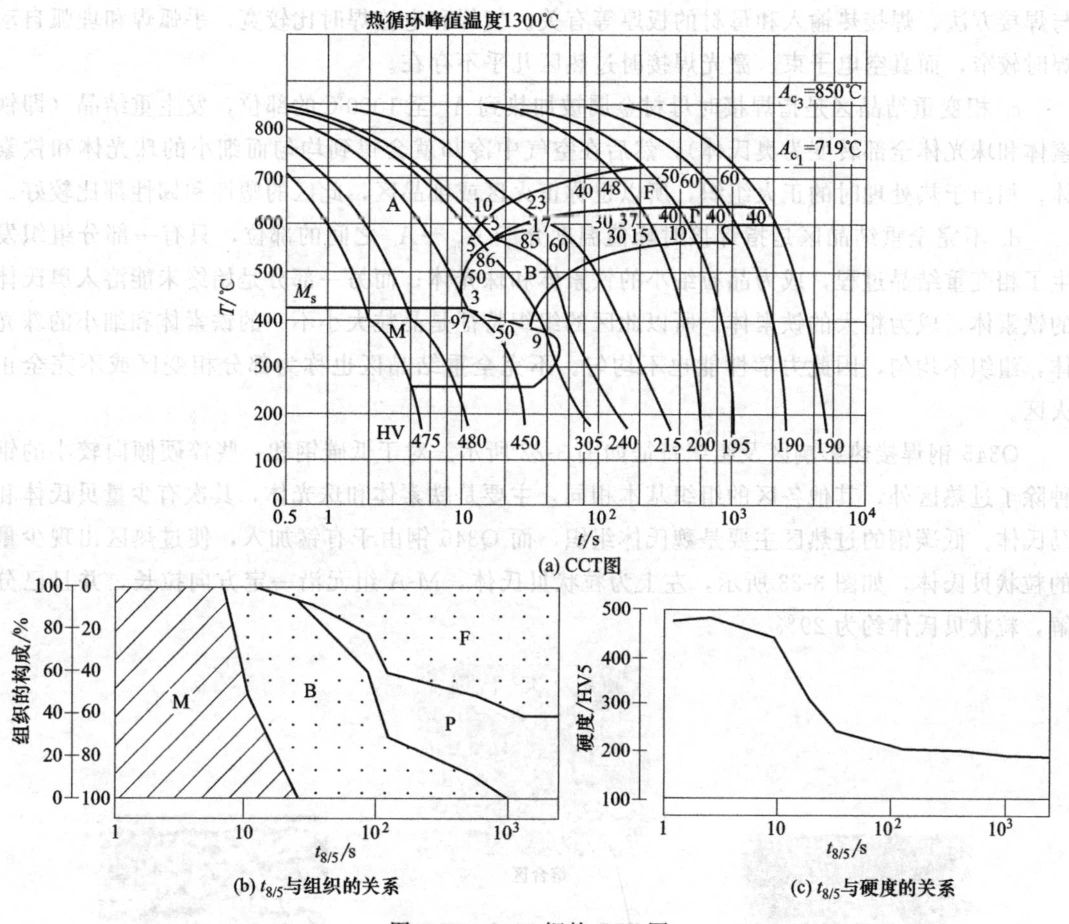

图 3-20　Q345 钢的 CCT 图

素较多，淬火倾向大，如中碳钢、低碳调质钢、中碳调质钢等，称为易淬火钢。因两类钢淬火倾向不同，获得的组织也不同，下面分别予以讨论。

① 不易淬火钢焊接热影响区的组织分布。不易淬火钢焊接热影响区主要由熔合区、过热区、相变重结晶区和不完全重结晶区，如图 3-21 所示。

a. 熔合区指焊缝与母材之间的过渡区域，也称半熔化区。该区的峰值温度介于母材固、液相线温度之间，该区域发生部分熔化，形成固液两相共存区。该区范围很窄，但由于在化学成分上和组织性能上都有较大的不均匀性，所以对焊接接头的强度、韧性都有很大的影响。在许多情况下熔合区是产生裂纹、脆性破坏的发源地。

b. 过热区的温度范围是从 1100℃左右到固相线温度，金属处于过热的状态，奥氏体晶粒严重长大，冷却之后得到粗大的组织，甚至出现脆性的魏氏体组织，所以该区的塑性和韧性较差。过热区的大小

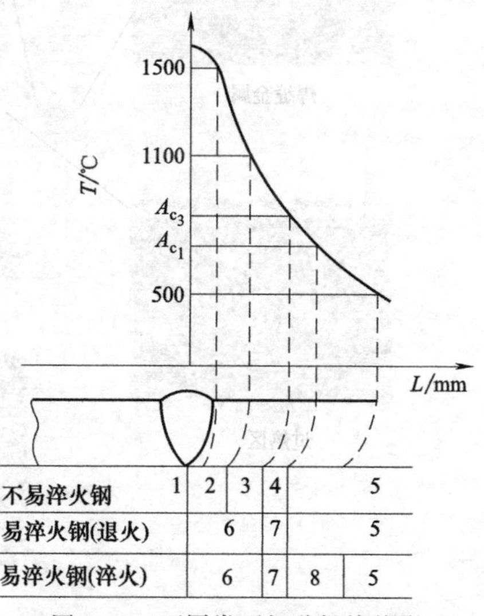

图 3-21　不同类型钢种焊接热影响区的分布特征

1—熔合区；2—过热区；3—相变重结晶区；4—不完全重结晶区；5—母材；6—淬火区；7—不完全淬火区；8—回火区

与焊接方法、焊接热输入和母材的板厚等有关。气焊和电渣焊时比较宽，手弧焊和埋弧自动焊时较窄，而真空电子束、激光焊接时过热区几乎不存在。

c. 相变重结晶区是指焊接时母材金属被加热到 A_{c_3} 至1000℃的部位，发生重结晶（即铁素体和珠光体全部转变为奥氏体），然后在空气中冷却就会得到均匀而细小的珠光体和铁素体，相当于热处理时的正火组织，所以也称正火区或细晶区，此区的塑性和韧性都比较好。

d. 不完全重结晶区是指焊接时峰值温度介于 $A_{c_1}\sim A_{c_3}$ 之间的部位，只有一部分组织发生了相变重结晶过程，成为晶粒细小的铁素体和珠光体；而另一部分是始终未能溶入奥氏体的铁素体，成为粗大的铁素体。所以此区的组织特征是晶粒大小不一的铁素体和细小的珠光体，组织不均匀，因此力学性能也不均匀。不完全重结晶区也称为部分相变区或不完全正火区。

Q345 钢焊接热影响区及组织特征如图 3-22 所示。对于低碳钢和一些淬硬倾向较小的钢种除了过热区外，其他各区的组织基本相同，主要是铁素体和珠光体，其次有少量贝氏体和马氏体。低碳钢的过热区主要是魏氏体组织，而 Q345 钢由于有锰加入，使过热区出现少量的粒状贝氏体，如图 3-23 所示，左上为粒状贝氏体，M-A 组元沿一定方向拉长，并且已分解，粒状贝氏体约为 29%。

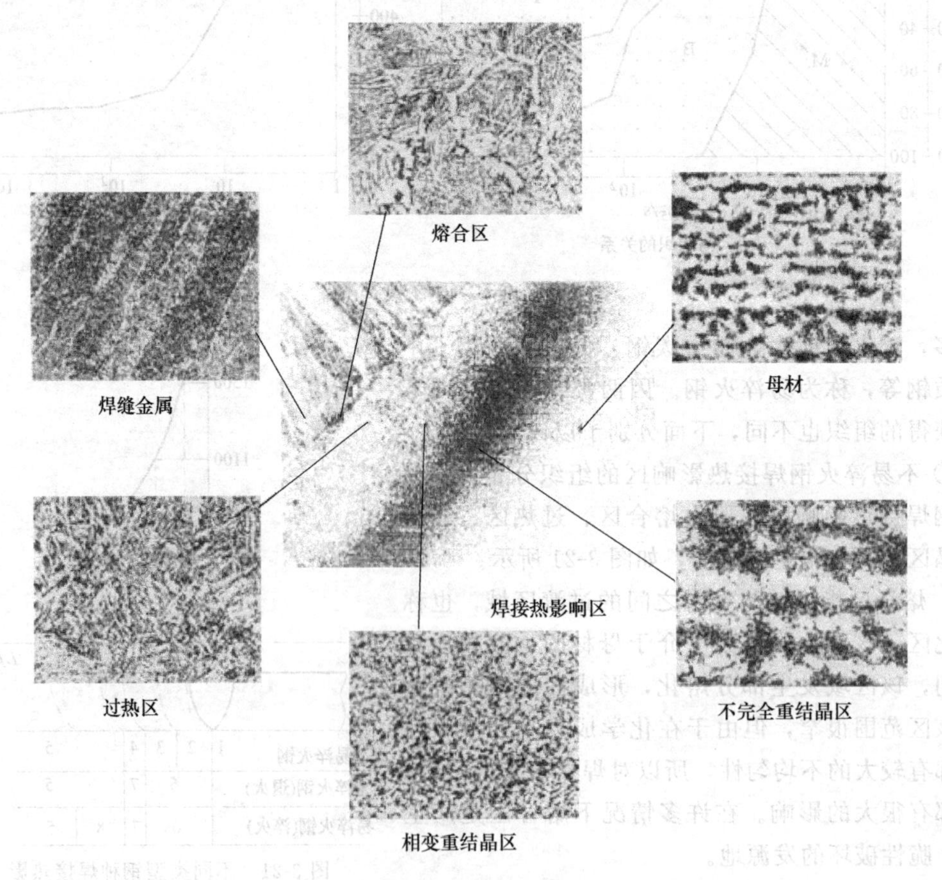

图 3-22　Q345 钢焊接热影响区及组织特征

② 易淬火钢焊接热影响区的组织分布。对于焊接淬硬倾向较大的钢种，包括低碳调质高强钢、中碳钢和中碳调质高强钢，焊接热影响区的组织分布与母材焊前的热处理状态有

关。如果母材焊前是正火或退火状态，则焊后热影响区的组织由完全淬火区和不完全淬火区组成，如果母材焊前热处理状态是调质，那么焊接热影响区的组织除了上述的完全淬火区和不完全淬火区之外，还可能发生不同程度的回火处理，称为回火区。

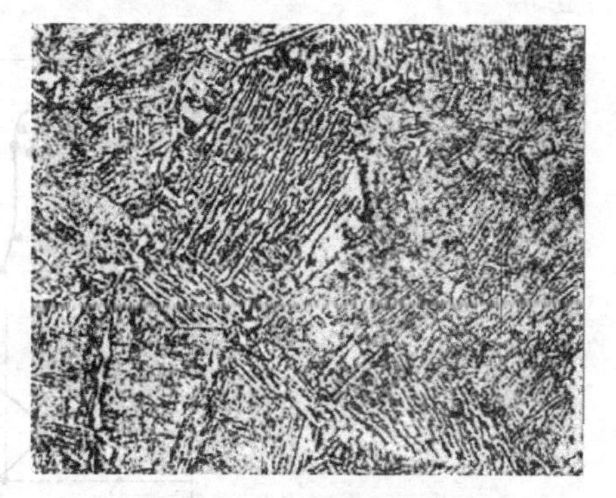

图 3-23　Q345 钢过热区粒状贝氏体组织

a. 完全淬火区是指焊接时热影响区峰值温度处于 A_{c_3} 以上的区域，包括了相当于不易淬火钢的过热区和相变重结晶区两部分。由于这类钢的淬硬倾向较大，故焊后将得到淬火组织。其中相当于过热区的部分，由于晶粒严重长大，故得到粗大的马氏体，而相当于相变重结晶区的部位得到细小的马氏体。根据冷却速度和热输入的不同，还可能出现贝氏体，从而形成了与马氏体共存的混合组织。这个区在组织特征上都是属同一类型（马氏体），只是粗细不同，因此统称为完全淬火区。

b. 不完全淬火区是指焊接热影响区中峰值温度处于 A_{c_1}～A_{c_3} 温度之间的区域，相当于不易淬火钢的不完全重结晶区。在焊接快速加热条件下，铁素体很难溶入奥氏体，而珠光体、贝氏体、索氏体等转变为含碳量较高的奥氏体。在随后快速冷却过程中，奥氏体转变为马氏体，而铁素体形态基本保持不变，但有不同程度的长大，最后形成马氏体和铁素体的混合组织，故称不完全淬火区。如含碳量和合金元素含量不高或冷却速度较小时，也可能出现索氏体和珠光体。

c. 回火区是指焊接热影响区峰值温度低于 A_{c_1} 以下的区域。回火区内组织和性能发生的变化程度决定于焊前调质状态的回火温度。焊接热影响区峰值温度高于调质回火温度的区域，组织性能将发生变化，出现软化现象，该回火温度越低，热影响区的回火区越宽，组织和性能变化越大。

综上所述，金属在焊接热循环的作用下，热影响区的组织分布是不均匀的，其组织状态随钢种和焊接工艺的不同而不同，这要根据母材材质和焊接工艺具体问题具体分析。

③ 热影响区的性能。由于热影响区中的组织分布是不均匀的，导致其性能的分布也是不均匀的。焊接热影响区与焊缝不同，焊缝可以通过化学成分的调整再配合适当的焊接工艺来保证性能的要求，而热影响区性能不可能进行成分上的调整，它是在焊接热循环作用下才产生的不均匀性问题。对于一般焊接结构来讲，主要考虑热影响区的硬化、脆化、韧化、软化以及综合的力学性能、抗腐性能和疲劳性能等，有些结构还要考虑高温性能等。这要根据焊接结构的具体使用要求来决定。

a. 焊接热影响区的硬度主要决定于被焊钢材的化学成分和冷却条件，其实质是反映了不同的金相组织和性能，所以常用热影响区的最高硬度来间接判断焊接热影响区的强度、韧性、脆性和抗裂性。不易淬火钢与易淬火钢的焊接热影响区的硬度分布如图 3-24 和图 3-25 所示，从图中可以看出，不论是易淬火钢还是不易淬火钢，其热影响区的硬度分布都是不均匀的，在熔合线附近都出现了比母材硬度还高的最高硬度，这是由于过热区发生淬硬及晶粒粗化导致的结果，必然会导致焊接热影响区脆性及冷裂敏感性的增加，所以常用焊接热影响区的最高硬度来间接判断焊接热影响区的性能。由于焊接热影响区的最高硬度与钢种的化学成分和冷却条件有关，所以可以建立相应的公式来对最高硬度加以分析和预测。

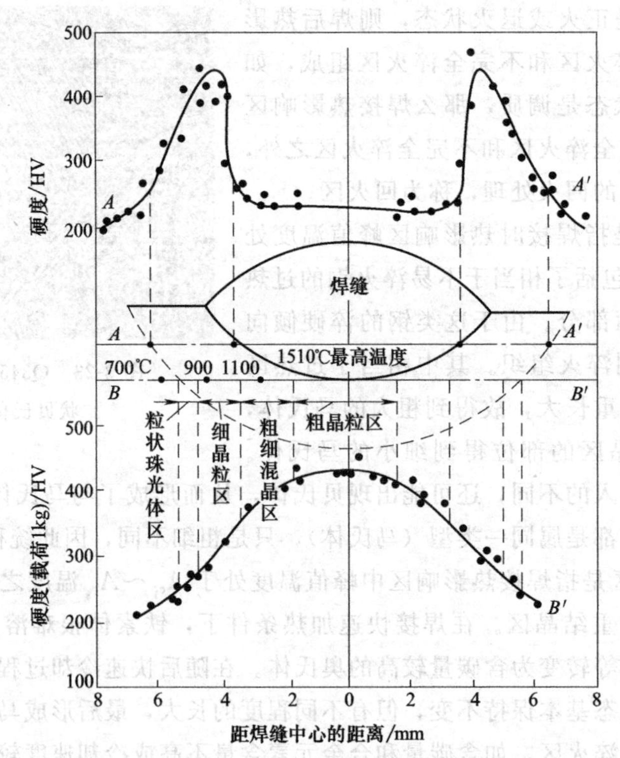

图 3-24　不易淬火的 20Mn 钢焊接热影响区的硬度分布

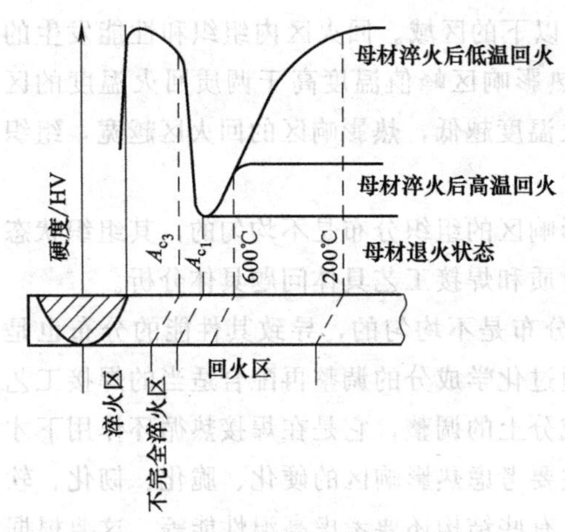

图 3-25　易淬火钢的焊接热影响区的硬度分布

b. 热影响区的脆化是指材料韧性急剧下降，而由韧性转变为脆性的现象。脆性材料往往在只有少量变形时就发生断裂，而且断裂过程消耗的能量也比韧性材料少很多。因为破坏多为低应力突发性的，后果更为严重。焊接热影响区的脆化有多种类型，如粗晶脆化、组织脆化、热应变时效脆化、析出脆化及氢脆等。

ⓐ 粗晶脆化。粗晶脆化是由于熔合线附近和过热区的晶粒严重粗化而造成的。晶粒越粗，晶界结构越疏松，则韧脆转变温度越高，抵抗冲击能力越差，脆性越大。晶粒长大受到多种因素的影响，其中钢种的化学成分、组织状态和加热温度及时间的影响最大，如果钢中含有氮、碳化物的合金元素（Ti、Nb、Mo、V、W、Cr 等）就会阻碍晶界迁移，从而可以防止晶粒长大。另外，焊接工艺参数也是影响晶粒粗化的重要因素，焊接热源的能量密度越大，焊接热输入越小，晶粒粗化程度越小。所以为了减小粗晶脆化，应尽量采用能量集中的热源并采用小的热输入施焊。

ⓑ 组织脆化。组织脆化主要是焊接热影响区产生了淬硬组织而导致的韧性降低的现象。根据被焊钢种的不同和焊接时的冷却条件不同，在焊接热影响区可能出现不同的脆性组织。对于一般低碳低合金钢的脆化主要是由于出现 M-A 组元（相伴产生粒状贝氏体）、上贝氏

体、粗大的魏氏组织等所造成。对含碳较高的钢（一般 C≥0.2%），焊接热影响区可能出现孪晶马氏体，从而使脆性增大。采用适中的热输入，配合预热及缓冷措施，可降低孪晶马氏体的脆化倾向。

ⓒ 焊接热影响区热应变时效脆化。热应变时效脆化多发生在低碳钢和碳锰低合金钢的热影响区（加热温度低于 A_{r_1} 的部位），主要是由于制造过程中各种加工（如下料、剪切、弯曲、气割等）或焊接热应力所引起的局部塑性应变使碳、氮原子向位错移动，经过一段时间的聚集，在位错周围形成了一个对位错产生钉扎作用的“柯氏”气团，从而引起脆化。

焊接热影响区产生的热应变时效脆化可分为两大类。

静应变时效脆化：在室温或低温下受到预应变后产生的时效脆化现象。它的特征是强度和硬度增高，而塑性、韧性下降。只有钢中存在碳、氮自由间隙时原子时才会产生这种现象。

动应变时效脆化：一般在较高温度下，特别是 200～400℃温度范围的预应变所产生的时效脆化现象。焊接热影响区的热应变脆化多数是由动应变时效所引起，通常所说的“蓝脆性”就属于动应变时效脆化现象。

ⓓ 析出脆化。某些金属或合金的焊接区是处于非平衡态的组织，化学和物理上都有很明显的不均匀性。在时效或回火过程中，从非稳态固溶体中沿晶界析出碳化物、氮化物、金属间化合物及其他亚稳定的中间相等，这些新相的析出，阻碍位错运动；且析出产物并不是均匀的，常有偏析和聚集存在，使金属或合金的强度、硬度和脆性提高的现象称为析出脆化。

焊接热影响区的熔合部位（包括粗晶区）在化学成分和组织上的不均匀比焊接区的其他部位更为严重，故极易产生析出脆化。

ⓔ 氢脆。氢在室温附近使钢的塑性严重下降的现象称为氢脆。氢脆现象是由溶解在金属晶格中的氢引起的。在试件拉伸过程中，金属中的位错发生运动和堆积，结果形成显微空腔。与此同时溶解在晶格中的原子氢不断地沿着位错运动的方向扩散，最后聚集到显微空腔内结合为分子氢。这个过程的发展使空腔内产生很高的压力，导致金属变脆。若焊接热影响区的扩散氢含量较高时，易使该区发生脆化。

④ 焊接热影响区的韧化。韧性是材料在塑性应变和断裂过程中吸收能量的能力，它是强度和塑性的综合表现。焊接热影响区的韧性不能像焊缝那样可以利用添加微量元素的办法加以调整和改善，而是材质本身所固有的，只能通过某些工艺措施在一定范围内得到改善。实际焊接生产中一般通过下列方法改善焊接热影响区的韧性。

a. 调整母材的原始组织。如采用低碳微量多种合金元素强化方式，使热影响区在焊接的冷却条件下分布有弥散性的强化质点，并试图得到针状铁素体、下贝氏体或低碳马氏体组织。

b. 制定合理的焊接工艺。焊接热输入控制在合理的范围内，并正确选择预热温度，配合焊后热处理来改善焊接热影响区的韧性。

⑤ 焊接热影响区的软化。热影响区的软化是指焊后强度、硬度低于焊前母材的现象，也称为失强，一般出现在经过调质处理的高强钢、采用沉淀强化的合金及采用弥散强化的合金。

调质钢焊接热影响区的软化程度与母材焊前的回火温度有关，调质处理的回火温度越低

(即强化程度越大)，则焊后的软化程度越严重。软化最严重的部位在峰值温度为 A_{c_1} 附近。

热处理强化合金如硬铝焊接热影响区的软化主要是由于“过时效软化”引起的。铝合金的时效强化是指淬火态的过饱和固溶体中的铜原子首先要不断地向固溶体某些晶面进行富集，从而形成许多的富铜区（GP 区），这些富铜区的形成使固溶区的晶格发生严重畸变，从而使强度、硬度升高；随着时间的延长和温度的升高，铜原子继续偏聚，富铜区扩大，畸变范围增大，使强度和硬度进一步提高。若温度再升高或延长，开始形成第二相并析出，晶格畸变减小，使得时效强化显著减弱，合金逐渐软化，即发生了“过时效”。

3.2 常用的焊接方法

3.2.1 电弧焊

电弧焊（arc welding）是利用电弧作为热源的熔焊方法，简称弧焊。焊接电弧是一种气体放电现象，也就是在弧焊电源提供的电压下，使得电极与电极或电极与工件之间的空气发生电离、阴极发射电子，从而使电极间的气体导电的现象。通过这种气体放电，可有效地把电能转换成焊接过程所需要的热能、机械能和光能，加热熔化工件进行焊接。该方法是目前应用最广泛的焊接方法。电弧焊方法有很多，主要有焊条电弧焊、埋弧焊、氩弧焊、CO_2 气体保护焊、钨极氩弧焊、等离子弧焊等。

3.2.1.1 *焊条电弧焊*

(1) 焊条电弧焊的基本原理　焊条电弧焊（shielded metal arc welding，SMAW）是用手工操纵焊条进行焊接的电弧焊方法，是金属结构生产中应用最广泛的焊接方法之一。

焊条（也称电极）和焊件分别接至焊接电源的两个输出端。焊条与焊件接触以接触引弧方式引燃电弧，在电弧高温及较大的电弧吹力作用下，熔化的焊芯端部迅速形成细小的金属熔滴，过渡到局部熔化的工件表面，融合在一起形成熔池。焊条熔化后分成两部分：金属焊芯以熔滴形式向熔池过渡；焊条药皮在熔化过程中产生一定量的气体和液态熔渣，不仅使熔池和电弧周围的空气隔绝，而且和熔化了的焊芯、母材发生一系列冶金反应，保证所形成焊缝的性能。随着电弧以适当的弧长和速度在工件上不断地前移，熔池液态金属逐步冷却结晶，形成焊缝。液态熔渣凝固形成渣壳，覆盖在焊缝表面上仍起保护作用，如图 3-26 所示。

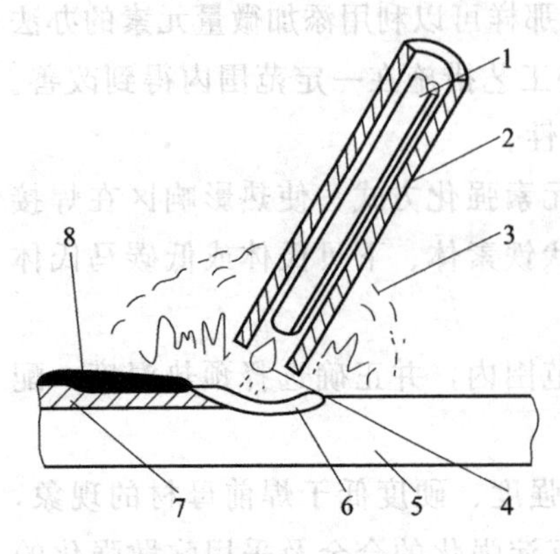

图 3-26　焊条电弧焊示意图

1—焊芯；2—药皮；3—保护气体；4—熔滴；5—焊件；6—熔池；7—焊缝；8—熔渣

(2) 焊条电弧焊的特点及应用　焊条电弧焊操作灵活方便，对焊接头装配要求较低，适应性强，可达性好，不受场地和焊接位置的限制，尤其适于结构形伏复杂、零件小、短焊缝和不规则焊缝的焊接。焊条电弧焊所使用的设备也相对比较简单，成本较低，操作灵活，便于掌握，维修方便。焊条电弧焊不需要辅助气体防护，适用于大多数工业用的金属和合金的焊接。

然而，在目前高效、节能、自动化的时代，焊条电弧焊的应用受到了限制，主要缺点是焊条电弧焊的生产效率低，劳动条件差。这是因为：首先，焊条药皮限制了焊接电流和电流密度不能过大，否则药皮易发红、脱落，失去保护作用，故焊接速度不能过快，一般不超过6～8m/h；其次，完成一条焊缝往往需要不断更换焊条，对厚板坯需要开坡口进行多层焊接，这不仅造成焊条的浪费，提高了焊接成本，而且降低了生产率。焊条电弧焊与自动电弧焊相比，对焊工操作技术要求高，劳动强度较大，焊工在高温、高热、强烈的弧光辐射下工作，劳动条件很差。另外，焊条电弧焊不适于对氧的污染非常敏感的金属以及薄板的焊接。因此，从保证焊接质量、提高生产率、改善劳动条件等方面出发，应逐步把焊接从手工劳动转向机械化与自动化。

目前，焊条电弧焊广泛应用于船舶、车辆、桥梁、建筑、压力容器、石油化工、机械制造等部门的结构工程和产品制造中。为了提高焊条电弧焊的生产率，还可采用高效率铁粉焊条和立向下专用焊条；也可采用特殊的焊接工艺，如单面焊双面成形焊接法。

3.2.1.2 *埋弧焊方法*

(1) 埋弧焊基本原理 埋弧焊（submerged arc welding，SAW）是以金属焊丝与焊件（母材）间所形成的电弧为热源，并以覆盖在电弧周围的颗粒状焊剂及其熔渣作为保护的一种电弧焊方法。

埋弧焊是机械化焊接方法，其焊接装置与功能参考图3-27。它由4个部分组成：①焊接电源接在导电嘴和工件之间用来产生电弧；②焊丝由焊丝盘经送丝机构和导电嘴送入焊接区；③颗粒状焊剂由焊剂漏斗经软管均匀地堆敷到焊缝接口区；④焊丝及送丝机构、焊剂漏斗和焊接控制盘等通常装在一台小车上，以实现焊接电弧的移动。

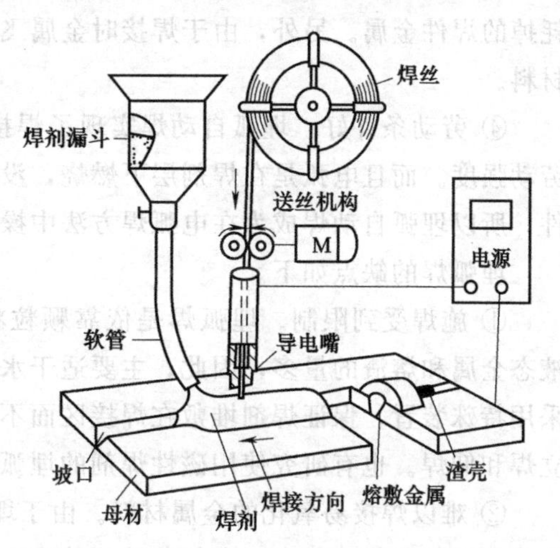

图 3-27 埋弧焊装置示意图

埋弧自动焊的焊接过程如图3-28所示。颗粒状焊剂从焊剂漏斗经软管流出后，均匀地堆敷在装配好的母材7上，送丝机构驱动焊丝2连续送进，使焊丝端部插入覆盖在焊接区的焊剂1中，在焊丝与焊件之间引燃电弧3。电弧热使焊件、焊丝和焊剂熔化以致部分蒸发，金属和焊剂的蒸发气体形成了一个气泡，电弧就在这个气泡内燃烧。气泡底部是熔化的焊丝和母材形成的金属熔池4，顶部则是熔融焊剂形成的液态熔渣5。熔池金属受熔渣和焊剂蒸气的保护不与空气接触。熔渣层不仅能很好地将空气与电弧和熔池隔离，还能屏蔽有害的弧光辐射。随着电弧向前移动，电弧力将液态金属推向后方并逐渐冷却凝固成焊缝6，熔渣则凝固成渣壳8，覆盖在焊缝表面。焊接时焊丝连续不断地送进，其端部在电弧热作用下不断地熔化，焊丝送进速度和熔化速度相互平衡，以保持焊接过程的稳定进行。

埋弧焊要求控制焊件的位置，使熔化的焊剂和焊接熔池在凝固前有合适的位置。平焊位置或角焊缝的船形焊、斜角焊都可利用埋弧自动焊进行焊接。焊件位置的调整可通过各种形式的夹具，如焊接滚轮架、变位机和翻转机等来完成。

(2) 埋弧焊的特点 埋弧自动焊与其他电弧焊相比，具有以下的优点。

① 焊缝质量好。埋弧焊的电弧被掩埋在颗粒状焊剂及其熔渣之下，电弧及熔池均处在

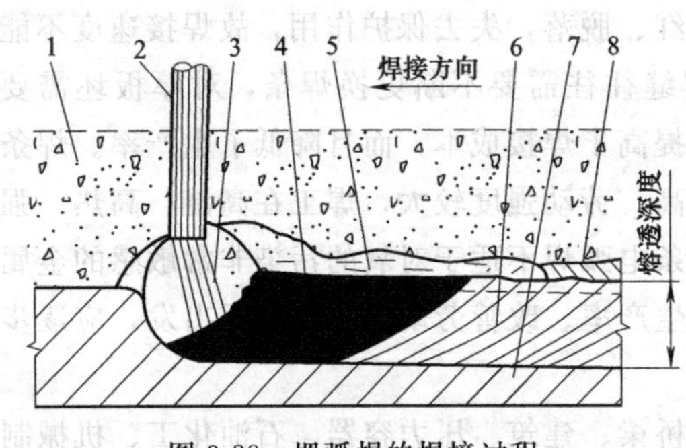

图 3-28　埋弧焊的焊接过程

1—焊剂；2—焊丝；3—电弧；4—熔池金属；5—液态熔渣；6—焊缝；7—母材；8—渣壳

熔渣保护之中，保护效果比气-渣联合保护的焊条电弧焊好；熔池金属凝固较慢，液体金属和熔化焊剂间的冶金反应充分，减少了焊缝中产生气孔、裂纹的可能性；电弧区主要成分是CO，焊缝金属中含氮量和含氧量低；埋弧自动焊大大降低了焊接过程对焊工操作技能的依赖程度，焊缝化学成分和力学性能的稳定性较好。

② 生产率高。与焊条电弧焊相比，一方面埋弧焊导电的焊丝长度短而稳定，不存在焊条药皮受热分解的问题，因此埋弧焊时焊接电流和电流密度均较焊条电弧焊明显提高；另一方面，焊剂和熔渣的隔热保护作用使电弧热辐射损失较少，金属飞溅损失也受到有效控制，电弧热效率大大提高。因此，埋弧焊电弧的熔透能力和焊丝的熔敷速度都大大提高。

③ 节省焊接材料。埋弧自动焊使用的焊接电流较大，可使焊件获得较大的熔深，故埋弧焊的工件可不开或开小坡口，因而减少了焊缝中焊丝的填充量，也节省了因加工坡口而消耗掉的焊件金属。另外，由于焊接时金属飞溅极少，又没有焊条头的损失，所以节约了焊接材料。

④ 劳动条件好。埋弧自动焊实现了焊接过程自动化，操作较简便，从而减轻了焊工的劳动强度。而且电弧是在焊剂层下燃烧，没有弧光辐射，放出的烟尘也较少，改善了劳动条件，所以埋弧自动焊成为在电弧焊方法中操作条件较好的一种方法。

埋弧焊的缺点如下。

① 施焊受到限制。埋弧焊是依靠颗粒状焊剂堆积形成保护条件的，而且熔池体积大，液态金属和熔渣的量多，因此，主要适于水平或倾斜度不大的位置焊接。其他位置的焊接要采用特殊装置，保证焊剂堆敷在焊接区面不落下来并防止熔融金属的漏淌，实现埋弧横焊、立焊和仰焊。也有研究使用磁性焊剂的埋弧横焊与仰焊，但应用均不普遍。

② 难以焊接易氧化的金属材料。由于埋弧焊使用的焊剂主要成分为 MnO、SiO_2 等金属及非金属氧化物，具有一定氧化性，故难以焊接铝、镁等氧化敏感性强的金属及其合金。

③ 不适于焊接薄板和短焊缝。电弧弧柱的电位梯度较大，电流小于100A 时，电弧稳定性较差，故不适宜焊接厚度在1mm 以下的薄板。由于埋弧自动焊机比较复杂，灵活性差，埋弧自动焊适于长焊缝的焊接，焊接短焊缝的生产率还不及焊条电弧焊。

④ 焊接过程中焊缝不可直接观察。焊接时不能直接观察电弧与坡口的相对位置，需要采用焊缝自动跟踪装置来保证焊炬对准焊缝，不焊偏。

(3) 埋弧自动焊的分类及应用　埋弧自动焊的分类及应用范围见表 3-1。

埋弧焊方法特别适于焊接中厚板、长直焊缝等大型工件，因此被广泛用于船舶、锅炉、化工容器、桥梁、起重机械及冶金机械制造业等。埋弧自动焊可焊接的钢种有碳素结构钢、低合金结构钢、不锈钢、耐热钢以及复合钢材等。对于高强度结构钢、高碳钢、马氏体时效钢和铜合金也可用埋弧自动焊进行焊接，但是，从接头性能来看，就不及使用热输入量较小的焊接方法，如熔化极气体保护电弧焊等。

表 3-1 埋弧自动焊的分类及应用范围

分类特征	分类名称	应用范围
按送丝方式	等速送丝埋弧焊	细焊丝、大电流密度
	变速送丝埋弧焊	粗焊丝、小电流密度
按送丝数目或形状	单丝埋弧焊	常规对接、角接、筒体纵缝、环缝
	双丝埋弧焊	高生产率对接、角接
	多丝埋弧焊	螺旋焊管等超高生产率对接
	带极埋弧焊	耐磨、耐蚀合金堆焊
按焊缝成形条件	双面埋弧焊	常规对接焊
	单面焊双面一次成形埋弧焊	高生产率对接、难以双面焊的对接焊

3.2.1.3 钨极氩弧焊

钨极氩弧焊（gas tungsten arc welding，GTAW）是以钨或钨合金（钍钨、铈钨等）为电极，用氩气作为保护气体的电弧焊方法，也称钨极氩弧焊（tungsten inert gas arc welding），其焊接系统构成如图 3-29 所示。焊接时，根据需要可以添加或者不添加填充金属。填充金属通常从电弧的前方加入，但也可以预置在接头的坡口或间隙之中。焊接过程可以用手工操作，也可以自动化运行。

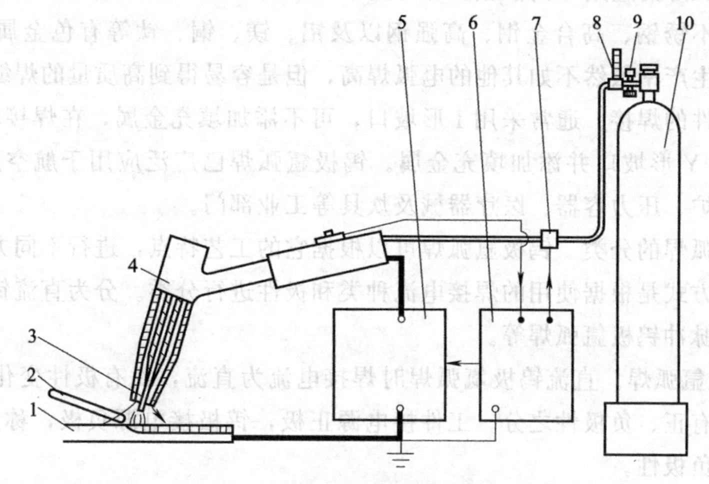

图 3-29 钨极氩弧焊接系统示意图

1—工件；2—填充金属；3—钨极；4—焊枪；5—焊接电源；6—控制箱；7—电磁气；8—流量计；9—减压器；10—氩气瓶

(1) 钨极氩弧焊的特点 与其他电弧焊方法相比，钨极氩弧焊的优点如下。

① 保护作用好，焊缝金属纯净。焊接时整个焊接区包括钨极、电弧、熔池、填充金属丝端部及熔池附近的工件表面均受到氩气的保护，隔离了周围空气对其侵害，避免了焊缝金属的氧化和氮化，同时也杜绝了氢的来源，因此焊缝金属纯净，含氢量小。

② 焊接过程稳定。在氩气中，电弧一旦引燃，电弧燃烧非常稳定，即使在较低的电弧电压下，氩弧也能稳定燃烧。这是因为氩气的热导率很小，而且氩是单原子气体，高温时不分解、不吸热，所以在氩气中燃烧的电弧，热量损失少，电弧作用在电极及熔池上的热和力基本上是常量；此外，电弧中没有熔滴过渡现象，因而焊接过程十分稳定。

③ 焊缝成形好。由于焊接过程没有氧的侵入，在液体金属表面上不发生化学活性反应，因此表面张力较大，熔池金属不易下淌和流失。在焊接过程中热输入容易调整，特别适宜于薄板的焊接以及全位置焊接，它也是实现单面焊双面成形的理想方法。焊接时不产生飞溅，焊缝成形美观。

④ 具有清除氧化膜的能力。交流钨极氩弧焊在负极性半周时，具有强烈的清除氧化膜的作用，为铝、镁及其合金的焊接提供了非常有利的条件。

⑤ 焊接过程便于自动化。由于钨极氩弧焊是明弧焊，无熔滴过渡，很容易实现机械化和自动化。

钨极氩弧焊的缺点如下。

① 需要高压引弧措施。由于氩气的电离电压较高，所以钨极氩弧焊的引弧较困难。又不允许钨极与工件接触，以免污染钨极与工件，因此必须采取非接触式的高压引弧措施，需要专用的非接触式高压引弧装置。

② 对工件清理要求严格。钨极氩弧焊无冶金的脱氧或去氢措施，因此焊前对工件的除油、去锈及清除尘垢等准备工作要求严格，否则就会影响焊接质量。

③ 生产效率较低。由于钨极载流能力较低，钨极氩弧焊熔深浅，熔敷速度小。与熔化极的各种电弧焊方法相比，钨极氩弧焊的焊接生产率较低。

(2) 钨极氩弧焊的应用　钨极氩弧焊可用于几乎所有金属和合金的焊接，但由于其成本较高，主要用于不锈钢、高合金钢、高强钢以及铝、镁、铜、钛等有色金属及其合金的焊接。钨极氩弧焊生产率虽然不如其他的电弧焊高，但是容易得到高质量的焊缝，它特别适宜于薄件、精密零件的焊接。通常采用I形坡口，可不添加填充金属，在焊接较厚的工件时，开Y形坡口或双Y形坡口并添加填充金属。钨极氩弧焊已广泛应用于航空航天、原子能、化工、纺织、锅炉、压力容器、医疗器械及炊具等工业部门。

(3) 钨极氩弧焊的分类　钨极氩弧焊可以根据它的工艺特点，进行不同方式的分类。但是最通常的分类方式是根据使用的焊接电流种类和极性进行分类。分为直流钨极氩弧焊、交流钨极氩弧焊及脉冲钨极氩弧焊等。

① 直流钨极氩弧焊。直流钨极氩弧焊时焊接电流为直流，没有极性变化，电弧燃烧非常稳定，然而它有正、负极性之分。工件接电源正极，钨极接电源负极，称为直流正极性；反之，称为直流负极性。

直流钨极氩弧焊多采用直流正极性的施焊方式，此时钨极为阴极，阴极电子热发射能力强，一旦引燃电弧，就能稳定地进行焊接。由于电弧十分稳定，所以设备和工艺简单。直流正极性钨极氩弧焊具有焊缝成形好、钨极寿命长、电弧稳定等优点。在直流正极性焊接时，工件受到质量很小的电子流撞击，故不能清除工件表面的氧化物，因此除铝、镁及其合金外，焊接其他金属及合金一般均采用直流正极性。

直流负极性钨极氩弧焊时钨极受到电子的轰击放出大量热量，使得阳极产热多于阴极，很容易使钨极过热熔化烧损，而工件却得不到很多的热量，焊缝熔深浅而宽，生产率低且电弧不够稳定，因此在实际生产中很少使用。

但是，氩弧焊采用负极性接法时对工件表面的阴极清理作用，是成功焊接铝、镁及其合金的重要因素。铝、镁及其合金的表面存在一层致密难熔的氧化膜覆盖在液体金属表面或坡口边缘，如不及时清除，就会造成焊缝未熔合，表面形成皱皮，内部会产生气孔及夹杂物等焊接缺陷。由于轻金属氧化物的逸出功比其纯金属的要小得多，在氧化物上更容易发射电子，因此在氧化膜上容易形成电弧的阴极斑点。阴极斑点的形成则构成了带正电荷的氩离子的轰击条件。由于氩的原子量较大（约为40），因此在电弧中向阴极运动的氩离子具有较大的动能。这样的氩离子轰击在带有氧化膜的阴极斑点上，就使致密难熔的氧化膜发生物理性的破碎现象。直流负极性钨极氩弧焊时，工件接负极。此时在工件上的阴极斑点是极不稳定的，总是在高速游荡，自动寻找金属氧化膜，产生阴极清理作用。清除掉该处的氧化膜，然后再去寻找其他部位新的氧化膜。阴极斑点的这种不断的迁移和清理的作用，可以非常有效地把电弧可能涉及的表面（包括熔池及附近的工件表面）上的氧化膜全部清除干净。在直流负极性钨极氩弧焊时，在工件（阴极）表面呈现雾化的状态，最终将氧化膜清除干净，因此称这种清理作用为“阴极破碎”或“阴极雾化”作用。

② 交流钨极氩弧焊。在生产实践中，焊接铝、镁及其合金时一般都采用交流钨极氩弧焊。交流钨极氩弧焊时焊接电流的极性发生周期性的交替变化，因此兼有上述正极性钨极氩弧焊及负极性钨极氩弧焊两方面的特点。此时，在交流的负极性半周里，利用了氩弧所具有阴极清理作用，能够有效地把熔池及附近工件表面上的氧化膜清理干净。在交流的正极性半周，氩弧对工件进行集中加热，使焊缝达到足够的熔深。同时钨极可以得到相对冷却；并且在正极性半周钨极还能发射足够数量的电子，有利于电弧的稳定。因此，成为进行铝、镁及其合金钨极氩弧焊的最佳选择。

但是交流钨极氩弧焊由于其极性交变的特点，也出现了新的问题。尤其是直流分量问题及引弧和维弧的问题，必须妥善加以解决才能保障焊接过程的顺利进行。

③ 脉冲钨极氩弧焊。脉冲钨极氩弧焊是指由脉冲电源供电产生脉冲电弧的钨极氩弧焊。有直流脉冲钨极氩弧焊和交流脉冲钨极氩弧焊两种方式。脉冲钨极氩弧焊过程具有电弧挺度好、热输入小、电弧加热集中、焊缝容易成形、焊缝金属性能好以及提高交流钨极氩弧焊的稳定性的特点，特别适合焊接薄件、热敏感性强的金属以及全位置施焊。

④ 钨极氩弧焊其他方法。近年来随着实际焊接生产的需要和科学技术的不断进步，发展出一些新型的钨极氩弧焊形式。

a. 高频脉冲钨氩弧弧焊。电流脉冲频率高于10kHz的钨极氩弧焊称为高频脉冲钨极氩弧焊。因其电弧受到高频磁场的压缩，具有电弧稳定、热量集中、临界电流小等特点。所焊的焊缝熔深大、宽度窄、质量好，特别对于精密薄件以及薄板结构的焊接有很大的优越性。

b. 多电极钨极氩弧焊。这种方法采用了多电极依次连续引燃的方式，进行细管的现场对接钨极氩弧焊。其主要的特点是使焊接所需的辅助空间显著减小，这对于某些结构非常紧凑的管子焊接是十分有利的。

c. A-钨极氩弧焊。活性焊剂钨极氩弧焊，有的也称为活性剂钨极氩弧焊，其英文为activating flux-TIG，简称A-钨极氩弧焊。它是在被焊工件的表面，涂覆一层很薄的活性焊剂，然后进行钨极氩弧焊。在同样的焊接规范下，可使焊缝熔深比一般钨极氩弧焊增加1～3倍，对板厚12mm以下的低碳钢采用I形对接坡口可一次焊接完成。

d. 热丝钨极氩弧焊。在普通钨极氩弧焊的基础上，附加一填充焊丝，一般焊丝直径为1.0～1.6mm，焊丝伸出长度为12～50mm，由加热电源对其通电，依靠焊丝的电阻热将其预热，但不产生电弧，并以与工件40°～60°夹角，从电弧后面插入熔池。热丝钨极氩弧焊能够大大提高焊丝的熔敷率，焊丝熔敷速度可提高1～4倍，熔池的输入热量相对减小，因此焊接过程热影响区变窄，这对热输入敏感的材料焊接具有重要的意义。

3.2.1.4 熔化极氩弧焊

熔化极氩弧焊（metal argon arc welding）是使用焊丝作为熔化电极，采用氩气或富氩混合气作为保护气体的电弧焊方法。当保护气体是惰性气体 Ar、He 或 Ar-He 混合气体时，通常称作熔化极惰性气体保护电弧焊，简称 MIG（metal inert gas arc welding）焊；当使用的保护气体为 Ar 和少量活性气体如 O_2、CO_2 或 CO_2-O_2 等组成的混合气体时，通常称作熔化极活性气体保护电弧焊，简称 MAG（metal active gas arc welding）焊。由于 MAG 焊电弧也呈氩弧特征，因此也归入熔化极氩弧焊。

（1）熔化极氩弧焊的特点　熔化极氩弧焊是采用连续等速送进可熔化的焊丝与被焊工件之间的电弧作为热源来熔化焊丝和母材金属，形成熔池和焊缝的焊接方法，如图 3-30 所示。焊接时，氩气或富氩混合气体从焊枪喷嘴中喷出，保护焊接电弧及焊接区。

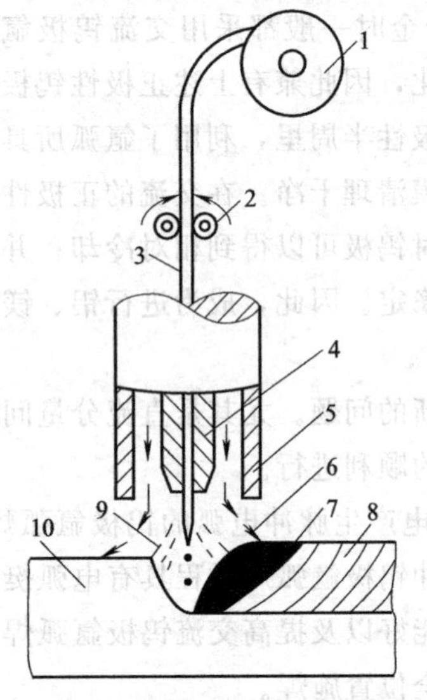

图 3-30　熔化极氩弧焊示意图
1—焊丝盘；2—送丝滚轮；3—焊丝；4—导电嘴；5—保护气体喷嘴；6—保护气体；7—熔池；8—焊缝金属；9—电弧；10—母材

熔化极氩弧焊的优点如下。

a. MIG 焊采用氩气作为保护气体，而氩气与液态金属不发生冶金反应，只起包围焊接区使之与空气隔离的作用，所以电弧燃烧稳定，熔滴向熔池过渡平稳、无激烈飞溅，焊缝成形美观。

b. MIG 焊采用直流反接焊接铝及铝合金时，对母材表面的氧化膜有良好的阴极清理作用。而且焊接铝及铝合金时，亚射流电弧的固有自调节作用较为显著。

c. 由于采用焊丝作电极，焊丝和电弧的电流密度大，所以焊丝熔化速度快，熔敷效率高，母材熔深大，用于焊接厚板铝、铜等金属时生产效率比钨极氩弧焊高，焊接变形比钨极氩弧焊小。

熔化极氩弧焊的缺点如下。

a. 由于氩气没有还原性气体或氧化性气体的脱氧或去氢作用，所以 MIG 焊对工件、焊丝的焊前清理要求较高，即焊接过程对油、锈等污染比较敏感。

b. 由于氩气生产成本高，价格贵，因此熔化极氩弧焊的焊接成本相对较高。

（2）熔化极氩弧焊的应用　MIG 焊使用惰性气体，既可以焊接黑色金属又可以焊接有色金属，但从焊丝供应以及制造成本考虑，主要用于铝、铜、钛及其合金，以及不锈钢、耐热钢的焊接。MAG 焊一般用于焊接碳钢和低合金高强度钢等黑色金属，在要求不高的情况下也可以焊接不锈钢。

目前熔化极氩弧焊被广泛应用于汽车制造、工程机械、化工设备、矿山设备、机车车辆、船舶制造、电站锅炉等行业。由于熔化极氩弧焊焊出的焊缝内在质量和外观质量都很高，该方法已经成为焊接一些重要结构时优先选用的焊接方法之一。

（3）熔化极氩弧焊工艺

① 常规熔化极氩弧焊一般采用直流反接，很少采用直流正接或交流的方式，一方面是为了获得稳定的焊接过程和熔滴过渡；另一方面是焊接铝、镁及其合金时利用直流反接时的

阴极清理作用。熔滴过渡方式一般采用喷射过渡和亚射流过渡。焊接电流较大且焊接电压较高时，呈现喷射过渡，包括射滴过渡和射流过渡；焊接电压较低时，形成亚射流过渡。熔化极氩弧焊的焊接参数主要有焊接电流、电弧电压、焊接速度、焊丝伸出长度、焊丝直径、焊丝倾角、保护气体的种类及其流量等。由于各参数之间是相互影响的，所以单独选择一个参数很困难。对于一组确定的参数，改变其中一个参数，其他参数往往也需要修正。

② 熔化极脉冲氩弧焊（脉冲MIG/MAG）。熔化极脉冲氩弧焊的重要特征是其峰值电流和熔滴过渡是间歇可控的，可以控制熔滴过渡和焊接热输入。这一特征使它具有较宽的电流调节范围，可用于中等电流或粗丝小电流的焊接，改善焊接接头性能，焊接成形好，生产效率高，因而在薄板、空间位置焊缝和热敏感材料等情况的焊接时，脉冲焊有其独特的优势。

③ 双丝熔化极氩弧焊。双丝或多丝熔化极氩弧焊是在对高效化焊接技术的要求不断提高的背景下产生和发展起来的，其中应用最多的是双丝熔化极氩弧焊工艺。目前开发的双丝焊工艺，热量分散在前后串行的两个电弧上，主要形式有两种：一种是Twin电弧；另一种是Tandem电弧。两种工艺的共同点都是采用两个完全相同的焊接电源和两套送丝机构，不同点是Twin电弧的两个电源之间不需协调，而Tandem电弧需要同步控制器协调控制送丝及两个焊接电源的输出，并且其焊枪也是特别设计的，允许两根焊丝按一定的角度放置。

④ 窄间隙熔化极氩弧焊。窄间隙熔化极氩弧焊是焊接厚板的一种高效率焊接方法。不论焊件厚度多大，窄间隙焊接都采用I形坡口或夹角很小的V形坡口，大大减少焊缝金属的填充量，提高了生产率，减少了电能消耗，降低焊接成本。从焊接工艺的角度，可将窄间隙熔化极氩弧焊分为细丝窄间隙焊接和粗丝窄间隙焊接。窄间隙熔化极脉冲氩弧焊使焊缝的形状得到了改善，即使是在负极性时，也可得到优质焊缝。

⑤ 气电立焊。气电立焊依靠气体保护和电弧加热，利用水冷滑块挡住熔化金属，使之强迫成形，实现立向位置焊接。气电立焊也是适合焊接大厚度工件的一种气体保护电弧焊方法。该方法综合了普通熔化极氩弧焊和电渣焊的技术特点，可不开坡口焊接厚板，生产率高，成本低。

⑥ TIME焊。TIME焊（transferred ionized molten energy）采用大伸出长度和特殊的四元保护气体（$Ar+He+CO_2+O_2$），通过增大送丝速度来增加熔敷率，大幅度提高了焊丝的熔敷率。在TIME气体的保护下，熔滴呈稳定的旋转射流过渡，熔滴在稳定的锥形旋转空间中过渡到熔池中去，飞溅很小，焊接过程稳定，焊缝成形良好。在连续大电流区间获得稳定的旋转射流过渡形式，从而可以使用高于常规的焊接电流，是获得高熔敷率的关键。

⑦ CMT工艺。CMT（cold metal transfer）工艺就是冷金属过渡工艺，是一种新的短路过渡形式的熔化极气体保护焊。CMT工艺与传统的短路过渡一样都有短路→燃弧→短路→燃弧的周期性循环过程，不同的是CMT工艺在短路时通过焊丝的回抽来脱落熔滴，而不是增大短路电流形成缩颈来脱落熔滴。CMT工艺热输入量低，非常适合薄板焊接，焊缝成形好。

3.2.1.5 CO_2焊的特点及应用

（1）CO_2焊的原理　CO_2焊焊接时，在焊丝与焊件之间产生电弧，依靠电弧热将自动送进的焊丝熔化，形成熔滴，并进入熔池；CO_2气体经喷嘴喷出，包围电弧和熔池，使电弧及熔池与周围空气隔离，防止空气中氧、氮、氢对熔滴和熔池金属的有害作用。CO_2气体在高温下具有强烈的氧化性，能够抑制焊缝中的氢，防止产生氢气孔和裂纹。但是其高温下的氧化性也有不利之处，因此需采用含有一定量脱氧剂的焊丝或采用带有脱氧剂成分的药芯焊丝，使脱氧剂在焊接过程中进行冶金脱氧反应，以消除 CO_2 气体氧化作用的不利影响。

按采用的焊丝直径不同，CO_2 焊可分为细丝 CO_2 焊（焊丝直径≤1.6mm）和粗丝 CO_2 焊（焊丝直径>1.6mm）；按操作方式分类，CO_2 焊可分为自动焊及半自动焊两种。

（2）CO_2 焊的特点　CO_2 焊的优点如下。

① CO_2 焊电流密度大，热量集中，电弧穿透力强，熔深大而且焊丝的熔化率高，熔敷速度快，而且焊后不需清理焊渣，因此生产率比焊条电弧焊高 2～4 倍。

② CO_2 焊是一种低氢型焊接方法，抗锈能力较强，焊缝的含氢量少，抗裂性能好，且不易产生氢气孔。

③ CO_2 焊的电弧加热集中，焊件受热面积小，同时 CO_2 气流对焊件有较强的冷却作用，所以焊接变形小，特别适合于焊接薄板。

④ CO_2 焊可实现全位置焊接，而且可焊工件的厚度范围较宽。

⑤ CO_2 气体来源广，价格低，而且电能消耗少，因此 CO_2 焊的成本低，通常只有埋弧焊和焊条电弧焊的 40%～50%。

⑥ CO_2 焊是一种明弧焊接方法，电弧可见性好，易对准焊缝，观察和控制焊接过程较方便。

CO_2 焊的缺点如下。

① 焊接过程中金属飞溅较多，焊缝外形较为粗糙。

② 不能焊接易氧化的金属材料，且必须采用含有脱氧剂的焊丝。抗风能力差，室外作业需有防风措施。

③ 焊接弧光较强，特别是大电流焊接时，要注意对操作人员的劳动保护。

④ 很难用交流电源进行焊接，设备比较复杂，需要有专业队伍负责维修。

（3）CO_2 焊的应用　CO_2 焊主要用于焊接低碳钢、低合金钢等黑色金属。对于不锈钢，由于焊缝金属有增碳现象，影响抗晶间腐蚀性能。因此，只能用于对焊缝要求不高的不锈钢焊件。此外，CO_2 焊还可用于耐磨零件的堆焊、铸钢件的焊补以及电铆焊等方面。目前，CO_2 焊已在汽车制造业、船舶制造业、动力机械、金属结构、石油化学工业及冶金工业等部门得到了广泛应用。

3.2.2　电阻焊

电阻焊（resistance welding）又称接触焊，是在外加压力下，通过电极将被焊工件压紧并通以电流，利用工件接触面及邻近区域产生的电阻热将其加热到熔化或塑性状态，使之形成金属结合的一种连接方法，属压力焊范畴。

电阻焊过程的物理本质是利用焊接区金属本身的电阻热和大量塑性变形能量，使两个分离表面的金属原子之间接近到晶格距离，形成金属键，在结合面上产生足够量的共同晶粒而得到焊点、焊缝或对接接头。因此，适当的热-机械（力）作用是获得电阻焊优质接头的基本条件。

电阻焊根据所使用的焊接电流波形特征、接头形式和工艺特点的不同，电阻焊方法主要由点焊、凸焊、缝焊、对焊和对接缝焊等焊接方法组成，如图 3-31 所示。

电阻焊的优点如下。

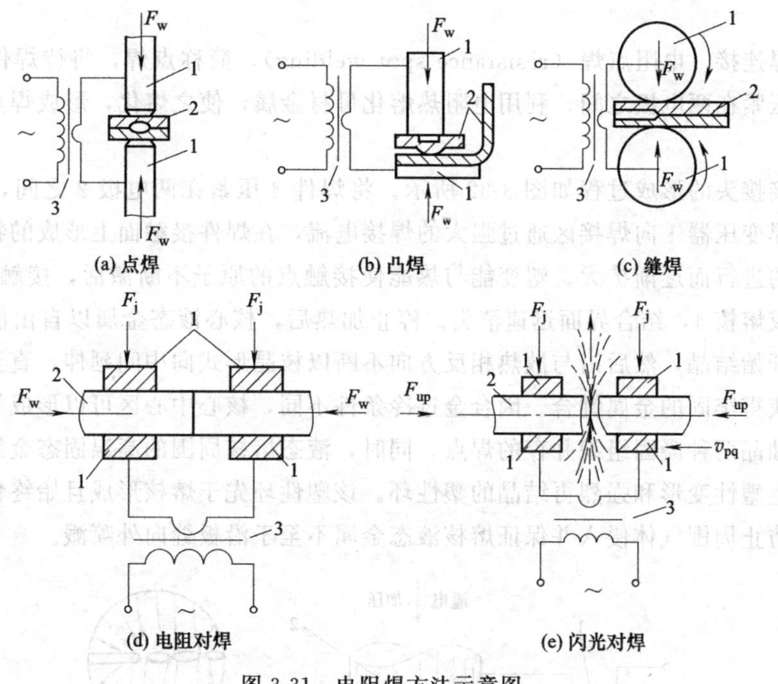

图 3-31　电阻焊方法示意图

1—电极；2—工件；3—阻焊变压器

① 在点焊、凸焊和缝焊时，熔核的形成，始终被塑性环包围，熔化金属与空气隔绝，冶金过程简单。

② 加热时间短、热能量集中，故热影响区小，变形与应力也小，通常在焊后不必校正和热处理。

③ 不需要焊丝、焊条等填充金属，以及氧、乙炔、氩等焊接材料，焊接成本低。

④ 操作简单，易于实现机械化和自动化，改善了劳动条件。

⑤ 生产效率高，且无噪声及有害气体排放，在大批量生产中，可以和其他制造工序一起编到组装线上，但闪光对焊因有火花喷溅，需要隔离。

电阻焊的缺点如下。

① 迄今还缺乏可靠的无损检测方法，焊接质量只能靠工艺试样和工件的破坏性试验来检查。目前，采用多传感器监测与控制电阻焊过程正成为研究热点。

② 点焊、缝焊的搭接接头增加了构件的重量，接头的抗拉强度和疲劳强度均较低。胶结＋点焊复合新工艺可以显著提高接头疲劳强度。

③ 设备功率大，机械化、自动化程度高，设备投入成本大、维修较困难。常用的大功率单相交流焊机也不利于电网的正常运行。

随着航空、航天、电子、汽车、家用电器等工业的发展，电阻焊越来越受到社会的重视，同时，对电阻焊的质量也提出了更高的要求。微电子技术的发展和大功率晶闸管、整流器件的发展，为电阻焊技术的提升奠定了基础。目前我国已设计并装备了性能优良的二次整流焊机。微电子技术和微型计算机控制技术也已经应用于新焊机的配套和老焊机的改造之中。各种新型监控技术，如恒流、动态电阻、热膨胀位移等先进的闭环监控技术和点焊机器人已在生产中推广应用。这一切都将有利于提高电阻焊质量和自动化程度，并扩大其应用领域。

(1) 点焊连接　电阻点焊（resistance spot welding），简称点焊，将待焊件装配成搭接接头，并被压紧在两电极之间，利用电阻热熔化母材金属，使之熔化，形成焊点的电阻焊连接方法。

点焊连接接头的形成过程如图 3-32 所示。将焊件 3 压紧在两电极 2 之间，施加电极压力后，电阻焊变压器 1 向焊接区通过强大的焊接电流，在焊件接触面上形成的物理接触点随着通电加热的进行而逐渐扩大。塑变能与热能使接触点的原子不断激活，接触面逐渐消失。继续加热形成熔核 4，结合界面迅速消失。停止加热后，核心液态金属以自由能最低的熔核边界为晶核开始结晶，然后沿与散热相反方向不断以枝晶形式向中间延伸，直至生长的枝晶相互接触，获得牢固的金属键合。因合金过冷条件不同，核心中心区可以形成等轴晶粒，或柱状晶与等轴晶两种凝固组织并存的焊点。同时，液态熔核周围的高温固态金属，在电极压力作用下产生塑性变形和强烈再结晶的塑性环。该塑性环先于熔核形成且始终伴随着熔核一起长大，可防止周围气体侵入并保证熔核液态金属不至于沿板缝向外喷溅。

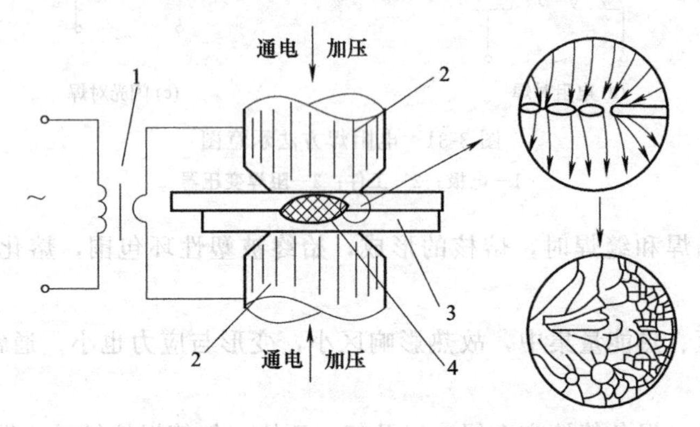

图 3-32　点焊连接接头的形成过程

1—阻焊变压器；2—电极；3—焊件；4—熔核

点焊具有加热快、时间短、能量集中、温度分布陡、冷却速度极快等特点，是一种高速、经济的连接方法。它适用于制造可以采用搭接接头、不要求气密、厚度一般小于 3mm 的冲压、轧制的薄板构件，广泛用于电子、仪表、家用电器的组合装配焊接以及汽车、建筑、航空航天等工业中。

(2) 凸焊连接　凸焊（projection welding）是在工件的贴合面上预先加工出一个或多个突起点，使其与另一个工件表面相接触并通电加热，然后压塌，使这些接触点形成焊点的电阻焊连接方法。

凸焊接头也是在热-机械（力）联合作用下形成的。但是，由于凸点的存在不仅改变了电流场和温度场的形态，而且在其压溃过程中使焊接区产生很大的塑性变形，这些情况均对获得优质接头有利，但同时也使凸焊过程比点焊过程复杂并有其自身特点。在良好的凸焊焊接循环条件下，接头的形成过程仍是由预压、通电加热和冷却结晶三个连续阶段组成。

凸焊是点焊的一种变形，主要用于焊接低碳钢和低合金钢冲压件的连接。板件凸焊最适宜的厚度为 0.5～4.0mm，小于 0.25mm 时宜采用点焊。凸焊的种类很多，除板件凸焊外，还有螺帽、螺钉类零件的凸焊、线材交叉凸焊、管子凸焊和板材 T 形凸焊等。

随着我国汽车工业的发展，高生产率的凸焊在汽车零部件生产中获得大量应用。例如汽车真空助力器的螺钉和接管嘴与冲压壳体的连接；汽车发电机风叶与爪极的连接；汽车坐椅调角器凸轮与轴的连接；汽车空调电磁离合器皮带轮与吸盘的连接等都采用了凸焊结构。

凸焊与其他电阻焊方法相比具有生产率高、无分流影响、对工件表面要求低、电极磨损小等优点，其缺点主要在于需预制凸点、凸环等；电极比较复杂；由于一次要焊多个焊点，需要使用高电极压力和高机械精度的大功率焊机。

(3) 缝焊　缝焊（seam welding）也是点焊的一种演变。它是用一对滚轮电极代替点焊的圆柱形电极，将焊件装配成搭接或对接接头并置于两滚轮电极之间，滚轮电极加压并转动焊件，连续或断续送电，形成一个个熔核相互搭叠的密封焊缝的电阻焊连接方法。

按滚轮转动与馈电方式分，缝焊可分为连续缝焊、断续缝焊和步进缝焊。缝焊过程滚轮电极转动速度、电极压力、馈电时间之间的关系如图 3-33 所示，其中 v 为电极转动速度，F 为电极压力。

图 3-33（a）为连续缝焊，连续缝焊时滚轮连续转动，电流不断通过工件。这种方法易使工件表面过热，电极磨损严重，因而很少使用。但在高速缝焊时（4～15m/min），50Hz 交流电的每半周将形成一个焊点，交流电过零时相当于休止时间，这又近似于断续缝焊，因而在制罐、制桶工业中获得应用。

图 3-33（b）为断续缝焊，断续缝焊时滚轮连续转动，电流断续通过工件，形成的焊缝是由彼此搭叠的熔核组成。由于电流断续通过，在休止时间内，滚轮和工件得以冷却，因而可以提高滚轮寿命，减小热影响区宽度和工件变形，获得优质缝焊。这种方法已被广泛应用于 1.5mm 以下的各种钢、高温合金和钛合金的缝焊。

图 3-33（c）为步进缝焊，步进缝焊时，电极滚轮断续转动，电流在工件不动时通过工件。由于金属的熔化和结晶均在滚轮不动时进行，改善了散热和压固条件，因而可以更有效地提高焊接质量，延长滚轮寿命。这种方法多用于铝、镁合金的焊接。

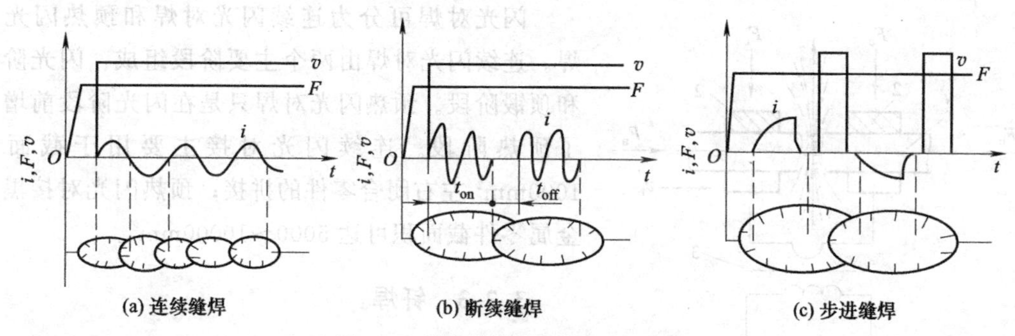

图 3-33　缝焊焊接循环原理示意图

缝焊的特点：

① 缝焊与点焊相比较而言，其机械（力）的作用在焊接过程中是不充分的（步进缝焊除外），焊接速度越快表现越明显；

② 缝焊焊缝是由相互搭接的焊点所组成，焊接时分流十分严重，这给高电导率铝合金及镁合金的厚板焊接带来困难；

③ 滚轮电极表面易发生粘损，从而造成焊缝表面质量不佳，因此对电极的修整是一个特别值得注意的问题；

④ 由于缝焊焊缝的截面积通常是母材纵截面积的 2 倍以上（板越薄这个比率越大），破

坏必然发生在母材热影响区。因此，对缝焊结构很少强调接头强度，主要要求其具有良好的密封性和耐蚀性。

缝焊广泛地应用在要求密封性或有时普通非密封性的钣金件连接接头制造上，被焊金属材料的厚度通常在0.1～2.5mm，如油桶、罐头罐、暖气片、飞机和汽车油箱以及喷气发动机、火箭、导弹中密封容器的薄板焊接。

(4) 对焊连接　对接电阻焊（以下简称对焊，butt resistance welding）是利用电阻热将两工件沿整个端面同时焊接起来的一类电阻焊方法。

对焊可分为电阻对焊和闪光对焊两种。

① 电阻对焊。电阻对焊是将两工件端面始终压紧，利用电阻热加热至塑性状态，然后迅速施加顶锻压力（或不加顶锻压力只保持焊接压力）完成焊接的方法。

电阻对焊时的总电阻由工件导电部分的内部电阻、两工件间的接触电阻以及工件与电极间的接触电阻构成。对焊时的热源是由焊接区总电阻产生的电阻热加热被焊工件。一般接触电阻在极短的时间内迅速接近于零，产生的热量小于总热量的10%～15%。但因为这部分热量是在接触面附近很窄的区域内产生的，所以该区域的温度升高很快，同时内部电阻迅速增大，即使接触电阻完全消失，该区域的产热强度仍比其他部位高。所采用的焊接规范越强（即电流越大和通电时间越短），工件的压紧力越小，接触电阻对加热的影响越明显。

对焊的生产率高，易于实现自动化，因而获得广泛应用。目前电阻对焊可以焊接250mm^{2}截面积以下的型材。

② 闪光对焊。闪光对焊是把两个工件夹在通电的夹具内，保持工件端对端的轻微接触，达到击穿电压后发生闪光或电弧，并与产生的电阻热一起使对接端部加热到熔点。当对接两端达到适当的温度时，采用足够大的顶锻力迅速促使塑性金属连同未被闪光喷出的大部分杂质一起从接头中被挤出，并使工件实现连接，闪光对焊原理示意图如图3-34所示。

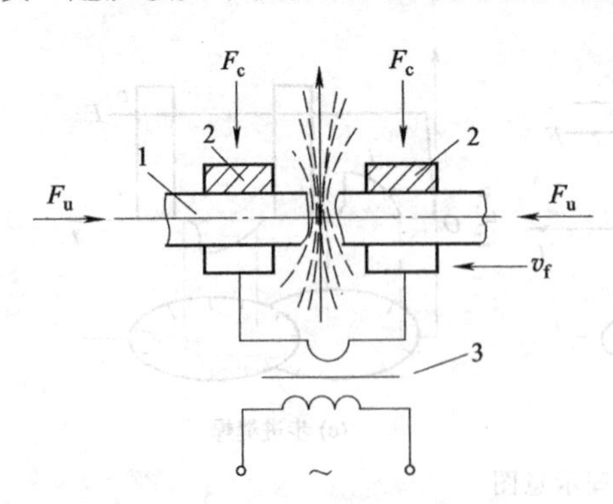

图3-34　闪光对焊原理示意图

1—焊件；2—夹具；3—电源

闪光对焊可分为连续闪光对焊和预热闪光对焊。连续闪光对焊由两个主要阶段组成：闪光阶段和顶锻阶段。预热闪光对焊只是在闪光阶段前增加了预热阶段。连续闪光对接主要用于截面积1000mm^{2}左右闭合零件的拼接；预热闪光对接黑色金属零件截面积可达5000～10000mm^2。

3.2.3　钎焊

钎焊是指采用比母材熔点低的金属材料作为钎料，将焊件和钎料加热到高于钎料熔点，但低于母材熔点的温度，利用液态钎料润湿母材，并在毛细作用下填充被连接母材之间的间隙，依靠相互扩散而形成焊缝进行材料连接的方法。

为了要获得优质的钎焊接头，必须使液态钎料能够良好地润湿母材，充分地填满整个钎缝并与母材发生良好的相互作用。这三个过程也是钎焊接头形成的一般过程，不是相互独立、依次进行的，而是相互交叉进行的。

(1) 钎焊的特点及应用　与熔焊和压焊相比，钎焊具有如下优点：

① 钎焊加热温度一般远低于母材的熔点，所以对母材的物理化学性能没有明显的不利

影响；

② 钎焊温度低，可对焊件整体均匀加热，引起的应力和变形小，容易保证焊接的尺寸精度；

③ 有对焊件整体加热的可能性，使钎焊可用于复杂结构、可达性差的焊件，并可一次完成多缝多零件的连接；

④ 容易实现异种金属、金属与非金属材料的连接；

⑤ 对热源要求低，工艺过程简单。

与熔焊和压焊相比，钎焊方法的不足之处主要在于钎焊接头强度低，耐热能力差；另外由于较多地采用了搭接接头形式，增加了母材消耗和结构重量。

钎焊方法比较适宜焊接精密、微型、复杂、多钎缝及异种材料的连接，如各种机械加工用的刀具、钻探采掘用的钻具、各种导管和容器、汽车散热器、各种用途的换热器等，此外在轻工业、电子工业、仪表制造业、航空航天以及核工业等领域都有广泛应用。

（2）钎焊方法的分类 钎焊方法还可以根据钎料的熔化温度来分类，常用钎焊有软钎料和硬钎料的分类，因此钎焊方法还可以根据加热的温度来分类，加热温度低于 450℃的叫软钎焊，超过 450℃的叫硬钎焊，还将加热温度超过 900℃的钎焊称为高温钎焊。

钎焊方法主要是提供必要的热源，根据采用热源不同可分类为：电弧钎焊、火焰钎焊、电阻钎焊、激光钎焊、电子束钎焊、超声波钎焊、红外钎焊、感应钎焊和浸沾钎焊（液体介质中钎焊）等。

根据钎焊过程的保护环境进行钎焊方法分类，有保护气体钎焊和真空钎焊。这些保护环境可结合使用的加热设备来定义钎焊方法，如采用真空保护，可以结合炉中电阻加热，称为真空炉中钎焊，经常简称为真空钎焊；结合高频感应加热方式，称为真空高频感应钎焊等。

除了上述各种分类方法以外，还有少数钎焊方法是以其他特征命名的：以采用的去膜过程命名，如刮擦钎焊和超声波钎焊；以钎缝形成的基本过程命名，如接触反应钎焊和扩散钎焊方法等。

（3）常用钎焊方法

① 烙铁钎焊。烙铁钎焊是利用烙铁工作部（烙铁头）积聚的热量来熔化钎料，并加热钎焊处的母材而完成钎焊接头的。最简单的烙铁只是由一个作为工作部的金属块通过金属杆与手柄相连而成，本身不具备热源，需靠外部热源（如气体火焰等）加热，因此只能断续地工作。使用最广的一类烙铁是电烙铁，采用电阻热加热。

② 火焰钎焊。火焰钎焊是用可燃气体或液体燃料的气化产物与氧或空气混合燃烧所形成的火焰来进行钎焊加热的。它的通用性好，设备和工艺过程简单，又能保证必要的钎焊质量；燃气来源广，不依赖电力供应，因此应用很广。主要用于以铜基钎料、银基钎料钎焊碳钢、低合金钢、不锈钢、铜及铜合金的薄壁和小型焊件，也可用于铝基钎料钎焊铝及铝合金。最常用的是氧乙炔焰，钎焊时常用火焰的外焰区来加热，因为该区火焰的温度较低而横截面积较大。为了防止母材和钎料氧化，应当使用中性焰或碳化焰。氧乙炔焰钎焊可以采用压缩空气来代替纯氧，用其他可燃气体代替乙炔，如压缩空气雾化汽油火焰、空气丙烷火焰等。

火焰钎焊的缺点是手工操作时加热温度难掌握，因此要求工人有较高的技术。另外，火焰钎焊是一个局部加热过程，可能在母材中引起应力或变形。

③ 电阻钎焊。电阻钎焊是利用电流通过焊件或与焊件接触的加热块所产生的电阻热加热焊件和熔化钎料的钎焊方法。钎焊时对钎焊处应施加一定的压力。

电阻钎焊的优点是加热迅速、生产率高、加热集中，对周围的热影响小、工艺较简单、劳动条件好、容易实现自动化。缺点是适于钎焊的接头尺寸不能太大，形状也不能很复杂。目前主要用于钎焊刀具、带锯、电机的定子线圈、导线端头、各种电触点以及电子设备中印刷电路板上集成电路块和晶体管等元器件的连接。

④ 感应钎焊。感应钎焊时，零件的待钎焊部分被置于交变磁场中，这部分母材的加热是通过它在交变磁场中产生的感应电流的电阻热来实现的。

感应钎焊时，焊件置于感应圈中或近旁，需要在装配时预先把钎料和钎剂放好。可使用箔状、丝状、粉末状和膏状的钎料。安置的钎料不宜形成封闭环，以免因自身的感应电流加热而过早熔化。由于加热迅速，应注意选用毛细流动性能好的钎料。

感应钎焊广泛用于钎焊钢、铜及铜合金、不锈钢、高温合金等的具有对称形状的焊件，特别适用于管件套接、管和法兰、轴和轴套之类的接头。对于铝合金的硬钎焊，由于温度不易控制，不宜使用这种方法。

⑤ 浸沾钎焊（液体介质中钎焊）。浸沾钎焊是把焊件局部或整体地浸入盐混合物熔液或钎料溶液中，依靠这些液体介质的热量来实现钎焊过程。由于液体介质的热容量大、导热快，能迅速而均匀地加热焊件，钎焊过程的持续时间一般不超过 2min。因此，生产率高，焊件的变形、晶粒长大和脱碳等现象都不显著。钎焊过程中液体介质又能隔绝空气，保护焊件不受氧化。熔液温度能精确地控制在±5℃范围内，钎焊过程容易实现机械化。有时还能同时完成淬火、渗碳、氰化等热处理过程。浸沾钎焊按使用的液体介质不同分为两类：盐浴钎焊和熔化钎料中浸沾钎焊。

⑥ 炉中钎焊。炉中钎焊利用加热炉来加热焊件。按钎焊过程中钎焊区的气氛组成可分为四类，即空气炉中钎焊、中性气氛炉中钎焊、活性气氛炉中钎焊和真空炉中钎焊。

a. 空气炉中钎焊就是把装配好的加有钎料和钎剂的焊件放入普通的工业电炉中加热至钎焊温度，依靠钎剂去除钎焊表面的氧化膜，钎料熔化后流入钎缝间隙，凝固后形成接头。空气炉中钎焊加热均匀，焊件变形小，需用的设备简单通用，成本较低。虽然加热速度较慢，但因一炉可同时钎焊多件，生产率仍然很高。其缺点是：加热时间长，且对焊件整体加热，焊件氧化严重，钎焊温度高时尤为显著，应用受到限制。目前较多地用于钎焊铝和铝合金。

b. 保护气氛炉中钎焊亦称控制气氛炉中钎焊。其特点是：加有钎料的焊件是在活性或者中性气氛保护下的电炉中加热钎焊的。按使用的气氛不同，可分别称为活性气氛炉中钎焊和中性气氛炉中钎焊。活性气氛主要是氢气和氨气，中性气体主要是氩气和氮气。

c. 真空钎焊是一种在真空保护环境下进行钎焊的一种方法，主要指的是真空炉中钎焊，用于钎焊那些难钎焊的金属及合金，如铝合金、钛合金、高温合金、难熔金属以及真空电子器件中的材料等，且不需使用钎剂。真空炉中钎焊的主要优点是钎焊质量高，但由于在真空中金属易挥发，因此真空炉中钎焊不宜使用含蒸气压高的元素，如锌、镉、锰、镁和磷等较多的钎料，也不适于钎焊含这些元素多的合金。

(4) 其他钎焊方法

① 蒸气浴钎焊。利用液体的饱和蒸气凝结时释放出来的蒸发潜热加热焊件并熔化钎料

来实现钎焊。目前用作工作液体的主要有氟化五聚氧丙烯和高氟三戊胺，它们的沸点温度分别为224℃和215℃，均高于常用的锡铅钎料的熔化温度。

② 红外线钎焊。利用红外线辐射能来加热焊件和熔化钎料的钎焊方法。

③ 光束钎焊。利用氙弧灯的光辐射能进行钎焊加热的方法。

④ 电子束钎焊。利用在高真空下，被磁的或静电的聚焦棱镜聚焦的电子流在强电场中高速地由阴极向阳极运动中，电子与零件的钎焊面碰撞的动能转变为热能来实现钎焊加热。

⑤ 激光钎焊。使用激光束作为钎焊加热的热源，可以实现对微小面积的高速加热并保证对毗连的母材的性能不产生明显影响。这种加热特性适宜于钎焊连接对加热敏感的微电子器件。

3.3 金属材料的焊接性

3.3.1 金属焊接性的概念

焊接性是指金属是否能适应焊接加工而形成完整的、具备一定使用性能的焊接接头的特性。也就是说，焊接性是材料对焊接工艺的适应性。焊接性的有两方面的含义：一是金属在焊接加工中是否容易形成接头或产生缺陷，也称为工艺焊接性；二是焊成的接头在一定的使用条件下可靠运行的能力，也称为使用焊接性。

从理论上讲，只要在熔化状态下能够相互形成溶液的两种金属或合金都可以经过熔焊形成接头。同种金属和合金之间当然可以形成焊接接头，许多异种金属或合金之间也可以形成焊接接头，差别只在于焊接工艺过程是复杂还是简单。金属焊接工艺过程简单而接头质量高、性能好时就称作焊接性好；反之，就称作焊接性差。

3.3.2 影响焊接性的因素

虽然焊接性主要是材料本身具有的性能，但是同种金属在不同的焊接工艺下的焊接性也是不同的，因此分析金属焊接性时不能脱离焊接工艺条件和使用条件。因此，影响焊接性的因素包括材料、工艺、结构和使用条件等方面的因素。

① 材料因素。材料因素包括被焊母材和使用的焊接材料，如焊条、焊丝、焊剂以及保护气体等。母材和焊接材料按一定的熔合比形成熔池，决定了焊缝金属的成分和性能，两者匹配是否得当直接关系到是否产生气孔、裂纹、夹渣等缺陷和力学性能上的变化。因此，合理选择母材和焊接材料是保证焊接性良好的首要因素。

② 工艺因素。工艺因素包括焊接方法和焊接工艺措施。焊接方法的选择主要从两方面考虑：一是考虑焊接方法的热源的能量密度、温度及热输入，这直接关系到焊接热循环的各项参数，如峰值温度、高温停留时间、冷却速度等；二是考虑焊接方法对熔池及接头附近区域的保护方式，如渣保护、气保护、渣气联合保护或真空焊等。工艺措施主要包括焊前预热、焊后缓冷和焊后热处理，这些措施可以降低焊接时的冷却速度、减小焊接应力和变形、降低残余扩散氢含量，可有效避免氢致冷裂纹及热影响区的淬硬倾向。

③ 结构因素。结构因素主要包括焊接结构的形状、尺寸、厚度、接头形式、坡口形状以及焊缝布置等。板厚、接头形式会影响到焊接时的散热方向和速度；焊接结构的形状、板

厚及焊缝的布置会影响到接头的应力状态。焊接时合理设计这些结构因素，可以有效降低残余应力状态、避免应力集中，从而改善焊接性。

④ 使用条件。使用条件包括焊接结构的工作温度、工作介质、载荷性质等。如低温工作的焊接结构应具备良好的韧性，防止发生脆性断裂，在高温下工作时，要考虑焊接结构的抗氧化性和高温强度，以抵抗蠕变；在有腐蚀的介质中工作时，要考虑焊接接头的耐腐蚀性能；承受交变载荷时要考虑接头的抗疲劳性能。总之，使用条件越苛刻，对焊接接头质量的要求就越高，金属材料的焊接性就越难掌控。

3.3.3 焊接性评定方法分类

3.3.3.1 理论分析和计算类

该类方法可利用材料的物理性能、化学性能、相图或焊接连续冷却组织转变图（SHCCT 图）以及经验公式来对金属焊接性加以分析评定。

(1) 利用物理性能分析　金属的熔点、热导率、线膨胀系数、密度、热容量等因素，都对热循环、熔化、结晶、相变等过程产生影响，从而影响焊接性。

如铜、铝等热导率高的材料，熔池结晶快，易于产生气孔。对于钛、不锈钢等热导率低的材料，焊接时温度梯度陡，残余应力高、变形大，而且由于高温停留时间延长，热影响区晶粒长大，对接头性能也不利。

(2) 利用化学性能分析　与氧的亲和力较强时（如铝、钛及其合金)，在焊接高温下极易氧化，因而需要采取较可靠的保护方法，如采用惰性气体保护焊或真空中焊接等，有时焊缝背面也需加以保护。

(3) 利用合金相图分析　大多数被焊材料都是合金，或至少含有某些杂质元素，因而可以利用它们的相图分析焊接性问题。例如，对于共晶型相图来说，其固相线与液相线之间的温度区间大小，会影响结晶时的成分偏析，影响生成低熔共晶的程度，也影响脆性温度区间的大小，这对分析热裂纹倾向是很重要的参考依据。另外，若结晶凝固时形成单相组织，则焊缝晶粒易于粗大，也是形成热裂纹的重要影响因素。

(4) 利用 CCT 图或 SHCCT 图分析　对于各类低合金钢，可以利用其各自的连续冷却曲线（CCT 图）或模拟焊接热影响区的连续冷却曲线（SHCCT 图）分析其焊接性问题。这些曲线可以大体上说明在不同焊接热循环条件下将获得什么样的金相组织和硬度，可以估计有无冷裂的危险，以便确定适当的焊接工艺条件。

(5) 金属焊前的热处理状态　如调质处理的高强钢，焊接热循环作用后在热影响区必然会出现局部软化区，就必须尽量缩小软化区或采取其他方法加以弥补。

(6) 经验公式　这类方法不需要实际焊出焊缝，而是根据材料的化学成分、金相组织、力学性能之间的关系，联系焊接热循环过程进行推测或评估，从而确定焊接性优劣以及所需要的焊接条件。属于这一类的方法主要有：碳当量法、焊接裂纹敏感指数法等。

① 碳当量法（carbon equivalent）　钢材的化学成分对焊接热影响区的淬硬及冷裂倾向有直接影响，因此可以用化学成分来分析其冷裂敏感性。各种元素中，碳是对冷裂敏感性影响最显著的一个。因而，人们就把各种元素都按相当于若干含碳量折合并叠加起来求得所谓碳当量（CE 或 C_{eq}），用 CE 或 C_{eq} 来估计冷裂倾向的大小。碳当量法只适合从理论上对钢材焊接性进行粗略的初步分析。下面就是几种较常用的 CE 或 C_{eq} 公式。

国际焊接学会（IIW）采用：

$$CE=C+\frac{Mn}{6}+\frac{Ni+Cu}{15}+\frac{Cr+Mo+V}{5}\ (\%)$$

日本 JIS 和 WES 采用：

$$C_{eq}=C+\frac{Mn}{6}+\frac{Si}{24}+\frac{Ni}{40}+\frac{Cr}{5}+\frac{Mo}{4}+\frac{V}{14}\ (\%)$$

美国焊接学会采用：

$$C_{eq}=C+\frac{Mn}{6}+\frac{Si}{24}+\frac{Ni}{15}+\frac{Cr}{5}+\frac{Mo}{4}+\left(\frac{Cu}{13}+\frac{P}{2}\right)(\%)$$

② 焊接冷裂纹敏感指数法　除化学成分外，焊缝含氢量和接头拘束度都对冷裂倾向有很大影响，而碳当量却没有考虑这两个影响因素。日本学者曾对 200 多种不同成分的钢材、不同的厚度及不同的焊缝含氢量进行试验，求得焊接冷裂纹敏感指数 P_c。

$$P_c=C+\frac{Si}{30}+\frac{Mn}{20}+\frac{Cu}{20}+\frac{Ni}{60}+\frac{Cr}{20}+\frac{Mo}{15}+\frac{V}{10}+5B+\frac{\delta}{600}+\frac{H}{60}\ (\%)$$

式中　δ——板厚，mm；

H——焊缝中扩散氢含量，mL/100g。

求得 P_c 后，利用公式 $T_0=1440P_c-392$ 求出斜 Y 坡口对接裂纹试验条件下，为防止冷裂所需要的最低预热温度 T_0（℃）。

3.3.3.2　模拟类

这类方法是利用焊接热模拟装置，模拟焊接时的热循环，或者同时热循环及受力，并人为制造缺口或充氢等，来评价材料焊接过程中焊缝或热影响区可能发生的组织性能变化及出现的问题。这类方法的优点是可以节省材料及加工费用，可以将焊接接头内某一部分局部放大，把某些影响因素独立出来，便于分析研究。这类方法与实际焊接得到的结果有一定的出入。这类方法主要有热模拟法和焊接热-应力模拟法。

3.3.3.3　实际施焊类

这类方法一般是仿照实际焊接的条件施焊，并在使用条件下进行各种性能试验，通过观察焊接过程是否发生某种焊接缺陷或发生缺陷的程度以及试验结果来评定焊接性。通常较小的焊接构件可以直接用产品做试验，而大型焊接构件只能以试样做试验。这类方法主要有裂纹敏感性试验、焊接接头力学性能试验、低温脆性试验、断裂韧性试验、高温持久强度试验等。

裂纹敏感性试验主要有如下几种。

(1) 焊接冷裂纹试验　插销试验、斜 Y 坡口对接裂纹试验、拉伸拘束裂纹试验（TRC）、刚性拘束裂纹试验（RRC）等。

(2) 焊接热裂纹试验　可调拘束裂纹试验、FISCO 焊接裂纹试验、窗形拘束对接裂纹试验、刚性固定对接裂纹试验等。

(3) 再热裂纹试验　H 形拘束试验、缺口试棒应力松弛试验、U 形弯曲试验等。还可以利用插销试验进行再热裂纹试验。

(4) 层状撕裂试验　Z 向拉伸试验、Z 向窗口试验、Cranfield 试验等。

(5) 应力腐蚀裂纹试验　U 形弯曲试验、缺口试验、预制裂纹试验等。

焊接接头力学性能试验主要有：焊缝及接头的拉伸、弯曲、冲击等力学性能试验。

脆性断裂试验主要有：低温冲击试验、落锤试验、裂纹张开位移试验（COD）以及Wells宽板拉伸试验等。

上述各种试验方法适用场合及试验内容可查阅相关国家标准。

习题与思考题

1. 焊接的概念及本质是什么？
2. 如何才能实现焊接，应施加哪些外界条件？
3. 若按照焊接工艺特征来进行分类，都有哪些焊接方法？
4. 焊接接头有哪些组成部分？
5. 焊接熔池凝固过程与一般铸锭凝固有何不同？
6. 低合金钢焊缝固态相变有哪些特点？如何才能获得有益组织和避免有害组织？
7. 分析焊缝组织和性能的控制方法和途径。
8. 焊接热影响区加热和冷却过程中的组织转变特点是什么？
9. 论述不易淬火钢热影响区的组织分布特征。
10. 论述易淬火钢热影响区的组织分布特征。
11. 焊接热影响区的脆化有哪些种类？如何防止？
12. 常用的电弧焊方法有哪些？
13. 电阻焊有哪些优点和缺点？
14. 钎焊方法与熔焊方法的本质区别在哪里？
15. 钎焊方法有哪些优点？适用于哪些场合？
16. 什么是焊接性？影响焊接性的因素有哪些？
17. 评定焊接性的方法有哪些？

第4章 非金属材料成型

本章导读：非金属材料的成型包括了塑料成型、橡胶成型和陶瓷成型。由于塑料、橡胶与陶瓷材料的性质不同，其成型方法也有较大的差别。因此，本章分别讲解塑料、橡胶与陶瓷材料的成型工艺过程和特点。要求通过本章的学习，使学生了解常用的各种成型工艺方法，获得非金属材料成型工艺分析选择的能力。

非金属材料包括有机高分子材料和无机材料两大类。有机高分子材料主要有塑料、橡胶和合成纤维；无机材料统称为陶瓷。非金属材料因其比强度高、加工性能好，并且有特殊的性能，如耐燃性、耐腐蚀性、绝缘性等，使其成为广泛应用的工程材料。研究非金属材料的成型方法有重要的意义。

4.1 塑料的成型工艺

塑料由于其原料广、性能优良（质轻、具有电绝缘性、耐腐蚀、绝热性等），加工成型方便，具有装饰性和现代质感，而且塑料品种繁多，价格比较低廉，广泛应用于仪器、仪表、家用电器、交通运输、轻工、包装各部门。

4.1.1 塑料成型基础

4.1.1.1 常用塑料及其性质

(1) 塑料的组成　塑料一般以合成树脂（高聚物）为主要组分，加入各种添加剂，经一定温度和压力塑制成型，且成型后在常温或一定温度范围内能保持其形状不变的材料。塑料的组分及作用见表4-1。

表4-1 塑料的组分及作用

序号	名称	作用
1	合成树脂	合成树脂及人工合成线型高聚物是塑料的基本成分，对塑料的性能起着决定作用，故绝大多数塑料以树脂的名称命名。合成树脂受热时呈软化或熔融状态，可起粘接作用，使塑料具有良好的成型能力
2	填充剂(填料)	主要用来提高塑料的力学性能、耐热性能、电学性能，同时降低成本。常用的填料有无机填料如滑石粉、石墨粉、云母、玻璃纤维、玻璃布等；有机材料如棉布、棉花、木粉、木片、纸等
3	增塑剂	改进塑料的可塑性、柔软性，并使塑料易于加工成型
4	着色剂	使塑料具有一定的色彩，以满足使用要求
5	固化剂	与树脂起化学作用，形成不溶不熔的交联网状结构。为得到热固性塑料，需加入固化剂
6	稳定剂	防止塑料在使用过程中，因受热、氧气、光线等的作用而老化，以延长塑料的使用寿命。稳定剂应具有耐水、耐油、耐化学药品、与树脂相容、成型过程中不分解等特性。包装食品的塑料制品还应选择无毒且无味的稳定剂

续表

序号	名称	作　用
7	润滑剂	使塑料在加工成型时易于脱模，同时表面光亮美观
8	抗静电剂	提高塑料表面的电导率，防止静电积聚，防止在加工和使用过程中由于摩擦产生静电而妨碍正常生产和安全
9	其他添加剂	为了改善塑料的使用性能和加工性能，往往加入一些其他组分，如防老化剂、发泡剂、阻燃剂等

(2) 塑料的分类　塑料种类繁多，常用的分类方法有按热行为分类和按应用分类。

按树脂的热性能可将塑料分为热塑性塑料和热固性塑料。

① 热塑性塑料。其分子具有线型和支链型结构，加热时能软化、熔融，冷却时会凝固、变硬，而且这一过程可以反复进行。热塑性塑料在加热软化时，具有可塑性，可以采用多种方法加工成型。常见的热塑性塑料有聚乙烯、聚丙烯、聚氯乙烯、ABS、聚酰胺、聚碳酸酯、聚砜等。这类塑料可反复成型和再生使用，但耐热性与刚性较差。

② 热固性塑料。这类塑料固化后，形成体型结构，因此制品定型后再加热，则不再发生软化或熔融，温度太高时发生焦化分解，所以不能回收进行重复再加工。这类塑料有酚醛塑料（电木）、氨基塑料、环氧树脂、有机硅塑料等。

按塑料的应用范围可分为如下几种。

① 通用塑料。主要指产量大、用途广、价格低廉的六大品种：聚乙烯、聚氯乙烯、聚苯乙烯、聚丙烯、氨基塑料和酚醛塑料。约占塑料总产量的75%，广泛用于工业、农业和日常生活各个方面，但其强度较低。

② 工程塑料。主要指用作工程结构、机械零件、工业容器和设备的塑料。主要品种有ABS、聚甲醛、聚酰胺（尼龙）、聚碳酸酯，还有聚砜、聚氯醚、聚苯醚等。这类塑料有较高的强度、刚度和韧性，耐磨、耐热和耐蚀性也较好。

③ 功能塑料。指具有特殊功能，能满足特殊使用要求的一类塑料，如耐热塑料、医用塑料、导电塑料等。

(3) 塑料的一般特性　塑料的品种规格繁多，性能各异。但与其他材料相比较，具有以下基本特性。

① 塑料质轻，比强度高（比强度是强度与密度的比值）。塑料的密度小，一般在820～2200kg/m^3，只有钢铁的1/8～1/4，使其比强度高，高于一般金属。利用塑料质轻的特性，对那些要求减轻自重的车辆、船舶、飞机和机械设备以及军工装备等具有重大意义。

② 优良的耐蚀性。多数塑料对酸、碱、盐等化学药品具有良好的耐腐蚀性能。其中最突出的是聚四氟乙烯，在“王水”中煮沸，也不会受到腐蚀，是一种优良的防腐蚀材料。

③ 耐磨、自润滑性好。塑料的摩擦系数小，多数塑料具有优良的减磨、耐磨和自润滑的特性，可以在无润滑的条件下有效工作。

④ 优异的电绝缘性，大多数塑料在低频低压下具有良好的绝缘性能，有些塑料即使在高频高压下仍可作为绝缘材料。

⑤ 导热性差，塑料的热导率只有金属的1/600～1/200，可用作绝热保温材料或建筑节能材料等。

⑥ 多数塑料制品有透明性，并富有光泽，能着鲜艳色彩，多数塑料可制成透明或半透

明制品，可以任意着色，且着色坚固，不易变色。

⑦ 塑料成型加工方便，能大批量生产，塑料通过加热、加压可塑制成各种形状的制品，还能较容易得进行切削、焊接、表面处理等二次加工。

塑料与其他材料相比有以下缺点。

① 塑料不耐高温，低温容易发脆。

② 塑料制品易变形。温度变化时尺寸稳定性差，成型收缩较大。

③ 塑料有老化现象。塑料在长时间使用和贮藏过程中，由于受周围环境（如氧气、光、热、雨雪、腐蚀气体、溶剂等）的作用，塑料的色泽改变，力学性能降低，变得硬脆或软黏而无法使用，称为塑料的老化，是塑料制品性能中的一个严重缺陷。

（4）常用塑料简介　常用塑料的性能及应用见表 4-2。

表 4-2　常用塑料的性能及应用

分类	名称	性能及应用
热塑性塑料	聚乙烯(polyethylene,PE)	高压聚乙烯:较低的密度,质地柔韧,适于制造薄膜。可用于制作厨房用品、日用制品、农用薄膜、电缆包皮等 低压聚乙烯:较高的分子量、密度,质地坚硬,力学性能高,耐低温(－70℃),耐腐蚀,优异的绝缘性。但耐冲击性、弹性和透明性较差,广泛用于机械工业制造结构件,如机器罩、手柄、小载荷的齿轮、轴承等,还可制作化工设备、耐腐蚀管道等装置
	聚丙烯(polypropylene,PP)	密度小(非泡沫塑料中密度最小),强度、硬度、刚度耐热性均高于低压聚乙烯,优良的耐腐蚀和绝缘性,成型容易;但低温呈脆性,收缩率大(厚壁制品易凹陷),不耐磨,易老化。聚丙烯价格便宜,用途广泛。主要用于制作薄膜、纤维、化工容器、管道、医疗器械、食品用具、电缆、电线包皮等
	聚苯乙烯(polystyrene,PS)	外观为无色透明(透光性仅次于有机玻璃),有光泽,易着色;无毒、无味、密度小、耐水、耐光、耐化学腐蚀,优良的绝缘性和低吸湿性;加工性能好,可用多种方法成型。但质脆易裂,耐冲击性差、耐热性较差。聚苯乙烯主要用来制作餐具、包装容器、日用器皿、玩具、家用电器外壳、汽车灯罩、各种模型材料、光学材料等
	聚氯乙烯(polyvinylchloride,PVC)	该塑料的生产量大,仅次于聚乙烯;具有良好的电绝缘性和耐化学腐蚀性。根据加入增塑剂的多少分为硬质聚氯乙烯和软质聚氯乙烯。硬质聚氯乙烯塑料强度高、经久耐用,用于生产各种管材、板材、棒材、管件,壳体,结构件等;软质聚氯乙烯塑料质地柔软,主要用于制作薄膜(保湿性好,能透过紫外线,用于农业),人造革、防雨材料、壁纸、软管和电线套管等
	ABS塑料(acrylonitrile-butadiene-styrene)	ABS塑料是丙烯腈、丁二烯、苯乙烯三种组元的共聚物,综合了三种组分的性能,如丙烯腈的刚性、耐热性、耐化学腐蚀性,丁二烯的耐冲击性、耐低温性,苯乙烯的易着色、易加工性。改变三组元的比例,其性能也随之发生变化,以适应各种应用的要求。ABS塑料具有优良的综合性能,强度高,表面硬度大,轻便,非常光滑,易清洁处理,尺寸稳定;加工性好,还可进行电镀等表面处理,因此应用及其广泛。工业:齿轮、轴承等;飞机:窗框、驾驶台仪表盘、机罩等。汽车:方向盘、仪表盘、汽车外壳等。也可用于电视机、收音机外壳,建筑材料等
	聚碳酸酯(PC)	具有优良的综合力学性能,耐冲击性尤为突出,透明度高,耐寒性、耐热性、耐候性及耐蚀性好,易于加工成型,电性能良好。常用来制作载荷不大而冲击韧性要求较高的零件,如齿轮、涡轮、蜗杆等;由于透明性好,可以制作信号灯、挡风玻璃、座舱盖、防弹玻璃、安全帽、防护面盔等
	聚砜(PSF)	具有良好的综合力学性能,强度、硬度、耐磨性、弹性模量、弯曲强度、冲击韧性均较高,具有突出的耐热性和热稳定性,电绝缘性良好,耐酸、碱、盐的腐蚀,但成型必须在300～380℃的高温下进行。制成耐热、耐腐蚀、高强度的透明或不透明的电绝缘制品、结构件,以及管材、板材、型材、薄膜、厨房用具等,在电子工业、仪表工业、机械制造业等许多部门得到广泛应用
	聚甲基丙烯酸甲酯(PMMA)	也称有机玻璃,在塑料中透明性是最好的,密度仅为玻璃的一半,强度高、耐老化,成型性好,可进行机械加工和粘接;但质脆,耐热性不高,表面硬度低,易擦伤、划伤而发毛。用来制作飞机、舰船和汽车等的座窗,屏幕,透明屋顶,光学镜片,仪器、仪表外壳、防护罩等

续表

分类	名称	性能及应用
热塑性塑料	聚酰胺塑料(PA)	俗称尼龙，通常为白色至浅黄色半透明固体，无毒无味，易着色，具有优良的力学性能(拉伸、压缩、坚韧、耐冲击、刚度大)，电绝缘性良好；耐磨性和自润滑性良好，是一种优良的自润滑材料，摩擦系数低，耐火、耐化学药物性好；加工性好，可采用多种方法成型。但吸湿性较大，会影响性能和稳定性。聚酰胺品种很多，常用的有尼龙6、尼龙66、尼龙610、尼龙1010、尼龙11等。可制作多种机械零件(如轴承、齿轮、叶片、密封圈)，电器零件(电缆接头、管缆等)，还主要用于制作合成纤维、衣料、渔网、绳带等
	聚四氟乙烯(PTFE,F4)	耐高温、耐低温特性好，能在−180～260℃长期使用。摩擦系数低，有自润滑性能；耐蚀性极佳(对强酸、强碱和强氧化剂非常稳定)，超过金、铂等贵金属，有"塑料王"之称；良好的电绝缘特性，耐老化。缺点是强度低，热胀冷缩大。常用冷压烧结法成型。主要用于制作耐蚀性要求高的耐腐蚀件，如管道、容器、阀门、防腐衬里等，绝缘电器元件以及减摩、密封件等；还用来制造代用血管，人工心肺装置
热固性塑料	酚醛树脂(PF)	粉状塑料，即电木粉；颜色单调，黑色或棕色。通过模压或层压法压制成型。成本低廉，变形小，强度高，耐热、耐磨、耐蚀，电绝缘性能好。缺点是质脆，冲击强度差。可压制成各种电器制品，如开关、插头、插座、电话机外壳等；也可制作机器零件，如齿轮、皮带轮、刹车片等，以及电绝缘件
	环氧塑料(EP)	环氧塑料以环氧树脂为主要成分，加入固化剂在室温或加热条件下浇注或模塑而成。环氧树脂是热塑性的，具有优异的粘接性，有"万能胶"之称。耐蚀性和电绝缘性良好。可用作胶粘剂材料，主要用于电子元件和电器零件的包装和封装，以及用于机械、土木、建筑等工业部门的胶粘剂、涂料、灌封材料。还可以与其他材料制成复合材料

4.1.1.2 塑料成型基础知识

(1) 塑料的形态　塑料随温度的变化存在三种状态，在常温下塑料为玻璃态，此时的塑料较为坚硬；随着温度的升高塑料会软化为似橡胶类的形态，称为高弹态；温度继续升高塑料会由高弹态逐渐转变为高黏性的流体，即黏流态。对于热塑性塑料，通过升温和降温可使这一过程反复进行。塑料的大多数成型方法是在黏流态下进行的，因为此时塑料具有流动性，在外力的作用下可以流动成型。成型后，通过冷却将形状固定下来，获得所需要的制品。在玻璃态只能对塑料进行机械加工。在高弹态可以对塑料进行吹塑成型、真空成型等。

(2) 塑料的工艺性能

① 流动性。塑料在一定温度和压力作用下所表现出的流动能力。塑料的流动性是获得完整制品的主要因素，一般塑料具有较高的黏度，其流动困难，可通过加入润滑剂和增塑剂，改善塑料的流动性。影响塑料流动性的因素主要有塑料的性质，聚合物分子量的大小和结构，塑料中的各种添加剂，成型的温度和压力。

② 吸湿性。塑料树脂及其添加剂对水分的敏感程度。有的塑料树脂极易吸湿或黏附水分，如ABS、有机玻璃、聚酰胺等，在成型过程中往往会产生一些缺陷：如外观水迹、制品内有水泡，强度下降、黏度下降等。对这类塑料成型前，必须对原料进行干燥处理。

③ 收缩性。塑料在成型和冷却过程发生的体积缩小的特性。这种收缩特性可用收缩率来表示。不同的塑料收缩率不同，所以在设计成型模具时，要根据选用塑料的收缩率对模具的尺寸加以修正，以使成型后的产品尺寸符合要求。

④ 结晶性。结晶性塑料在成型过程中发生结晶现象的性质。制品的结晶度大，其密度、硬度和刚度高，耐腐蚀性、耐磨性和导电性好；结晶度小，则柔软性、透明性好，冲击强度提高，伸长率提高。因此控制塑料的结晶度，可以获得不同性能的制品。

此外，还有热敏性、相容性等工艺性能。

4.1.2 塑料成型方法

塑料成型是将树脂和各种添加剂的混合物作为原料，制成具有一定形状和尺寸的制品的工艺过程。

由于工程塑料的品种繁多，性能差异较大，因而塑料的成型方法很多。常用的成型方法主要有注射成型、挤压成型、压制成型、压延成型、吹塑成型、真空成型、浇注成型等。

4.1.2.1 注射成型

注射成型又称注塑成型，是热塑性塑料的主要成型方法之一。

(1) 成型原理 注射成型采用的设备是注射机，按外形特征可分为卧式、立式和直角式注射机。如图4-1所示为常用的卧式注射机，卧式注射机由四大部分组成：锁模部分，塑化、注射部分，液压传动系统和电器控制系统。

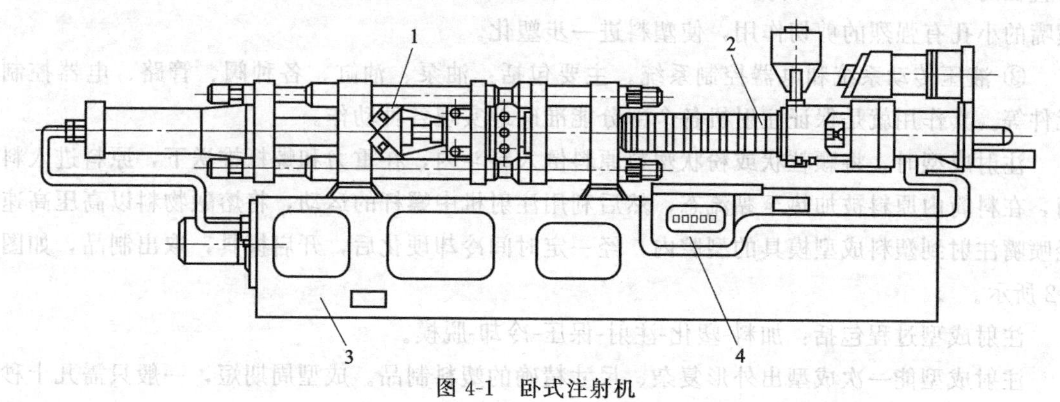

图4-1 卧式注射机

1—锁模部分；2—塑化、注射部分；3—液压传动系统；4—电器控制系统

① 锁模部分。主要包括：拉杆、定模固定板、动模固定板、锁模油缸、顶出油缸等。锁模系统应具有的功能如下。

a. 合适的模板面积、模板行程和模板间开距，以适应安装不同的模具，实现不同规格制品的成型。

b. 足够的锁模力保证模具闭合锁紧。因为注射时塑料的压力很高，有可能使模具分开。没有可靠的锁模，注射就不能实现。

c. 完成模具的启闭动作，应保证机构运转灵活、安全、稳定、速度可调。

d. 锁模机构中设有顶出装置，完成塑料制品自模具中的脱出。

② 塑化、注射部分。主要包括：料斗、料筒、螺杆、喷嘴、加料装置、加热装置等几部分。其功能为：使塑料均匀受热塑化，具有良好的流动性。并使塑化好的塑料以一定压力和速度注射入模具型腔。

a. 料斗。注射机上设有加料斗，常为倒圆锥形或方锥形，其容积可供注射机1～2h之用。料斗与料筒上的加料口相连接，料斗里的塑料颗粒由此进入料筒。加料量由加料装置中的计量器控制，以保证定量（容积或重量一定）加料。

除了普通料斗以外，还有内加热干燥料斗、真空加料料斗等。

b. 料筒。料筒为对塑料加热、加压的容器，因此要求它能耐压、耐热、耐疲劳、抗腐蚀、传热性好。注射机螺杆在注射油缸的作用下，其注射压力可达 150MPa，所以注射机料筒材料的强度要求高。

螺杆式注射机其料筒的容料量一般为一次注射量的 2～3 倍，塑料在料筒中的停留时间为成型周期的 2～3 倍，热源来自料筒的外加热圈和螺杆旋转时产生的摩擦剪切热。

c. 螺杆。螺杆是螺杆式注射机内的重要部件，它的作用是对塑料进行输送、压实、塑化和施压。螺杆在料筒内旋转时，首先将料斗来的塑料卷入料筒，并逐步将其向前推进、压实、排气和塑化。随后，熔融的塑料就不断地被推到螺杆顶部与喷嘴之间，而螺杆本身则因受到熔料的压力而缓慢后退，当螺杆前端积存的熔料达到一次注射量时，螺杆停止转动。注射时，螺杆在注射油缸的推动下向前作直线运动，将前端熔料以高压、高速注射入模具型腔。

d. 喷嘴。它是将料筒中的熔融塑料引入模具型腔的过渡部件。喷嘴孔一般较小，为料筒直径的 1/10～1/20，喷嘴可以控制料流，并保证料有足够的射程。同时，熔融塑料通过喷嘴的小孔有强烈的剪切作用，使塑料进一步塑化。

③ 液压传动系统和电器控制系统。主要包括：油泵、油缸、各种阀、管路、电器控制元件等。其作用就是保证注射机各个部分能准确地实现各种动作。

注射成型时，将颗粒状或粉状塑料原料倒入料斗内，在重力和螺杆推送下，原料进入料筒，在料筒内原料被加热至黏流态，然后利用注射机中螺杆的运动，将熔融物料以高压高速经喷嘴注射到塑料成型模具的型腔内，经一定时间冷却硬化后，开启模具，取出制品，如图 4-2 所示。

注射成型过程包括：加料-塑化-注射-保压-冷却-脱模。

注射成型能一次成型出外形复杂、尺寸精确的塑料制品。成型周期短，一般只需几十秒即可完成，生产效率高，便于实现自动化、半自动化生产。

(2) 注射成型工艺要点

① 温度。主要是控制料筒温度、喷嘴温度和模具温度。

料筒温度不仅影响塑料的塑化量和塑化质量，还会影响注射成型周期。确定料筒温度首先要看是注射何种塑料，料筒温度应使塑料处于黏流态，当塑料的黏流态温度范围宽时，可根据塑料流动性对温度变化的敏感程度，适当地确定料筒温度。当塑料的黏流态温度范围窄时，料筒温度要严格控制，防止塑料过热而分解。

从设备使用、节能以及缩短注射成型周期等方面考虑，总希望料筒温度越低越好。从方便控制、保证质量、防止分解等方面考虑，总希望温度范围越宽越好。

在具体掌握料筒温度时，有以下几种情况。

a. 同种塑料，做同种制品，其塑料的牌号不同，料筒温度控制是不同的。

b. 同种塑料，所用注射机不同，料筒温度也不同，如柱塞式注射机料筒温度＞螺杆式注射机料筒温度，一般高 10℃。

c. 同种塑料，同种注射机，制品的形状、厚度、流程长短不同，则料筒温度也不同。

料筒温度应严格控制在要求的范围内，保证塑料充分塑化，获得一定的流动性而又不会发生分解。

确定喷嘴温度应以熔融塑料在喷嘴处既不流延也不凝结为标准。熔融塑料通过喷嘴时会产生摩擦剪切热，使料温高于喷嘴温度，所以喷嘴温度可以稍低，从剪切热得到补偿。当螺

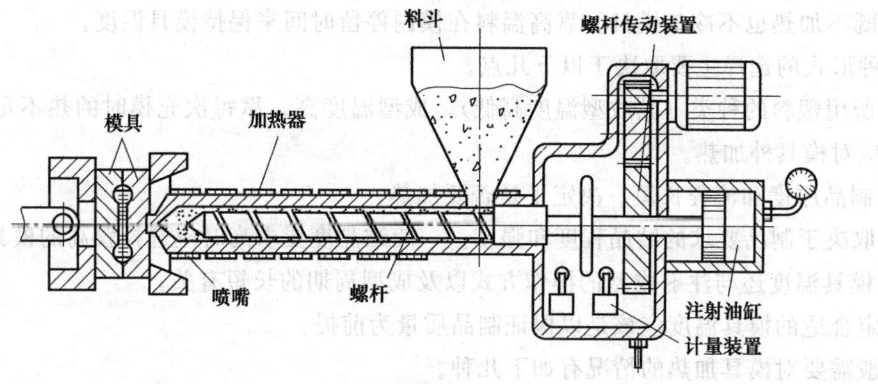

(a) 闭模注射

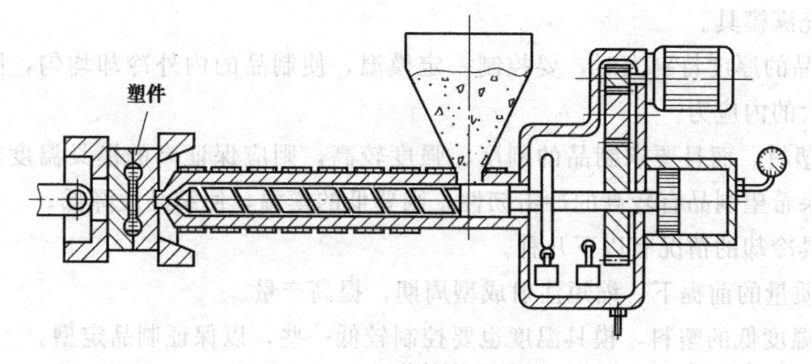

(b) 注射保压及冷却

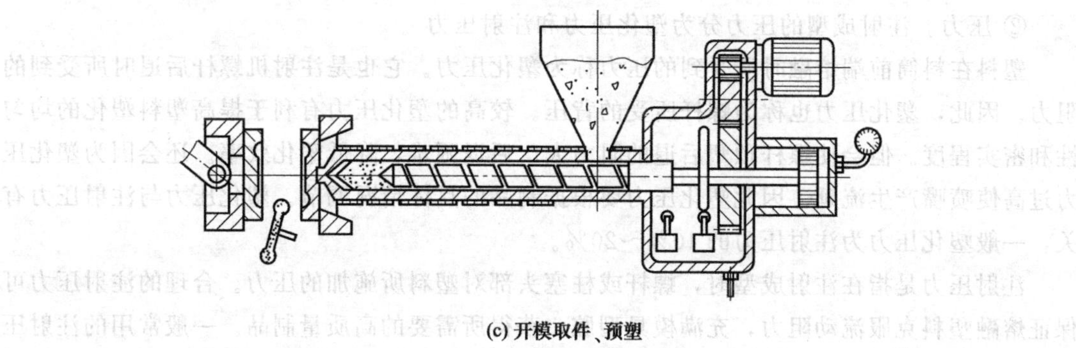

(c) 开模取件、预塑

图 4-2 注射成型原理图

杆后退时，喷嘴温度较低可以防止流延，特别是对黏度较低的熔融塑料更要注意。流延即浪费塑料，又给操作带来麻烦。

喷嘴温度也不能太低，过低时会将冷凝料带入模腔，影响制品质量，所以喷嘴温度一般在注射机中要单独控制（与料筒温度分开）。要求控制方便灵活，以便消除注射中出现的各种问题。

模具温度关系到注射成型周期的长短，模具温度总是低于熔融塑料的温度，所以，模具温度对熔融塑料总是起到冷却作用。

注射成型时对模具温度的控制有三种情况。

a. 加热模具，加热的最高温度在塑料的热变形温度以下。

b. 通冷却水冷却模具。

c. 既不加热也不冷却模具，靠高温料在模内停留时间来保持模具温度。

三种形式的选择主要取决于以下几点。

a. 所用塑料的种类（其成型温度高低），成型温度高，靠每次充模时的热不足以加热模具，则应对模具外加热。

b. 制品厚度和流程长短，决定了是否要加热。

c. 取决于制品要求的结晶程度和强度。一般结晶度要求高时应选择较高的模具温度。

d. 模具温度还与注射成型的操作方式以及成型周期的长短有关。

确定合适的模具温度应该是以保证制品质量为前提。

一般需要对模具加热的情况有如下几种。

a. 塑料流动性差、冷却固化快时都要对模具加热，以保证熔融塑料在模内有很好的密实程度和顺利充满模具。

b. 塑料制品的厚度特别大时，要控制一定模温，使制品的内外冷却均匀，防止由于冷却不均引起过大的内应力。

c. 结晶性塑料，而且要求制品的刚度、强度较高，则应保证高的模具温度，以保证高的结晶度。如果希望制品有较高的冲击韧性，则要低的模温，使结晶度降低。

需要对模具冷却的情况有以下几种。

a. 在保证质量的前提下，缩短注射成型周期，提高产量。

b. 热变形温度低的塑料，模具温度也要控制较低一些，以保证制品定型。

c. 结晶性塑料制品的高韧性也要求较低的模具温度。

② 压力。注射成型的压力分为塑化压力和注射压力。

塑料在料筒前端熔融时所受到的压力称为塑化压力。它也是注射机螺杆后退时所受到的阻力。因此，塑化压力也称为螺杆所受的背压。较高的塑化压力有利于提高塑料塑化的均匀性和密实程度。但会使螺杆预塑后退的阻力大，后退困难，降低塑化效率。还会因为塑化压力过高使喷嘴产生流延。因此塑化压力要根据制品的具体情况调节。塑化压力与注射压力有关，一般塑化压力为注射压力的10%～20%。

注射压力是指在注射成型时，螺杆或柱塞头部对塑料所施加的压力。合理的注射压力可保证熔融塑料克服流动阻力，充满模具型腔，获得所需要的高质量制品。一般常用的注射压力为40～150MPa。

③ 成型周期。指完成一次注射成型过程所需要的时间。包括注射时间、保压时间、冷却时间、开模和取出制品的时间。

要保证熔融塑料快速充满模具型腔，注射时间一般很短，仅有几秒钟；适当的保压时间是保证制品几何尺寸和性能的重要因素，因此保压时间要充分；其余时间应尽可能缩短以减少成型周期，获得较高的生产效率。

（3）注射成型制品的后处理。注射成型制品从模具中取出之后，常需要进行适当的后处理，以改善和提高制品的性能。制品的后处理主要指退火处理和调湿处理。

① 退火处理。采用退火处理可以使强迫冻结的分子链得到松弛，凝固的大分子链段转向无规则位置，从而消除制品的内应力。另外，退火处理可以提高制品的结晶度，稳定结晶结构，从而提高结晶塑料制品的弹性模量、硬度和降低断裂伸长率。

一般凡所用塑料的分子链刚性较大、壁厚较大、带有金属嵌件、使用温度范围较宽、尺寸精度要求较高和内应力较大，又不易自消的制件，均需进行退火处理。

退火处理的方法使制品在定温的加热液体介质（如热水、热的矿物油、甘油、乙二醇和液体石蜡等）或热空气循环烘箱中静置一段时间。

② 调湿处理。使塑料制品迅速达到吸湿平衡的处理称为调湿处理。调湿处理主要用于尼龙类塑料制品。调湿处理可以稳定尼龙件的尺寸，改善制件的柔曲性和韧性，使冲击强度和拉伸强度均有所提高。

4.1.2.2 挤出成型

挤出成型又称挤塑成型，主要适合热塑性塑料的成型，也适合一部分流动性较好的热固性塑料和增强塑料的成型。挤出成型是塑料棒材、板材、线材、管材、薄膜、电线电缆包覆层等连续型材生产的主要方法之一。

（1）成型原理　如图 4-3 所示为塑料挤出机结构，工作时，向挤出机料斗加入颗粒状塑料，依靠重力和螺杆的旋转使塑料进入挤出机料筒，被加热熔融。利用螺杆的旋转运动，使熔融塑料在压力作用下连续通过挤出模的型孔或口模挤出，再经冷却、固化，制成所需截面形状的连续型材。

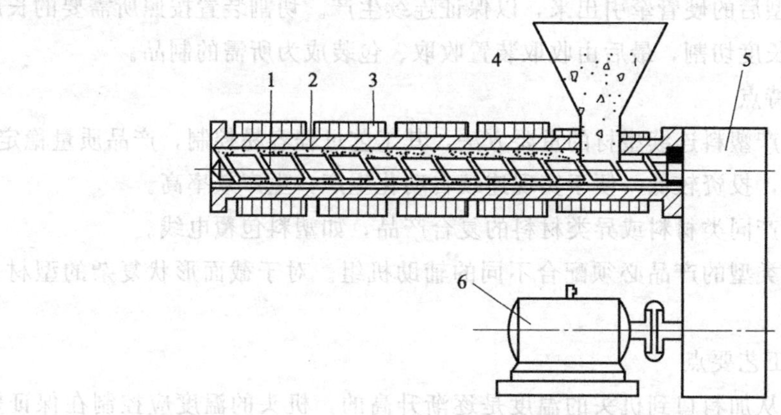

图 4-3　塑料挤出机结构

1—螺杆；2—料筒；3—加热器；4—料斗；5—传动装置；6—电动机

常用的挤出机为单螺杆挤出机，单螺杆挤出机的大小一般用螺杆直径来表示。挤出机的基本结构主要包括：传动装置、料筒、螺杆、加料装置、机头和口模等部分。

① 传动装置：传递动力，一般采用无级调速，可连续调整螺杆的转数。

② 料筒与螺杆：与注射机的料筒螺杆类似，但挤出机的螺杆只作旋转运动，不作往复直线运动。

③ 加料装置：一般采用加料斗。

④ 机头和口模：机头是口模与料筒之间的过渡部分，口模是制品获得所需的横截面形状的成型部件。

挤出机必须配有辅助设备才能完成不同制品的生产，辅助设备大致可以分以下几类。

① 挤出前塑料的处理设备：如预热、干燥等。

② 挤出熔融塑料的定型和冷却设备：如定型装置、冷却水槽、空气冷却喷嘴等。

③ 用于连续、平稳地将制品接出的牵引装置，它可以按生产的要求调整速度。

④ 用于切断和辊卷装置。

⑤ 挤出机操作、控制设备：各种仪表、温度控制器等。

挤出机和辅助设备构成挤出机组，不同的产品需要不同的挤出机组完成，如图 4-4 所示为塑料硬管的挤出机组，机组中除了主机——塑料挤出机外，还有相应的挤管辅机，包括：挤管机头、定径装置、冷却装置、牵引装置、切割装置和收取装置。

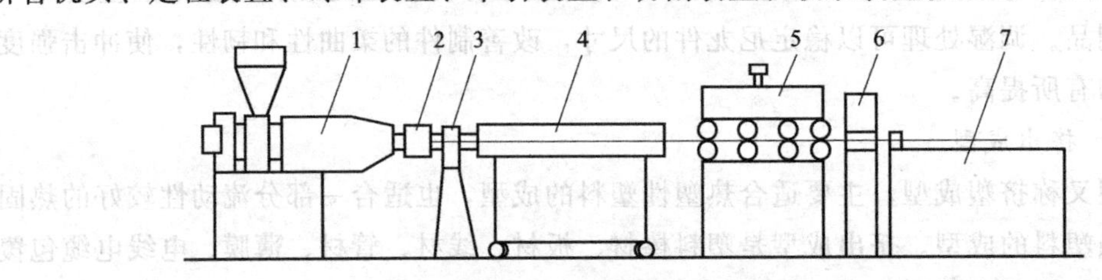

图 4-4　塑料硬管的挤出机组

1—挤出机；2—挤管机头；3—定径装置；4—冷却装置；5—牵引装置；6—切割装置；7—收取装置

塑料硬管挤出生产时，由主机塑化好，并且连续挤出的熔融塑料经挤管机头成为环状的管坯，通过定径装置获得所需要的径向尺寸，再经过冷却装置将硬管的形状和尺寸固定下来。由牵引装置将成型后的硬管牵引出来，以保证连续生产。切割装置按照所需要的长度对成型好的硬管进行定长度切割，最后由收取装置收取、包装成为所需的制品。

(2) 挤出成型的特点

① 挤出成型是生产塑料连续型材的重要方法，其工艺过程容易控制，产品质量稳定。

② 生产设备简单，投资较低，便于实现连续自动化生产，生产效率高。

③ 可以方便地生产同类材料或异类材料的复合产品，如塑料包覆电线。

④ 挤出成型不同类型的产品必须配合不同的辅助机组。对于截面形状复杂的型材，其机头设计较困难。

(3) 挤出成型的工艺要点

① 温度。挤出机从加料口到机头的温度是逐渐升高的，机头的温度应控制在保证塑料熔体能够顺利地流动。

② 机头。制品的截面形状取决于机头截面的模孔。

③ 螺杆转速。增加塑料挤出机螺杆的转速，可提高挤出机的产量；并且由于螺杆转数提高，螺杆对塑料的剪切作用增强，可提高塑料的塑化效果。但转速过高，会使熔料过热产生表面缺陷，影响制品的外观质量。

④ 牵引速度。由于挤出成型是连续生产，所以牵引速度必须与挤出速度相匹配。合适的牵引速度会使制品尺寸稳定、表面光洁，获得高质量的制品。

4.1.2.3　压制成型

压制成型又称模压成型，是热固性塑料的主要成型方法之一。常用的压制成型有模压法和层压法两种。

(1) 成型原理　模压法压制成型是将定量的热固性塑料原料置于金属模具内，闭合模具，加热加压，使原料在热和压力的作用下熔融、流动并充满模腔。在高温、高压下原料树脂与固化剂发生化学反应而固化成型。最后，开启模具，取出制件，修边、抛光后，获得符合要求的制品。

层压法压制成型是将纸张、棉布、玻璃布等片状材料在塑料树脂中浸泡，涂挂树脂后一张一张叠放成需要的厚度，放在层压机上加热加压，经一定时间后，树脂固化，相互黏结成型。层压成型制品质地密实，表面平整光洁，生产效率高。多用于生产增强塑料板、管材、棒材和胶合板等层压材料。

如图 4-5 所示为塑料压制成型所用的压机。

(2) 压制成型特点

① 压制成型设备简单、技术成熟，是最早使用的塑料成型方法，适合于热固性塑料制品的成型。

② 成型模具结构简单，工艺条件容易控制，成型制品的尺寸范围宽，可压制成型较大尺寸的制品。

③ 压制成型所需的成型周期长，生产效率低，较难实现自动化。

④ 压制成型不适合成型结构和外形过于复杂的制品。压制成型制品的尺寸精度较低。

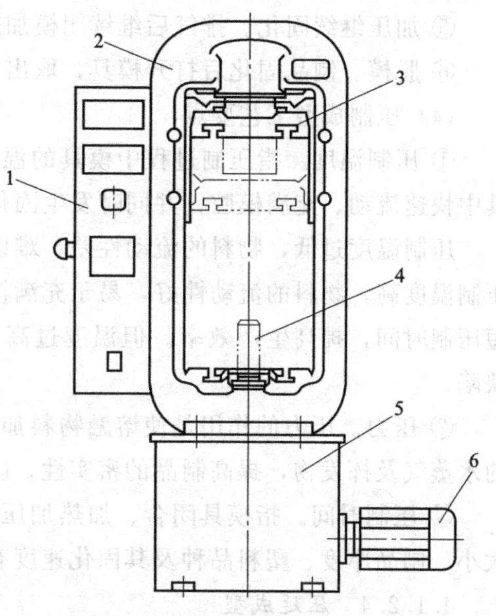

图 4-5 塑料压制成型所用的压机
1—控制部分；2—机身；3—滑块；4—顶出杆；5—液压系统；6—电机

(3) 压制成型工艺过程

① 预压和预热（干燥）。压制前对热固性塑料原料进行预压和预热（干燥）。

预压是指成型前把原料用冷压的方法压制成形状比较规整、重量一定的密实体，称为预压。预压是针对成型时原料压缩率过大的问题，通过预压可以降低成型时原料的压缩比。预压可以简化压制模具的结构，缩短压制成型周期，减少压制成型的辅助时间。预压后原料的加热速度快（导热好），可以提高压制制品的质量，还可以减少最终压制的压力，这有利于保护模具，延长压机、模具的使用寿命。

预压件可以是各种简单的几何形状，或与制品形状相仿的形坯。预压的压力较高，可达40～200MPa。要求预压件在预压后有一定的强度，在贮存运输中不会发生破裂，一般预压件的密实程度为压制制品密实程度的70%～80%。

预热是在压制前，先让原料有一定的温度，然后用热料压制。如果预热的主要目的是除去水分，则称为干燥；如果预热的目的主要是为了提高原料的温度，则称为预热。

预热可以缩短压制成型周期，使压制模具内料温均匀，黏度均匀，交联反应程度均匀，使压制制品质量提高。

② 加料。加料方法有：重量法——称取一定重量的原料加入模具型腔；容量法——用一定容积的加料器计量加料；记数法——适用于预压料，按照预压件数加料。

加料时，原料在模具中采用中央堆放的方式加入，这样便于排除模具型腔中的空气，而且加热时温度较均匀。

③ 闭模加压。加料后模具闭合，凸模快速下行，接触原料后慢速压制。

④ 排气。原料被加热后发生交联固化反应，这种反应会产生一部分低分子气体，如不排除则在制件上出现分层、斑纹等缺欠，使制品质量下降。因此，要采用排气的方法将气体从模具型腔中排出。

⑤ 加压继续固化。排气后继续闭模加热、加压使交联固化完全，获得压制制品。

⑥ 脱模。制品固化后打开模具，取出制品。

(4) 压制成型工艺要点

① 压制温度。指压制过程中模具的温度。对于热固性塑料，加热的目的是使物料在模具中快速流动、充满模腔，并同时发生固化反应，成型为所需的塑料制品。

压制温度过低，物料的流动性差，难以充满模腔，无法保证树脂交联固化反应的进行；压制温度高，物料的流动性好，易于充满模腔，有利于树脂化学交联固化成型。同时，可缩短压制时间，提高生产效率。但温度过高，可能引起树脂烧焦，使制品产生起泡、裂缝等缺陷。

② 压力。压力的作用是使熔融物料加速在模腔中流动而充满模腔。同时，排除模腔内的水蒸气及挥发物，提高制品的密实性，防止出现气泡、表面鼓泡和裂纹等缺陷。

③ 压制时间。指模具闭合、加热加压到开启模具的时间。压制时间与压制温度、压力大小、制品厚度、塑料品种及其固化速度有关。缩短压制时间，可以提高压制生产效率。

4.1.2.4 压延成型

压延成型是将加热塑化的热塑性塑料利用压延机上一对或数对相对旋转的加热轧辊，将热塑性塑料塑化并压延成片材或薄膜的成型工艺方法。其特点是：加工能力大，生产速度快，产品质量好，生产连续。

如图 4-6 所示为软聚氯乙烯塑料薄膜压延生产线。

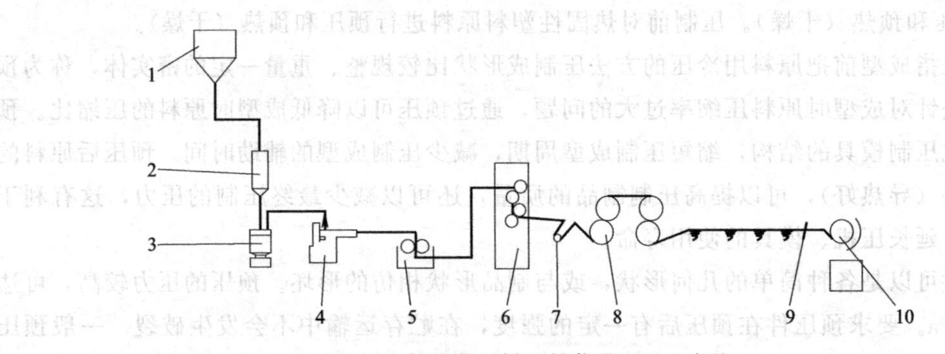

图 4-6 软聚氯乙烯塑料薄膜压延生产线

1—聚氯乙烯树脂料仓；2—计量器；3—高速捏合机；4—塑化挤出机；5—两辊炼塑机；6—四辊压延机；7—印花辊；8—冷却定型辊；9—切边机；10—卷曲装置

在聚氯乙烯树脂料仓 1 中的聚氯乙烯树脂经过计量器 2 添加各种添加剂进行定量配料，配合的料在高速捏合机 3 中被混合均匀。塑化挤出机和两辊炼塑机对原料进行初塑化，并制成料片。将料片加入四辊压延机进行压延，生产出厚度均匀的聚氯乙烯塑料薄膜。印花辊可以在薄膜表面印出凹凸的花纹，冷却定型辊使薄膜冷却定型。切边机将薄膜的两侧外边切割整齐，最后由卷曲装置将薄膜收取、卷成一定规格的成品。

压延成型常用于聚氯乙烯塑料板材、薄膜制品的生产，也适用于生产人造革、壁纸、地板革等产品。

4.1.2.5 吹塑成型

吹塑成型也称为中空吹塑，是把处于高弹态的塑料型坯置于模具型腔内，借助于压缩空气吹胀冷却而得到一定形状的中空塑料制品的成形加工方法，如图 4-7 所示，其生产过程

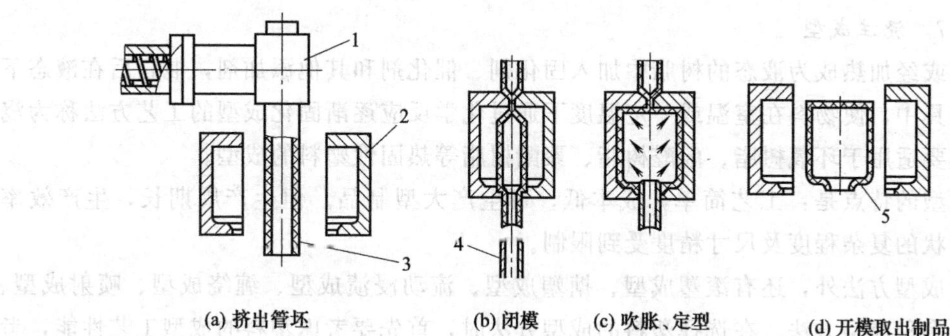

图 4-7　吹塑成型
1—挤出机头；2—吹塑模具；3—管坯；4—压缩空气吹管；5—中空制品

为：用挤出机制出吹塑用的管状坯料；然后，将处于高弹态温度的坯料放入中空吹塑模具内，闭模夹紧管坯；通过压缩空气吹管向坯料中通入压缩空气将其吹胀，并使其压贴在模腔的内壁，冷却定型；最后，打开模具，获得所需形状的中空塑料制品。

根据生产管坯的方法不同，分为：挤出吹塑法和注射吹塑法。

(1) 挤出吹塑　利用挤出机挤出管坯，当管坯处于高弹态时进行吹胀成型。

挤出吹塑的特点是：生产率高，可以连续挤出型坯，并且可立即吹胀。挤出吹塑可以生产大型制品，设备投资少。制品壁厚的均匀性差，后加工量大。

(2) 注射吹塑　利用注射机注射管坯。然后对管坯再加热，使其处于高弹态，再进行吹胀成型。

注射吹塑的特点是：制品无飞边，外观好，制品壁厚均匀性好，塑料适用范围广，型坯温度均匀性好，制品的后加工量少。但设备投资大，生产周期长，适于生产高质量的制品。

吹塑成型广泛用于瓶子、包装桶、玩具等中空塑料制品的生产。

4.1.2.6　真空成型

真空成型是将热塑性塑料片材或板材固定在模具上，将其加热到高弹态，然后将模腔抽真空，使处于高弹态软化后的片材或板材吸附于模腔，经冷却硬化后成型，如图 4-8 所示。

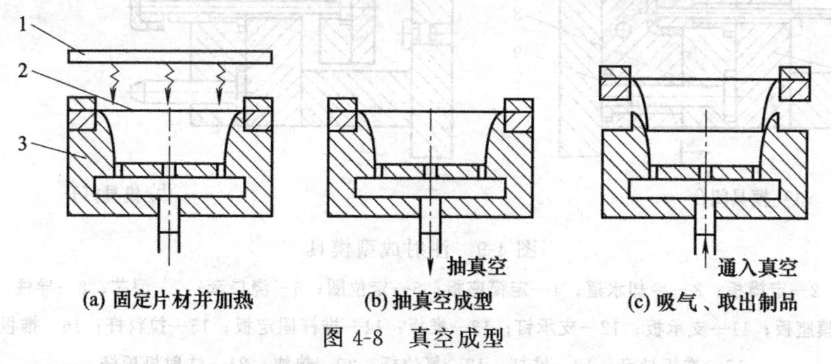

图 4-8　真空成型
1—加热器；2—热塑性塑料片材；3—凹模

真空成型设备较简单，所用模具可用石膏、木材、金属等制作。真空成型速度快，操作容易，可以方便地生产大型制品。但真空成型不适宜制造形状复杂的制品，而且制品表面比较粗糙。

真空成型适用于 ABS 塑料、有机玻璃、聚碳酸酯、苯乙烯等塑料的成型。广泛采用这种成型方法的制品有盘、罩、盖、壳体等制品，以及塑料片材和板材生产的天花板等装饰材料。

4.1.2.7 浇注成型

在室温或经加热成为液态的树脂中加入固化剂、催化剂和其他添加剂，混合后在液态下倒入成型模具中，使物料在室温或一定温度下通过化学反应逐渐固化成型的工艺方法称为浇注成型。主要适用于环氧树脂、酚醛树脂、聚酯树脂等热固性塑料的成型。

浇注成型的特点是：工艺简单，成本低，可生产大型制品。但生产周期长，生产效率低，产品形状的复杂程度及尺寸精度受到限制。

除以上成型方法外，还有滚塑成型、搪塑成型、流动浸渍成型、缠绕成型、喷射成型、发泡成型等多种成型方法。在选择塑料的成型方法时，首先要考虑塑料的成型工艺性能，考虑各种塑料对成型方法的适应性。还要考虑各种成型方法的特点和工艺条件，这样才能生产出品质优良的塑料制品。

塑料制品成型后还可以进行二次加工，可以采用机械加工、焊接、粘接等工艺方法将已成型的塑料板材、管材、棒材及模制件等制成所需的产品。

4.1.3 塑料成型模具

4.1.3.1 注射成型模具

注射成型模具由成型零部件、浇注系统、导向机构、推出装置、温度调节系统和排气系统、结构零部件组成。如图 4-9 所示为注射成型模具。

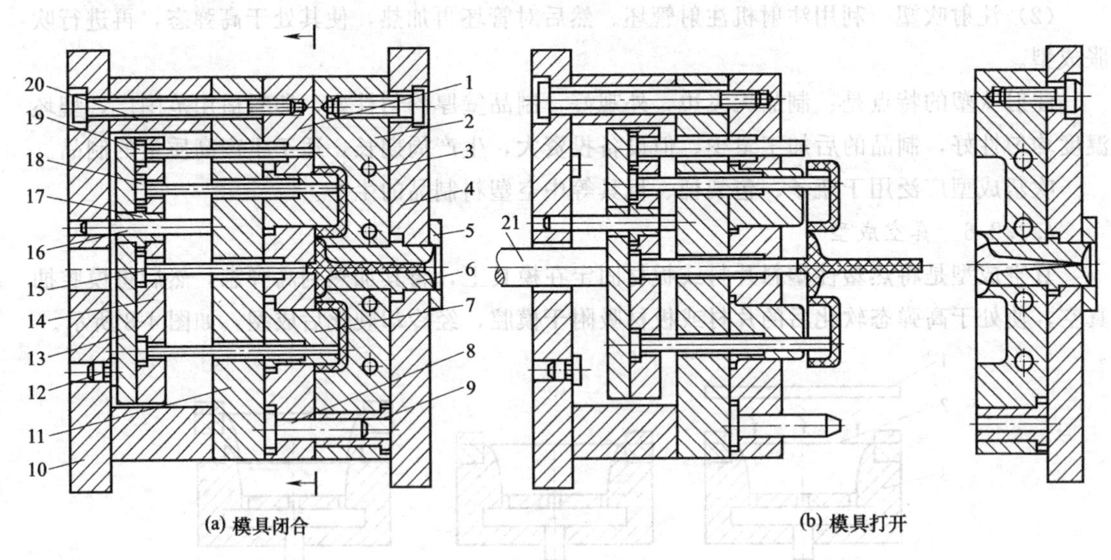

图 4-9 注射成型模具

1—动模板；2—定模板；3—冷却水道；4—定模座板；5—定位圈；6—浇口套；7—型芯；8—导柱；9—导套；10—动模座板；11—支承板；12—支承钉；13—推板；14—推杆固定板；15—拉料杆；16—推板导柱；17—推板导套；18—推杆；19—复位杆；20—垫块；21—注射机顶杆

(1) 注射模具结构

① 成型零部件。构成塑料模具模腔的零件统称为成型零部件，通常包括型芯（成型塑件内部形状）、型腔（成型塑件外部形状）。如图 4-9 所示的模具成型零部件是由定模板 2、型芯 7、动模板 1 等组成。

② 浇注系统。将塑料由注射机喷嘴引向型腔的流道称为浇注系统，浇注系统分主流道、

分流道、浇口、冷料穴四个部分。如图 4-9 所示的模具浇注系统是由浇口套 6、拉料杆 15 等组成。

③ 导向机构。为确保模具合模时准确对中而设置的零件。如图 4-9 所示的模具导向系统是由导套 9 和导柱 8 组成。

④ 推出装置。在开模过程中，将塑件从模具中推出的装置。如图 4-9 所示的推出装置由推杆 18、复位杆 19、推板 13、推杆固定板 14 等组成。

⑤ 温度调节和排气系统。为了满足注射工艺对模具温度的要求，模具设有冷却或加热系统。冷却系统一般在模具内开设冷却水道，加热则在模具内部或周围安装加热元件，如电加热元件。如图 4-9 所示的冷却水道 3 即为模具冷却系统的组成部分；在注射成型过程中，为了将型腔内的气体排出模外，常常还需要开设排气系统。

⑥ 结构零部件。用来安装固定或支承成型零部件及前述的各部分机构的零部件。支承零部件组装在一起，可以构成注射模具的基本骨架。通常由模板、螺钉等组成。

(2) 注射模的工作过程。塑料注射模分为两大部分，如图 4-9 (b) 所示，图 4-9 (b) 中右侧部分称为定模部分，左侧部分称为动模部分，定模部分与动模部分的分开表面称为分型面。

注射模工作时，首先由注射机的锁模机构将模具闭合、锁紧。然后，注射机的注射系统将熔融塑料通过模具上的浇注系统注入模具型腔，并保压、冷却，如图 4-9 (a) 所示。塑料制件冷却定型后，锁模机构打开模具，由注射机上的顶杆推动注射模中的推板、推杆将塑料制件从模具中推出，如图 4-9 (b) 所示。这样，完成一个注射成型工作循环。

(3) 注射模设计要点

① 浇注系统设计。包括：主流道、分流道、浇口和冷料穴的设计。

浇注系统的主流道为圆锥形，以便于注射后从模具中取出。主流道的小端与注射机的喷嘴相接，大端一般在分型面上。

分流道是指主流道末端与浇口之间的流动通道。分流道的作用是改变熔体流向，使其以平稳的流态均衡地分配到各个型腔。设计时应注意尽量减少流动过程中的热量损失与压力损失。分流道的截面形状为梯形、U 形、圆形等。

浇口也称进料口，是连接分流道与型腔的熔体通道。浇口的设计与位置的选择恰当与否，直接关系到塑件能否被完好、高质量地注射成型。一般情况下，浇口尺寸很小，通过截面积的突然变化，提高塑料熔体的剪切速率，降低黏度，并使塑料熔体压力提高，成为理想的流动状态，从而迅速、均衡地充满型腔。浇口还起着较早固化、防止型腔中熔体倒流的作用。浇口应设在塑料制品截面尺寸较大的部位。

冷料穴的作用是容纳浇注系统流道中熔料料流的前锋冷料，以免这些冷料堵塞浇口，或进入型腔影响塑料制件质量。冷料穴一般设在主流道大端的对面。

② 成型零件设计。包括：型腔、型芯的设计。

型腔用来成型塑料制件的外表面，一般设在注射模的定模部分。型腔可以采用整体式结构，也可以采用组合式结构。整体式型腔是由整块金属加工而成的，其特点是牢固、不易变形、不会使塑件产生拼接线痕迹。但是由于整体式型腔加工困难，热处理不方便，所以常用于形状简单的中、小型模具上。组合式型腔结构是指型腔由两个以上的零部件组合而成。采用组合式型腔，可简化复杂型腔的加工工艺，减少热处理变形，拼合处有间隙，利于型腔排气，便于模具的维修。但组合式型腔要求加工精度高，组合定位可靠。另外拼合处的缝隙会在塑料制件表面留下痕迹，影响表面质量。

成型塑件内表面的零件称型芯，对于简单的容器，如壳、罩、盖之类的塑件，成型其主要部分内表面的零件称主型芯，而将成型其他小孔的型芯称为小型芯或成型杆。型芯也分为整体式和组合式。

成型零件的成型尺寸应根据塑料制件的尺寸，考虑塑料的收缩率、成型零件的磨损等因素而决定。

③ 分型面设计。分型面是注射模动模部分与定模部分的结合面，设在塑件最大外形处，其作用是为了取出成型好的塑料制件和浇注系统凝料。注射模一般只有一个分型面，但复杂制件可以有多个分型面。分型面可以是平面，也可以是斜面或曲面。设计分型面时应考虑以下原则。

a. 分型面应选择在塑件外形的最大轮廓处，应便于塑料制品脱模和简化模具结构。

b. 分型面选择应有利于提高制品外观质量和尺寸精度。

c. 分型面选择应有利于模具制造，因此分型面应尽量选择为平面。

d. 分型面选择应有利于模具型腔排气。

④ 推出装置设计。将塑料制品及浇注系统凝料从模具中脱出的机构称为推出机构，也称顶出机构或脱模机构。推出装置一般由推出、复位和导向零件组成。

推出机构应保证塑料制件在推出过程中不变形、不损坏，不影响塑件的外观质量；推出机构动作可靠，推出后能正确复位。

推出装置包括：一次推出机构和二次推出机构。

一次推出机构包括：推杆推出机构、推管推出机构、推件板的推出机构、活动嵌件及凹模推出机构和多元推出机构等。

二次推出机构有：双向顶出机构、顺序顶出机构、螺纹制品脱模装置等。

4.1.3.2 挤出成型模具

（1）挤出成型模具的组成。挤出成型模具一般由机头、口模和定型装置组成。

① 机头。机头是挤出成型塑料制品的主要部件，它使来自挤出机的熔融塑料由螺旋运动变为直线运动，并进一步塑化均匀。机头产生阻力使熔融塑料获得必需的成型压力，保证挤出成型塑料制品的密实程度。

② 口模。口模具有与挤出成型制品相似的截面形状，熔融塑料通过口模后成为与挤出成型制品截面形状相似的连续料流。

③ 定型装置。从口模中挤出的成型制品虽然具备了所需要的形状，但因为制品温度较高，会发生严重变形，因此需要使用定型装置将制品的形状进行冷却定型，从而获得能满足要求的正确尺寸、几何形状和表面质量。

（2）典型管材挤出成型模具。如图 4-10 所示为典型的管材挤出成型模具，其结构可分为以下几个主要部分。

① 口模和芯棒。口模 3 用来成型管材的外表面，芯棒 4 用来成型管材的内表面，所以口模和芯棒决定了管材的截面形状。

② 过滤网。过滤网 9 的作用是将熔融塑料的螺旋运动转变为直线运动，过滤熔融塑料中的杂质，并且利用过滤网对熔融塑料流动的阻力形成挤出成型压力，获得密实的制品。

③ 分流器和分流器支架。分流器 6 又称鱼雷头，其作用是使通过它的熔融塑料分流变成薄环状，并平稳地进入成型区。由于分流器的摩擦阻力使熔融塑料进一步被加热和塑化；分流器支架 7 主要用来支承分流器及芯棒，同时也能对分流后的熔融塑料产生剪切和混合作用。但分流器支架在挤出管材制品上产生的熔接痕会影响制品的强度。

④ 机头体。机头体 8 是挤出成型模具的骨架，用来组装并支承各个零件。机头体需与挤出机料筒连接，连接处应密封以防熔融塑料泄漏。

⑤ 温度调节系统。为了保证熔融塑料在机头中正常流动及挤出成型质量，机头上一般设有可以加热的温度调节系统，如图 4-10 所示的电加热圈 10。

⑥ 调节螺钉。如图 4-10 所示的调节螺钉 5 是用来调节控制成型区内口模 3 与芯棒 4 之间的环隙，即保证口模与芯棒之间的同轴度，以保证挤出管材制品壁厚均匀。通常调节螺钉的数量为 4～8 个。

⑦ 定型装置（定径套）。离开成型区后的塑料熔体虽已具有给定的截面形状，但因其温度仍较高不能抵抗自重变形，为此需要用定型装置——定径套 2（图 4-10 中所示）对其进行冷却定型，以使管材获得准确的尺寸、几何形状和良好的表面质量。

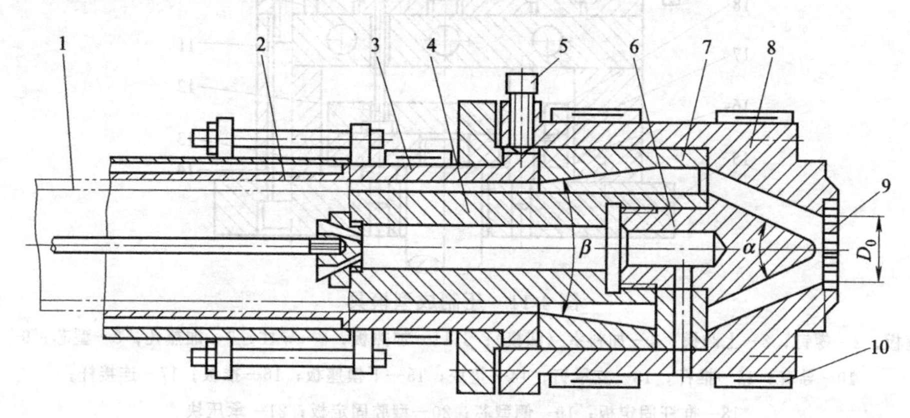

图 4-10　典型的管材挤出成型模具

1—挤出管材；2—定径套；3—口模；4—芯棒；5—调节螺钉；6—分流器；
7—分流器支架；8—机头体；9—过滤网；10—电加热圈

4.1.3.3　压制成型模具

(1) 压制成型模具的组成。压制成型模具主要用于热固性塑料制品的成型，如图 4-11 所示为典型的压制成型模具，其组成包括以下几种。

① 型腔。型腔是直接成型塑料制品的部分，图 4-11 中的模具的型腔由上凸模 3、下凸模 9、型芯 8 和凹模 4 等构成。

② 加料室。加料室在模具凹模型腔的上部，如图 4-11 所示的加料室 4。由于塑料原料与塑料制品相比具有较大的比容，因此成型前单靠凹模型腔往往无法容纳全部原料，因此在凹模型腔之上设有一段加料腔来满足加料的需要。

③ 导向机构。图 4-11 中由布置在模具周边的四根导柱 6 和导套 10 组成。导向机构用来保证上、下模合模的对中性。为了保证推出机构上下运动平稳，该模具在下模座板 15 上设有两根推板导柱，在推板上还设有推板导套。

④ 侧向分型抽芯机构。在成型带有侧向凹凸或侧孔的塑料制品时，模具必须设有各种

侧向分型抽芯机构。图4-11中的塑料制品有一个侧孔，在其脱模之前先用手动旋转侧型芯19，抽出侧型芯后才能将塑料制品从模具中脱出。

⑤ 脱模机构（推出机构）。压制成型模具上设有脱模机构，图4-11中的脱模机构由推板16、推杆固定板18、推杆12等零件组成。

⑥ 加热系统。热固性塑料压缩成型需在较高的温度下进行，因此模具必须加热，常见的加热方式有电加热、蒸汽加热、煤气或天然气加热等，但以电加热为普遍。图4-11中加热板5、11分别对上凸模、下凸模和凹模进行加热，加热板圆孔中插入电加热棒。

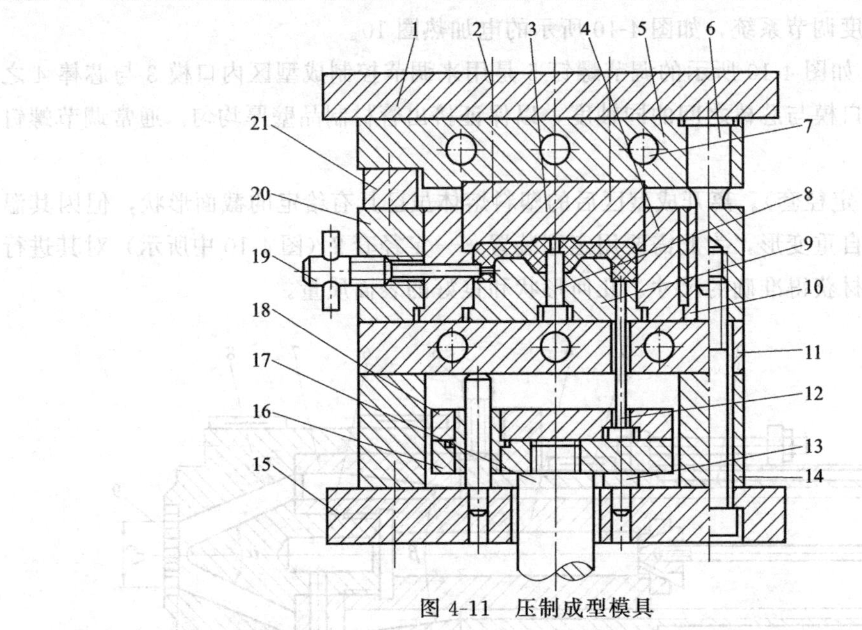

图4-11　压制成型模具

1—上模座板；2—螺钉；3—上凸模；4—加料室（凹模）；5,11—加热板；6—导柱；7—加热孔；8—型芯；9—下凸模；10—导套；12—推杆；13—支承钉；14—垫块；15—下模座板；16—推板；17—连接杆；18—推杆固定板；19—侧型芯；20—型腔固定板；21—承压块

（2）压制成型模具分类　按照压制成型模具加料室的形式可以分为：溢式模具、不溢式模具和半溢式模具。

① 溢式压制成型模具。溢式压制成型模具又称敞开式压制成型模具，如图4-12所示。这种模具无加料室，原料直接加入到型腔内即可。型腔的高度 h 就是塑件的高度，型腔闭合面形成水平方向的环形挤压边 B。压制成型时多余的塑料极易沿着挤压边溢出，使塑料具有水平方向的毛边。模具的凸模与凹模无配合部分，完全靠导柱定位，仅在最后闭合后凸模与凹模才完全密合。

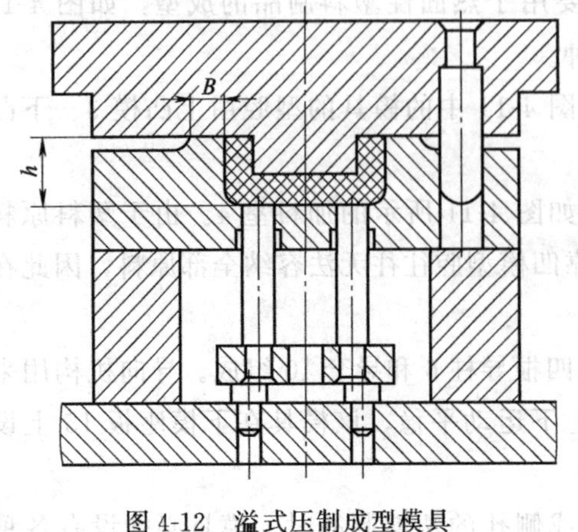

图4-12　溢式压制成型模具

由于挤压边的存在，压制成型时压机的压力不能全部传给塑料。模具闭合较快时，会造成溢料量的增加，既造成原料的浪费，又降低了塑料制件的密度和强度。溢式模具结构简单，造价低廉、耐用（凸凹模间无摩擦），塑件易取出，通常可用压缩空气吹出塑件。对加料量的

精度要求不高，加料量一般稍大于塑件重量的 5%～9%，常用预压型坯进行压缩成型，适用于压缩成型厚度不大、尺寸小和形状简单的塑件。

② 不溢式压制成型模具。不溢式压制成型模具又称封闭式压制成型模具，如图 4-13 所示。这种模具有加料室，其截面形状与型腔完全相同，加料室是型腔上部的延续。没有挤压边，但凸模与凹模有高度不大的间隙配合，一般每边间隙值约 0.075mm，压制成型时多余的塑料沿着配合间隙溢出，使塑件形成很薄的垂直方向的毛边。模具闭合后，凸模与凹模即形成完全密闭的型腔，压制时压机的压力几乎能完全传给塑料。

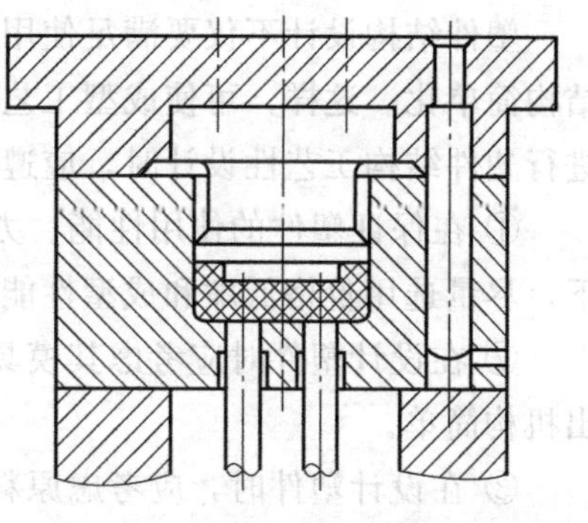

图 4-13 不溢式压制成型模具

不溢式压制成型模具使塑料制品承受的成型压力大，故密实性好，强度高。由于不溢式压制成型模具塑料的溢出量极少，因此加料量的多少直接影响着塑件的高度尺寸，因此加料必须准确称量，以保证塑件高度尺寸的准确。

不溢式压制成型模具适用于成型形状复杂、壁薄和高度较大的塑料制品，也适用于成型流动性特别小、单位比压高和比容大的塑料，例如用它成型棉布、玻璃布或长纤维填充的塑料制品效果好，这是因为这些塑料流动性差，要求单位压力高，而且若采用溢式压制成型模具成型，当布片或纤维填料进入挤压面时，不易被模具夹断而使模具无法闭合，造成飞边增厚、塑件尺寸不准和去除困难。而不溢式压制成型模具没有挤压面，所得的飞边不但极薄，而且飞边在塑件上呈垂直分布，去除比较容易。

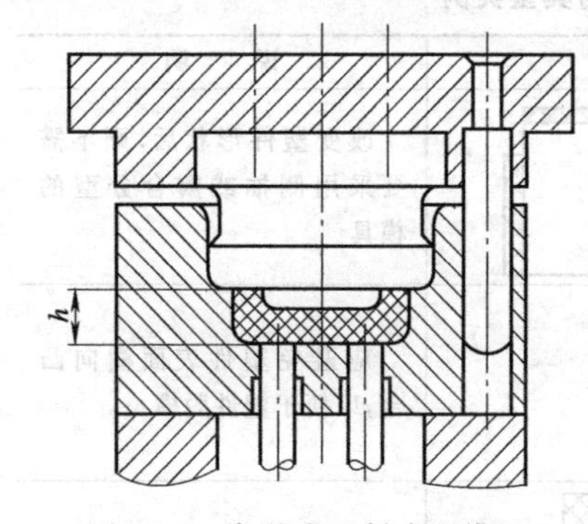

图 4-14 半溢式压制成型模具

③ 半溢式压制成型模具。半溢式压制成型模具又称为半封闭式压制成型模具，如图 4-14 所示。这种模具具有加料室，但其截面尺寸大于型腔尺寸。凸模与加料室呈间隙配合，加料室与型腔的分界处有一个环形挤压面，其宽度为 4～5mm。挤压边可限制凸模的下压行程，并保证塑件的水平方向毛边很薄。

半溢式压制成型模具的特点如下。

a. 因模具加料室的截面尺寸比型腔大，故在推出塑料制品时其表面不会产生摩擦损伤，所以模具的使用寿命较长。

b. 塑料的加料量不必严格控制，因为多余的塑料可通过配合间隙或在凸模上开设的溢料槽溢出。

c. 塑件的密度和强度较高，塑件径向尺寸和高度尺寸的精度也容易保证。

d. 简化了模具型腔的加工。当塑件外形复杂时，若用不溢式压制成型模具必然造成凸模与加料室的制造困难，而采用半溢式压制成型模具则可将凸模与加料室周边配合面简化。

e. 半溢式压制成型模具由于有挤压边缘，在操作时要随时注意清除落在挤压边缘上的废料，以免此处过早地损坏和破裂。

由于半溢式压制成型模具兼有溢式压制成型模具和不溢式压制成型模具的特点，因而被广泛用来成型流动性较好的塑料及形状比较复杂、带有小型嵌件的塑料制品，并且各种压制场合均适用。

4.1.4 塑件结构设计

塑件结构设计不仅要满足使用要求，而且要考虑塑料的结构工艺性，并且尽可能使模具结构简单化。这样，可使成型工艺稳定，既保证塑料制品的质量，又可使生产成本降低。在进行塑件结构工艺性设计时，应遵循以下原则。

① 在保证塑件的使用性能、力学性能、电性能、耐化学腐蚀性能和耐热性能等的前提下，尽量选用价格低廉和成型性能较好的塑料，并力求结构简单、壁厚均匀、成型方便。

② 在设计塑件时应考虑其模具的总体结构，使模具型腔易于制造，并使模具抽芯和推出机构简单。

③ 在设计塑件时，应考虑原料的成型工艺性，如流动性、收缩性等。塑件形状有利于模具分型、排气、补缩和冷却。

④ 当设计的塑件外观要求较高时，应先通过实体造型，而后再逐步绘制图样。

塑料结构设计的主要内容包括：塑件形状、壁厚、脱模斜度、加强肋、支承面、圆角、孔、螺纹、齿轮、嵌件、文字、符号及表面装饰等。

4.1.4.1 塑件形状

塑件的内外表面形状应在满足使用要求的情况下尽可能易于成型。由于侧抽芯和瓣合模不但使模具结构复杂，制造成本提高，而且还会在分型面上留下飞边，增加塑件的修整量。因此，塑件设计时可适当改变塑件的结构，尽可能避免侧孔与侧凹，以简化模具的结构，表4-3为改变塑件形状以利于成型的典型实例。

表 4-3 改变塑件形状以利于塑件成型的典型实例

序号	不 合 理	合 理	说 明
1	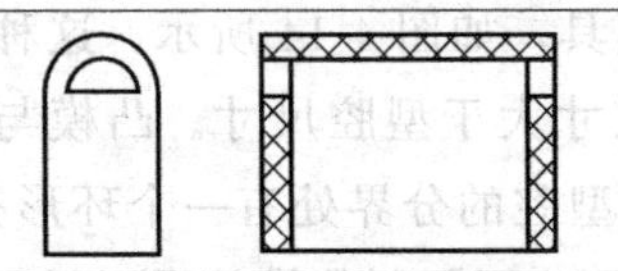	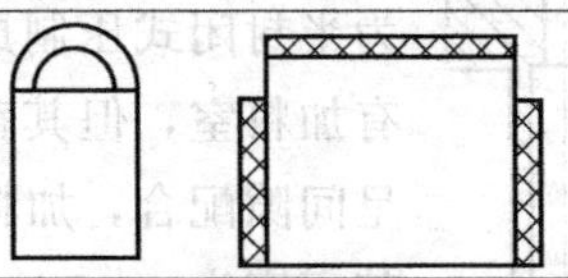	改变塑件形状后，则不需要采用侧抽或瓣合分型的模具
2	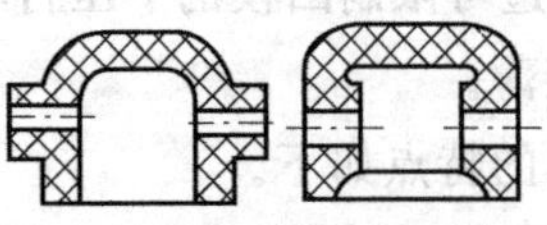	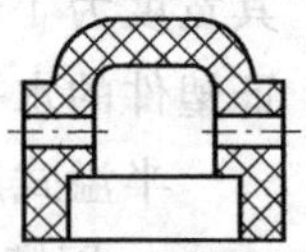	应避免塑件表面横向凸台，以便于塑件脱模
3	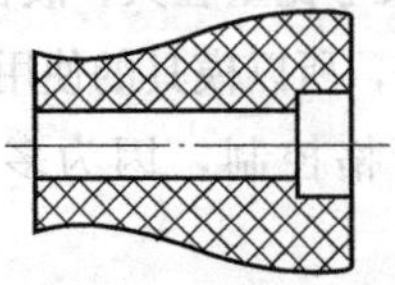	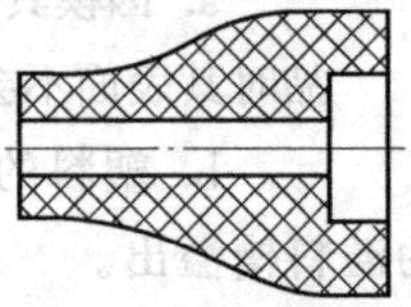	塑件外侧凹，必须采用瓣合凹模，使模具结构复杂，塑件表面有合模接痕
4	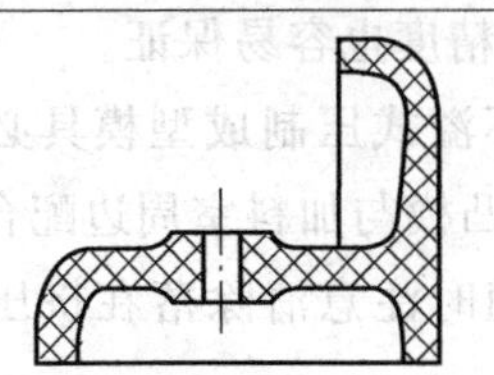	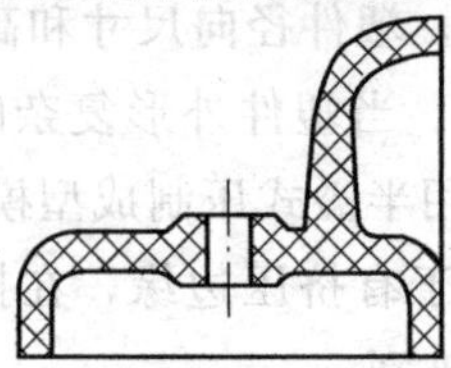	塑件内侧凹，抽芯困难，无法成型。侧凹向外，容易成型
5	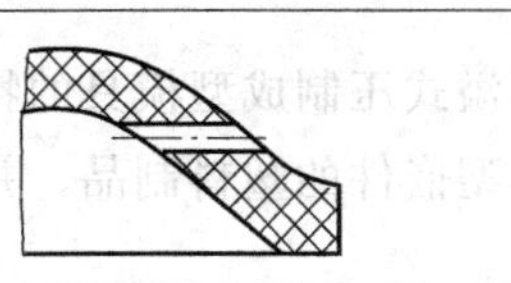	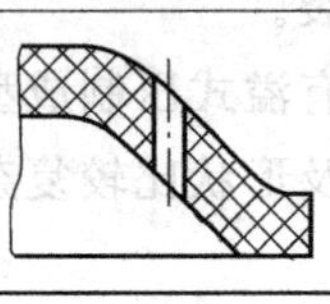	将横向侧孔改为垂直向孔，可免去侧抽芯机构

4.1.4.2　塑件脱模斜度

塑件注射成型后会产生冷却收缩，这使塑件包紧在凸模型芯上，或由于黏附作用，塑件紧贴在凹模型腔内，因此，为了便于从塑件中抽出型芯或从型腔中脱出塑件，防止在脱模时擦伤塑件表面，在设计塑件时，必须使塑件内外表面沿脱模方向留有足够的斜度，在模具上称为脱模斜度，如图 4-15 所示。

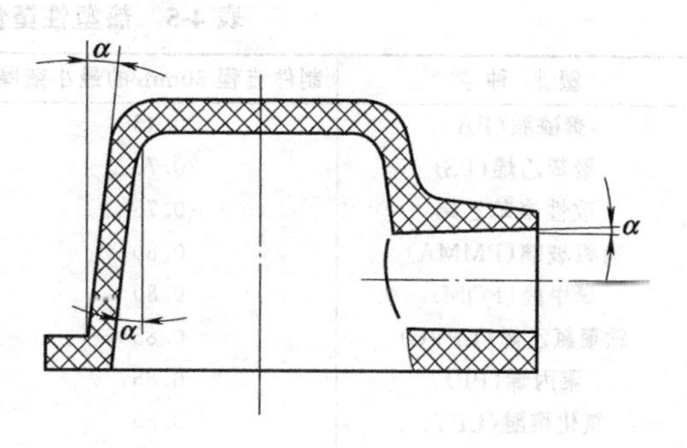

图 4-15　塑件脱模斜度

塑件脱模斜度的大小取决于塑件的性能、几何形状、壁厚及型腔表面状态等。硬质塑料比软质塑料脱模斜度大；形状较复杂，或成型孔较多的塑件取较大的脱模斜度；塑料高度较大，孔较深，则取较小的脱模斜度；壁厚增加，内孔包紧型芯的力大，脱模斜度也应取大些。

脱模斜度的标注根据塑件的内外尺寸而定：塑件内孔，以型芯小端为基准，尺寸符合图样要求，斜度沿扩大的方向取得；塑件外形，以型腔（凹模）大端为基准，尺寸符合图样要求，斜度沿缩小方向取得。一般情况下，脱模斜度不包括在塑件的公差范围内。表 4-4 列出了常见塑件的脱模斜度。

表 4-4　常见塑件的脱模斜度

塑料名称	脱模斜度/(′)	
	型腔	型芯
聚乙烯、聚丙烯、软聚氯乙烯、聚酰胺、氯化聚醚、聚碳酸酯、聚砜	25～45	20～45
硬聚氯乙烯、聚碳酸酯、聚砜	35～40	30～50
聚苯乙烯、有机玻璃、ABS,聚甲醛	35～90	30～40
热固性塑料	25～40	20～50

注：所列脱模斜度适于开模后塑件留在型芯上的情形。当要求开模后塑件留在型腔内时，则塑件内表面的脱模斜度应大于塑件外表面的脱模斜度，即表中数值反之。

4.1.4.3　塑件壁厚

塑件的壁厚对塑件质量有很大影响。壁厚过小时成型的流动阻力大，大型复杂塑件就难以充满型腔。塑件壁厚的最小尺寸应满足以下方面要求：具有足够的强度和刚度；脱模时能经受推出机构的推出力而不变形；能承受装配时的紧固力。塑件最小壁厚值随塑料品种和塑件大小不同而异。

壁厚过大，不但造成原料的浪费，而且对热固性塑料成型来说增加了模压成型时间，并易造成固化不完全；对热塑性塑料则增加了冷却时间，降低了生产率，另外也影响产品质量，如产生气泡、缩孔、凹陷等缺陷。所以塑件的壁厚应有一个合理的范围。

热塑性塑料易于成型薄壁塑件，最小壁厚能达到 0.25mm，但一般不宜小于 0.6～0.9mm，常取 2～4mm。热固性塑料的小型塑件，壁厚取 0.6～2.5mm，大型塑件 3.2～8mm。表 4-5 为热塑性塑件最小壁厚及推荐壁厚参考值，表 4-6 为根据外形尺寸推荐的热固性塑件壁厚值。

表 4-5　热塑性塑件最小壁厚及推荐壁厚　　　　单位：mm

塑料种类	制件流程 50mm 的最小壁厚	一般制件壁厚	大型制件壁厚
聚酰胺(PA)	0.45	1.75～2.60	2.4～3.2
聚苯乙烯(PS)	0.75	2.25～2.60	3.2～5.4
改性聚苯乙烯	0.75	2.29～2.60	3.2～5.4
有机玻璃(PMMA)	0.80	2.50～2.80	4.0～6.5
聚甲醛(POM)	0.80	2.40～2.60	3.2～5.4
软聚氯乙烯(LPVC)	0.85	2.25～2.50	2.4～3.2
聚丙烯(PP)	0.85	2.45～2.75	2.4～3.2
氯化聚醚(CPT)	0.85	2.35～2.80	2.5～3.4
聚碳酸酯(PC)	0.95	2.60～2.80	3.0～4.5
硬聚氯乙烯(HPVC)	1.15	2.60～2.80	3.2～5.8
聚苯醚(PPO)	1.20	2.75～3.10	3.5～6.4
聚乙烯(PE)	0.60	2.25～2.60	2.4～3.2

表 4-6　热固性塑件壁厚　　　　单位：mm

塑料名称	塑件外形高度		
	约 50	50～100	>100
粉状填料的酚醛塑料	0.7～2.0	2.0～3.0	5.0～6.5
纤维状填料的酚醛塑料	1.5～2.0	2.5～3.5	6.0～8.0
氨基塑料	1.0	1.3～2.0	3.0～4.0
聚酯玻璃纤维填料的塑料	1.0～2.0	2.4～3.2	>4.8
聚酯无机物填料的塑料	1.0～2.0	3.2～4.8	>4.8

同一塑件的壁厚应尽可能一致，否则会因冷却或固化速度不同而产生内应力，使塑件产生翘曲缩孔、裂纹甚至开裂。当然，要求塑件各处壁厚完全一致也是不可能的，因此，为了使壁厚尽量一致，在可能的情况下常常将壁厚的部分挖空。如果在结构上要求具有不同的壁厚时，不同壁厚的比例不应超过 1∶3，且不同壁厚应采用适当的修饰半径使壁厚部分缓慢过渡。表 4-7 为改善塑件壁厚的典型实例。

表 4-7　改善塑件壁厚的典型实例

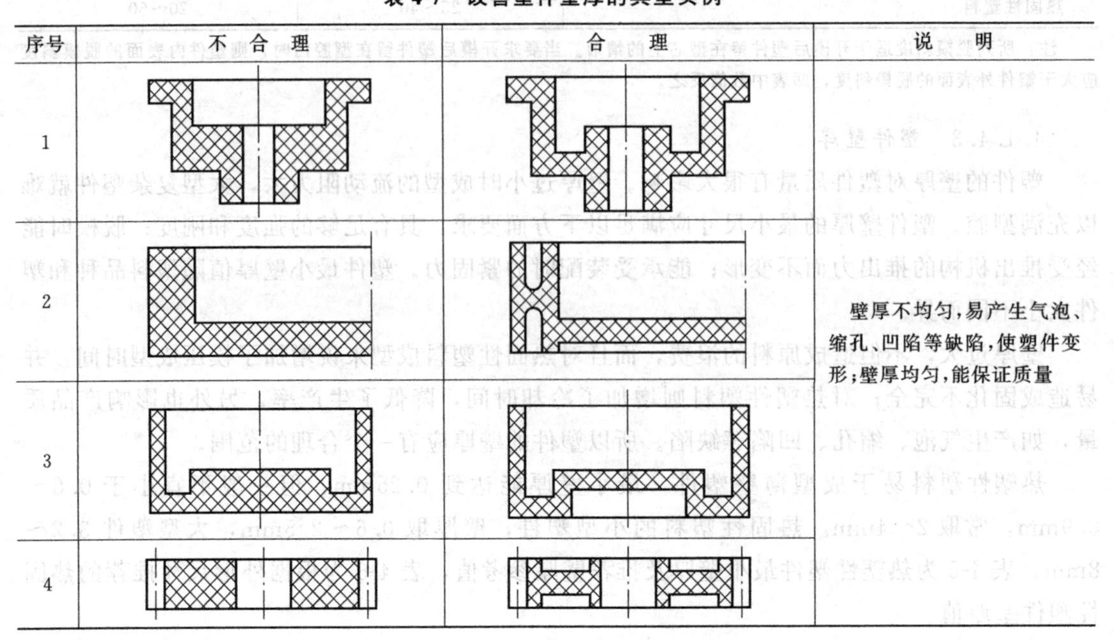

序号	不合理	合理	说明
1			壁厚不均匀，易产生气泡、缩孔、凹陷等缺陷，使塑件变形；壁厚均匀，能保证质量
2			
3			
4			

续表

序号	不合理	合理	说明
5			全塑齿轮轴应在中心设置钢芯
6			壁厚不均塑件，可在易产生凹痕的表面设计成波纹形式或在厚壁处开设工艺孔，以掩盖或消除凹痕

4.1.4.4　**塑件加强肋**

加强肋的主要作用是在不增加壁厚的情况下，加强塑件的强度和刚度，避免塑件翘曲变形。此外合理布置加强肋还可以改善充模流动性，减少塑件内应力，避免气孔、缩孔和凹陷等缺陷。

加强肋的形状尺寸如图 4-16 所示。若塑件壁厚为 δ，则加强肋高度 $L=(1\sim3)\delta$，肋条宽 $A=(1/4\sim1)\delta$，肋根过渡圆角 $R=(1/8\sim1/4)\delta$，收缩角 $\alpha=2°\sim5°$，肋端部圆角 $r=\delta/8$，当 $\delta\leqslant2\text{mm}$ 时，取 $A=\delta$。在塑件上设置加强肋有以下要求。

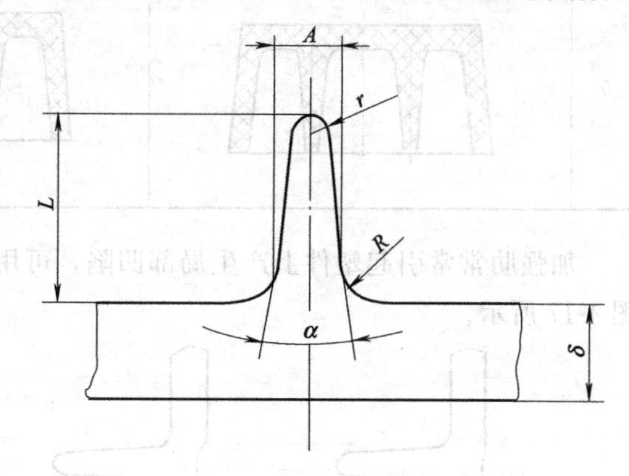

图 4-16　加强肋的形状尺寸

① 加强肋的厚度应小于塑件厚度，并与壁用圆弧过渡。

② 加强肋端面高度不应超过塑件高度，宜低于 0.5mm 以上。

③ 尽量采用数个高度较矮的肋代替孤立的高肋，肋与肋间距离应大于肋宽的两倍。

④ 加强肋的设置方向除应与受力方向一致外，还应尽可能与熔体流动方向一致，以免料流受到搅乱，使塑件的韧性降低。

表 4-8 为加强肋设计的典型实例。

表 4-8　加强肋设计的典型实例

序号	不合理	合理	说明
1			过高的塑件应设置加强肋，以减薄塑件壁厚
2			过厚处应减薄并设置加强肋以保持原有强度

续表

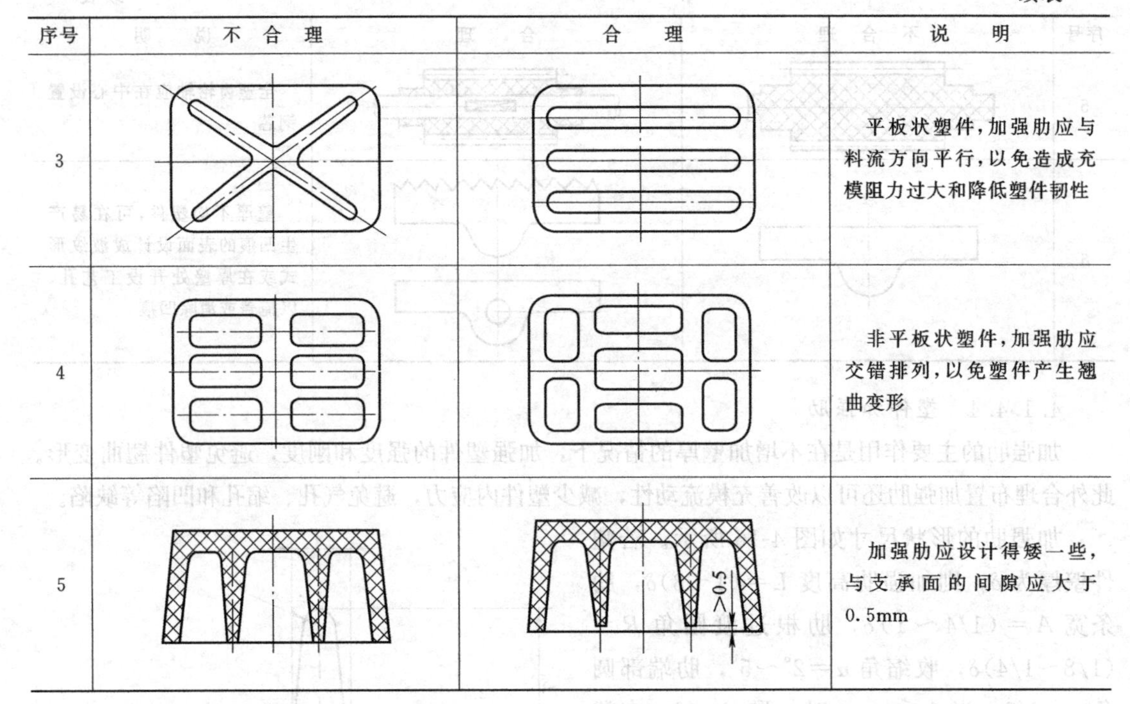

序号	不 合 理	合 理	说 明
3			平板状塑件，加强肋应与料流方向平行，以免造成充模阻力过大和降低塑件韧性
4			非平板状塑件，加强肋应交错排列，以免塑件产生翘曲变形
5		>0.5	加强肋应设计得矮一些，与支承面的间隙应大于0.5mm

加强肋常常引起塑件上产生局部凹陷，可用改变结构的方法来修饰和隐藏这种凹陷，如图 4-17 所示。

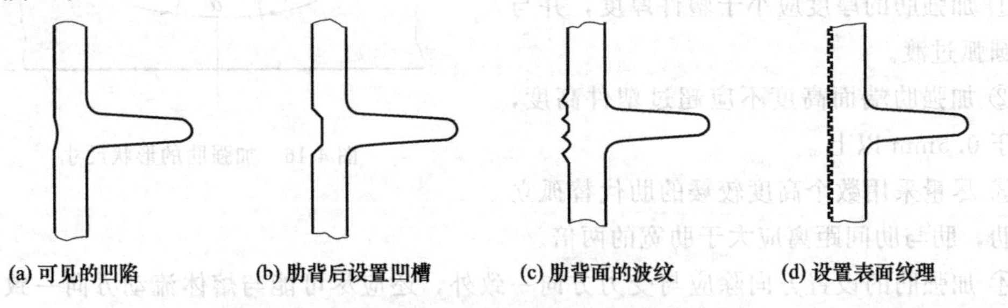

(a) 可见的凹陷　(b) 肋背后设置凹槽　(c) 肋背面的波纹　(d) 设置表面纹理

图 4-17　采用各种方法来掩盖加强肋引起的凹陷

除了采用加强肋外，薄壳状的塑件可制成球面或拱曲面，这样可以有效地增加刚性和减少变形，如图 4-18 所示。

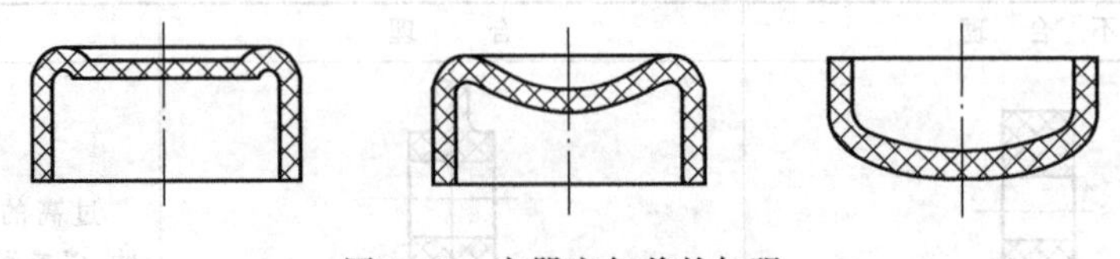

图 4-18　容器底与盖的加强

对于薄壁容器的边缘，可按如图 4-19 所示的设计来增加刚性和减少变形。

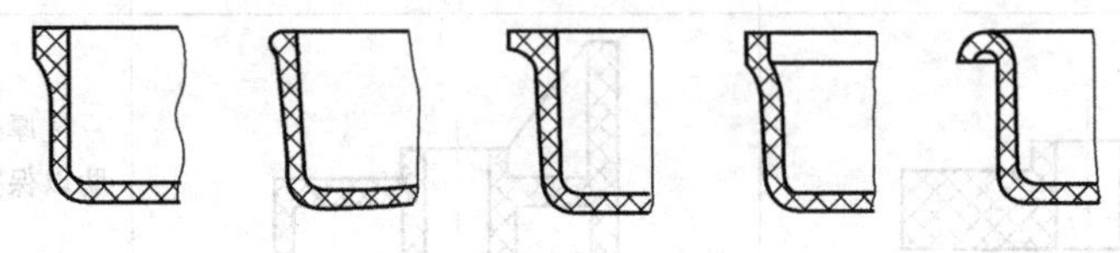

图 4-19　容器边缘的增强

4.1.4.5 塑件支承面与凸台

塑件的支承面应保证其稳定性，不宜以塑件的整个底面作为支承面，因为塑件稍许翘曲或变形将会使底面不平。通常采用的是几个凸起的脚底或凸边支承，如图 4-20 所示。图 4-20 (a)以整个底面做支承面是不合理的，图 4-20 (b) 和 (c) 分别以边框凸起和凸台作为支承面，这样设计较合理。

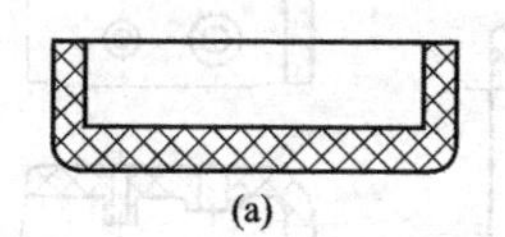

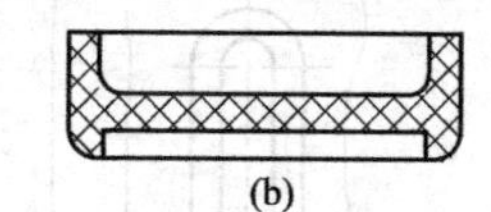

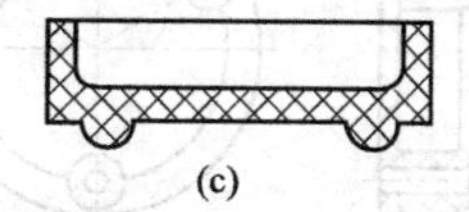

图 4-20 塑件的支承面

凸台是塑件上突出的锥台或支承块，为诸如自攻螺钉或螺杆拧入件之类的紧固件提供坐落部位，或加强塑件上的孔的强度。凸台设计应遵循以下原则。

① 凸台应尽可能设在塑件转角处，其侧面应设有支撑肋，以分散负荷压应力。

② 凸台应有足够的脱模斜度，凸台与基面接合处应有圆弧过渡。

③ 如果凸台上有孔，则凸台直径至少应为孔径的两倍。

④ 凸台高度一般不应超过凸台外径的两倍，凸台壁厚不应超过基面壁厚的 3/4，一般取 1/2。

4.1.4.6 塑件圆角

为了避免应力集中，提高塑件的强度，改善熔体的流动情况和便于脱模，在塑件各内外表面的连接处，均应采用过渡圆弧。此外，圆弧还使塑件变得美观，并且模具型腔在淬火或使用时也不致因应力集中而开裂。

图 4-21 表示内圆角、壁厚与应力集中系数之间的关系。由图可见，将 R/δ 控制在 0.25～0.75 的范围内较为合理。对于塑件的某些部位，在成型必须处于分型面、型芯与型腔配合处等位置时，则不便制成圆角，而采用尖角。

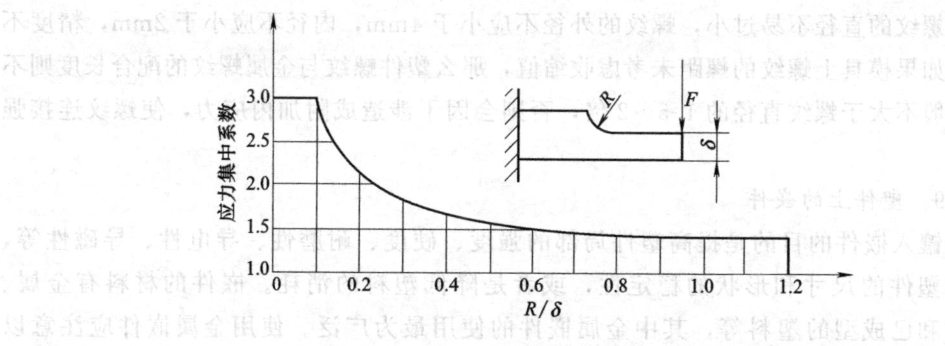

图 4-21 R/δ 与应力集中系数的关系曲线

4.1.4.7 塑件上的孔

塑件上常见的孔有通孔、盲孔、异形孔（形状复杂的孔）和螺纹孔等。这些孔均应设置在不会消弱塑件强度的地方，在孔与孔之间、孔与边壁之间应留有足够的距离。热固性塑料两孔之间及孔与边壁之间的关系见表 4-9。当两孔直径不一样时，按小的孔径取值。热塑性塑料两孔之间及孔与边壁之间的关系可按表 4-9 中所列数值的 75％确定。塑件上固定用孔和其他受力孔的周围可设计成凸边或凸台来加强，如图 4-22 所示。

表 4-9　热固性塑件孔间距及孔与边壁之间关系　　单位：mm

孔径	约1.5	1.5～3	3～6	6～10	10～18	18～30
孔间距 孔边距	1～1.5	1.5～2	2～3	3～4	4～5	5～7

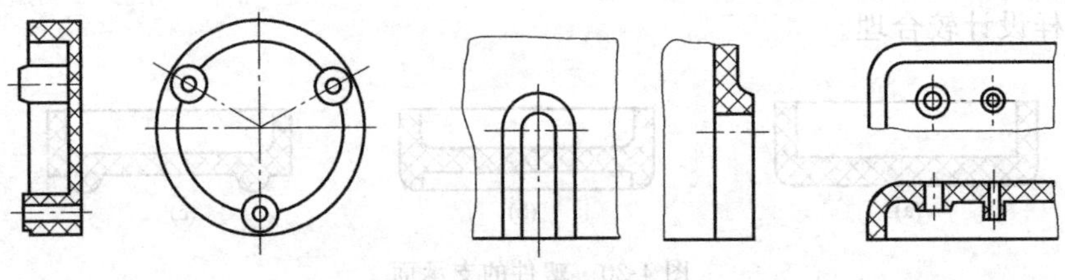

图 4-22　孔的加强

4.1.4.8　塑件螺纹

塑件上的螺纹既可直接用模具成型，也可在成型后用机械加工成型。对于需要经常装拆和受力较大的螺纹，应采用金属螺纹嵌件。塑料上的螺纹应选用较大的螺牙尺寸，直径较小时也不宜选用细牙螺纹，否则会影响使用强度。表 4-10 列出塑件螺纹的使用范围。

表 4-10　塑件螺纹的使用范围

螺纹公称直径 /mm	螺纹种类				
	公称标准螺纹	1级细牙螺纹	2级细牙螺纹	3级细牙螺纹	4级细牙螺纹
<3	+	—	—	—	—
3～6	+	—	—	—	—
6～10	+	+	—	—	—
10～18	+	+	+	—	—
18～30	+	+	+	+	—
30～50	+	+	+	+	+

注："+"为建议采用的范围。

塑件上螺纹的直径不易过小，螺纹的外径不应小于 4mm，内径不应小于 2mm，精度不超过 3 级。如果模具上螺纹的螺距未考虑收缩值，那么塑件螺纹与金属螺纹的配合长度则不能太长，一般不大于螺纹直径的 1.5～2 倍，否则会因干涉造成附加内应力，使螺纹连接强度降低。

4.1.4.9　塑件上的嵌件

塑件中镶入嵌件的目的是提高塑件局部的强度、硬度、耐磨性、导电性、导磁性等，或者是增加塑件的尺寸和形状的稳定性，或者是降低塑料的消耗。嵌件的材料有金属、玻璃、木材和已成型的塑料等，其中金属嵌件的使用最为广泛。使用金属嵌件应注意以下原则。

(1) 嵌件应牢固地固定在塑件中　为了防止嵌件受力时在塑件内转动或脱出，嵌件表面必须设计有适当的凸凹状。如图 4-23 (a) 所示为最常用的菱形滚花，其拉伸和扭曲强度都较大；如图 4-23 (b) 所示为直纹滚花，这种滚花在嵌件较长时允许塑件沿轴向少许伸长，以降低这一方向的内应力，但在这种嵌件上必须开有环形沟槽，以免在受力时被拔出；如图 4-23 (c) 所示为六角形嵌件，因其尖角处易产生应力集中，故较少采用；如图 4-23 (d) 所示为用孔眼、切口或局部折弯来固定的片状嵌件；薄壁管状嵌件也可用边缘折弯法固定，如

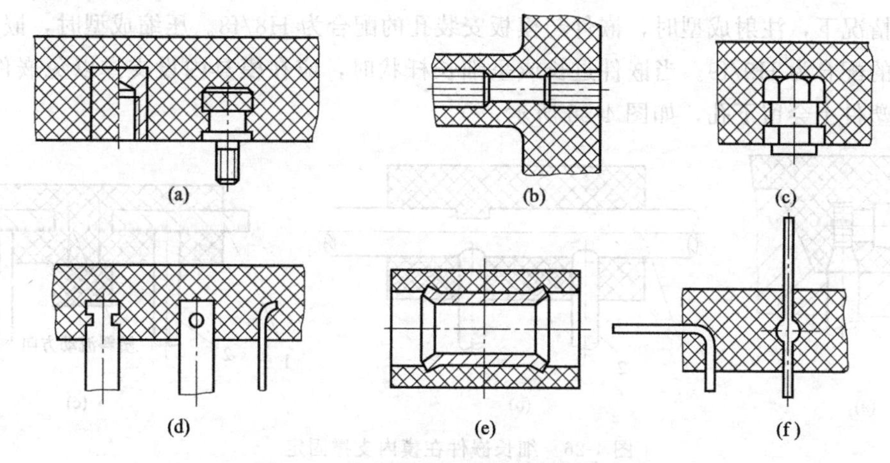

图 4-23　金属嵌件在塑件内的固定方式

图 4-23（e）所示；针状嵌件可采用将其中一段砸扁或折弯的办法固定，如图 4-23（f）所示。

（2）嵌件在模具内应定位可靠　模具中的嵌件在成型时要受到高压熔体流的冲击，可能发生位移和变形，同时熔料还可能挤入嵌件上预制的孔或螺纹线中，影响嵌件使用，因此嵌件必须可靠定位，并要求嵌件的高度不超过其定位部分直径的 2 倍。如图 4-24 所示为外螺纹嵌件在模内的固定方法。图 4-24（a）利用嵌件上的光杆部分和模具配合；图 4-24（b）采用凸肩配合的形式，既可增加嵌件插入后的稳定性，又可阻止塑料流入螺纹中；图 4-24（c）为嵌件上有一个凸出的圆环，在成型时圆环被压紧在模具上而形成密封环，以阻止塑料的流入。

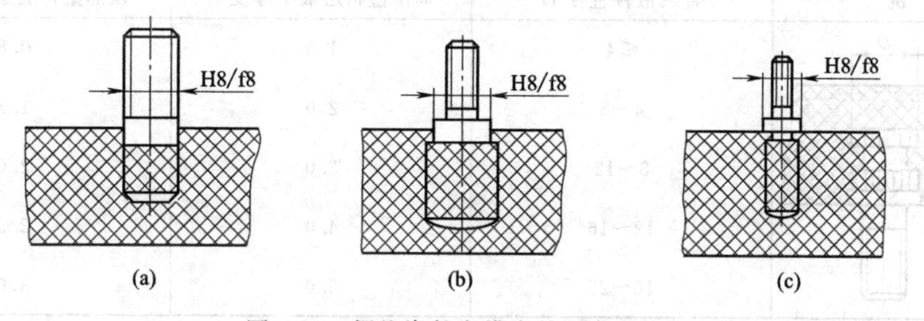

图 4-24　螺纹嵌件在模内的固定方法

如图 4-25 所示为内螺纹嵌件在模内固定的形式，图 4-25（a）为嵌件直接插在模内的圆形光杆上的形式，图 4-25（b）和（c）为用一个凸出的台阶与模具上的孔相配合的形式，以增加定位的稳定性和密封性；图 4-25（d）采用内部台阶与模具上的插入杆配合。

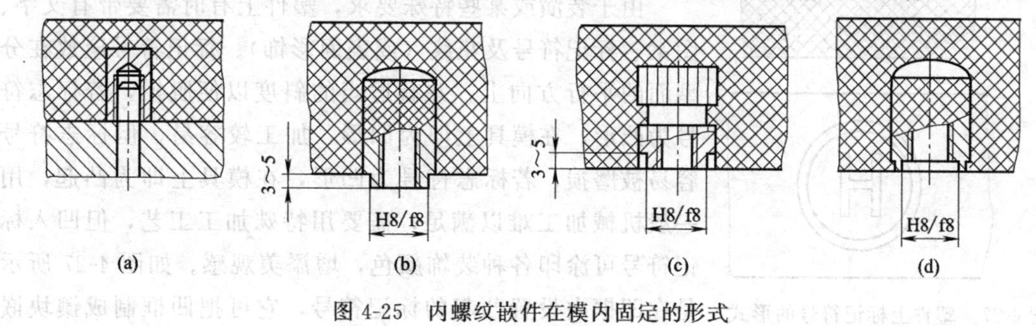

图 4-25　内螺纹嵌件在模内固定的形式

一般情况下，注射成型时，嵌件与模板安装孔的配合为H8/f8。压缩成型时，嵌件与模板安装孔的配合为H9/f9。当嵌件过长或呈细长杆状时，应在模具内设支撑以免嵌件弯曲，但这时在塑件上会留下孔，如图4-26所示。

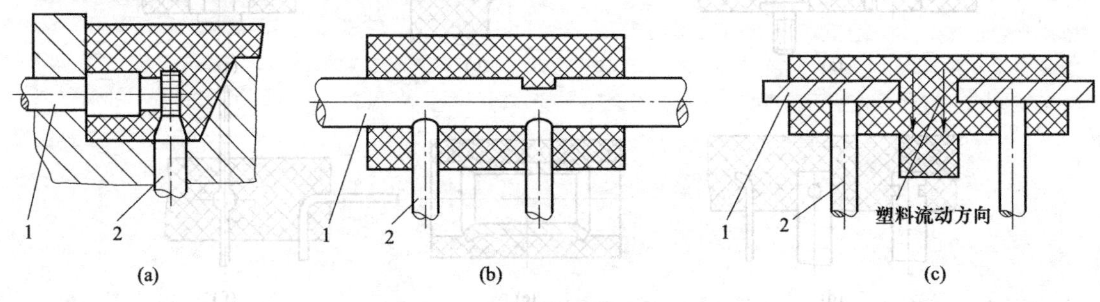

图4-26　细长嵌件在模内支撑固定

1—嵌件；2—支撑柱

(3) 嵌件周围的壁厚应足够大　由于金属嵌件与塑件的收缩率相差较大，致使嵌件周围的塑料存在很大的内应力，如果设计不当，则会造成塑件的开裂，而保持嵌件周围适当的塑料层厚度可以减少塑件的开裂倾向。

对于酚醛塑料及与之相似的热固性塑料的金属嵌件周围塑料层厚度可参见表4-11。另外，嵌件不应带有尖角，以减少应力集中。热塑性塑料注射成型时，应将大型嵌件预热到接近物料温度。对于应力难以消除的塑料，可在嵌件周围覆盖一层高聚物弹性体或在成型后进行退火。嵌件的顶部也有足够的塑料层厚度，否则会出现鼓泡或裂纹。

表4-11　金属嵌件周围塑料层厚度　　单位：mm

图　例	金属嵌件直径 D	周围塑料层最小厚度 C	顶部塑料层最小厚度 H
C D H	≤4	1.5	0.8
	4～8	2.0	1.5
	8～12	3.0	2.0
	12～16	4.0	2.5
	16～25	5.0	3.0

成型带嵌件的塑件会降低生产效率，使生产不易实现自动化，因此在设计塑件时尽可能避免使用嵌件。

4.1.4.10　塑件上的标记符号及表面彩饰

由于装潢或某些特殊要求，塑件上有时需要带有文字、图案、标记符号及花纹（或表面彩饰）。标记符号应放在分型面的平行方向上，并有适当的斜度以便脱模，若标志符号为凸形，在模具上即为凹形，加工较容易，但标志符号容易被磨损；若标志符号为凹形，在模具上即为凸起，用一般机械加工难以满足，需要用特殊加工工艺，但凹入标记符号可涂印各种装饰颜色，增添美观感。如图4-27所示是在凹框内设置凸起的标记符号，它可把凹框制成镶块嵌

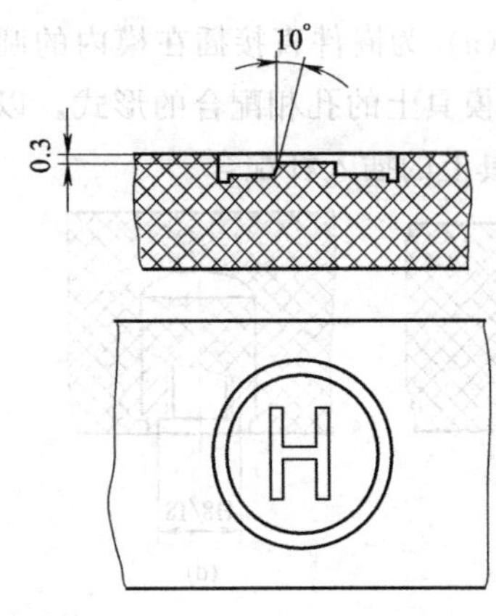

图4-27　塑件上标记符号的形式

入模具内，这样既易于加工，标记符号在使用时又不易被磨损破坏，最为常用。

现在模具制造多采用电铸成型、冷挤压、照相化学腐蚀或电火花等加工技术，塑件上成型的标记符号，凹进的高度不小于0.2mm，线条宽度不小于0.3mm，通常以0.8mm为宜。两条线间距离不小于0.4mm，边框可比图案纹高出0.3mm以上，标记符号的脱模斜度应大于10°以上。塑件的表面彩饰可以隐蔽塑件表面在成型过程中产生的疵点、银纹等缺陷，同时增加了产品外观的美感。

4.2 橡胶的成型工艺

橡胶是另一种非常重要的高分子材料，其主要特点是在室温下处于高弹态，变形量可达1000%。经改性处理后，橡胶具有较高的强度、耐磨性、耐疲劳性和绝缘性。橡胶广泛应用于交通运输、国防工业、机械制造、医药卫生和日常生活等各个领域。

4.2.1 常用橡胶材料

常用的橡胶材料包括天然橡胶和合成橡胶。

4.2.1.1 橡胶材料的组成

橡胶材料的主要成分是生胶，即天然橡胶和合成橡胶。除此之外还有各种其他组分，统称为添加剂，添加剂既可以改变生胶的物理性能、力学性能、加工工艺性能，还可以降低橡胶材料的成本，是橡胶材料必不可少的组成部分。常用的添加剂如下。

（1）硫化剂　在一定条件下能使橡胶产生交联的添加剂称为硫化剂。硫化是橡胶生产的重要工序，未经硫化的橡胶称为生胶，生胶是线型高分子聚合物，随着温度的升高，生胶的永久变形量不断增大，并且强度低、耐磨性差、抗撕裂性和稳定性也较差。经硫化后，生胶的线型高分子产生交联，生成比较稀疏的三维网状结构，这种结构变化使橡胶性能发生了显著的变化，使橡胶的强度、弹性、抗变形能力及稳定性得到很大的提高。硫化后的橡胶也称为熟胶或橡皮。常用的硫化剂有：硫黄、含硫化合物、金属氧化物和有机过氧化物等。

（2）促进剂　促进剂又称硫化促进剂，其作用是加快硫化反应的速率、缩短硫化时间、降低硫化反应温度、减少硫化剂用量并能改善硫化胶的物理性能和力学性能。促进剂可分为无机促进剂和有机促进剂，目前生产中广泛使用有机促进剂。

（3）填充剂　填充剂是用来填充橡胶，达到提高性能、降低成本目的的添加剂。填充剂既可以提高橡胶的拉伸强度、耐磨性、抗疲劳性，还可以降低橡胶的成本。常用的填充剂有：炭黑和水合二氧化硅（白炭黑）。

（4）防老剂　橡胶在贮存和使用过程中，由于接触到热、氧、光、辐射、化学物质、霉菌等的作用，其物理性能、力学性能和使用性能逐渐变差，出现脆、软、黏、龟裂等现象称为老化。防老剂的作用是抑制、延缓橡胶老化现象的出现，提高橡胶的抗老化能力，延长使用寿命。常用的防老剂有：胺类防老剂、酚类防老剂和有机硫化物防老剂。

（5）软化剂　软化剂的作用是改善橡胶的加工性能，使橡胶在加工时具有较好的塑性和较低的黏度。软化剂可以降低硫化胶的强度和硬度，提高橡胶制品的耐寒性能。软化剂分为：石油类软化剂、煤焦油类软化剂、植物油类软化剂和合成软化剂（增塑剂）。

在橡胶中除以上常用的添加剂以外，还有：着色剂、发泡剂、放焦剂、脱模剂等多种添加剂，这些添加剂应根据不同情况选择使用。

4.2.1.2 常用橡胶材料

常用的橡胶材料除了按照来源分为天然橡胶和合成橡胶外，还可以按应用范围分为通用橡胶和特种橡胶。常用橡胶材料的性能与用途见表4-12。

表4-12 常用橡胶材料的性能与用途

类别	名称	拉伸强度/MPa	伸长率/%	使用温度/℃	回弹性	耐磨性	耐碱性	抗老性	用途
通用橡胶	天然橡胶	25～30	650～900	-50～120	好	中	中	中	可用于制造轮胎、减震零件、水和气体密封件等
	丁苯橡胶	15～20	500～600	-50～140	中	好	中	好	用途最广泛，可制造轮胎、橡胶板、电缆、绝缘件等
	丁腈橡胶	15～30	300～800	-35～175	中	中	中	中	耐热、耐油性好，可制造输油管、密封件、油箱等
	氯丁橡胶	25～27	800～1000	-35～130	中	中	好	好	综合性能好，可制造电缆、运输胶带、耐腐蚀件等
特种橡胶	氟橡胶	20～22	100～500	-50～300	中	中	中	好	制造耐高温、耐腐蚀密封件以及高真空耐蚀件等
	硅橡胶	4～10	50～500	-70～275	差	差	好	好	用于制造航空航天密封件、绝缘件、医疗器械等
	乙丙橡胶	10～25	400～800	150	中	中	好	好	制造蒸汽管、耐腐蚀密封件、绝缘件等
	聚氨酯橡胶	20～35	300～800	80	中	好	差	中	耐磨件、低温密封件、弹性件等

4.2.2 橡胶制品成型

橡胶制品成型是指由生胶及其添加剂经过一系列化学和物理作用制成产品的过程。橡胶制品分为干胶制品和胶乳制品两大类，橡胶的加工就是由生胶制成干胶制品或由胶乳制得胶乳制品的生产过程，其主要工序包括生胶的塑炼、塑炼胶与各种添加剂的混炼、成型及硫化等。

4.2.2.1 生胶塑炼

生胶材料的高弹性对成型加工是不利的，加工机械大部分的机械能会消耗在橡胶的弹性变形上，而且很难获得所需制品的形状。为了便于加工，必须使橡胶材料具有可塑性。在一定条件下对生胶进行机械加工，使其由强韧的弹性状态转变为柔软可塑的状态，这种加工工艺称为混炼。

塑炼常用机械塑炼法，即通过机械作用破坏橡胶的高分子链，使其断链，最终使生胶弹性、黏度降低，可塑性、黏结性提高，并获得适当的流动性以满足加工的需要。常用的塑炼设备有开炼机（图4-28）、密炼机（图4-29）、螺杆炼塑机等。

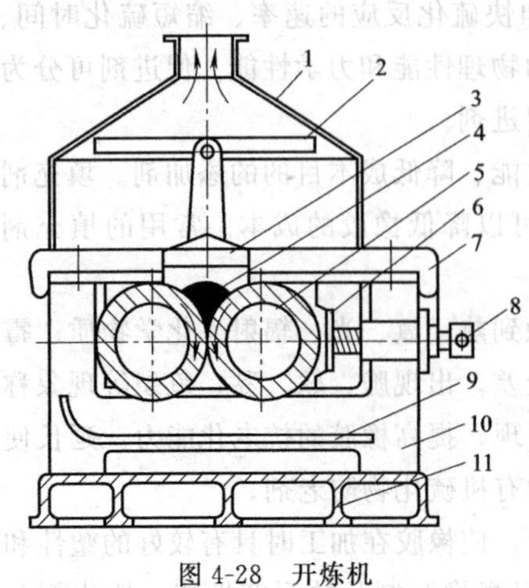

图4-28 开炼机

1—排风罩；2—刹车装置；3—挡料板；4—生胶料；5—辊筒；6—轴承；7—横梁；8—调距装置；9—接料盘；10—机架；11—底座

开炼机主要由挡料板、两个空心辊筒、调距装置、刹车装置、机架和底座组成，通过调距装置可以调节两个空心辊筒之间的距离，电动机带动两个辊筒以不同速度旋转。冷却水或蒸汽可接入辊筒内部，对辊筒冷却或加热，以保证辊筒的温度。在开炼机上塑炼时，胶料与辊筒表面的摩擦力将胶料带入两个辊筒之间的间隙之中，因为两个辊筒的速度不同，使胶料受到强烈的摩擦剪切，橡胶的分子链断裂，在周围氧气或塑解剂的作用下生成相对分子质量较小的稳定分子，橡胶的可塑性得到提高。

密炼机的核心部件是密炼室，密炼室内有一对横截面呈梨形的转子，转子以螺旋的方式沿轴向排列，其转动方向相反，速度有一定的差异。转子转动时，生胶不仅绕转子转动，而且沿轴向移动，两个转子的尖部之间、尖部与密炼室内壁之间的间距都很小，转子在转动到这些地方会对生胶产生很大的剪切力。密炼室上部的活塞和汽缸对生胶实施压紧作用，促使塑炼的连续进行。密炼室的外部和转子的内部都有加热和冷却介质的通道，可以对密炼室和转子进行加热或冷却，以保持一定的温度。与开炼机相比密炼机具有很好的密封性，塑炼胶料的质量好、生产效率高、污染少、能耗低、安全性好。

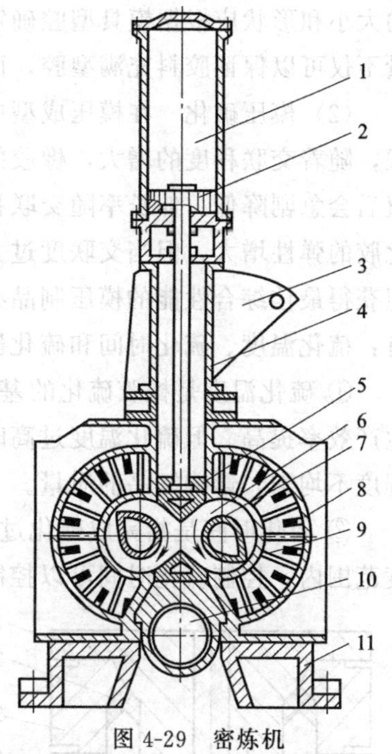

图 4-29 密炼机

1—上顶栓汽缸；2—活塞；3—加料斗；4—加料口；5—上顶栓；6—密炼室；7—转子；8—冷却水喷淋头；9—下顶栓；10—下顶栓汽缸；11—底座

4.2.2.2 胶体混炼

胶体的混炼是将各种添加剂混入生胶中，并使其均匀分散，获得成分均匀的混炼胶的过程。混炼一般在密炼机或开炼机上进行，其加工过程与塑炼加工类似，但要注意添加剂的加入顺序，一般先加入固体软化剂，然后加入防老剂、促进剂和活性剂，再加入填充剂、液体软化剂，最后加入硫黄及超促进剂。加入添加剂的顺序不当，会影响添加剂的分散均匀性。另外，混炼后的胶料应立即进行强制冷却，以防止相互粘连或焦烧，通常的冷却方法是将胶片浸入液体隔离剂（如膨润土悬浮液）中，也可将隔离剂喷洒在胶片或粒料上然后用冷风吹干。混炼好的胶料冷却后还要放置 8h 以上，使添加剂进一步扩散均匀。

混炼好的胶料要求具有良好的物理和力学性能，同时还必须具有后续加工所需要的最低可塑性。

4.2.2.3 橡胶模压成型

橡胶的模压成型是将准备好的预成型胶料置于压模内，在加热、加压的条件下，使胶料产生塑性流动而充满模具型腔，经过一定时间的持续加热后完成硫化，再经脱模和修边获得成型制品的工艺过程。橡胶模压成型的工艺流程如图 4-30 所示。

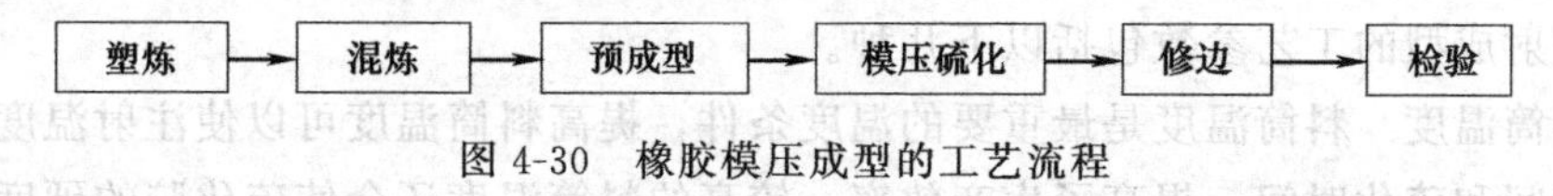

图 4-30 橡胶模压成型的工艺流程

(1) 预成型　生胶经塑炼、混炼放置 24h 后可进行预成型，预成型通常使用压延机、开炼机、压出机等进行。胶料可在压延机或开炼机上制成所要求尺寸的胶片，然后用冲床裁切成半成品。也可用压出机制成一定规格的胶管，再切成一定长度的胶圈作为半成品。胶料半成品的大小和形状应根据模具型腔确定，半成品的质量应超出产品质量的5%～10%，一定的过量不仅可以保证胶料充满型腔，而且可以在成型时排除型腔内的空气和保持足够的压力。

(2) 模压硫化　在模压成型中硫化是非常重要的工序，硫化使橡胶的线型高分子产生交联，随着交联程度的增大，橡胶的定伸强度、硬度会逐渐增大。拉伸强度先逐渐升高到一定值后会急剧降低。伸长率随交联程度的提高而降低并趋于很小值。在一定的交联范围内，硫化胶的弹性增大，但当交联度过大时，橡胶分子的活动受到限制，弹性反而降低。所以，要想获得最佳综合性能的模压制品必须控制交联程度，也即硫化程度。对硫化过程的控制因素有：硫化温度、硫化时间和硫化压力。

① 硫化温度是橡胶硫化的基本条件，当温度升高时，硫化速度加快，硫化时间缩短，生产效率提高。但硫化温度过高时会使胶料由于自身导热性差，产生较大的温度梯度使硫化程度不均匀，影响制品的质量。

② 硫化时间是指完成硫化过程所需的时间，硫化时间与硫化温度密切相关，在一定温度范围内，控制硫化时间可以控制制品的硫化程度。

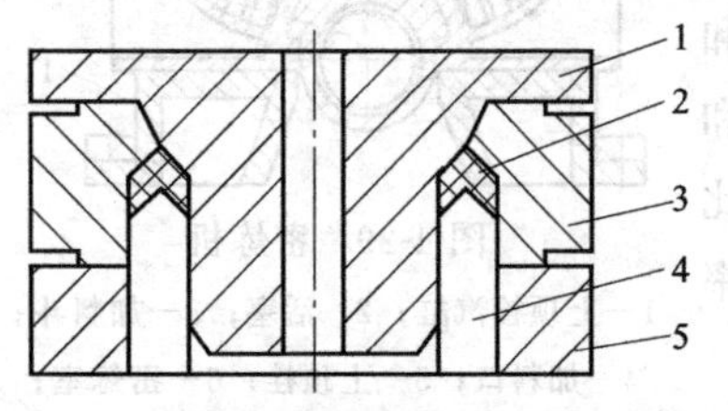

图 4-31　橡胶密封圈的模压成型模具

1—凸模；2—制件；3—外套；4—型芯；5—模座

③ 硫化压力可以保证胶料充满模腔，获得致密制品，硫化压力一般为5～8MPa。

橡胶模压成型所使用的设备是平板硫化机，该工艺方法适合生产各种橡胶制品、橡胶与金属或与织物的复合制品，制品的致密性好。如图4-31所示为橡胶密封圈的模压成型模具。

4.2.2.4　橡胶注射成型

橡胶的注射成型与塑料的注射成型相类似，橡胶注射机将料筒中的胶料注射入模具内，硫化成型获得所需制品。橡胶注射成型的工艺流程如图4-32所示。

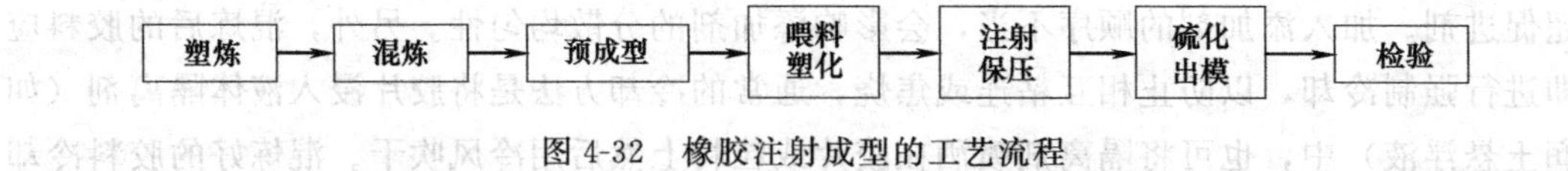

图 4-32　橡胶注射成型的工艺流程

(1) 喂料塑化　将胶料（带料或粒料）从注射机料斗喂入料筒，在螺杆的旋转作用下，胶料沿螺槽被送到料筒前端，在这一过程中，胶料受到剧烈的剪切和变形，再加上料筒外部的加热，使胶料温度快速升高，可塑性增加。胶料在料筒前端聚集并被压缩，这使胶料内部残留的空气被排出，密度增加，为成型制品做好了准备。

(2) 注射保压　当料筒前端聚集了足够的胶料后，螺杆向前推动胶料经注射机喷嘴进入模具型腔并迅速充满。充满后，保压一段时间，以保证制品的密实和均匀。

(3) 硫化出模　在保压过程中胶料开始硫化过程。硫化完成后，打开模具取出制品。

橡胶注射成型的工艺参数包括以下几种。

(1) 料筒温度　料筒温度是最重要的温度条件，提高料筒温度可以使注射温度提高，缩短了注射时间和硫化时间，提高了生产效率。较高的料筒温度还会使硫化胶的硬度和定伸强度提高。但过高的料筒温度会使胶料硫化过快而焦烧，这严重影响注射成型生产。因此，应保证在不产生焦烧的前提下，尽可能提高料筒温度。一般柱塞式注射机料筒温度为70～80℃，螺杆式注射机为80～110℃。

（2）注射温度　注射温度是指胶料通过注射机喷嘴后的温度，注射温度受到料筒温度和喷嘴剪切摩擦热的影响，会使胶料温度上升。

（3）模具温度　模具温度也就是硫化温度。模具温度影响制品的硫化时间和硫化均匀性，所以模具温度受到一定限制。注射天然橡胶时，模具温度可取170～190℃；注射丁腈橡胶时，模具温度可取180～205℃；注射乙丙橡胶时，模具温度可取190～220℃。

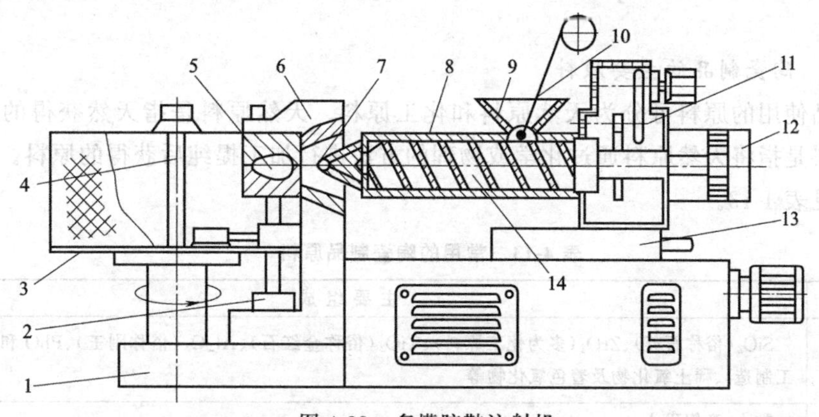

图4-33　多模胶鞋注射机

1—机座；2—锁模油缸；3—转盘；4—转轴；5—模具；6—合模机构；7—喷嘴；8—料筒；9—料斗；10—带状胶料；11—螺杆驱动装置；12—注射油缸；13—注射座；14—螺杆

（4）注射压力　注射压力推动胶料充满模具型腔，注射压力大，会使胶料通过喷嘴速度提高，剪切摩擦热增加，有利用充满模腔和加快硫化。一般螺杆式注射机注射压力为80～110MPa。

（5）螺杆背压及转数　螺杆的背压影响胶料的排气和致密性，背压增加会使螺杆的剪切摩擦热增大。一般螺杆式注射机背压为20MPa左右。螺杆转数提高会使胶料受到的剪切摩擦增强，有利于提高塑化质量。但转数过大会使胶料的推进速度增大，塑化时间下降，从而影响塑化质量。因此，螺杆转数一般不超过100r/min。

橡胶注射机的基本结构与塑料注射机相似，如图4-33所示为多模胶鞋注射机。如图4-34所示为橡胶注射机使用的模具。

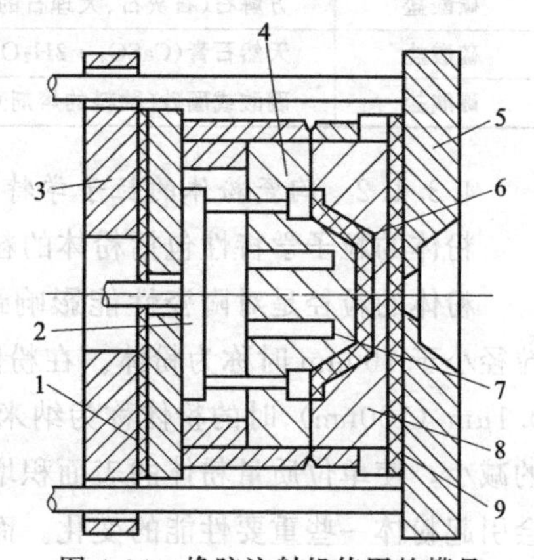

图4-34　橡胶注射机使用的模具

1—动模绝热板；2—顶出板；3—动模板；4—动模；5—定模板；6—橡胶制件；7—加热孔；8—定模；9—定模绝热板

4.3　陶瓷材料的成形工艺

陶瓷材料是指将黏土等物料经过成形及高温处理而获得的一类材料。陶瓷材料是硬而脆的高熔点材料，具有良好的绝缘性和隔热性，良好的化学稳定性和热稳定性，以及较高的压缩强度。不同组分的陶瓷还具有一些特殊的性能，广泛应用于机械、电子、航天、医疗等各个领域，成为现代新型材料的重要组成部分。

陶瓷材料可以分为普通陶瓷和特种陶瓷两大类。普通陶瓷按其用途分为日用陶瓷、建筑陶瓷、工艺美术陶瓷等。特种陶瓷又可分为结构陶瓷和功能陶瓷。结构陶瓷有很好的力学性能和机械性能；功能陶瓷具有电、磁、声、光、热、化学及生物特性，而且有相互转化的功能。

4.3.1 陶瓷粉的性能与制备

陶瓷原料大部分为粉体材料，粉体是指大量固体颗粒的集合体，它由微粒固相和气相组成。

4.3.1.1 陶瓷制品的主要原料

陶瓷制品使用的原料可分为天然原料和化工原料。天然原料是指天然获得的黏土或矿石；化工原料是指将天然原料通过化学或物理的方法进行加工提纯后获得的原料。常用的陶瓷制品原料见表 4-13。

表 4-13 常用的陶瓷制品原料

原料类别	主要组成
氧化物类	SiO_2（俗称石英）、ZrO_2（多为化工原料）、TiO_2（俗称金红石）、Al_2O_3（俗称刚玉）、PbO 和 ZnO（为人工制造）、稀土氧化物及着色氧化物等
硅酸铝类矿物	黏土、高铝矾土
碱土硅酸盐类	滑石、硅灰石、透灰石岩等
含碱硅酸铝类	长石、霞石、锂质矿物
碳酸盐	方解石（石灰石、大理石的主要矿物）、菱镁矿、白云石
硫酸盐	天然石膏（$CaSO_4 \cdot 2H_2O$）（注浆、滚压等方法成形时大量采用石膏模型）
硼酸盐	硼酸或硼砂（釉料的熔剂）

4.3.1.2 陶瓷粉体的粒子学特性

粉体的粒子学特性包括粉体的粒径、粒径分布、粒子形状、密度流动性等。

粉体的粒径是对陶瓷性能影响最大的因素之一，通常把粒径大于 100μm 时称为颗粒，粒径小于 100μm 时称为粉体。在粉体中，粒径小于 1μm 时的粉体称为超细粉体，粒径小于 0.1μm（100nm）时的粉体称为纳米粉体。常见的陶瓷粉体粒径在 0.05～40μm。粉体粒径的减小，使单位质量粉体的表面积增加，存贮于表面的能量增大。这种粒径减小表面能增加会引起粉体一些重要性能的变化。而且，粉体的粒径越小，这种变化越明显。

粉体粒径对性能的影响如下。

① 粒径的减小使粉体材料的熔点下降，粉体熔点下降的程度与粒子的直径成反比。

② 粒径的减小使粉体材料的蒸气压上升。

熔点下降和蒸气压上升对粉体材料的烧结过程十分有利。例如，粒径为 5μm 的氧化锆粉体的烧结温度为 1800℃。而粒径减少到 0.05μm 时，氧化锆粉体的烧结温度下降为 1200℃。

粉体粒径尺寸的减小，使其表面特性显得十分重要。同时，粒径尺寸减小导致粉体的稳定性降低，表面活性增加，表面吸附力提高。

4.3.1.3 陶瓷粉体的物理性能特性

（1）粉体的粒度　粉体是颗粒的聚集体，颗粒是指在物质的本质结构不发生变化的情况下，分散和细化而得到的固态基本粒子。该基本粒子称为一次粒子。当粉体的粒径较小时，由于颗粒间存在有很强的吸引力，因此，粉体的颗粒趋向于团聚，这种团聚了的颗粒称为二次粒子。在评价粉体时，仅评价一个颗粒的尺寸是没有意义的，必须评价颗粒集合体的统计特性。但颗粒的尺寸不完全一样，形状又差别很大，这使对粉体粒度的表述趋于复杂。

粉体的粒度可用多种方法测量，常用的方法如下。

① 筛分法。使用金属丝编制不同孔径的网筛进行筛分的方法来标定粉体粒度的大小，此方法既可以用来测试粉体的粒度，又可以用于粉体的分选。国际标准筛制中基本单位为“目”，目数的定义是以每英寸（25.4mm）长度上的网孔数作为筛号。目数越大，孔径越小，粉体越细。

② 显微镜法。该方法将被测粉体置于显微镜下直接观测颗粒的粒径。可选用的显微镜有：光学显微镜、扫描电子显微镜、透射电子显微镜。

（2）粉体的粒度分布　一般粉体的粒度是一个范围值，当粉体的粒度差别较小或近似相同时，称为单分散体系；当粉体粒度差别较大时则称为多分散体系。对于多分散体系就要对粉体的粒度进行描述，常用的描述方法有频度分布和累积分布两种。

频度分布曲线如图 4-35 所示，用横坐标表示粉体粒度级别的起至粒度，纵坐标表示单位尺寸的粒度级别占粉体总量的百分数。当粉体的粒度间隔为无限小时可得到一条光滑的频度分布曲线。该曲线的物理意义是：任意粒度间隔内粉体的百分数等于曲线下方该间隔内的面积占总面积的百分数。

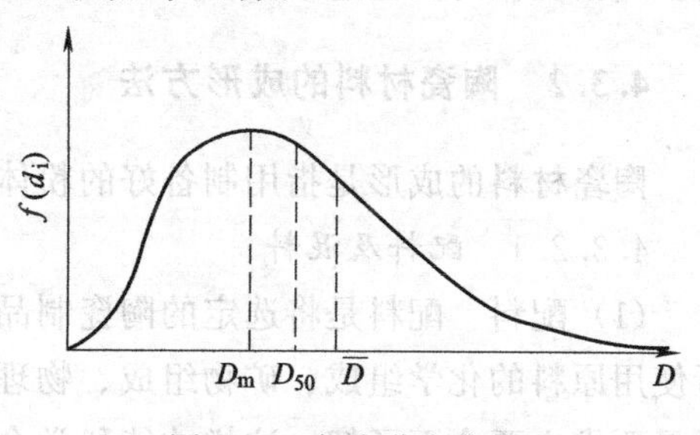

图 4-35　频度分布曲线

在频度分布曲线中，有三个特征尺寸参量：D_m、D_{50}、$\overline{D}$，其中 D_m 为出现概率最大的粉体尺寸；表示 D_{50}（或 $D_{1/2}$）粉体的中径，即该点两侧的粉体的量相等，在累积分布曲线上是累积量为 50% 时对应的粉体颗粒尺寸，如图 4-36 所示。

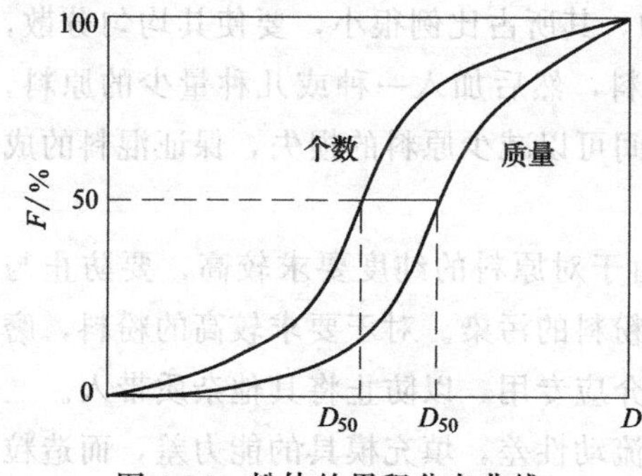

图 4-36　粉体的累积分布曲线

当粉体粒度满足正态分布时则有：$D_m=D_{50}=\overline{D}$。

（3）颗粒形状　颗粒形状与粉体的性能之间存在着密切的关系，它对颗粒聚集体的性质也会产生影响，由于颗粒形状差别很大，难以准确区分，所以，通常只能将颗粒形状划分为规则形状和不规则形状。粉体的颗粒形状因粉体的制备方法不同而各异，生产中根据不同的产品对颗粒形状有不同的要求。例如：球形颗粒具有很好的流动性。

4.3.1.4　陶瓷粉体的制备方法

陶瓷粉体的制备方法分为物理制备法和化学制备法。

（1）物理制备法　物理制备法包括：机械粉碎法、气流粉碎法、物理气相沉积法等。

机械粉碎法采用球磨机、振动筛、搅拌磨等设备对陶瓷原料进行粉碎，其获得的陶瓷粉体粒径一般在微米量级，进一步细化效率很低而且很困难。机械粉碎法得到的粉体粒径分布较宽，粉碎中易混入杂质，因此其粉碎质量不高，不能满足高品质陶瓷对原料粒度和纯度的要求。气流粉碎法采用气流磨，利用在高速气流中粉粒相互碰撞的原理使陶瓷原料粉碎细化。气相沉积法是将固体物质加热气化，然后再使气相物质激冷凝聚形成超细粒子。

机械粉碎法成本低、效率高，但质量较差。气流粉碎法能制得亚微米级粉体，而且粒度分布均匀，生产效率高。物理气相沉积法可获得超细的粉体，但需要专用的设备，而且生产效率低。

(2) 化学制备法　化学制备法包括：沉淀及共沉淀法、水解法、化学气相沉积法等。

沉淀法是利用各种水溶性化合物经混合、反应生成不溶于水的氢氧化物、碳酸盐、硫酸盐或有机盐类沉淀物，将这些沉积物洗涤，去除其中的有害离子，然后经过热分解形成超细粉体。沉淀法可以通过有机表面活性剂进行粉体表面的改性，以及控制粉体粒度。水解法是利用盐类遇水分解的原理获得胶体，在低温下干燥除去水和溶剂，即可获得超细粉体。水解法获得的粉体纯度高、均匀性好、颗粒形状尺寸可控及烧结温度低，但化学过程复杂、易污染、成本高。化学气相是利用挥发性金属化合物的蒸气通过化学反应合成所需超细粉体的方法。气相沉积的反应速率快，反应物在高温滞留时间短，其制备的超细粉体多为不定形态。

4.3.2　陶瓷材料的成形方法

陶瓷材料的成形是指用制备好的粉体成形为陶瓷制品的坯体的生产过程。

4.3.2.1　配料及混料

(1) 配料　配料是将选定的陶瓷制品材料按照计算所得的配方进行调配。配料前必须对所使用原料的化学组成、矿物组成、物理性质以及工艺性能进行全面的了解，同时对产品的质量要求也要全面了解，这样才能科学合理地进行配料计算。

(2) 混料　将配合的原料经过一定方法的混合达到成分基本均匀的过程称为混料。混料有机械混合法和化学混合法。机械混合法是采用球磨或搅拌的方法将物料混合均匀。化学混合即是将化合物粉体与添加组分的盐溶液进行混合，或将各组分全部以盐溶液的形式进行混合。在混料中要注意以下问题。

① 加料顺序。在混料中常常要加入微量的添加物，其所占比例很小，要使其均匀分散，必须仔细操作。加料的顺序应为先加入一种量多的原料，然后加入一种或几种量少的原料，最后再加入一种量多的原料。这样量少的原料夹在中间可以减少原料的损失，保证混料的成分与质量。

② 混料磨介的使用。在一些陶瓷制品生产中，由于对原料的纯度要求较高，要防止与粉料接触的介质特别是磨介（如料筒、球磨子等）对粉料的污染。对于要求较高的粉料，磨介应与原料同质，这对减少污染十分有效。另外，磨介应专用，以防止将其他杂质带入。

(3) 造粒　陶瓷粉料非常细小，易飞扬，成形时流动性差，填充模具的能力差，而造粒可以改善粉体的流动性能。造粒就是在粉料中加入一定量的塑化剂（如水），制成粒度较粗、具有一定假颗粒度级配、流动性好的大颗粒或团粒。造粒的方法有：一般造粒法、加压造粒法、喷雾造粒法、冷冻干燥法等。

(4) 塑化　普通陶瓷含有可塑性黏土，比较容易成形。但一些特种陶瓷其原料没有可塑性，因此成形前先要进行塑化。塑化就是利用塑化剂使原料坯料具有可塑性。具有可塑性的坯料在外力作用下可以产生一定程度的无裂纹变形。

塑化所使用的增塑剂分为：无机增塑剂——如黏土一类的物质；有机增塑剂——如黏结剂（聚乙烯醇、羧甲基纤维素、聚醋酸乙烯酯等）、增塑剂（甘油、酞酸二丁酯等）和溶剂

(无水乙醇、丙酮、甲苯等)。

塑化剂一般对坯体的性能有一定影响，其选择的原则是在保证成形质量的前提下尽量减少增塑剂的加入量。另外，还要考虑对坯体的污染、排杂的难易程度以及温度范围。

(5) 悬浮　悬浮是将粉体分散于液体介质形成稳定均匀、流动性好的浆料，方便采用浆料法成形。配制好的浆料应具有良好的流动性、稳定性和触变性，含水量低，渗透性好，而且气体含量低。

4.3.2.2　陶瓷材料的成形方法

(1) 注浆成形法　注浆成形是将陶瓷悬浮浆料注入多孔质模型内，利用模型的吸水能力将浆料中的水分吸出，从而获得坯体的成形方法。注浆成形法如图 4-37 所示。

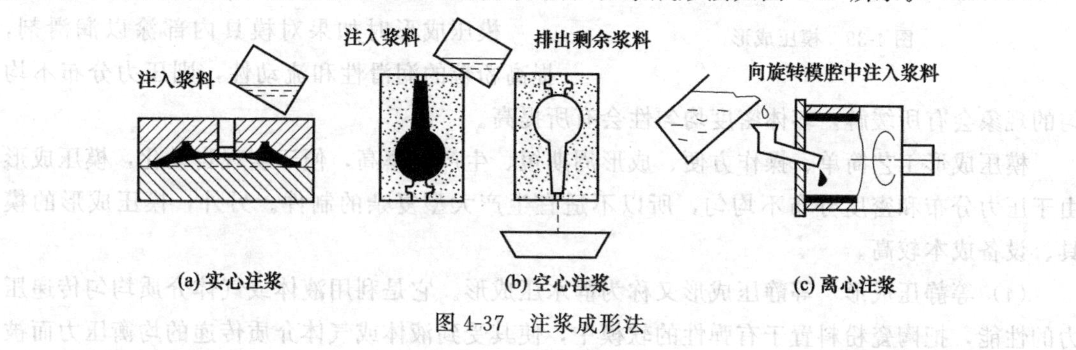

图 4-37　注浆成形法

注浆的方法分为如下几种。

① 实心注浆。如图 4-37 (a) 所示为实心注浆，浆料注入模型后，充满模腔而成形出坯体，没有多余的浆料排出，是获得实心坯体的成形方法。

② 空心注浆。如图 4-37 (b) 所示为空心注浆，浆料注入模型后，停留一定时间，使浆料在紧贴模腔处形成坯体，然后将多余的浆料排出，是获得空心坯体的成形方法。

③ 强化注浆。在注浆时对浆料施加外力，加速注浆过程，提高吸浆速度，并使坯体致密，坯体的强度得到提高。强化注浆的方法有真空注浆、离心注浆、压力注浆等，如图 4-37 (c)所示为离心注浆。

注浆成形适于制造大型厚胎、薄壁、形状复杂不规则的制品。其成形工艺简单，但劳动强度大，不易实现自动化，并且坯体烧结后密度较小，强度降低，收缩、变形较大，制品的尺寸精度较差，不能用于成形性能、质量要求高的陶瓷制品。

(2) 滚压成形法　滚压成形是通过有一定倾斜角的旋转滚压头与成形模型分别绕自己的轴线以一定的速度同方向旋转，滚压头对坯料施加压力滚压成形，如图 4-38 所示。滚压成形坯体致密均匀、强度高、生产效率高、易实现自动化。

(3) 模压成形法　模压成形又称为干压成形。成形前在粉料中加入少量的黏结剂，一般加入量为 7%～8% (质量分数)，然后进行造粒。造粒后加入钢制模具中，在压力机上压成一定形状的坯体。

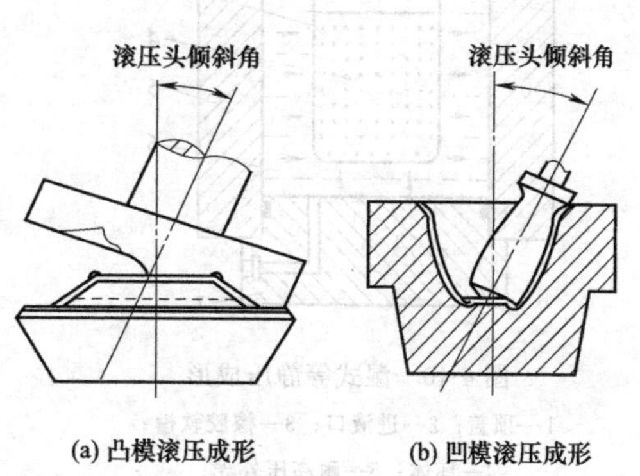

图 4-38　滚压成形

模压成形有单向加压和双向加压两种方式，

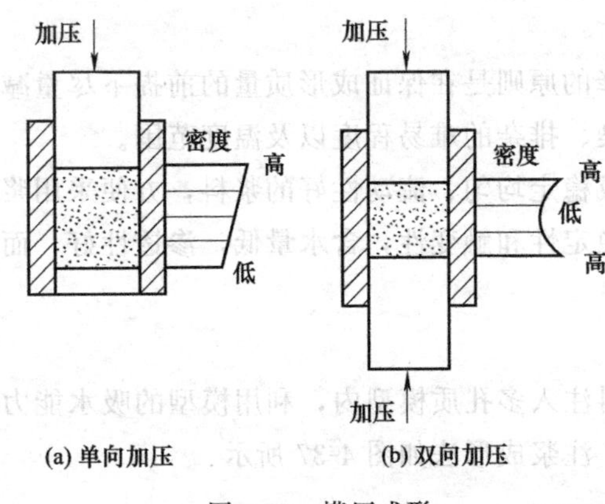

图 4-39　模压成形

如图 4-39 所示。由于成形压力是通过松散颗粒的接触来传递，在传递过程中产生的压力损失使坯体内部所受压力分布不均匀，这造成坯体内部密度的不均匀。单向加压时，靠近压头部分的密度较高，远离压头部分的密度较低，如图 4-39（a）所示。因此，成形高径比较大的坯体时，不宜采用单向加压的方式。采用双向加压时，坯体内部密度的不均匀有所减缓，如图 4-39（b）所示。

模压成形时如果对模具内部涂以润滑剂，提高粉粒的润滑性和流动性，则压力分布不均匀的现象会有所缓解，坯体密度均匀性会有所提高。

模压成形工艺简单、操作方便、成形周期短、生产效率高，便于实现自动化，模压成形由于压力分布和密度分布不均匀，所以不适宜生产大型复杂的制件。另外，模压成形的模具、设备成本较高。

（4）等静压成形　等静压成形又称为静水压成形。它是利用液体或气体介质均匀传递压力的性能，把陶瓷粉料置于有弹性的软模中，使其受到液体或气体介质传递的均衡压力而被压实成形的方法。等静压成形分为冷等静压成形和热等静压成形，冷等静压成形又可分为湿式等静压成形和干式等静压成形。

湿式等静压成形是将预压好的坯体包封在具有弹性的橡胶或塑料制的软模内，然后放入高压容器，通过进液口用高压泵输入高压液体，液体的压力可达 100MPa 以上，软模内的坯体在各个方向都受到同等大小的静压力，从而获得高度密实的制品，如图 4-40 所示。湿式等静压成形主要用于成形形状较为复杂的大型制件。

干式等静压成形如图 4-41 所示，在高压容器内封紧一个加压橡胶袋，加料后的成形橡胶软模放入橡胶袋中加压成形，成形后从橡胶袋中取出模具脱出坯体。干式等静压成形中模

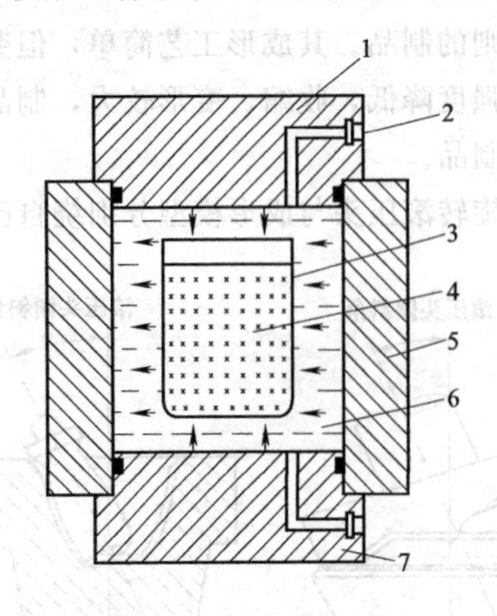

图 4-40　湿式等静压成形

1—顶盖；2—进液口；3—橡胶软模；4—坯体；5—耐高压外壳；6—高压液体；7—底座

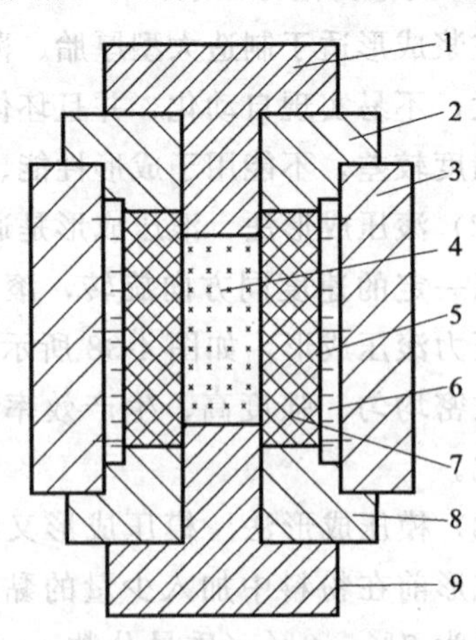

图 4-41　干式等静压成形

1—上活塞；2—顶盖；3—耐高压外壳；4—坯体；5—橡胶袋；6—高压液体；7—橡胶软模；8—底盖；9—下活塞

具不与高压液体直接接触，坯体在干态下成形。此方法特别适用于长形、薄壁、管状坯体的成形。

热等静压成形是在高温下进行，使用金属箔代替橡胶软模，采用惰性气体作为压力传递介质，用惰性气体向密封容器内的坯体同时施加各向均匀的高压高温，可以使成形与烧结同时完成。该方法成形制品的质量好，但成本高、设备复杂、生产效率低。

(5) 热压注成形　热压注成形是利用蜡类材料热熔冷固的特点，将配料混合后的陶瓷粉料与熔化的蜡料黏合剂加热搅拌成具有流动性与热塑性的蜡浆，在热压注机中用压缩空气将热熔蜡浆注满金属模腔，蜡浆在模腔内冷凝形成坯体，再脱模取出，如图 4-42 所示。

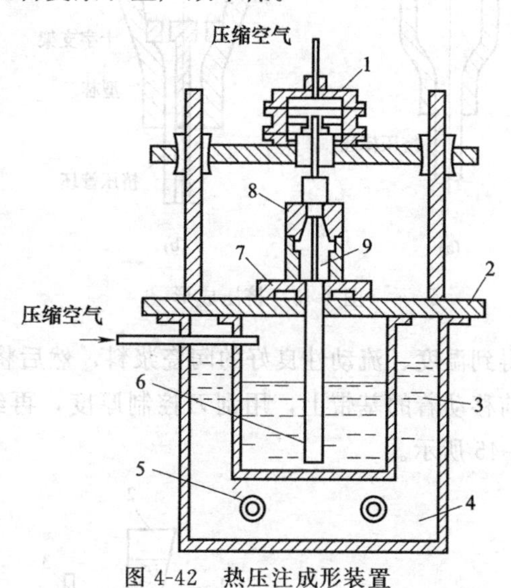

图 4-42　热压注成形装置

1—压紧装置；2—工作台；3—浆料桶；4—恒温槽；5—加热元件；6—供料管；7—供料装置；8—注模；9—注件（坯体）

制作蜡浆时陶瓷粉体应充分干燥并加热至 60～80℃，再与熔化的石蜡混合搅拌，陶瓷粉体过冷易凝结成团块，难以搅拌均匀，石蜡作为增塑剂，具有良好的热流动性、润滑性和冷凝性，其加入量通常为陶瓷粉料用量的 12%～16%。

热压注成形的坯体在烧结前，要先经排蜡处理。否则，由于石蜡在高温下熔化流失、挥发、燃烧，将使坯体失去黏结力而不能保持其形状。排蜡处理的方法是将蜡坯在烧结之前埋入吸附剂中加热使蜡排出。吸附剂疏松并具有惰性，一般采用煅烧的 Al_2O_3 粉末，加热到 900～1100℃。

热压注成形方法适合于批量生产外形复杂、表面质量和尺寸精度要求高的中小制件。该方法设备简单、生产效率高。但坯体烧结收缩变形大，不适宜制造薄、长、大的制件，操作工序较繁、能耗大、生产周期较长。

(6) 挤压成形　挤压成形是利用挤压筒和挤压嘴将浆料挤压成棒、管等型材，如图 4-43所示。挤压成形对浆料的要求较高，颗粒要细而圆，溶剂、增塑剂、黏结剂的用量要适当。

挤压成形可以连续生产，效率高污染小，易于自动化操作。但挤压嘴结构复杂，加工精度要求高，并且只能生产一定截面形状尺寸的产品。

(7) 轧膜成形　将坯料添加一定量的有机黏结剂（如聚乙烯醇），然后置于轧膜机的两轧辊之间进行多次辊轧，通过调整轧辊之间的间隙，达到要求的厚度，如图 4-44 所示。

轧膜成形是生产薄片瓷坯的工艺方法，坯料经过粗轧、精轧，形成光滑、致密、均匀的膜层，称为轧坯带。轧好的坯带经过冲切得到一定形状的坯件。

轧膜成形时由于轧辊的工作方式，坯料只在厚度方向和前进方向受到轧制，而在宽度方向上几乎没有压力。因此，轧膜的粉粒具有一定的方向性，这使坯体的机械强度和致密度都具有各向异性。这样，在烧结时宽度方向的收缩较大，使瓷片易产生纵向撕裂。所以，在轧制时应不断将坯片做 90°旋转，以减少各向异性。

(8) 流延成形　流延成形是将陶瓷粉料与黏结剂、增塑剂、分散体、溶剂等进行混磨，

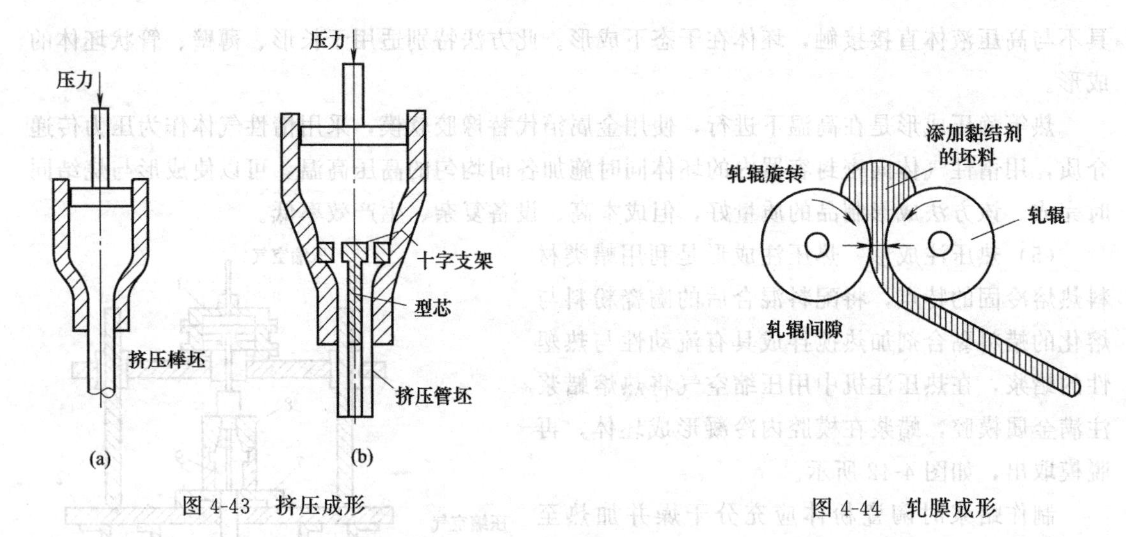

图 4-43　挤压成形　　　　图 4-44　轧膜成形

得到温度、流动性良好的陶瓷浆料，然后将胶料加入流延机的料斗，浆料从料斗下部流至向前移动着的基带上，用刮刀控制厚度，再经干燥炉干燥，即可形成一定塑性的坯膜，如图 4-45 所示。

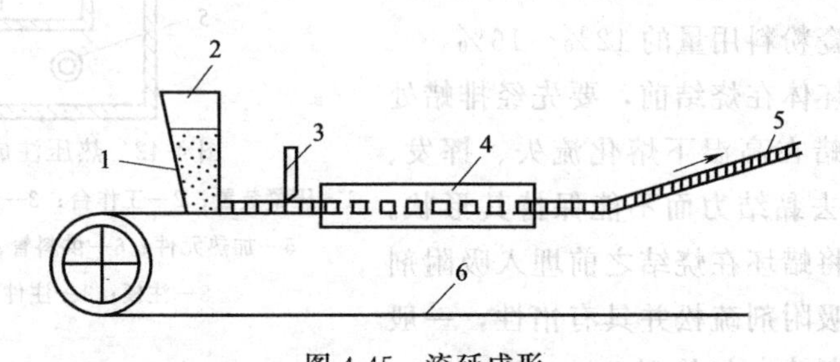

图 4-45　流延成形

1—陶瓷浆料；2—料斗；3—刮刀；4—干燥炉；5—坯膜；6—基带

流延成形主要用于生产厚度在 0.2mm 以下、表面光洁度好的超薄制品，其生产设备简单、工艺稳定。可连续操作，便于实现自动化，生产效率高。但由于含黏结剂较多，制品的收缩率大。

(9) 注射成形　陶瓷的注射成形是根据塑料的注射成型原理发展而来的，它是将陶瓷粉料与热塑性树脂、增塑剂等有机混炼后造粒，再经注射机在一定温度和压力下，将流动的混合料高速注射到金属模具型腔中，经保压、冷却固化后，开模脱出坯体。坯体经高温脱脂（去除坯体内的有机物）后再烧结成形。

注射成形坯体形状复杂、尺寸精确、生产效率高，易于实现自动化。但设备、模具成本高，不适合生产大截面尺寸的制品。

4.3.2.3　坯体的干燥与脱脂

(1) 干燥　干燥的目的是提高坯体的强度，以便于后续的检查、修坯、搬运、施釉和烧结等工序的进行。

坯体成形后内部含有化学结合水、吸附水和游离水，干燥主要排出游离水和部分吸附水。干燥时，水分由坯体内向外逐步扩散，最终达到完全干燥。

陶瓷坯体常用的干燥方法有：热气干燥、电热干燥、高频干燥、微波干燥、红外干燥等。

干燥时一般希望有较快的干燥速率，以节省时间和能源，但实际的干燥速率不宜过快。选择干燥速率与坯体本身的特性有关，包括：坯体的干燥敏感度、坯体的形状、尺寸、厚度及临界水分点等。另外，干燥介质的温度、湿度、流速、流量也对干燥速度的影响很大，因此，必须根据具体情况选择合适的干燥速率。

（2）脱脂　采用热压注、注射成形等方法时，因坯料中加入塑化剂等有机物，在烧结前必须排除，这个排除过程称为脱脂或排蜡。

脱脂的过程是将坯体埋入疏松、惰性粉料构成的吸附剂中，然后按照一定的速度加热升温，当达到一定温度时，坯体中的有机物开始熔化或氧化分解，并向吸附剂中扩散，坯体则逐渐收缩。随着温度的升高和时间的延长，坯体中的有机物逐渐减少。当达到较高温度时坯体中颗粒开始出现一定的烧结反应，坯体强度提高。当有机物基本排除后，脱脂过程结束。

4.3.3　陶瓷的烧结

陶瓷材料的性能不仅与其化学组成有关，而且还与其显微结构密切相关。当配料、混合、成形等工序完成后，烧结是使材料获得预期显微结构、得到各种性能的关键工序。

4.3.3.1　陶瓷烧结的概念

烧结通常是指在高温作用下坯体表面积减少、气孔率降低、致密度提高、颗粒间接触面积加大以及机械强度提高的过程。烧结温度通常为原料熔点温度（热力学温度 K）的 1/2～3/4 倍，高温持续时间通常为 1～2h。经过高温烧结的坯体一般为脆而致密的多晶体。在烧结过程中主要发生晶粒和气孔尺寸与形状以及气孔含量的变化。

陶瓷的烧结分为气相烧结、固相烧结和液相烧结。高纯物质在烧结过程中一般没有液相出现。若陶瓷坯体物质的蒸气压较高，以气相传质为主，称为气相烧结；若物质的蒸气压较低，以固相扩散为主，称为固相烧结。当陶瓷坯体物质在烧结过程中有液相出现时，则称为液相烧结。

烧结质量受到烧结坯体颗粒半径、杂质、添加剂、烧结时间、烧结气氛等多种因素的影响。烧结坯体颗粒越细小，烧结质量越好；一些添加剂对烧结起到促进作用，而另一些添加剂对烧结起阻滞作用；一般烧结时间越长，烧结得越充分；烧结气氛对烧结的影响较大，分为氧化性气氛、中性气氛和还原性气氛。

4.3.3.2　陶瓷烧结的方法

（1）普通烧结　普通烧结又称为常压烧结，是指在大气条件下进行的烧结。传统陶瓷在隧道窑中进行烧制，而特种陶瓷可以在电窑中烧制。普通烧结工艺简单，但制品中气孔较多，制品的机械强度较低。

（2）热压烧结　热压烧结是在加热的同时进行加压，压力使坯体颗粒产生塑性流动而重新排列。热压一般是在材料熔点温度（热力学温度 K）的 1/2 温度以下进行，比普通烧结的温度低，所需的时间也短，而且得到的材料晶粒度比较细小，力学性能提高。热压烧结的缺点是热压模具成本高，生产效率低，只能生产形状不太复杂的制品。

（3）气氛烧结　对于在空气中很难烧结的制品，如非氧化物陶瓷、透光陶瓷等，为保证制品的成分、结构和性能，必须使坯体在特殊气氛下烧结，即需要向烧结炉内通入一定气体，形成所要求的气氛，这称为气氛烧结。

除以上常用的烧结方法之外，还有反应烧结、超高压烧结、离子体烧结、电火花烧结等多种烧结方法。

4.3.3.3　陶瓷烧结的后处理

烧结后的陶瓷，为满足不同的使用要求，应进行适当的后处理。

（1）陶瓷表面施釉　表面施釉是指通过高温的方式在陶瓷制品表面烧附一层玻璃状物质，使其表面具有光亮、美观、致密、绝缘、不吸水及化学稳定性好等优良性能的工艺方法。

陶瓷表面施釉除了获得良好的外观效果之外，还可以提高陶瓷制品的机械强度与耐热冲击性能，能够防止制品表面的低压放电，使制品的防潮功能提高，而且还能改善陶瓷制品的热辐射特性。

（2）陶瓷的加工　烧结后的陶瓷制件在形状、尺寸、精度及表面质量等方面难以满足较高的使用要求，采用对陶瓷制品进行机械加工的方法可以弥补这方面的问题。常用的加工方法有：磨削加工、激光加工、超声波加工等。

磨削加工是通过高速旋转的砂轮对陶瓷制件进行切削、刻划、抛光等加工；激光具有高能量，可以用来对陶瓷制件进行切割、打孔、焊接、表面热处理等加工；利用超声波的能量可以使磨料介质在加工部位的悬浮液中振动、撞击和磨削被加工表面，完成加工过程。除上述方法外，还可以采用化学刻蚀、放电加工、热锻、热挤、热轧等多种方法对陶瓷制件进行加工。

（3）陶瓷的金属化与封接　为了满足电性能的需要，常要在陶瓷表面牢固地涂覆一层金属薄膜，这称为陶瓷的金属化。常用的金属化方法有：被银法、钼锰法和电镀法。陶瓷材料常与金属材料配合使用，这就要求陶瓷能与金属能很好地封接，以保证使用功能。一般认为两者的膨胀系数差别在$\pm2\times10^{-7}$℃$^{-1}$之内，封接就有良好的热稳定性。陶瓷与金属的封接形式有：对封、压封、穿封等。从封装材料、工艺条件可将封接分成：玻璃釉封接、金属化焊接封接、活化金属封接、激光焊接、烧结金属粉末、固相封接等。

习题与思考题

1. 常用塑料如何分类？
2. 塑料具有哪些特性？
3. 塑料有哪些成型工艺性能？影响塑料流动性能的因素有哪些？
4. 简述塑料注射成型的工艺过程？注射成型的工艺参数有哪些？如何选择？
5. 挤出成型工艺有哪些特点？其主要产品有哪些？
6. 压制成型有何特点？简述压制成型工艺过程？
7. 热塑性塑料注射模具的基本组成有哪些？各有何作用？指出如图1所示注射模具各部分零件的名称及作用？
8. 塑料铸射模具分型面的选择原则有哪些？
9. 浇注系统的作用是什么？它由哪些部分组成？
10. 管材挤出成型模具由哪些部分组成？各有何作用？
11. 溢式压制成型模具与不溢式压制成型模具有何区别？如图2所示的压制成型塑件，画出采用溢式压制成型模具、不溢式压制成型模具和半溢式压制成型模具的模具型腔示

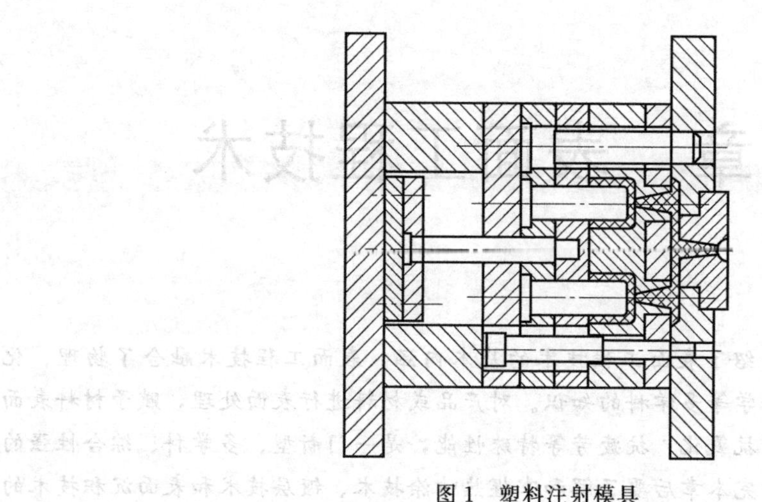
图 1　塑料注射模具

意图？

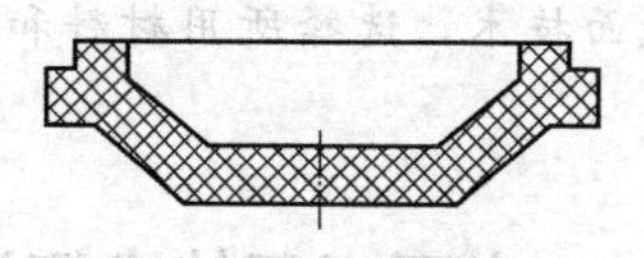
图 2　压制成型塑件

12. 塑件结构设计时应注意哪些问题？
13. 简述橡胶制品的成型过程。
14. 橡胶注射成型的工艺参数有哪些？如何控制？
15. 陶瓷粉体的制备方法有哪些？各有何特点？
16. 简述陶瓷材料常用的成形方法。
17. 陶瓷制品有哪些烧结方法？

第5章 表面工程技术

本章导读：本章主要介绍了表面工程技术的基本内涵。表面工程技术融合了物理、化学、电子学、机械学、材料学等多学科的知识。对产品或材料进行表面处理，赋予材料表面减摩、耐磨、耐蚀、耐热、抗氧化、抗疲劳等特殊性能，是一门新型、多学科、综合性强的先进工程技术。要求学生学完本章后要了解和掌握热喷涂技术、镀层技术和表面沉积技术的原理、特点和基本方法以及表面强化改性技术的相关内容。从而为在今后的工作中，能快速、有效、经济地选择相应的表面技术，选择所用材料和制定最佳工艺来解决工程实际问题。

5.1 表面工程技术概述

表面工程技术是多种学科相互交叉、渗透与融合形成的一种通用性工程技术。它利用各种物理的、化学的、物理化学的、电化学的、冶金的以及机械的工艺技术和方法，来改变基材表面的形态、化学成分、组织结构或应力状态，使材料表面得到人们所期盼的成分、组织结构和性能或绚丽多彩的外观。其实质就是要使表面和基体性能达到最佳的配合，得到一种特殊的表面功能，从而满足特定的使用要求。因此它是一种节材、节能的新型工程技术，综合运用了各种学科的成果。

表面工程技术有多种方法，包括电镀、电刷镀、化学镀、涂装、黏结、热喷涂、热浸镀、化学气相沉积、表面热处理、表面激光改性、离子注入等。

表面工程技术的应用已经十分广泛，可以用于防腐、耐磨、修复、强化、装饰等，也可以是光、电、磁、声、热、化学、生物等方面的应用。表面工程技术所涉及的基材不仅是金属材料，也包括无机非金属材料、有机高分子材料及复合材料。

5.2 表面涂层技术

表面涂层技术包括物理气相沉淀（PVD）、化学气相沉淀（CVD）、电镀、电刷镀、化学镀、热喷涂、化学粘涂、激光熔敷等技术内容。

5.2.1 热喷涂技术

5.2.1.1 定义

热喷涂是指采用氧-乙炔焰、电弧、等离子弧、爆炸波等提供不同热源的喷涂装置，产生高温高压焰流或超音速焰流，将要制成涂层的材料如各种金属、陶瓷、金属加陶瓷的复合材料、各种塑料粉末的固态喷涂材料，瞬间加热到塑态或熔融态，高速喷涂到经过预处理（清洁粗糙）的零部件表面形成涂层的一种表面加工方法。人们把特殊的工作表面叫“涂层”，把制造涂层的工艺方法叫“热喷涂”，它是采用各种热源进行喷涂和喷焊的总称。

5.2.1.2 热喷涂原理

热喷涂是指一系列过程，在这些过程中，细微而分散的金属或非金属的涂层材料，以一种熔化或半熔化状态，沉积到一种经过制备的基体表面，形成某种喷涂沉积层。涂层材料可以是粉状、带状、丝状或棒状。热喷涂枪由燃料气、电弧或等离子弧提供必需的热量，将热喷涂材料加热到塑态或熔融态，再经受压缩空气的加速，使受约束的颗粒束流冲击到基体表面上。冲击到表面的颗粒，因受冲压而变形，形成叠层薄片，黏附在经过制备的基体表面，随之冷却并不断堆积，最终形成一种层状的涂层，如图 5-1 所示，该涂层因涂层材料的不同可实现耐高温腐蚀、抗磨损、隔热、抗电磁波等功能。

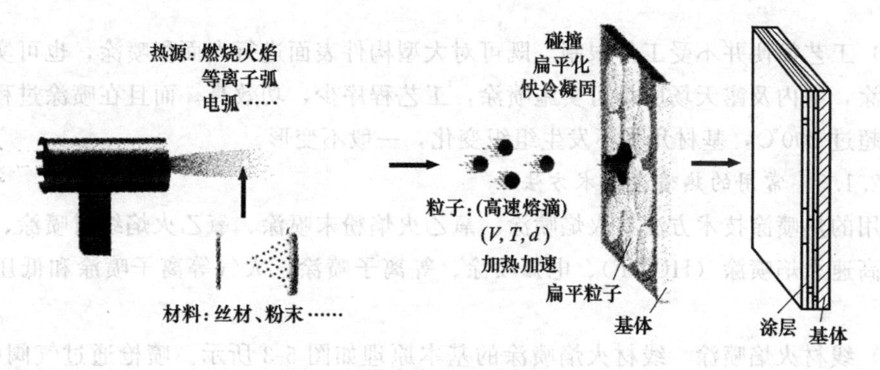

图 5-1 热喷涂原理示意图

热喷涂方法的多样性、制备涂层的广泛性和应用上的经济性，是热喷涂技术最突出的特点。从大型钢铁构件的耐磨、抗蚀，到高新技术领域中特殊功能涂层的制备，热喷涂技术均发挥着其独特的作用。

5.2.1.3 热喷涂技术的分类

热喷涂的技术方法很多，如图 5-2 所示，其中应用较广泛的方法有粉末（线材）火焰喷涂、电弧喷涂、等离子弧喷涂、超音速喷涂和爆炸喷涂。

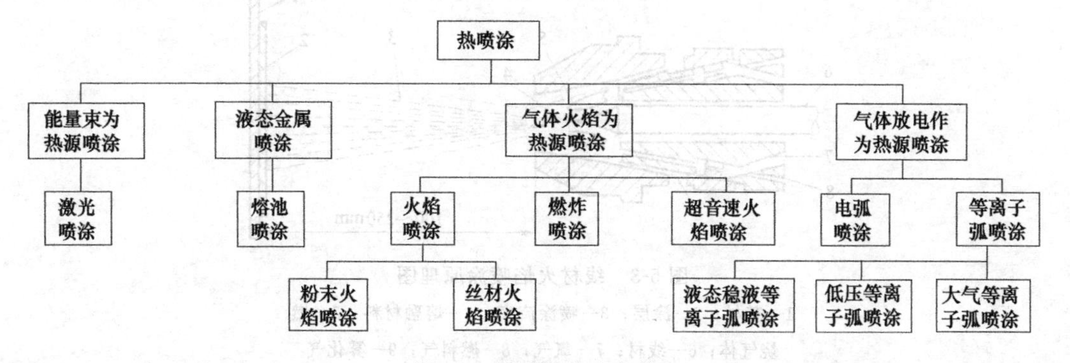

图 5-2 热喷涂技术分类

5.2.1.4 热喷涂技术的特点

热喷涂技术由早期制备一般防护性涂层发展到制备各种功能性涂层，应用领域从各种机械设备、仪器仪表和金属构件的耐蚀、耐磨、耐高温涂层，发展到使用条件最苛刻和要求最严格的宇航工业，这均是由于热喷涂技术所具有的下列特点所决定的。

(1) 方法多样　热喷涂方法多达十几种，可为制备涂层提供多种手段。

(2) 基材不受限制　可在各种基材上喷涂涂层，如金属、陶瓷、玻璃、木材、塑料、石膏、布等材料。

(3) 可喷涂材料极为广泛　几乎所有固态工程材料都可进行喷涂，如各种金属、陶瓷、塑料、金属和非金属矿物以及这些材料组合成的复合材料等。

(4) 涂层广泛，工艺灵活　可以制备单一种类材料的涂层，也可以将性能截然不同的两种以上的材料制备成具有综合优异性能的能满足导电、绝缘、辐射及防辐射等特殊功能要求的涂层。

(5) 涂层厚度可以控制　涂层厚度可以从几十微米到几毫米。涂层表面光滑，加工量少。

(6) 工艺简便并不受工件限制　既可对大型构件表面进行大面积喷涂，也可实现局部表面的喷涂，室内及露天场所均可实施喷涂，工艺程序少，功效高。而且在喷涂过程中，工件温度不超过200℃，基材几乎不发生组织变化，一般不变形。

5.2.1.5　常用的热喷涂技术方法

常用的热喷涂技术方法有火焰喷涂、氧乙火焰粉末喷涂、氧乙火焰线材喷涂、氧乙火焰喷焊、高速火焰喷涂（HOVF）、电弧喷涂、等离子喷涂、大气等离子喷涂和低压等离子喷涂等。

(1) 线材火焰喷涂　线材火焰喷涂的基本原理如图5-3所示。喷枪通过气阀引入乙炔、氧气和压缩空气，乙炔和氧气混合后在喷嘴出口处产生燃烧火焰。喷枪内的驱动机构以可控制的速度连续地将线材通过喷嘴送入火焰，在火焰中线材端部被加热熔化，压缩空气使熔化的线材端部产生脱离并雾化成微细颗粒，在火焰及气流的推动下，微细颗粒喷射到经预先处理的基材表面形成涂层。该喷涂方法由于熔融微粒所携带的热熔不足，致使涂层与基材表面以机械结合为主，一般结合强度偏低；另外，线材的熔断喷散不均匀易造成涂层的性质不均，涂层的组织疏松、多孔，内应力较大。

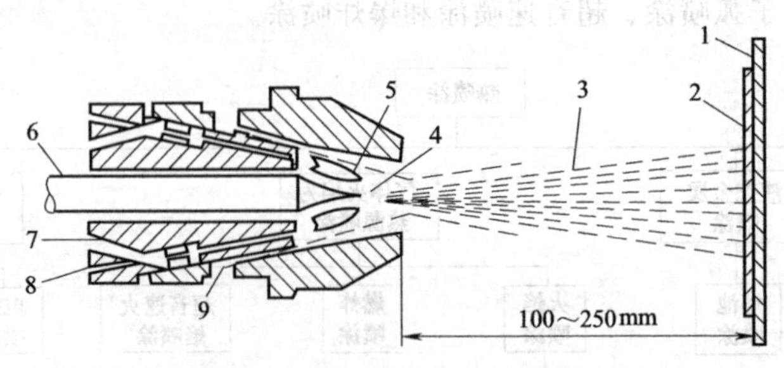

图5-3　线材火焰喷涂原理图

1—基材；2—涂层；3—喷涂流束；4—熔融材料；5—燃烧气体；6—线材；7—氧气；8—燃料气；9—雾化气

(2) 粉末火焰喷涂　粉末火焰喷涂的基本原理如图5-4所示。喷枪通过气阀引入乙炔和氧气，乙炔和氧气混合后在环形或梅花形喷嘴出口处产生燃烧火焰。喷枪上设有粉斗或进粉管。利用送粉气流产生的负压抽吸粉末，使粉末随气流进入火焰中，粉末被加热熔化或软化，气流及焰流将熔粒喷射到基材表面形成涂层。粉粒在被加热过程中，均由表层向心部逐渐熔化，熔融的表层在表面张力作用下趋于球状，因此粉末喷涂过程中不存在线材喷涂的破碎和雾化过程，粉末粒度便决定了涂层中颗粒的大小和涂层表面的粗糙度。另外，进入火焰及随后飞行中的粉末，由于处在火焰中的位置不同，被加热的程度存在很大差异，导致部分粉末未熔融、部分粉末仅被软化，从而造成涂层的结合强度与致密性一般不及线材火焰喷涂。

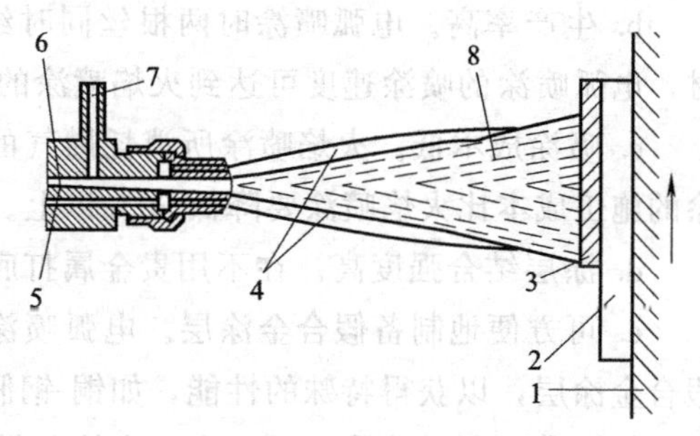

图 5-4　粉末火焰喷涂的基本原理

1—工作台；2—工件；3—涂层；4—火焰及粉末束；5—混合气；6—送粉气；7—送粉通道；8—喷涂束流

粉末火焰喷涂设备的组成基本与线材火焰喷涂相同，也是由氧气和乙炔供给系统、压缩空气供给系统及喷枪等部分组成，但喷枪存在很大差别。装粉料斗可与喷枪构成一体，也可单设送粉器采用枪外送粉。一般不需压缩空气送粉，因而不附加压缩空气供给系统，但若要提高粉末在火焰中的流速，则可输入空气或惰性气体。

（3）电弧喷涂　电弧喷涂是将两根被喷涂的金属丝作为自耗性电极，输送直流或交流电，利用丝材端部产生的电弧作为热源来熔化金属，用压缩气流雾化熔滴并喷射在基材表面形成涂层。电弧喷涂只能喷涂导电材料，在线材的熔断处易产生积垢，使喷涂颗粒大小悬殊，涂层质地不均；另外，由于电弧热源温度高，造成元素的烧损量较火焰喷涂大，导致涂层硬度降低。但由于熔粒温度高，粒子变形量大，使涂层的结合强度高于火焰喷涂层强度。因此在能满足涂层性能要求的情况下，应尽量采用该喷涂方法。

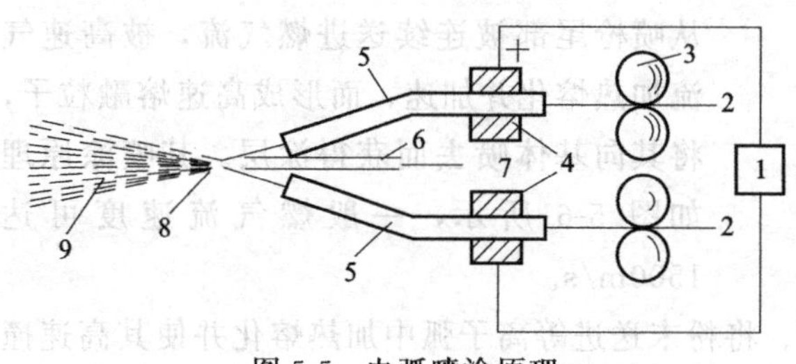

图 5-5　电弧喷涂原理

1—直流电源；2—金属丝；3—送丝滚轮；4—导电块；5—导电嘴；6—空气喷嘴；7—空气；8—电弧；9—喷涂射流

① 电弧喷涂原理。电弧喷涂原理如图 5-5 所示，喷嘴端部成一定角度（30°～60°），连续送进的两根金属丝分别与直流电源的正负极相连接。在金属丝端部短接的瞬间，由于高电流密度，使两根金属丝间产生电弧，将两根金属丝端部同时熔化，在电源作用下，维持电弧稳定燃烧；在电弧发射点的背后由喷嘴喷射出的高速压缩空气使熔化的金属脱离金属丝并雾化成微粒，在高速气流作用下喷射到基材表面而形成涂层。

电弧喷涂时，金属丝的短路仅发生在开始的瞬间，而喷涂过程是在电弧作用下金属丝端部频繁地产生熔化-脱离-雾化的过程。这一过程中电极间距离不断变化，电弧电流也随之发生波动，以自动维持金属丝的熔化速度，即由于电流的自调节特性，电弧电流亦随着送丝速度的增加而增加。

② 电弧喷涂的特点。电弧喷涂与线材火焰喷涂相比较具有以下特点。

a. 热效率高。火焰喷涂时，燃烧的火焰产生的热量大部分散失到大气和冷却系统中，热能利用率只有 5%～15%。电弧喷涂是将电直接转化为热来熔化金属，热能利用率可高达 60%～70%。

b. 生产率高。电弧喷涂时两根丝同时给进，所以喷涂效率高，对于喷涂同样的金属丝材，电弧喷涂的喷涂速度可达到火焰喷涂的3倍以上。

c. 喷涂成本低。火焰喷涂所消耗燃气的价格是电弧喷涂消耗电价格的几十倍。电弧喷涂的施工成本比火焰喷涂要降低50%以上。

d. 涂层结合强度高。在不用贵金属打底情况下，涂层的结合强度高于火焰线材喷涂。

e. 可方便地制备假合金涂层。电弧喷涂只需要利用两根成分不同的金属丝便可制备出假合金涂层，以获得特殊的性能，如铜-钢假合金涂层具有良好的耐磨、减摩和导热性能。

(4) 火焰塑料喷涂　近年来，火焰塑料喷涂技术发展很快，对有些要求耐蚀性强、使用条件苛刻的化工设备和容器，金属喷涂层因有微孔是不适宜的。故对于使用温度在80℃（或120℃）以下的零件防腐，采用塑料粉末喷涂为好，它设备简单、便宜、操作方便，常被应用于化工、印染、食品机械等大件防腐，又因其涂层表面光滑美观、色彩鲜艳，亦可作为装饰材料等。此外喷涂还改变了以往的流化床及静电喷塑的传统工艺，无需将涂好的塑料放入炉内加热固化，因此可免受零件尺寸的限制。喷涂时可以整体表面喷涂，也可作局部修补，这是过去的传统工艺所不能比拟的。

(5) 超音速火焰喷涂　气体燃料（丙烷、丙烯、氢气等）与氧气或两者预混合气体，或部分预燃混合气体送进燃烧室燃烧，产生高温高压燃气流，使其沿喷嘴喷出可获得高速燃气流。当一定压力的氧气与气体燃料在燃烧室内燃烧产生的压力使得燃气流在喷枪出口处的排泄达到阻塞条件时，从出口处排出的火焰流可达到超音速。粉末从喷枪尾部被连续送进燃气流，被高速气流加热熔化并加速，而形成高速熔融粒子，将其向基体喷去而获得涂层。其喷涂原理如图5-6所示，一般燃气流速度可达1500m/s。

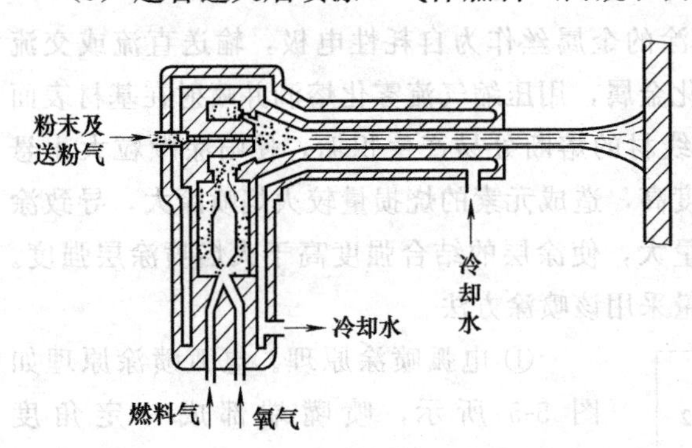

图 5-6　Jet-Kote 超音速粉末火焰喷涂原理图

(6) 等离子弧喷涂　原理如图5-7所示。将粉末送进等离子弧中加热熔化并使其高速撞击于基体表面形成涂层。根据送粉方式分为内送粉和外送粉两种。在喷涂中常用的工作气体

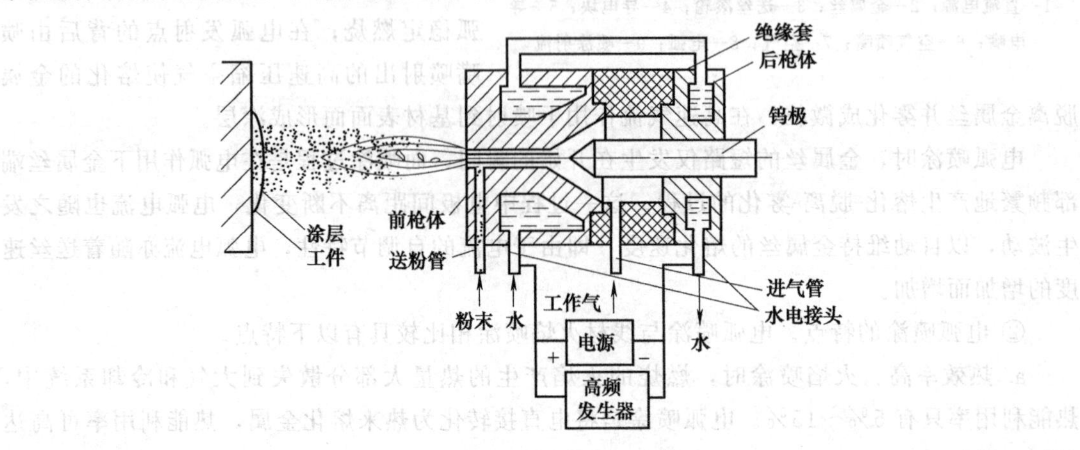

图 5-7　等离子弧喷涂原理示意图

有氩气、氮气、氦气和氢气。氩气和氮气一般用作离子气，用于产生等离子弧。氦气和氢气为改善电弧加热特性，添加在氩气或氮气中使用，称为辅助气体。

等离子弧喷涂与其他热喷涂技术相比，主要有以下特点。

① 基体受热温度低（<200℃），零件无变形，不改变基体金属的热处理性质。

② 等离子焰流的温度高，可喷涂材料广泛，既可喷涂金属或合金涂层，也可喷涂陶瓷和一些高熔点的难熔金属。

③ 等离子射流速度高，射流中粒子的飞行速度一般可达200～300m/s，最新开发的超音速等离子喷涂粒子速度可达600m/s以上。因此形成的涂层更致密，结合强度更高，显著提高了涂层的质量，特别在喷涂高熔点的陶瓷粉末或难熔金属等方面更显示出独特的优越性。

(7) 超音速等离子喷涂技术　超音速等离子弧喷涂兼有等离子弧喷涂的加热温度高及气体爆炸喷涂和HVOF喷涂的喷涂材料飞行速度快的优点。常规大气等离子喷涂焰流速度虽然可达两倍音速，但等离子弧长较短，对喷涂熔粒加速作用有限，一般均在200～350m/s，因此涂层质量受到限制。超音速等离子喷涂利用转移弧与高速气流相混合出现的“扩展弧”现象，使用特种喷嘴，得到进一步压缩拉长的超音速等离子焰流，其弧压高达200～400V，电流400～500A，焰流速度超过3600m/s，具有高焓、高速的特点。喷涂效率高，不锈钢粉末可达33.36kg/h，碳化钨粉末可达6.67kg/h。由于提高了焰流对喷涂粒子的热传输功率。尤其是喷涂粒子动能的提高，涂层质量明显优于常规等离子喷涂，与爆炸喷涂和超音速火焰喷涂相近。超音速等离子喷涂材料来源广，具有喷涂粉末和丝材的双重功能。与低压等离子喷涂类似，克服了等离子射流发散紊乱和对喷涂颗粒加速较差的缺陷，非常适于陶瓷材料的喷涂。

超音速等离子弧喷枪的基本原理如图5-8所示。主气（氩气）流量较少，由后枪体输入，而大量的次级气（氮气或氮气与氢气的混合气）经气体旋流环的作用与主气一同从Laval管形的二次喷嘴射出。钨极接负极，引弧时一次喷嘴接正极，在初级气中经高频引弧，而后正极转接二次喷嘴，即在钨极与二次喷嘴内壁间产生电弧。在旋转的次级气的强烈作用

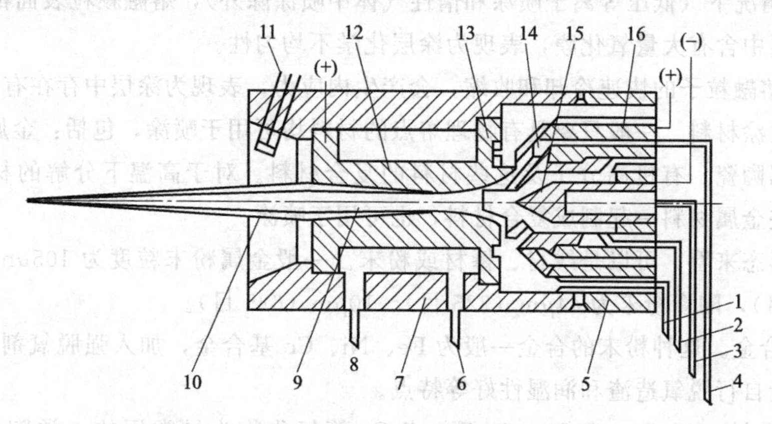

图5-8　超音速等离子弧喷枪的基本原理

1—次级气；2—主气；3—冷却水进水；4—冷却回水；5—后枪体；6—冷却回水；7—前枪体；8—冷却进水；9—扩展弧；10—等离子射流；11—送粉管；12—二次喷嘴；13—气流旋流环；14—次喷嘴；15—阴极；16—阳极

下，电弧被压缩在喷嘴的中心并拉长至喷嘴外缘，形成高压的扩展等离子弧。大功率扩展的等离子弧有效地加热主气和次级气，从喷嘴射出稳定的、集聚的超音速等离子射流，喷涂粉末经送粉嘴加入超音速等离子流，获得很高的温度和动能，撞击在工件表面形成涂层。

5.2.1.6 *热喷涂层与基体的结合机理、结构特点及喷涂材料*

(1) 热喷涂层与基体结合机理

① 机械结合。当熔融粒子高速撞击到经粗化处理后的基体表面时，变形后的熔融粒子薄片紧贴在凹凸不平的表面上，冷凝收缩时咬住凸点，形成机械结合，这是主要的结合形式。

② 金属键结合。当基体表面非常干净或经活化处理后，高温、高速的熔融粒子撞击到表面时，接触的紧密程度达到了晶格常数的范围，形成金属键结合。

③ 微扩散结合。当熔融粒子高速撞击到基体表面时，由于紧密接触、变形和高温等条件的作用，在涂层和基体的界面上有可能产生微小的扩散，增加涂层和基体的结合。

④ 微熔合。在用放热性强的自粘接性复合粉末或高熔点材料粉末进行喷涂时，由于放热反应的作用，或高熔点粒子的温度高于基材的熔点，使熔融粒子在高速撞击基体表面时，在接触的微区内，瞬时温度高达基体材料的熔点，因此，有可能在熔融粒子与基体之间获得局部熔合。

(2) 涂层结构特点　热喷涂时气流将熔融状态的涂料颗粒以几十到几百米每秒的高速喷射到基体表面或已形成的涂层表面上，撞击成小扁片，相互镶嵌，并迅速凝固，形成喷涂层特有的层状结构。由于熔融粒子从撞击到凝固的时间很短，有资料认为这一过程只有10^{-7}～10^{-6}s，金属喷涂时的冷却速度为10^{6}～10^{8}℃/s，陶瓷喷涂时为10^{4}～10^{6}℃/s，因此在喷涂层中不可避免地存在融合不良和大量缺陷，如层间氧化膜夹杂，封闭的和穿透的孔隙，未熔融的颗粒以及气孔和裂纹等。

归结起来涂层结构有如下特点。

① 涂层平行和垂直于表面的两个方向性能不一致，表现为涂层结构不均匀性。

② 涂层是由撞击基体表面的熔融粒子堆积而成，因此必然会存在许多没有完全填满的部位，表现为涂层的多孔性。

③ 一般情况下（低压等离子喷涂和惰性气体中喷涂除外），熔融颗粒表面都覆盖有氧化膜，因此涂层中含有大量氧化膜，表现为涂层化学不均匀性。

④ 由于熔融粒子的快速冷却和收缩，会产生内应力，表现为涂层中存在有较大内应力。

(3) 热喷涂材料　一般只要具有物理熔点的材料均可用于喷涂，包括：金属及合金、无机陶瓷、金属陶瓷、有机高分子及这些材料的复合材料。对于高温下分解的材料，如碳化物，可与某些金属材料一起制成复合材料，也可用于喷涂。

从材料形态来看，可以是线材、棒材或粉末。一般金属粉末粒度为105μm（150目）～53μm（270目），陶瓷粉末为44μm（325目）～10μm（625目）。

① 自熔合金。这种粉末的合金一般为Fe、Ni、Co基合金，加入强脱氧剂B和Si后具有熔点低、能自行脱氧造渣和润湿性好等特点。

② 陶瓷材料。Al_2O_3、TiO_2、Cr_2O_3、ZrO_2等氧化物为最常用的一类陶瓷喷涂材料。ZrO_2主要用作热障涂层，其他的常用于耐磨损零件。

③ 金属陶瓷。碳化物由于高温稳定性差，一般用金属作黏结剂制成金属陶瓷粉末，常用的有WC-Co系和Cr_3C_2-NiCr系。

WC-Co 系中，Co 的含量为 12%～18%（质量分数）。在 500℃以下具有优越耐磨性能。Cr_3C_2-NiCr 系中，NiCr 合金含量为 25%（质量分数），在 900℃以下具有优越的耐冲蚀、耐磨性及耐蚀性能。

④ 自黏结喷涂粉末。当金属粉末在热喷涂火焰中飞行，加热至一定温度时，粉末组分之间发生化学反应，生成金属间化合物，并伴随大量热量的放出，对基体材料表面或形成的涂层表面进行充分加热，甚至实现微观上的冶金结合，提高涂层的结合强度，这种作用称为自黏结效应。具有这类效应的喷涂粉末称为自黏结喷涂粉末。

常用的自黏结性粉末有 Ni-Al 和 NiCr-Al 复合粉末，这种复合粉末常采用包覆形式，如 Ni 包 Al 和 Al 包 Ni 两种形式。其次 Al 与 Co、Cr、Mo、Nb、Ta、W 以及 Si 与 Co、Cr、Mo、Nb、Ta、W、Ti 之中的一种或多种金属制成的复合粉末也具有自黏结效应。除此之外，难熔金属 W、Mo、Ta 等喷涂到熔点较低的钢铁表面时，也可以引起基体表面局部熔化，从而实现冶金结合，这类材料也称为自黏结材料。

5.2.2 镀层技术

镀层技术一般指在镀液中将被镀物浸入后进行镀层的湿式镀层技术。湿式镀层又分为两大类：一类为在电解溶液中将被镀物作为阴极通电，将镀层金属析出于其表面的“电镀”；另一类为利用溶液中的还原反应将镀层金属在被镀物表面化学析出的“无电解镀层”。还有将被镀物加入熔融金属中使之附着于表面的“热镀”。

5.2.2.1 电镀

(1) 电镀的基本原理　电镀是金属电沉积技术之一，是通过电解方法在固体表面上获得金属沉积层的过程，其目的在于改变固体材料的表面特性，改善外观，提高耐蚀、抗磨损、减摩性能，或制取特定成分和性能的金属覆层，提供特殊的电、磁、光、热等表面特性和其他物理性能等。一般来说，阴极上金属电沉积的过程是由下列步骤组成的。

① 传质步骤。在电解液中预镀金属的离子或它们的络离子由于浓度差而向阴极（工件）表面或表面附近迁移。

② 表面转化步骤。金属离子或其络离子在电极表面上或表面附近的液层中发生还原反应的步骤，如络离子配位体的变换或配位数的降低。

③ 电化学步骤。金属离子或络离子在阴极上得到电子，还原成金属原子。

④ 新相生成步骤。即生成新相，如生成金属或合金。

电镀槽中有两个电极，一般工件作为阴极，电源接通后便在两极间建立起电场，在电场作用下金属离子或络离子向阴极迁移，并在靠近阴极表面处形成所谓的双电层，此时阴极附近离子浓度低于远离阴极区域的离子浓度，从而导致离子的远距离迁移。金属离子或络离子释放掉络合物，通过双电层而到达阴极表面放电发生还原反应生成金属原子。离子在阴极表面上各点的放电难易程度是不同的，在晶体的结点、棱边处，电流密度和静电引力比晶体的其他部位大得多，同时位于晶体结点和棱边处的原子最不饱和，有较高的吸附能力，因而，到达阴极表面的离子会沿表面扩散到结点、棱边等位置，并在这些位置放电生成原子进入金属的晶格，这些离子优先放电位置即是镀层金属晶体的生长点。当这些生长点沿晶面扩展时，就生成了由微观台阶连接的单原子生长层。由于阴极金属的晶格表面存在一个由晶格力延伸而成的应力场，不论基体金属与镀层金属的晶格几何形态和尺寸的差异如何，开始沉积在阴极表面的原子只能占据与基体金属（阴极）晶体结构相连续的位置。如果镀层金属的晶体结构和基体相差甚远，则生长的晶体在开始时会和基体的晶体结构一样，而后逐渐向自身稳定的晶体结构转变。电沉积层的晶体结构取决于沉积金属本身的晶体学特性，而其组织形态在很大程度上决定于电结晶过程的条件，沉积层的致密度主要取决于离子浓度、交换电流及表面活性剂，电结晶晶粒的尺寸则在很大程度上取决于表面活性剂的浓度。

（2）单金属电镀　单金属电镀是指镀液中只含有一种金属离子，镀后形成单一金属镀层的方法，常用的单金属电镀主要有镀锌、镀铜、镀镍、镀铬、镀锡和镀镉等，不仅可用于钢铁机件等的防腐，还具有装饰功能和改善可焊性的特性。盐镀液可采用很高的电流密度，沉积速度快，溶液易于维护，镀层韧性好。缺点是溶液腐蚀性大，价格较高。

（3）电镀镍　镍镀层相对于铁基体属阴极性镀层，防护性能与孔隙率关系密切，而镍镀层往往多孔。因此，在钢铁件上常采用铜-镍-铬防护层。目前使用最多的是瓦特镍（硫酸盐-氯化物型）溶液。

① 瓦特型镀镍。瓦特型镀镍的镍镀层细致，易于抛光，韧性好，耐蚀性也比亮镀镍好，并具有相当好的整平能力，减少毛坯磨光和省去工序间抛光，有利于自动化生产。普通镀镍液的配方及电镀工艺规范见表 5-1。

② 氯化物镀镍。氯化物镀镍的电导率高，省电，分散能力好，镀层结晶细致，但应力大，硬度高，溶液腐蚀性强，主要用于修复磨损零件和电铸，其工艺规范见表 5-2。

③ 全硫酸盐镀镍。全硫酸盐镀镍镀液不含氯化物，可采用不溶性阳极，不会腐蚀也不产生氯气。在电镀管状零件内壁时多采用这种溶液，其配方和电镀工艺见表 5-3。

表 5-1　普通镀镍液的配方及电镀工艺规范

组成和操作条件	配方号			组成和操作条件	配方号		
	1	2	3		1	2	3
硫酸镍($NiSO_4 \cdot 7H_2O$)/(g/L)	250～300	150～200	180～250	十二烷基硫酸钠($C_{12}H_{23}SO_4Na$)/(g/L)	0.05～0.1	0.05～0.1	
氯化镍($NiCl_2 \cdot 6H_2O$)/(g/L)	30～60			pH 值	3～4	5～5.5	5～5.5
氯化钠(NaCl)/(g/L)		8～10	10～12	温度/℃	45～60	18～35	20～35
硼酸(H_2BO_3)/(g/L)	35～40	30～35	30～35	电流密度/(A/dm^2)	1～2.5	0.5～1	0.～1.5
无水硫化钠(Na_2SO_4)/(g/L)		40～80	20～30	搅拌	视需要	视需要	视需要
硫酸镁($MgSO_4$)/(g/L)			30～40				

表 5-2　氯化物镀镍的工艺规范

组成和操作条件	配方号			组成和操作条件	配方号		
	1	2	3		1	2	3
氯化镍($NiCl_2 \cdot 6H_2O$)/(g/L)	200	300	185	pH 值	2.5～4	3.8	1.～5.0
硫酸镍($NiSO_4 \cdot 7H_2O$)/(g/L)	100	150～200	180～250	温度/℃	40～70	55	50～70
硼酸(H_2BO_3)/(g/L)	35～50	30～40	19	电流密度/(A/dm^2)	3～10	1～13	4～5

表 5-3　全硫酸盐镀镍液的配方及电镀工艺规范

组成和操作条件	配方号		组成和操作条件	配方号	
	1	2		1	2
硫酸镍($NiSO_4 \cdot 7H_2O$)/(g/L)	300	500～600	pH 值	46	40～50
硼酸(H_2BO_3)/(g/L)	40	40	温度/℃	3.0～5.0	4.0～5
MP-SG/(mL/L)		1～4	电流密度/(A/dm^2)	2.5～10	
MP-SN/(mL/L)		0.2～0.5	搅拌		溶液喷射

5.2.2.2 化学镀

(1) 化学度的概念及分类 化学镀是指在没有外电流通过的情况下，利用化学方法使溶液中的金属离子还原为金属并沉积在基体表面，形成镀层的一种表面加工方法，也称为不通电镀。现在美国材料试验协会（ASTM B-347）已推荐使用自催化镀代替化学镀或不通电镀，即在金属或合金的催化作用下，用控制的化学还原所进行金属的沉积。习惯上，仍称自催化镀为化学镀。这类湿法沉积过程又可分为以下三类。

① 置换法。将还原性较强的金属（基材、待镀的工件）放入另一种氧化性较强的金属盐溶液中，还原性强的金属是还原剂，它给出的电子被溶液中的金属离子接收后，在基体金属表面沉积出溶液中所含的那种金属离子的金属涂层。最常见的例子是钢铁制品放进硫酸铜溶液中沉积出薄薄的一层铜，这种工艺又称为浸镀，应用不多。

② 还原法。在溶液中添加还原剂，由它被氧化后提供的电子还原沉积出金属镀层。只有在具有催化能力的活性表面上才能沉积出金属涂层，由于施镀过程中沉积层仍具有自催化能力，才能使该工艺可以连续不断的沉积形成一定厚度的金属涂层。这是真正意义上的“化学镀”工艺。

③ 接触镀。将待镀金属工件与另一种辅助金属接触后浸入沉积金属盐的溶液中，辅助金属的电位应低于沉积出的金属电位。金属工件与辅助金属浸入溶液后构成原电池：后者活性强，是阳极，发生活化溶解放出电子；金属工件作为阴极就会沉积出溶液中金属离子还原出的金属层。本法缺乏实际应用意义，但若要在非催化基材上引发化学镀过程时，可以采用此方法。

(2) 化学镀的特点

① 镀层厚度均匀。无论零件形状如何复杂，化学镀液的分散能力都能接近100%，无明显边缘效应，所以能使具有锐角、锐边的零件以及平板件上的各点厚度基本一致。此外，在深孔件、盲孔件、腔体件的内表面，也能获得与外表面同样的厚度。因而，对有尺寸精度要求的零件进行化学镀特别有利。

② 镀层外观质量高。大部分化学镀层晶粒细、致密、无孔，呈半光亮或光亮的外观，因而比电镀层更耐腐蚀，可做离子扩散的阻挡层。

③ 设备和操作简单。相比电镀而言，化学镀不需直流电源、极棒等设备和附件，操作时只需把零件浸入镀液内或把镀液喷到零件上即可，同时不需要复杂的挂具。

④ 基体材料来源广泛。非导体（塑料、玻璃、陶瓷、石膏甚至木材）经过特殊的镀前处理后，即可直接进行化学镀；也可在获得很薄的镀层后，作为打底镀转入电镀工序。

(3) 化学镀的用途 由于化学镀的特性，使之在工业中很快获得了广泛应用，特别是电子工业的迅速发展，更为化学镀开拓了广阔的市场。化学镀镍是化学镀中应用得最广泛的方法，关于它的研究和发展要比其他金属更丰富一些，见表5-4。

5.2.3 表面沉积技术

表面沉积属于固态表面强化方法。根据其原理可以分为气相沉积和电沉积两大类。

气相沉积是利用气相中发生的物理、化学过程，在材料表面形成具有特殊性能的金属或化合物覆层的工艺方法，是一种真空镀膜技术。根据沉积粒子来源可分为物理气相沉积（PVD）和化学气相沉积（CVD）两大类。电沉积依赖直流电的作用在液相中进行传质沉积。它的沉积速度比气相沉积快，工艺和设备都简单，它可分为电镀和电刷镀等。

表 5-4 满足不同性能要求的化学镀Ni体系

性能要求	适宜的化学镀Ni体系	备注
耐磨 耐蚀	(1)Ni-P,酸性溶液 (2)多元合金:Ni-Sn-P,Ni-Sn-B,Ni-W-B,Ni-W-Sn-P,Ni-W-Sn-B,Ni-Cu-P	具体使用时应做经济性分析(B还原系统价格比其他高5倍)
高硬度	(1)Ni-P,酸性溶液 (2)Ni-B($w_B \geqslant 3\%$),Ni-P,酸性溶液(要求较高含P量)	镀层需进行后续热处理 不能进行热处理
润滑、可焊	Ni-B($w_B < 1\%$)	
磁性(记忆装置)	Ni-Co-P,Ni-Co-B,Co-P,Ni-Co-Fe-P,Ni-B($w_B \leqslant 0.3\%$)	比电阻5.8～6.0μΩ/cm
非磁性电导	Ni-P	高的含P量
二极管压焊	Ni-B($w_B = 1\% \sim 3\%$)	
代金镀层	(1)Ni-B($w_B = 0.1\% \sim 0.3\%$,$w_B = 0.5\% \sim 1.0\%$) (2)P或B的多元合金(P和B的含量均应低于0.5%)	用于焊接 用于接触件

气相沉积按其形成的基本原理，可分为物理气相沉积（PVD）、化学气相沉积（CVD）和物理化学气相沉积（PCVD）等。物理气相沉积是利用蒸发、溅射之类的物理方法形成气态的原子、分子或离子，在适当温度的衬底上凝聚形成所需要的薄膜或涂层的过程，包括蒸发镀膜、溅射镀膜和离子镀膜。化学气相沉积是通过一定条件下的化学反应，在衬底上形成薄膜或涂层的方法。因此PVD同CVD之间存在着显著的界限，而PCVD技术将此两者结合起来，例如目前CVD中广泛采用等离子体（一种物理现象），而PVD经常在化学环境下进行（反应蒸发和反应溅射），这标志着气相沉积技术进入了一个新的发展时期。

5.2.3.1 物理气相沉积

物理气相沉积包括真空蒸镀、离子镀和溅射镀膜三种方法。

(1) 真空蒸镀 真空蒸镀常在$1\times10^{-2}\sim2\times10^{-4}$Pa真空度下，把蒸镀材料放置于坩埚内加热熔化后蒸发（或升华），然后使其凝集在基体表面上形成镀膜的方法。

如图5-9所示为真空蒸镀原理示意图。在$1\times10^{-2}\sim2\times10^{-4}$Pa的真空度下，加热置于坩埚内的材料，使其蒸发，产生的蒸气原子（或分子）向周围运动，当碰到温度较低的基体时，将凝结在基体表面形成镀膜。蒸发材料可以是金属、合金或化合物，从而制备出金属合金、化合物薄膜。真空镀膜具有材料纯、质量高的特点，在光学、微电子学、磁学、装饰、防腐蚀等方面得到广泛应用。

(2) 离子镀 在蒸发源（阳极）与工件之间产生辉光放电，并在工件周围形成一个等离子区。氩气为带正电的氩离子（Ar^+）及电子。在电场作用下，氩离子受电场作用而高速飞向工件（阴极），撞击工件表面进行溅射清洗。镀膜材料放在水冷或铜坩埚（又称蒸发源）中，电子打到镀膜材料上使其蒸发。蒸发的镀膜材料原子进入等离子场，受到电子碰撞而电离，形成的镀膜材料离子在电场作用下飞向阴极工件表面形成涂层。

离子镀的设备种类很多，典型的有热阴极离子镀、高频感应离子镀、空心阴极放电离子镀、多电弧离子镀和活性反应离子镀等。高频离子镀装置示意图如图5-10所示，真空室内通入N_2或C_2H_2+Ar混合气体，真空度为1.33Pa左右。工件带有3～5kV的负高压，并在周围形成阴极气体放电等离子区，工件受到气体正离子轰击而被加热。放在阳极上的钛由于电子枪或电阻加热而蒸发，钛原子在工件周围的等离子区内被电离并在电场作用下飞向带负高压的工件，在工件表面与气体离子反应生成 TiN 或 TiC 沉积在工件上。图中的高频激励线圈用来提高气体和金属蒸气的电离效率。

离子镀是真空蒸镀与真空溅射相结合的沉积技术，其沉积速度快、绕射性好、附着力强，可以沉积难熔金属及合金、化合物等。

（3）溅射镀膜　利用辉光放电或离子源产生的包括正离子在内的荷能离子轰击靶材时，通过粒子动能传递打出靶材中的原子及其他粒子，即为溅射过程，使溅射出来的原子或其他粒子沉积凝集在基体表面形成薄膜的方法。

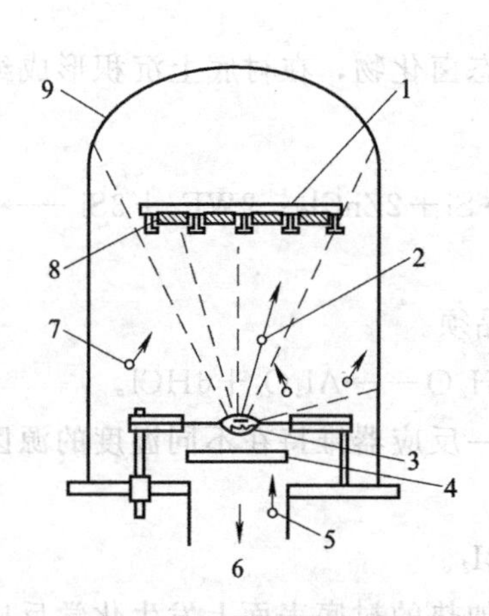

图 5-9　真空蒸镀原理图

1—基片架和加热器；2—蒸发料释出的气体；3—蒸发源；4—挡板；5—返流气；6—真空泵；7—解吸的气体；8—基片；9—钟罩

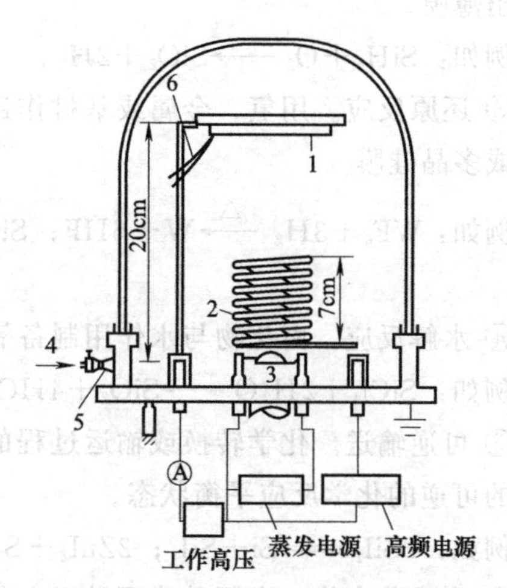

图 5-10　高频离子镀装置示意图

1—工件；2—高频激励线圈；3—钛；4—气体入口；5—针阀；6—测温热电偶

溅射镀膜可根据产生溅射粒子的方法分为直流溅射镀膜、磁控溅镀膜和离子束溅射镀膜，它可以实现高速大面积沉积；几乎所有金属、化合物均可作成溅射靶，在不同材料基体上得到相应材料薄膜；可以大规模连续生产。目前它已在电子学、光学、磁学、机械、仪表、轻工业等行业，作为一种有力的薄膜制备手段，得到广泛应用。例如半导体场效应管（MOS）用的 Al_2O_3 和 SiO_2 膜，IC 布线材料的 Al-Si 合金和 W-Ti 合金膜，表面波元件用的 ZrO_2 压电性膜，ITO（indium tin oxide）透明导电膜，电子元件用的 Nb_3Sn 超导膜。

5.2.3.2　化学气相沉积

化学气相沉积（CVD）为在相当高的温度下，混合气体与基体的表面相互作用，使混合气体中的某些成分分解，并在基体上形成一种金属或化合物的固态薄膜或镀层。实际应用中是把工件在炉中加热至高温后，向炉内通入反应气，使其热分解，发生化学反应生成新化合物并沉积在工件表面。

（1）化学气相沉积原理　利用化学气相沉积制备薄膜材料首先要选定一个或几个合理的沉积反应。根据化学气相沉积过程的需要，所选择的化学反应通常应该满足：

① 反应物质在室温或不太高的温度下最好是气态，或有很高的蒸气压，且有很高的纯度；

② 通过沉积反应能够形成所需要的材料沉积层；

③ 反应易于控制。

用于化学气相沉积的化学反应有多种类型，其反应原理与特点介绍如下。

① 热分解反应。气态氢化物、羰基化合物以及金属有机化合物与高温衬底表面接触，化合物高温分解或热分解沉积而形成薄膜。

例如：$SiH_4 \xrightarrow{800\sim1000℃} Si+2H_2$；$Ni(CO)_4 \xrightarrow{720\sim240℃} Ni+4CO$

② 氧化反应。含薄膜元素的化合物与氧气一同进入反应器，形成氧化反应并在衬底上沉积出薄膜。

例如：$SiH_4+O_2 \longrightarrow SiO_2+2H_2$。

③ 还原反应。用氢、金属或基材作还原剂还原气态卤化物，在衬底上沉积形成纯金属钨膜或多晶硅膜。

例如：$WF_6+3H_2 \xrightarrow{\triangle} W+6HF$；$SiCl_4+2Zn \xrightarrow{\triangle} Si+2ZnCl_2$；$2WF_6+3Si \longrightarrow 2W+3SiF_4$。

④ 水解反应。卤化物与水作用制备氧化物薄膜或晶须。

例如：$SiCl_4+2H_2O \longrightarrow SiO_2+4HCl$；$2AlCl_3+3H_2O \longrightarrow Al_2O_3+6HCl$。

⑤ 可逆输送。化学转换或输运过程的特征是在同一反应器维持在不同温度的源区和沉积区的可逆的化学反应平衡状态。

例如：$2SiI_2 \rightleftharpoons Si+SiI_4$；$2ZnI_2+S_2 \rightleftharpoons 2ZnS+2I_2$。

⑥ 形成化合物。由两种或两种以上的气态物质在加热的衬底表面上发生化学反应而沉积出固态薄膜，这种方法是化学气相沉积中使用最普遍的方法。

例如：$3SiH_4+4NH_3 \longrightarrow S_3N_4+12H_2$；$TiCl_4+CH_4 \longrightarrow TiC+4HCl$。

⑦ 聚合反应。利用放电把有机类气态单体等离子化，使其产生各类活性种，由这些活性种之间或活性种与单体间进行加成反应，形成聚合物。

⑧ 激发反应。利用等离子体、紫外光、激光等方法，使反应气体在基片上沉积出固态薄膜的方法。

例如：$SiH_4+4/3NH_3 \longrightarrow 1/3Si_3N_4+2H_2$；$SiH_4+2O \longrightarrow SiO_2+2H_2$。

(2) 化学气相沉积的类型　化学气相沉积（CVD）技术有多种分类方法，以主要特征进行综合分类，可分为热化学气相沉积（TCVD）、低压化学气相沉积（LPCVD）、等离子体增强化学气相沉积（PECVD）等。

对于金属以及大部分化合物的沉积，其初始物是相应的金属卤化物。对这些卤化物要求在中等温度（即低于约1000℃）能够分解。例如，为使工件表面沉积TiC超硬涂覆层，可将工件置于通以氢气的炉内真空反应室，加热至900～1000℃，以氢为载体气将$TiCl_4$和CH_4，带入反应室，在工件表面发生化学反应（$TiCl_4+CH_4 \longrightarrow TiC+4HCl$），生成TiC便沉积于工件表面（图5-11）。

由于传统的CVD沉积温度大约在800℃以上，所以必须选择合适的基体材料。常用的基体包括各种难熔金属（如钼）、石英、莫来石以及其他陶瓷、硬质合金等。它们在高温下不容易被反应气体侵蚀。当沉积温度低于700℃时，也可以钢为基体，但对钢的表面必须进行保护，一般用电镀或化学镀的方法在表面沉积一薄层镍。

CVD镀层可用于要求耐磨、抗氧化、抗腐蚀以及有某些电学、光学和摩擦学性能的部

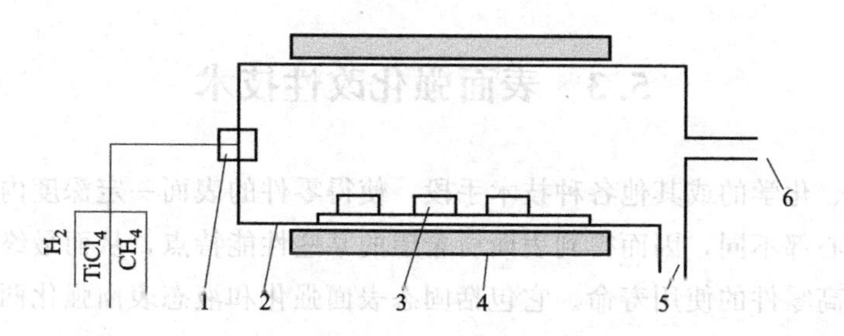

图 5-11 化学气相沉积 TiC 装置示意图

1—进气系统；2—反应器；3—工件；4—加热器；5—工件出口；6—排气口

件。对于耐磨硬镀层一般采用难熔的硼化物、碳化物、氮化物和氧化物。耐磨镀层广泛用于金属切削刀具，以及泥浆传输设备、煤气化设备和矿井设备等承受摩擦磨损的部件。电镀镍枪筒的内壁 CVD 镀钨后，在模拟弹药通过枪筒发射的试验中，其耐剥蚀性能增加近 10 倍。CVD 镀耐热涂层在火箭喷嘴、加力燃烧室部件、返回大气层的锥体、高温燃气轮机热交换部件和陶瓷汽车发动机等方面得到应用。

CVD 另一项有意义的、越来越受到重视的应用是制备难熔材料的粉末和晶须。晶须在发展复合材料方面具有非常大的作用。在陶瓷中加入皮米量级的超细晶须，已证明可使复合材料的韧性得到明显的改进。

5.2.3.3 等离子体化学气相沉积

等离子体化学气相沉积（PCVD）是将某些化学反应气体通入真空室中，在电场作用下使不同成分的离子飞向工件表面并形成新相的沉积层。它有别于 PVD 法的是室内有化学反应发生，PVD 法则无。PCVD 法能促进化学反应过程，降低沉积温度。该法能形成 TiC、AlN、TiN、Al 和 SiC 等薄层，获得耐磨、耐热等特殊性能。

PCVD 法在硬质合金表面作镀层时由于温度低，基体不易脱碳，镀层下仍能保持基体中 WC 的含量。镀层后整体的横断强度下降不多，在切削过程中不易发生硬质合金刀头的折断。PCVD 法要求的真空度比 PVD 低，设备成本也比 PVD 法和 CVD 法的低。PCVD 法的结合强度比 PVD 法好，因此在一定程度上取代了 PVD 法和 CVD 法，有着良好的发展前景。如图 5-12 所示为直流等离子体化学气相沉积（DC-PCVD）示意图。DC-PCVD 是利用高压直流负偏压（－1～－5kV），使低压反应气体发生辉光放电产生等离子体，等离子体在电场作用下轰击工件，并在工件表面沉积成膜。直流等离子体化学气相沉积比较简单，工件处于阴极电位，受其形状、大小的影响，使电场分布不均匀，在阴极附近压降最大，电场强度最高。正因为有这一特点，所以化学反应也集中在阴极工件表面，加强了沉积效率，避免了反应物质在器壁上的消耗。其缺点是不导电的基体或薄膜不能应用，因为阴极上电荷的积累会排斥进一步的沉积，并会造成积累放电，破坏正常的反应。

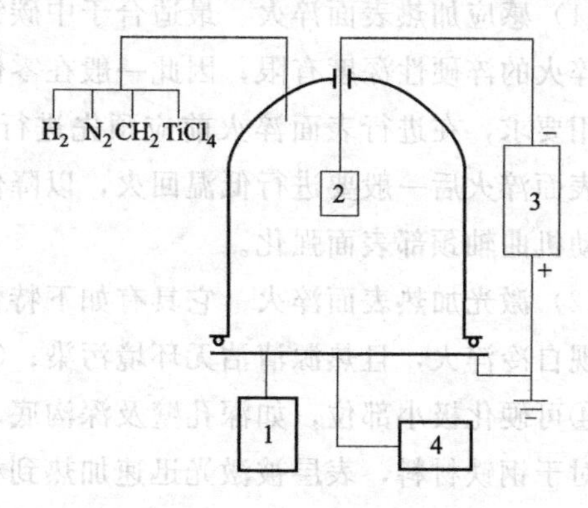

图 5-12 DC-PCVD 实验装置

1—真空仪；2—工件；3—直流电源；4—真空泵

5.3 表面强化改性技术

通过物理的、化学的或其他各种技术手段，使得零件的表面一定深度内的成分、组织甚至于应力状态与心部不同，因而得到表面所希望的某些性能特点，从而最终达到使整个零件的损伤推迟，提高零件的使用寿命。它包括固态表面强化和液态表面强化两种类型。

5.3.1 固态表面强化

固体表面强化是指需强化的金属材料表面在保持固态的条件下进行强化的方法。固态表面强化包括表面形变强化、表面相变强化、化学热处理强化和表面沉积等。

5.3.1.1 表面形变强化

表面形变强化也称表面加工硬化，是通过机械方法使金属表面产生塑性变形，改变材料表面层组织结构，造成高密度的位错和亚晶粒碎化，形成高硬高、高强度，并存在残余应力高密度晶体缺陷的硬化层。表面形变强化后，截面上塑性变形大小是不均匀的，晶体缺陷密度是渐变的，硬化层与基体之间没有明显的边界，结构是连续的，仍保持冶金结合。

在工业上常用的表面加工硬化方法有抛丸处理、滚压加工、内孔挤压表面和喷丸等方法。其中以抛丸和喷丸处理应用最为广泛。通常黑色金属常选用铸铁丸、钢丸，而有色金属与不锈钢常采用玻璃丸或不锈钢丸。在抛丸过程中，材料表层承受弹丸的强烈冲击产生形变强化层，在此层内产生两种强化：①在组织结构上，亚晶粒极大地细化、位错密度增加，晶格畸变密度增加；②形成了较大的宏观残余压应力。这一变化将明显地提高材料的抗疲劳和抗应力腐蚀性能。如20CrMnTi圆辊渗碳淬火回火后进行抛丸处理，表面残余压应力达到880MPa，疲劳寿命次数由原来的55万～65万次提高到150万～180万次。

表面形变强化主要用于提高零件的疲劳强度。表面形变强化与表面淬火和化学热处理等方法配合使用效果更好。

5.3.1.2 表面相变强化

依热源不同，其方法分有感应加热表面强化、激光加热表面强化、火焰加热表面淬火强化以及电子束加热表面淬火等。

(1) 感应加热表面淬火　最适合于中碳钢和中碳合金钢，有时也用于球墨铸铁件。由于表面淬火的淬硬性深度有限，因此一般在零件经精加工后接近图样尺寸时才进行。同时为满足使用要求，在进行表面淬火前应预先进行调质或正火处理，使心部获得所要求的组织性能。表面淬火后一般要进行低温回火，以降低表面内应力和脆性。目前此方法广泛使用于各类发动机曲轴颈部表面强化。

(2) 激光加热表面淬火　它具有如下特性：①淬火处理时变形小；②不需要淬火介质，能实现自冷淬火，且热源清洁无环境污染；③可实现表面薄层和局部淬火，不影响基材的性能；④可硬化极小部位，如深孔壁及深沟底、侧面等其他表面硬化处理方法无法处理部位。

对于钢铁材料，表层被激光迅速加热到相变点以上并转化为奥氏体，而后在冷态基体自冷作用下淬火。冷却速度大约为10^4℃/s，超过常规的表面淬火冷速，因而可获得极细的马氏体组织。

5.3.1.3 化学热处理强化

化学热处理的主要用途有两个方面：①提高工件表面的疲劳强度、硬度和耐磨性；②增加工件表面抗腐蚀、氧化性能。常用化学热处理方法依据渗入元素所处状态的不同有：固体法（粉末填充法、膏剂涂覆法、电热旋转法、覆盖层扩散法）、液体法（盐浴法、电解盐浴法、水溶液电解法）、气体法（固态气体法、间接气体法、流动离子炉法）和等离子法等。

（1）渗硼　主要是为了提高金属表面硬度、耐磨性和耐蚀性，将工件置于含有活性 B 原子的介质中加热到一定温度，保温一段时间后通过吸附、扩散在工件表面形成渗硼层。通常渗硼层希望获得单相 Fe_2B（硬度为 1300～1800HV）。工业上应用的渗硼方法有固体渗硼和液体渗硼。渗硼最合适的钢种为中碳钢和中碳合金钢，通常用于冷冲模及热锻模具，可使模具寿命成倍提高。

（2）渗金属及其他元素　这是使工件表面形成一层金属碳化物的工艺方法，即渗入元素与表层的碳结合形成金属碳化物层［如 $(Cr、Fe)_7C_3$、VC、NbC、TiC 等］，次层为过渡层。渗入元素为 W、Mo、Ti、V、Nb、Cr 等碳化物形成元素。此类工艺适合于高碳钢。一般渗层为 0.005～0.02mm，但硬度极高，耐磨性很好，抗咬合和抗擦伤能力也很高，并具有摩擦系数小的优点。

渗金属的方法有气相、固相及液相法三类。采用碳氮、碳氮硼几种元素共渗的方法，还可以提高零件的疲劳强度。渗硫的方法使零件表面形成硫化物薄膜，降低摩擦系数。采用铝硅、铝钛、铝铬、铝硼共渗，可以提高材料表面的热稳定性、耐蚀性和耐磨性。

5.3.2　液态表面强化

液态表面强化是指需强化的表面处以液体状态，通过各种工艺化手段（如快凝、合金化等）来使表面组织、成分产生变化，从而达到提高某些性能的方法。液态表面强化包括激光表面熔凝处理、激光表面合金化 、激光熔敷处理和表面铸渗强化等。

（1）激光表面熔凝处理　利用激光束照射工件表面使其熔化，然后依靠基体自冷效应使表面熔体快速凝固，可获得特殊表层组织。

当激光熔凝处理时，冷却速度可高达 10^6℃/s，这一冷速足以抑制正常晶粒的形成，使表层 1～100μm 深度内产生亚稳结构。在有些合金（如 Pd-Cu-Si 合金）中，可获得非晶态表层，即金属玻璃层。但对一般钢铁材料来说，因熔点较高，加之激光器功率限制，一般只能获得超细化晶粒表层，也有些合金可获得亚微米级的枝晶急冷组织。冷却速度越快，枝晶结构越细化甚至消失。上述工艺通常称为激光上釉。其性能特点是表面具有高硬度、高耐磨性及高耐腐蚀性，这是固态相变热处理所难以达到的。它特别适用于铸造合金，如含颗粒初生硅的铸造铝合金，经激光处理后得到极细硅颗粒均匀分布在 Al 合金基体上，提高了硬度。处理后的组织有：非晶组织、固溶度增大的固溶体组织、细树枝晶组织、超细伪共晶组织。

（2）激光表面合金化　在激光束作用下，将一种或多种合金元素与基材表面一起快速熔凝，从而使价廉材料表面具有预定的高合金结构与特性的技术。

目前激光表面合金化在国内外都有应用，如灰铸铁阀座、柴油机阀片，母材为价廉的铸铁，经镀铬后表面激光处理，使 Cr 元素熔入表层组织。硬度可达 60HRC，深度可达 0.8mm 左右，使用寿命大大延长。

近年来有两种激光表面合金化途径发展迅速：一是通过激光照射零件表面形成熔池时，由一个细喷嘴向熔池中喷碳化物细粒，从而得到冶金结合的合金化层；二是在适当的可控气氛中用激光束加热熔化基材，以获得合金化层（如纯钛气相渗氮合金化、纯铁气相渗碳合金化等）。

（3）激光熔敷处理　将表层希望的合金粉末预先涂覆在零件表面，通过激光束使之熔化并与基材达到冶金结合的技术。

激光熔敷处理的合金熔敷层基本上没有受到母材的稀释。被熔敷的材料可以是Co、Ni或Fe基合金，也可以是碳化物和氧化铝陶瓷。基体材料为钢、铁、不锈钢和铝等。目前常用的熔敷工艺是将自熔合金粉末用黏结剂调成膏状涂覆在待熔敷的表面，有时也用各种喷涂方法将合金粉末喷在待熔敷表面，而后用激光束照射。

（4）表面铸渗强化　将含有合金粉粒的涂料或膏块涂覆或贴固在铸型表面上，然后注入铁液，在铸件浇注时，铁液渗透涂层或膏块的微孔，并发生界面化学冶金反应，使合金粉粒熔解或熔化，最终可在铸件表面形成一层铸渗合金层。铸渗合金层与母材之间存在着一个过渡层，过渡层显示出母材与合金层的结合具有明显的熔焊特征。

表面铸渗强化是在铸件浇注成形过程中完成的一种表面合金化方法，因而它只适合于铸件。它广泛应用于铸铁某个局部表面耐磨、耐蚀或耐热的场合，可大幅度降低铸件成本，提高合金利用率。如在普通铸钢、铸铁表面渗铬，形成高硬度、高铬白口铸铁层，起到抗磨作用。

在普通砂型铸造中使用黏结剂以固定合金颗粒进行铸渗，虽然工艺简单，不需要特殊的工装，但由于黏结剂及熔剂的使用，往往会在合金层中产生夹渣及气孔等缺陷，且很难清除。为此试图不使用黏结剂和熔剂而采用真空铸渗工艺。由于不用黏结剂和熔剂，因而消除了工艺缺陷，但工艺专门设备和工装投资大。

习题与思考题

1. 分析热喷涂原理，比较粉末火焰喷涂与电弧喷涂各自的优缺点和适用的场合。
2. 喷涂材料分为几类？各适用于哪种喷涂方法？
3. 电镀的基本原理是什么？最常用的电镀用在什么地方？
4. 化学镀的基本原理是什么？举例说明化学镀适用的场合。
5. 试比较物理气相沉积和化学气相沉积技术各自的特点。
6. 最常用的固态表面强化技术有哪几种？各有什么特点？
7. 液态表面强化技术有哪几种？各有什么特点？
8. 举例说明表面改性技术的应用。

第6章 其他成形工艺方法

本章导读：本章主要讨论了粉末冶金的基本知识、成形工艺和结构设计的有关内容；阐述了复合材料的基本组成和各组分的作用以及常用的几种成形方法；简要介绍了快速成形的原理和基本方法。要求学生掌握粉末冶金成形工艺过程、制品的结构工艺性特点以及粉末冶金适用的场合。了解复合材料的基本类型及成形工艺方法，特别是金属基复合材料的成形及应用的场合。熟悉快速成形技术的分类和工艺技术特点，掌握选择性激光烧结成形工艺技术以及在模具制造中的应用。

6.1 粉末冶金成形工艺方法

粉末冶金成形工艺是制取金属材料和制品的加工方法之一。典型的粉末冶金工艺过程是：原料粉末的制备；粉末物料在专用压模中加压成形，得到一定形状和尺寸的压坯；压坯在低于基体金属熔点的温度下加热，使制品获得最终的物理、力学性能。粉末冶金成形工艺既是制造具有特殊性能材料的技术，又是一种降低成本、能大批量制造机械零件的无切削、少切削的加工工艺。

目前采用粉末冶金工艺可以制造板、带、棒、管、丝等各种形材，以及齿轮、链轮、棘轮、轴套等各种零件；既可制造重量仅有百分之几克的制品，也可采用热等静压法制造出近两吨重的大型坯料。

6.1.1 粉末冶金成形工艺过程

6.1.1.1 粉料制备

粉末冶金的生产工艺是从制取原材料（粉末）开始的。这些粉末可以是纯金属，也可以是非金属，还可以是化合物。制取粉末的方法很多，它的选择主要取决于该材料的特殊性能及制取方法的成本。

金属粉末的制取方法可以分成机械法和物理化学法两大类。机械法制取粉末是将原材料机械地粉碎而化学成分不发生变化的工艺过程。物理化学法则是借助化学的或物理的作用，改变原材料的化学成分或聚集状态而获得粉末的工艺过程。

粉末的生产方法很多，应用最广泛的是还原法、雾化法和电解法；而在特殊应用场合下，气相沉积法和液相沉淀法也会等到应用。

6.1.1.2 普通模压法粉末成形

粉末的成形工艺很多，但根据成形时是否从外部施加压力，可分为压制成形和无压成形两大类。将处理过的粉末经过成形工序，得到具有既定形状与强度的粉末体，叫做压坯。粉末成形可以用普通模压法或用特殊成形方法成形。前者是将金属粉末或混合粉末装在压模内，通过压机使其成形。特殊成形是指各种非模压成形。而其中应用最广泛的是普通模压法成形。

（1）普通模压法成形分类　封闭钢模压制成形：封闭钢模压制成形是指在常温下，粉料在封闭的钢模中，按规定的压力，将粉料制成压坯的方法。这种成形过程通常由称粉、装粉、压制、保压及脱模等工序组成，压坯密度较高，生产率高。适用于铁基、铜基、不锈钢及硬质合金等中小柱状类制品的大批量生产，但不宜压制尺寸大而薄、锥形及难以脱模的制品。

在封闭式钢模中冷压成形时，最基本的压制方式有三种，如图 6-1 所示。其他压制方式，或是基本方式的组合，或是用不同结构来实现。最基本的三种压制方式如下。

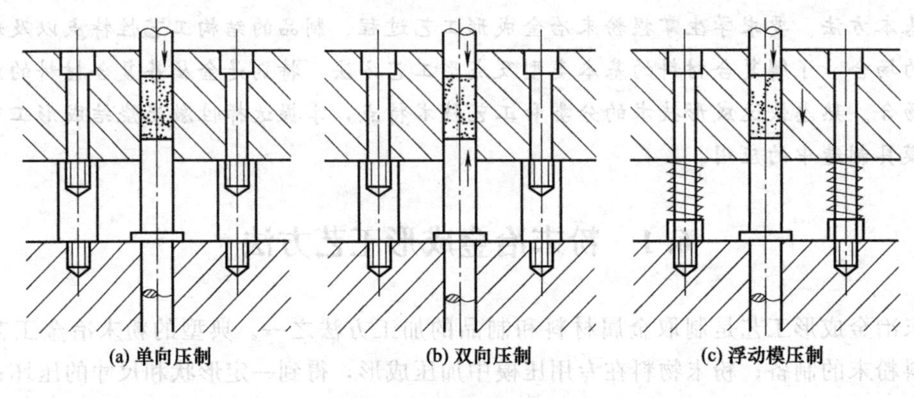

图 6-1　三种基本压制方式

① 单向压制。在压制过程中，凹模与芯棒不动，仅在上模冲上施加压力。这种方式适用于压制无台阶的较薄的零件。

② 双向压制。凹模固定不动，上、下模从两面同时加压。这种方式适用于压制无台阶的较厚大的零件。

③ 浮动模压制。凹模由弹簧支承，在压制过程中，下模冲固定不动，一开始在上模冲上加压，随着粉末被压缩，凹模壁与粉末间的摩擦逐渐增大，当摩擦力变得大于弹簧的支承力时，凹模即与上模冲一起下降（相当于下模冲上升），实现双向压制。

采用不同的压制方式，压坯密度的均匀性有差别。但无论哪一种方式，不仅沿高度密度分布不均匀，而且沿压坯截面的分布也不均匀。造成压坯密度不均匀的原因是在压制过程中，粉末颗粒之间，粉末颗粒与模冲、模腔壁之间存在摩擦，由此产生压力损耗造成的。

压坯密度的均匀性是影响其质量的重要因素，烧结制品的强度、硬度及各部分性能的同一性，都与密度分布的均匀程度有关。此外，当压坯密度分布不均匀时，在烧结时还会导致收缩不均匀，从而使制品中产生很大的应力，出现翘曲变形甚至裂纹等。因此压制成形时，应力求使压坯密度分布均匀。

（2）压制过程　粉末装在模腔中，形成许多大小不一的拱洞。加压时，粉末颗粒产生移动，拱洞被破坏，孔隙减小，随之粉粒从弹性变形转化为塑性变形，颗粒间的接触从点接触转为面接触。由于颗粒间的机械啮合和接触面增加，原子间的引力使粉末体形成具有一定强度的压坯。

压制过程大体上可分为四个阶段：

① 粉末颗粒移动，孔隙减小，颗粒间相互挤紧；

② 粉末挤紧，小颗粒填入大颗粒间隙中，颗粒开始有变形；

③ 粉末颗粒表面的凹凸部分被压紧且啮合成牢固接触状态；

④ 粉末颗粒冷变形强化到了极限状态，进一步增高压力，粉末颗粒被破坏和结晶细化。

(3) 烧结　金属粉末的压坯，在低于基体金属熔点下进行加热，粉末颗粒之间产生原子扩散、固溶、化合和熔接，致使压坯收缩并强化的过程，叫做烧结。粉末冶金制品因都需要经过烧结，故也叫做烧结制品（或零件）。

对于烧结工序的要求主要是：制品的强度要高，物理、化学性能要好，尺寸、形状及材质的偏差要小，适合于大生产，烧结炉易于管理和维修等。

为了达到所要求的性能和尺寸精度，需要烧结炉能调节并控制升温速度、烧结温度与时间、冷却速度以及炉内保护气氛等因素。烧结炉种类较多，按照加热方式，可分为燃料加热和电加热。根据作业的连续性，可分为间歇式和连续式两类烧结炉。

(4) 后处理　金属粉末压坯经烧结后的处理，称后处理。后处理种类很多，由产品要求来定。

① 浸渍。浸渍是利用烧结件的多孔性的毛细现象，浸入各种液体。如为了润滑目的，可浸润滑油、聚四氟乙烯溶液、铅溶液等；为了提高强度和防腐能力，可浸铜溶液；为了表面保护可浸树脂或清漆等。

② 表面冷挤压。如为了提高零件的尺寸精度和表面质量，可采用整形；为了提高零件的密度，可采用复压；为了改变零件的形状或表面形状，可采用精压。

此外，对于零件上的横槽、横孔以及高的轴向尺寸，精度面需进行切削加工后处理，以及为提高铁基制品的强度和硬度可进行热处理等。

6.1.1.3　粉末冶金特殊成形方法

粉末冶金成形方法按其工作原理和特点分为等静压成形、连续成形、无压成形、注射成形、高能成形等，这些都统称为特殊成形。现简述几种成形方法。

(1) 等静压成形　这种方法是借助于高压泵的作用把流体介质（气体或液体）压入耐高压的钢质密封容器内（图6-2)，高压流体的静压力直接作用在弹性模套内的粉末上；粉末体在同一时间内在各个方向上均衡地受压而获得密度分布均匀和强度较高的压坯。

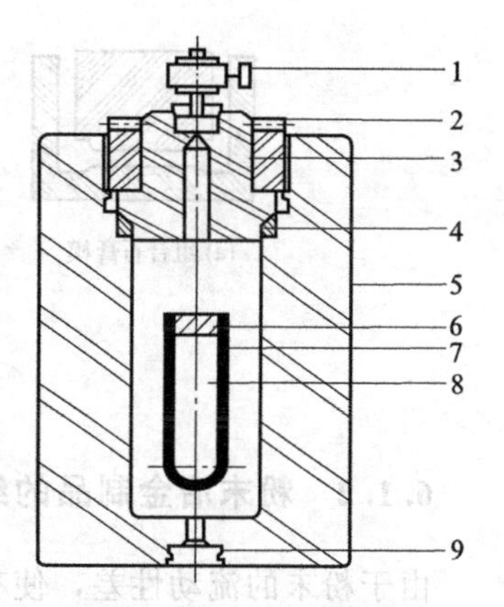

图 6-2　等静压制原理图

1—排气阀；2—压紧螺母；3—顶盖；4—密封圈；5—高压容器；6—橡胶塞；7—模套；8—压制料；9—压力介质入口

通常，等静压成形按其特性分为冷等静压和热等静压。前者常用水或油作压力介质，故有液静压、水静压或油水静压之称；后者常用气体（如氩气）作压力介质，故有气体热等静压之称。等静压成形时，由于粉末体与弹性模具的相对移动很小，摩擦损耗很小，所以压坯任一截面上各点的密度将是大体上相同的。

(2) 金属粉末轧制　将金属粉末通过一个特制的漏斗喂入转动的轧辊缝中，即可轧出具有一定厚度的、长度连续的并且强度适宜的板带坯料。这些坯料经预烧结、烧结，又经轧制加工以及热处理等工序，就可制成有一定孔隙度的或致密的粉末冶金板带材（图 6-3）。

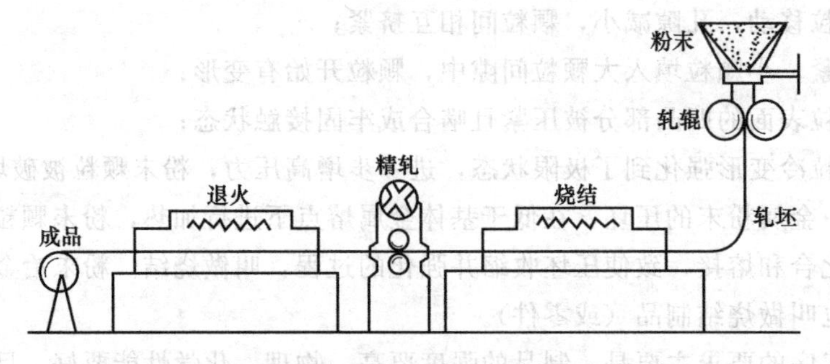

图 6-3 粉末轧制工艺示意图

粉末轧制法与模压法相比，优点是制品的长度原则上不受限制；轧制制品密度比较均匀。但是粉末轧制法生产的带材厚度受轧辊直径的限制（一般不超过 10mm），宽度也受到轧辊宽度的限制。粉末轧制法只能制取形状较简单的板带材。

（3）粉浆浇注　粉浆浇注是金属粉末在不施加外压力的情况下而实现成形的过程。其方法是将成形材料首先与水或其他液体调成悬浮液浆，并注入能够吸收液体的石膏模内；然后再从石膏模中取出干涸的坯块，并进行最后烘干（图 6-4）。这种方法是从陶瓷技术引入的。对于压制性差的脆性粉末，如碳化物、硅化物、氮化物、铬和硅等粉末，粉浆浇注是特别有效的成形方法。同时，用粉浆浇注可以不使用压力机和钢制模具，对于制造较大而复杂的粉末冶金部件成本可以降低，而且所用设备简单。虽然粉浆浇注法具有上述优点，但是，粉浆浇注的生产周期长，生产率低。

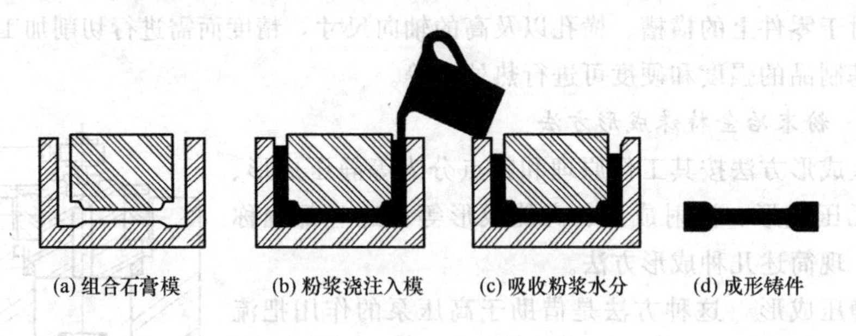

图 6-4 粉浆浇注工艺原理图

6.1.2 粉末冶金制品的结构工艺性

由于粉末的流动性差，使有些制品形状不易在模具内压制成型，或者压坯各处的密度不均匀，影响了成品质量。因此，粉末冶金制品的结构工艺性有其自己的特点。

（1）避免模具出现脆弱的尖角　因为压制模具工作时要承受较高的压力，它的各个零件都具有很高的硬度，若压坯形状不合理，则极易折断。所以，应避免在压模结构上出现脆弱的尖角（表 6-1），延长模具的使用寿命。

（2）避免模具和压坯出现局部薄壁　压制时，粉末基本不发生横向流动。为了保证压坯厚度、密度均匀，粉末均匀填充型腔的各个部位，应避免模具和压坯局部出现薄壁（壁厚应不小于 1.5mm），不致产生密度不均匀、掉角、变形和开裂的现象，见表 6-2。

表 6-1　避免模具出现脆弱尖角

不当设计	修改事项	推荐形状	说明
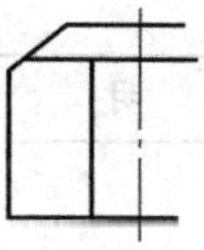	45°倒角处加一个平台，宽度为 0.1～0.2mm（如为圆角，则也应在圆角处加一个平台，宽度为 0.1～0.2mm）	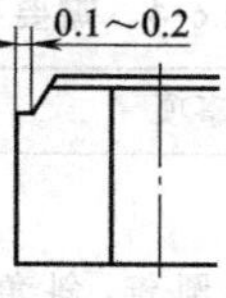 0.1～0.2	避免上、下模具出现脆弱的尖角
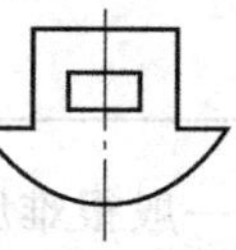	尖角改为圆角，$R \geqslant 0.5$mm	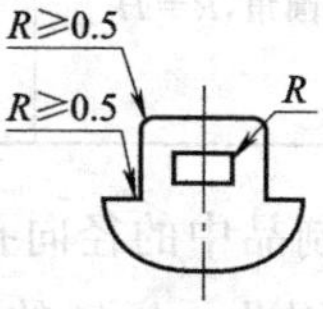 $R \geqslant 0.5$ $R \geqslant 0.5$ R	减轻模具应力集中，并利于粉末移动，减少裂纹

表 6-2　避免模具和压坯出现局部薄壁

不当设计	修改事项	推荐形状	说明
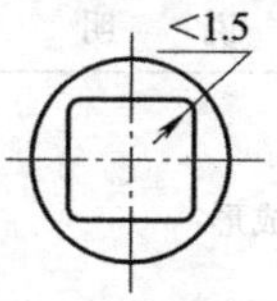 <1.5	增大最小壁厚	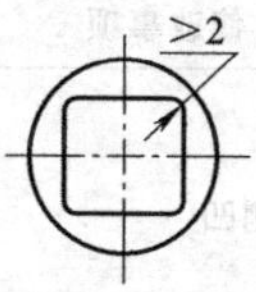 >2	利于装粉和压坯密度均匀，增强模冲及压坯
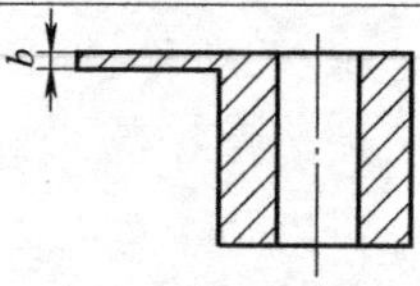 b $b<1.5$	避免局部薄壁	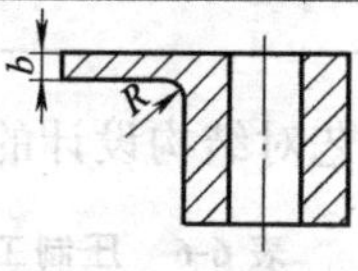 b R $b>2$；$R>0.5$	利于装粉均匀，增强压坯，烧结收缩均匀
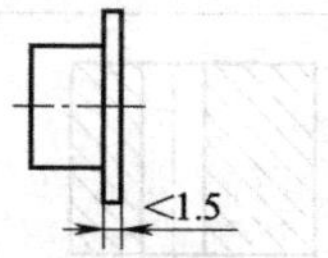 <1.5		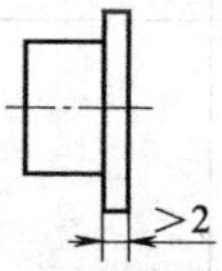 >2	
 <1.5	增厚薄板处	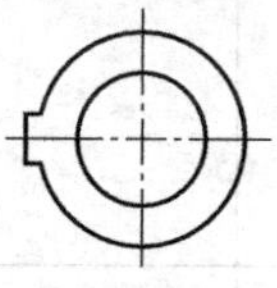	利于压坯密度均匀，减小烧结变形

（3）锥面和斜面需有一小段平直带　为避免损坏模具，并避免在冲模和凹模或芯杆之间陷入粉末，改进后的压坯形状在锥面或斜面上加一个平台，增加一小段平直带，见表 6-3。

表 6-3　锥面和斜面需有一小段平直带

不当设计	修改事项	推荐形状	说明
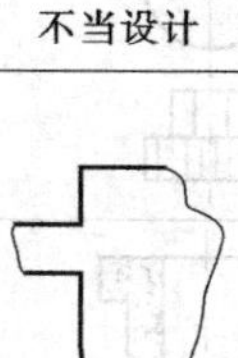	在斜面的一端加 0.5mm 的平直带	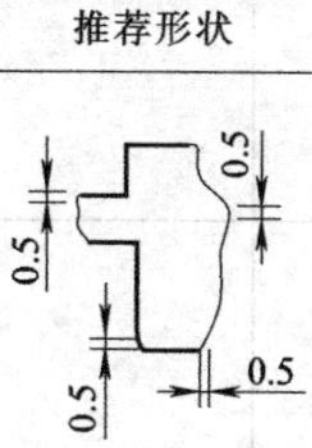 0.5 0.5 0.5 0.5	压制时避免模具损坏

(4) 需要有脱模锥角或圆角　为方便脱模，应使与压制方向一致的内孔、外凸台等有一定斜度或圆角，见表 6-4。

表 6-4　需要有脱模锥角或圆角

不当设计	修改事项	推荐形状	说　明
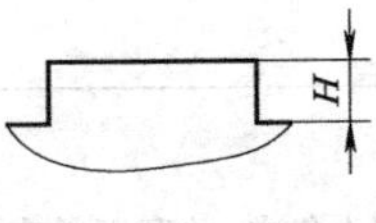 H	圆柱改为圆锥，斜角 >5°，或改为圆角，$R=H$	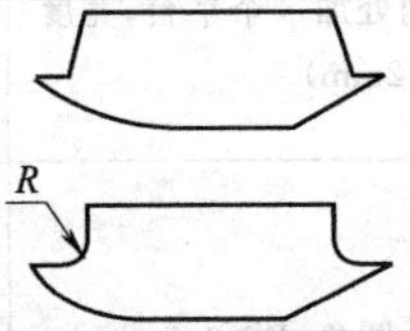 R	简化模具结构

(5) 适应压制方向的需要　制品中的径向孔、径向槽、螺纹和倒圆锥等，一般很难压制成形，需要在烧结后切削加工，因此，压坯的形状设计时，应适应压制方向的需要，见表 6-5。

表 6-5　适应压制方向的需要

不当设计	修改事项	推荐形状	说　明
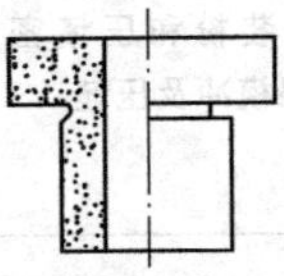	避免侧凹	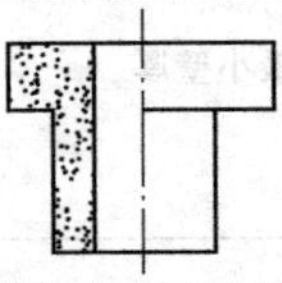	利于成形

(6) 压制工艺　压制工艺对结构设计的要求见表 6-6。

表 6-6　压制工艺对结构设计的要求

需加工部位	不 当 设 计	修改后形状
垂直于压制方向的孔	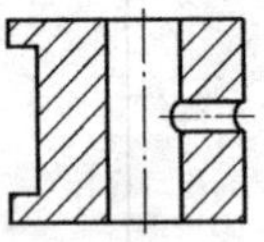	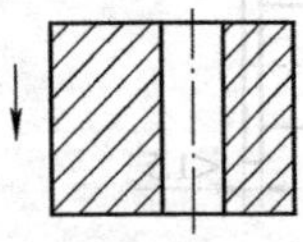
退刀槽	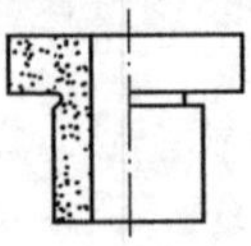	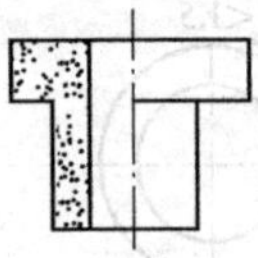
深槽	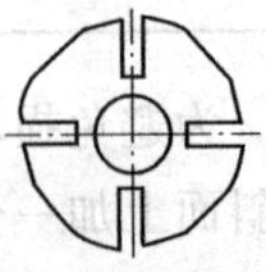	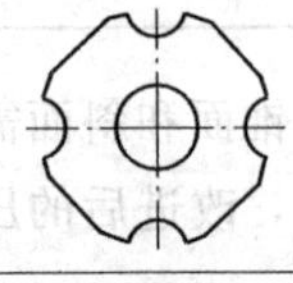
螺纹		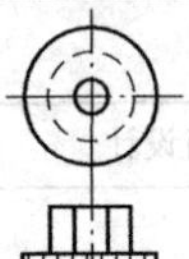
倒锥	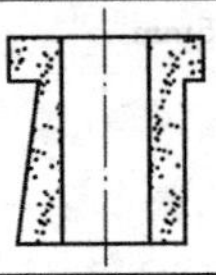	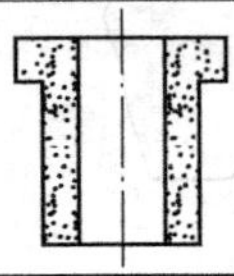

6.2 复合材料成形工艺

金属材料、高分子材料和无机材料是当今的三大材料，它们各有特点但也有其缺点，如高分子材料易老化、不耐高温，陶瓷材料缺韧性、易碎裂。如果将这种不同的材料，通过复合形成新的材料，使它既能保持原材料的长处，又能弥补其不足，提高材料的性能，扩大应用范围。复合材料就是将两种或两种以上不同性质的材料组合在一起，构成了性能比其组成材料优异的一类新型材料。

6.2.1 复合材料的概念和分类

6.2.1.1 复合材料的概念

复合材料是由基体与嵌入的增强相经复合而形成的材料。在制造复合材料的过程中，粉末状或液态的基体材料在模具中与增强相受热和压力的作用而融合为一体。基体相起黏结、保护增强相并把外加载荷造成的应力传递到增强相上去的作用，基体相可以由金属、树脂、陶瓷等构成，在承载中，基体相承受应力作用的比例不大；增强相是主要承载相并起着提高强度（或韧性）的作用，增强相的形态各异，有纤维状、细粒状、片状等。工程上开发应用较多的是纤维增强复合材料。

复合材料是把基体材料和增强材料各自的优良特性加以组合，同时又弥补了各自的缺陷，因此，复合材料具有高强轻质、比强度高、刚度高、耐疲劳、抗断裂性能高、减震性能好、抗蠕变性能强等一系列的优良性能。此外，复合材料还有抗震、耐腐蚀、稳定安全等特性，因而成为应用广泛的重要新材料。

6.2.1.2 复合材料的分类

复合材料按基体材料可分为聚合物基复合材料、金属基复合材料和陶瓷基复合材料。

(1) 聚合物基复合材料　聚合物基复合材料主要是指纤维增强聚合物材料，如将硅纤维包埋在环氧树脂中使复合材料强度增加，用于制造网球拍、高尔夫球棍和滑雪橇等。玻璃纤维复合材料为玻璃纤维与聚酯的复合体，可用作结构材料，如汽车和飞机中的某些部件、桥体的结构材料和船体等，其强度可与钢材相比。增强的聚酰亚胺树脂可用于汽车的“塑料发动机”，使发动机重量减轻，节约燃料。

玻璃钢是由玻璃纤维和聚酯类树脂复合而成的，是复合材料的杰出代表，具有优良的性能。它的强度高、质量轻、耐腐蚀、耐冲击、绝缘性好，已广泛应用于飞机、汽车、船舶以及建筑零部件的生产。

(2) 金属基复合材料　金属基复合材料是以金属为基体，以纤维、晶须、颗粒、薄片等为增强体的复合材料。基体金属多采用纯金属及合金，如铝、铜、银、铅、铝合金、铜合金、镁合金、钛合金、镍合金等。增强材料采用陶瓷颗粒、碳纤维、石墨纤维、硼纤维、陶瓷纤维、陶瓷晶须、金属纤维、金属晶须、金属间化合物等。

铝基复合材料（如碳纤维增强铝基复合材料）是应用最多、最广的一种。由于其具有良好的塑性和韧性，加之具有易加工性、工程稳定性和可靠性及价格低廉等优点，受到人们青睐。

镍基复合材料的高温性能优良，这种复合材料被用来制造高温工作的零部件。正寄希望用它来制造燃汽轮机叶片，从而进一步提高燃汽机的工作温度，预计可达到1800℃以上。

钛基复合材料比其他结构材料具有更高的强度和刚度，有望满足更高速新型飞机材料的要求。钛基复合材料的应用障碍是制备困难、成本高。

(3) 陶瓷基复合材料　陶瓷本身具有强度和硬度高、耐高温及耐腐蚀等优点，但其脆性大，若将增强纤维包埋在陶瓷中可以克服这一缺点。增强材料有碳纤维、碳化硅纤维和碳化硅晶须等。陶瓷基复合材料具有高强度、高韧性以及优异的热稳定性和化学稳定性，是一类新型结构材料，已应用于或即将应用于刀具、滑动构件、航空航天以及能源构件等领域。

6.2.2　复合材料成形方法

复合材料成形方法取决于基体和增强材料的类型。以颗粒、晶须或短纤维为增强材料的复合材料，一般都可以用基体材料的成形工艺方法进行成形加工；以连续纤维为增强材料的复合材料的成形方法则不相同。

复合材料成型工艺和其他材料的成型工艺相比，有一个特点，即材料的成形与制品的成型是同时完成的，因此，复合材料的成形工艺水平直接影响材料或制品的性能。一种复合材料制品可能有多种成形方法，在选择成形方法时，除了考虑基体和增强材料的类型外，还应根据制品的结构形状、尺寸、用途、产量、成本及生产条件等因素综合考虑。

6.2.2.1　聚合物基复合材料的成形方法

随着聚合物基复合材料工业的迅速发展和日渐完善，新的高效生产方法不断出现。目前，成形方法已有20多种，并成功地用于工业生产中。在生产中常用的成形方法有手糊成形法、缠绕成形法、模压成型法、喷射成型法、树脂传递模塑成形法等。

(1) 手糊成形法——湿法层铺成形　手糊成形法是指以手工作业为主，把玻璃纤维织物和树脂交替地层铺在模具上，然后固化成形为玻璃钢制品的工艺。具体作法是先在涂有脱模剂的模具上均匀涂上一层树脂混合液，再将裁剪成一定形状和尺寸的纤维增强织物，按制品要求铺设到模具上，用刮刀、毛刷或压辊使其平整并均匀浸透树脂、排除气泡。多次重复以上步骤层层铺贴，直至所需层数，然后固化成形，脱模修整获得坯件或制品。

手糊成形法操作简单，适于多品种、小批量生产，不受制品尺寸和形状的限制，可根据设计要求手糊成形不同厚度、不同形状的制品。但这种成形方法生产效率低，劳动条件差且劳动强度大；制品的质量、尺寸精度不易控制，性能稳定性差，强度较其他成形方法低。

手糊成形可用于制造船体、贮罐、贮槽、大口径管道、风机叶片、汽车壳体、飞机蒙皮、机翼、火箭外壳等大中型制件。

(2) 缠绕成形法　缠绕成形法是采用预浸纱带、预浸布带等预浸料，或将连续纤维、布带浸渍树脂后，在适当的缠绕张力下按一定规律缠绕到一定形状的芯模上至一定厚度，经固化脱模获得制品的一种方法，如图6-5所示为缠绕成形法示意图。与其他成型方法相比，缠绕成形法可以保证按照承力要求确定纤维排布的方向、层次，充分发挥纤维的承载能力，体现了复合材料强度的可设计性及各向异性，因而制品结构合理、比强度高；纤维按规定方向

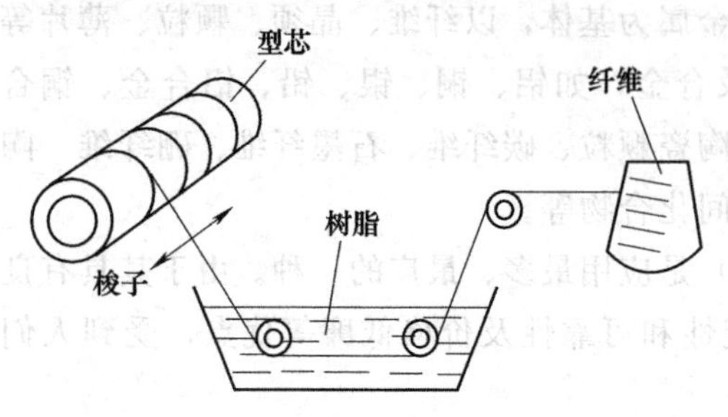

图6-5　缠绕成形法示意图

排列整齐，制品精度高、质量好；易实现自动化生产，生产效率高；但缠绕法成形需缠绕机、高质量的芯模和专用的固化加热炉等，投资较大。

缠绕成形法可大批量生产需承受一定内压的中空容器，如固体火箭发动机壳体、压力容器、管道、火箭尾喷管、导弹防热壳体及各类天然气气瓶、大型贮罐、复合材料管道等。制品外形除圆柱形、球形外，也可成形矩形、鼓形及回转件等。

(3) 模压成形法　模压成形是复合材料生产中最古老的一种成型方法，其基本过程是将一定量的、经过一定预处理的模压料放入预热的压模内，施加较高的压力使模压料充满模腔。在预定的温度下，模压料在模腔内逐渐固化，然后将制品从压模内取出，再进行必要的辅助加工得到最终制品。模压成形方法适用于异形制品的成型，生产效率高，制品的尺寸精确、重复性好，表面粗糙度小、外观好，材料质量均匀、强度高，适于大批量生产。结构复杂制品可一次成形，无需有损制品性能的辅助机械加工。其主要缺点是模具设计制造复杂，一次投资大，制件尺寸受压机规格的限制。一般用于中小型制品的批量生产。

模压成形工艺按成形方法可分为压制模压成形、压注模压成形与注射模压成形。

① 压制模压成形。将模塑料、预浸料（布、片、带需经裁剪）等放入金属对模（由凸模和凹模组成）内，由压力机（多为液压机）将压力作用在模具上，通过模具直接对模塑料、预浸料进行加压，同时加温，使其流动充模，固化成形。

压制模压成形工艺简便，应用广泛，可用于成形船体、机器外罩、冷却塔外罩、汽车车身等制品。

② 压注模压成形。将模塑料在模具加料室中加热成熔融状，然后通过流道压入闭合模具中成形固化，或先将纤维、织物等增强材料制成坯件置入密闭模腔内，再将加热成熔融状态的树脂压入模腔，浸透其中的增强材料，然后固化成形，如图 6-6 所示。

压注模压成形法主要用于制造尺寸精确、形状复杂、壁薄、表面光滑、带金属嵌件的中小型制品，如各种中小型容器及各种仪器、仪表的表盘、外壳等部件。

③ 注射模压成形。注射模压成形是将模塑料在螺杆注射机的料筒中加热成熔融状态，通过喷嘴小孔，以高速、高压注入闭合模具中固化成形，是一种高效率自动化的模压工艺，适于生产小型复杂形状零件，如汽车及火车配件、纺织机零件、泵壳体、空调机叶片等。

(4) 喷射成形法　喷射成形法是将调配好的树脂胶液（多采用不饱和聚酯树脂）与短切纤维（长度为 25～50mm）同时喷到模具上，再经压实、固化得到制品。如图 6-7 所示，将配制好的树脂液分别由喷枪的两个喷嘴喷出，同时，切割器将连续玻璃纤维切碎，由喷枪的

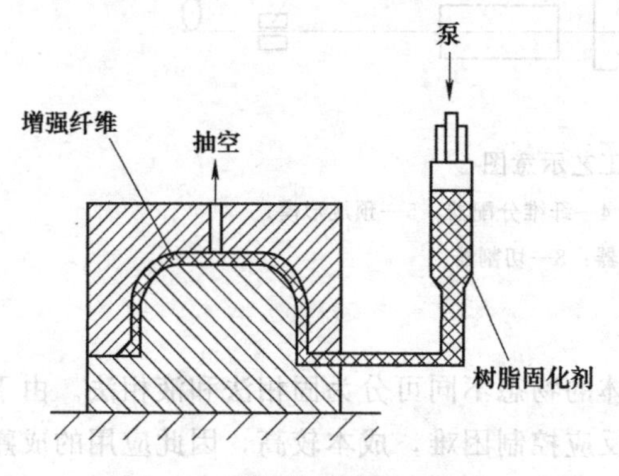

图 6-6　压注模压成形示意图

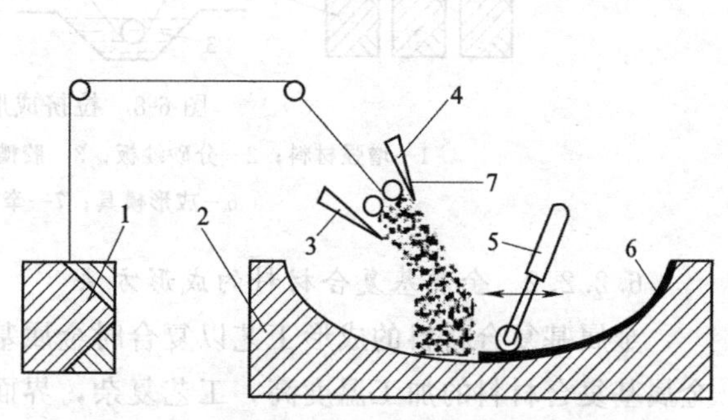

图 6-7　喷射成形工艺示意图（两罐系统）

1—粗砂；2—模具；3—树脂＋引发剂；4—树脂＋促进剂；5—压辊；6—制品；7—切割器

喷嘴均匀地喷出，并与胶液均匀混合后喷射到模具表面上沉积，每喷一层（厚度应小于10mm），即用辊子滚压，使之压实、浸渍并排出气泡，再继续喷射，直至完成坯件制作，最后固化成制品。

喷射成形法的生产效率高，劳动强度较低，适于批量生产大尺寸制品，制品无搭接缝，整体性好；但场地污染大，制品树脂含量高（质量分数约65%），强度较低。喷射法可用于成型船体、容器、汽车车身、机器外罩、大型板等制品。

(5) 热压罐法成形法　热压罐法是利用金属压力容器——热压罐，对置放于模具上的铺层坯件加压（通过压缩空气实现）和加热（通过热空气、蒸汽或模具内加热元件产生的热量），使其固化成形。热压罐法可获得压制紧密、厚度公差范围小的高质量制件，适用于制造大型和复杂的部件，如机翼、导弹载入体、部件胶接组装等。该法能源利用率低，热压罐重量大、结构复杂，设备费用高。

(6) 层压成形法　层压成形法是将纸、棉布、玻璃布等片状增强材料在浸胶机中浸渍树脂，经干燥制成浸胶材料，然后按层压制品的大小，对浸胶材料进行裁剪，并根据制品要求的厚度（或质量）计算所需浸胶材料的张数，逐层叠放在多层压机上，进行加热层压固化，脱模获得层压制品。

(7) 离心浇注成形法　离心浇注成形法是利用筒状模具旋转产生的离心力将短切纤维连同树脂同时均匀喷洒到模具内壁形成坯件；或先将短切纤维毡铺在筒状模具的内壁上，在模具快速旋转的同时，向纤维层均匀喷洒树脂液浸润纤维形成坯件，坯件达到所需厚度后通热风固化。

离心浇注成形的特点是制件壁厚均匀、外表光洁、可用于大直径筒、管、罐类制件成型。

(8) 拉挤成形法　拉挤成形法是将浸渍树脂胶液的连续纤维，在牵引机构的拉力作用下，通过成型模定形，再进行固化，连续引拔出长度不受限制的复合材料管、棒、方形、槽形以及非对称形的异形截面等型材，如飞机和船舶的结构件、矿井和地下工程构件等。拉挤成形的工艺如图6-8所示。拉挤成形工艺只限于生产型材，设备复杂。

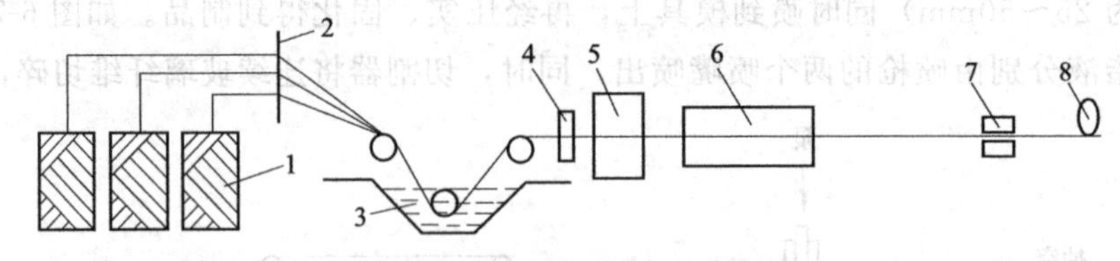

图6-8　拉挤成形工艺示意图

1—增强材料；2—分砂纱板；3—胶槽；4—纤维分配器；5—预成形模；
6—成形模具；7—牵引器；8—切割器

6.2.2.2　金属基复合材料的成形方法

金属基复合材料的成形工艺以复合时金属基体的物态不同可分为固相法和液相法。由于金属基复合材料的加工温度高，工艺复杂，界面反应控制困难，成本较高，因此应用的成熟程度不及树脂基复合材料。目前，金属基复合材料主要应用于航空、航天领域。

(1) 颗粒增强金属基复合材料成形　对于以各种颗粒、晶须及短纤维增强的金属基复合材料，其成形通常采用以下方法。

① 粉末冶金法。粉末冶金法是一种成熟的工艺方法。这种方法可以直接制造出金属基复合材料零件，主要用于颗料、晶须增强材料。其工艺与粉末冶金工艺基本相同，首先将金属粉末和增强体混合均匀，制得复合坯料，再压制烧结成锭，然后可通过挤压、轧制和锻造等二次加工制成形材或零件。

② 铸造法。铸造法是一边搅拌金属或合金熔体，一边向熔体逐步投入增强体，使其分散混合，形成均匀的液态金属基复合材料，然后采用压力铸造、离心铸造和熔模精密铸造等方法形成金属基复合材料。

③ 加压浸渍法。加压浸渍法是将颗粒、短纤维或晶须增强体制成含一定体积分数的多孔预成形坯体，将预成形坯体置于金属型腔的适当位置，浇注熔融金属并加压，使熔融金属在压力下浸透预成形坯体（充满预成形坯体内的微细间隙），冷却凝固形成金属基复合材料制品。采用这种方法已成功制造了陶瓷晶须局部增强铝活塞。如图 6-9 所示为加压浸渍工艺示意图。

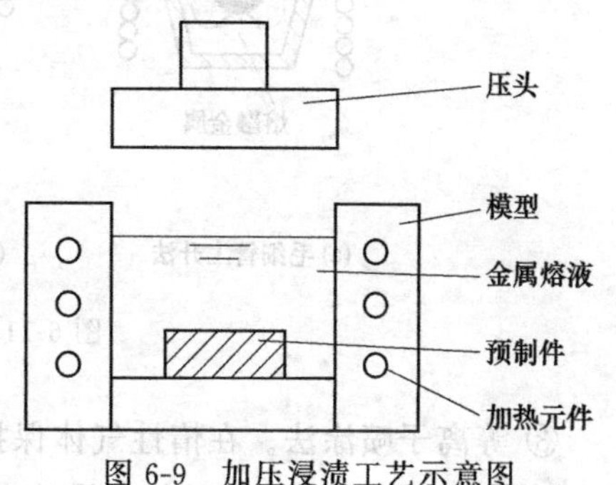

图 6-9 加压浸渍工艺示意图

④ 挤压或压延法。挤压或压延法是将短纤维或晶须增强体与金属粉末混合后进行热挤或热轧，获得制品。

(2) 纤维增强金属基复合材料成形 对于以长纤维增强的金属基复合材料，其成形方法主要有以下几种。

① 扩散结合法。扩散结合法是连续长纤维增强金属基复合材料最具代表性的复合工艺。按照制件形状及增强方向的要求，将基体金属箔或薄片以及增强纤维裁剪后交替铺叠，然后在低于基体金属熔点的温度下加热、加压并保持一定时间，基体金属产生蠕变和扩散，使纤维与基体间形成良好的界面结合，获得制件。如图 6-10 所示为扩散结合法示意图。

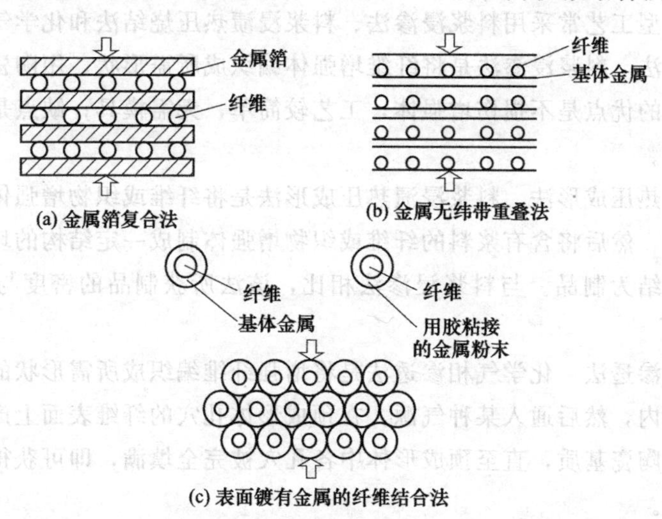

图 6-10 扩散结合法示意图

扩散结合法易于精确控制，制件质量好，但由于加压的单向性，使该法只限于制作较为简单的板材、形材及叶片等。

② 熔融金属渗透法。在真空或惰性气体介质中，使排列整齐的纤维束之间浸透熔融金属，如图 6-11 所示。该方法常用于连续制取圆棒、管子和其他截面形状的形材，加工成本低。

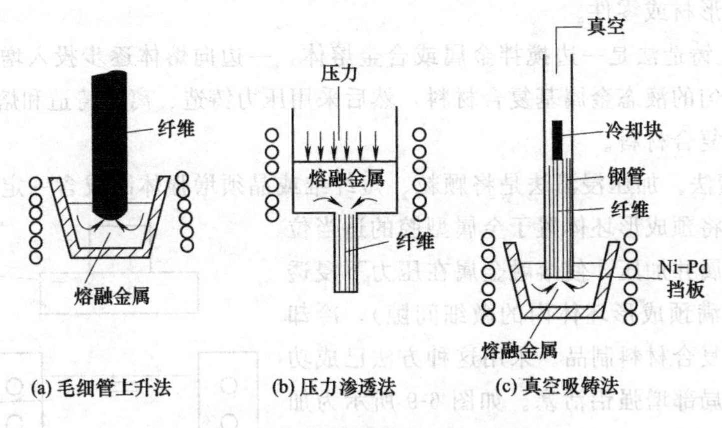

图 6-11　熔融金属渗透法示意图

③ 等离子喷涂法。在惰性气体保护下，等离子弧向排列整齐的纤维喷射熔融金属微粒子。其特点是熔融金属粒子与纤维结合紧密，纤维与基体材料的界面接触较好；而且微粒在离开喷嘴后是急速冷却的，因此几乎不与纤维发生化学反应，又不损伤纤维。此外，还可以在等离子喷涂的同时，将喷涂后的纤维随即缠绕在芯模上成型。喷涂后的纤维经过集束层叠，再用热压法压制成制品。

6.2.2.3　陶瓷基复合材料的成形

陶瓷基复合材料的成形方法分为两类：一类是针对陶瓷短纤维、晶须、颗粒等增强体，成形工艺与陶瓷基本相同，如料浆浇注法、热压烧结法等；另一类是针对碳、石墨、陶瓷连续纤维增强体，成型工艺常采用料浆浸渗法、料浆浸渍热压烧结法和化学气相渗透法。

(1) 料浆浸渗法　料浆浸渗法是将纤维增强体编织成所需形状，用陶瓷浆料浸渗，干燥后进行烧结。该法的优点是不损伤增强体，工艺较简单，无需模具；缺点是增强体在陶瓷基体中的分布不均匀。

(2) 料浆浸渍热压成形法　料浆浸渍热压成形法是将纤维或织物增强体置于制备好的陶瓷粉体浆料里浸渍，然后将含有浆料的纤维或织物增强体制成一定结构的坯体，干燥后在高温、高压下热压烧结为制品。与料浆浸渗法相比，该法所获制品的密度与力学性能均有所提高。

(3) 化学气相渗透法　化学气相渗透法是将增强纤维编织成所需形状的预成形体，置于一定温度的反应室内，然后通入某种气源，在预成形体孔穴的纤维表面上产生热分解或化学反应，沉积出所需陶瓷基质，直至预成形体中各孔穴被完全填满，即可获得高致密度、高强度、高韧度的制件。

6.2.3　复合材料的应用

复合材料制成的摩擦材料、轻质耐热材料、超导材料、磁性材料、各向异性导电材料、强化导电材料、表面保护材料、防震防噪材料、生物功能材料等，成为新兴技术的重要结构基础和关键功能部件。如大跨度薄壳结构建筑、航天飞行器壳体、火箭发动机喷嘴、防辐射且抗高温的核能源装置，乃至人造皮肤、人造骨骼和人造脏器等，都要大量使用各种具有特殊性能的复合材料。同时，各种复合材料也已开始进入工农业生产、国防和生活领域中。

6.3 快速成形工艺

快速成形技术（RP）是由CAD模型直接驱动的快速制造任意复杂形状三维实体技术的总称，是20世纪80年代末开始商品化的一种高新制造技术。尽管问世时间不长，但其发展迅速，受到人们的广泛关注。快速成形技术在制造思想的实现方式上具有革命性的突破，它自动、快捷地将设计思想物化为具有一定结构和功能的原型产品，从而实现对产品设计进行快速评价、修改及功能实验，有效地缩短产品的研制周期。快速成形技术的出现，开辟了不使用刀具、模具等传统工具而制作各类零部件的新途径，并为形状复杂、难以制作的零件和模型提供了一种新的制造手段。快速成形制造技术可为CAD/CAM系统提供极具实用价值的技术支持，使通过CAD获得的几何图形实体化。这一制造技术的出现，为科学研究、医疗、机械制造、模具制造等领域的技术创新带来了突破性的进展。

6.3.1 快速成形的原理与特点

6.3.1.1 快速成形原理

快速成形不同于传统的在型腔内成形毛坯经切削加工后获得零件的方法，而是在计算机的控制下，基于离散/堆积原理采用得到不同点、面的几何信息，再与成形工艺参数信息结合，控制材料有规律、精确地由点到面，由面到体地堆积成形。

快速成形的基本原理如图6-12所示。首先由CAD软件设计出零件的三维曲面或实体模型；然后根据工艺要求，按照一定的规则将该模型离散为一系列有序的单元，通常在Z向将其按一定厚度进行离散（习惯称为分层），把原来的三维电子模型变成一系列的二维层片；再根据每个层片的轮廓信息，进行工艺规划，选择合适的加工参数，自动生成数控代码；最后由成形机接受控制指令制造出一系列层片并自动将它们连接起来，得到一个三维物理实体。这样就将一个物理实体的复杂的三维加工离散成一系列层片的加工，大大降低了加工难度，并且成形过程的难度与待成形的物理实体形状和结构的复杂程度无关。

6.3.1.2 快速成形的特点

快速成形技术具有以下特点。

（1）高度柔性　快速成形最突出的特点就是柔性好，它取消了专用工具，在计算机管理和控制下可以制造出任意复杂形状的零件，把可重编程、重组、连续改变的生产装备用信息方式集成到一个制造系统中。

（2）技术的高度集成　快速成形是计算机技术、数控技术、激光技术与材料技术的综合集成。在成形概念上，它以离散/堆积为指导，在控制上以计算机和数控为基础，以最大的柔性为目标。因此在计算机技术、数控技术高度发展的今天，孕育出快速成形技术。

（3）设计制造一体化　在传统的CAD、CAM技术中，由于成形思想的局限性，致使设计制造一体化很难实现。而对于快速成形技术来说，由于采用了离散/堆积分层制造工艺，使CAD、CAM很好地结合起来。

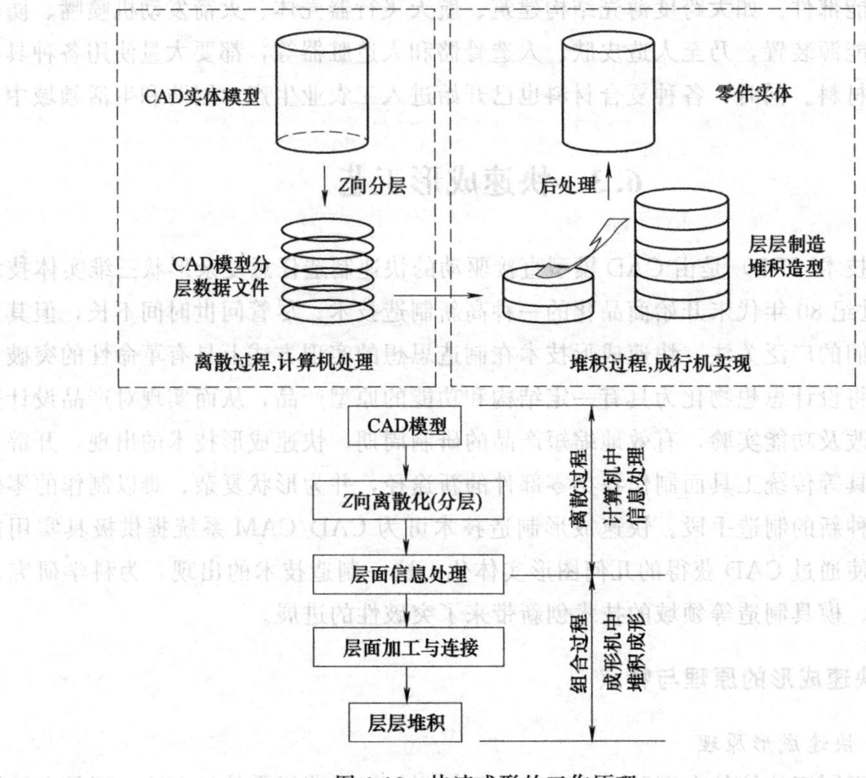

图 6-12　快速成形的工作原理

(4) 快速性　由于激光快速成形是建立在高度技术集成的基础之上，从CAD设计到原型的加工完成只需几小时至几十小时，比传统的成形方法速度要快得多，这一特点尤其适合于新产品的开发与管理。

(5) 自由成形制造（FFF）　快速成形技术的这一特点是基于自由成形制造的思想。自由的含义有两个方面：一是指根据零件的形状，不受任何专用工具（或模腔）的限制而自由成形；二是指不受零件复杂程度的限制。由于传统加工技术的复杂性和局限性，要达到复杂形体零件的直接制造非常困难。快速成形技术大大简化了工艺规程、工装准备、装配等过程，容易实现由产品模型驱动的直接制造或自由制造。

(6) 材料来源广　由于各种快速成形工艺的成形方式不同，因而材料的使用也各不相同，如金属、塑料、光敏树脂、石蜡、陶瓷，甚至纤维等材料在快速成形领域已得到很好的应用。

6.3.2　快速成形工艺方法

6.3.2.1　光固化工艺

光固化（SL）工艺是基于液态光敏树脂的光聚合原理工作的。这种液态材料在一定波长（325nm或355nm）和强度（10～400mW）的紫外光的照射下能迅速发生光聚合反应，分子量急剧增大，材料也就从液态转变成固态。

光固化工艺原理如图6-13所示。液槽中盛满液态光固化树脂，激光束在偏转镜作用下，能在液态表面上扫描，扫描的轨迹及激光的有无均由计算机控制，光点扫描到的地方，液体就固化。成形开始时，工作平台在液面下一个确定的深度，液面始终处于激光的焦平面，聚焦后的光斑在液面上按计算机的指令逐点扫描，即逐点固化。当一层扫描完成后，未被照射的地方仍是液态树脂。然后升降台带动平台下降一层高度，已成形的层面上又布满一层树脂，刮平器将黏度较大的树脂液面刮平，然后再进行下一层的扫描，新固化的一层牢固地粘在前一层上，如此重复直到整个零件制造完毕，得到一个三维实体模型。

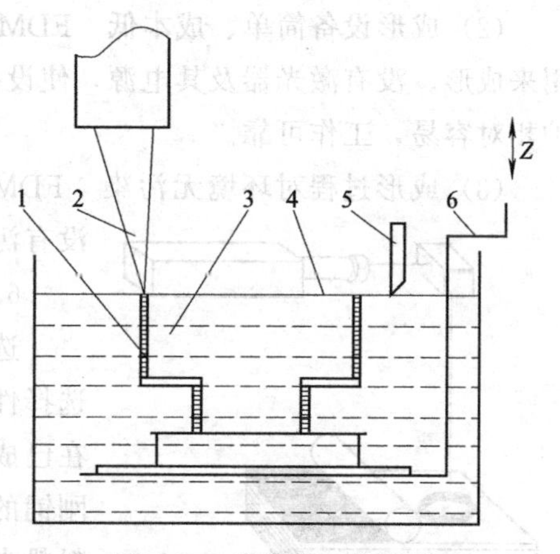

图 6-13 光固化工艺原理

1—成形件；2—紫外激光；3—光敏树脂；4—液面；5—刮平器；6—升降台

光固化工艺是目前快速成形领域中技术上最为成熟的方法，具有以下特点。

(1) 精度高 其紫外激光束在焦平面上聚焦的光斑最小可达 $\phi 0.075$mm，最小层厚在 20μm 以下。材料单元离散得如此细小，很好地保证了成形件的精度和表面质量。SL 工艺成形件的精度一般可保证在 0.05～0.1mm 之内。

(2) 成形速度快 在快速成形过程中，离散与堆积是矛盾的统一，离散得越细小，精度越高，但成形速度越慢。可见在减小光斑直径和层厚的同时，必须极大地提高激光光斑的扫描速度。目前光固化成形机最大扫描速度可达 10mm/s 以上，如此大的扫描速度所完成的平面扫描轨迹已呈现出一种面投影图案，使各点固化极其均匀和同步。

(3) 扫描质量好 现代高精度的焦距补偿系统可以实时地根据平面扫描光程差来调整焦距，保证在较大的成形扫描平面（600mm×600mm）内，任何一点的光斑直径均限制在要求的范围内，较好地保证了扫描质量。

(4) 关键技术得到解决 SL 工艺中关键的树脂刮平系统的刮平精度可达 0.02～0.1mm。高精度、高速度刮平系统大大提高了光固化成形的精度与效率。

该方法的不足之处为：树脂收缩导致精度下降、光固化树脂有一定的毒性等。

6.3.2.2 熔融堆积成形工艺

熔融堆积成形（FDM）工艺原理如图 6-14 所示。FDM 工艺用材料一般是热塑性材料，如蜡、ABS、PC、尼龙等，以丝状供料。材料在喷头内被加热熔化，喷头沿零件截面轮廓和填充轨迹运动，同时将熔融材料挤出，迅速固化，与周围的材料黏结。熔融堆积成形工艺具有以下特点。

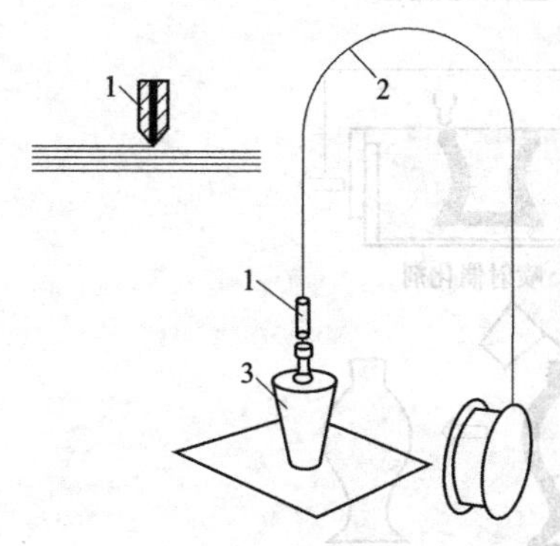

图 6-14 熔融堆积成形工艺原理

1—喷头；2—料丝；3—成形件

(1) 成形材料广泛 由于 FDM 工艺的喷嘴直径一般为 0.1～1mm，所以一般的热塑性材料如塑料、蜡、尼龙、橡胶等，经适当改性后都可用于熔融挤压 RP 工艺。同一种材料可以做出不同的颜色，用于制造彩色零件。该工艺也可以堆积复合材料零件，如把低熔点的蜡或塑料熔融时与高熔点的金属粉末、陶瓷粉末、玻璃纤维、碳纤维等混合成多相复合成形材料。可最大限度地满足用户对可成形材料多样性的要求，这是熔融挤压 RP 技术快速发展的根本原因。

（2）成形设备简单、成本低　FDM工艺是靠材料熔融进行连接成形，不是靠激光的作用来成形。没有激光器及其电源，使设备大大简化，成本降低。熔融挤压RP设备运行、维护相对容易，工作可靠。

（3）成形过程对环境无污染　FDM工艺所用的材料一般为无毒、无味的热塑性材料，没有污染。设备运行时噪声小。

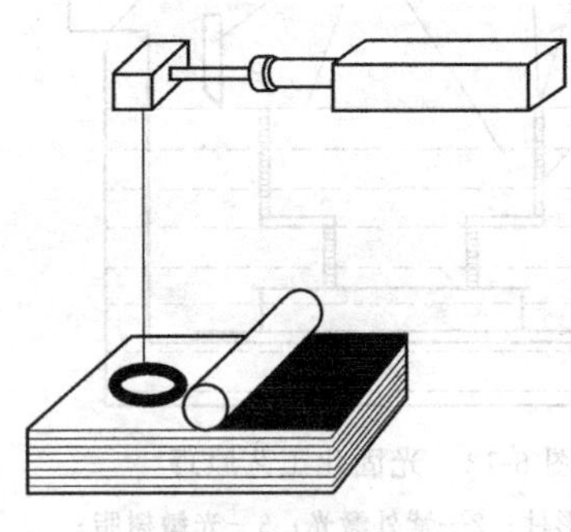

图6-15　选择性激光烧结工艺原理

6.3.2.3　选择性激光烧结工艺

选择性激光烧结（SLS）工艺是利用粉末材料成形的。选择性激光烧结工艺原理如图6-15所示。将材料粉末铺洒在已成形零件的上表面并刮平；用高强度的CO_2激光器在刚铺的新层上扫描出零件截面；在高强度的激光照射下材料粉末被烧结在一起，获得零件的截面，并与下面已成形的部分粘接；当一层截面烧结完后，铺上一层新的粉末，选择性地烧结下层截面。SLS工艺最大的优点在于选材较为广泛，如尼龙、蜡、ABS、树脂裹覆砂（覆膜砂）、聚碳酸酯、金属和陶瓷粉末等都可以作为烧结对象。粉床上未被烧结部分成为烧结部分的支撑结构，因而无需考虑支撑系统。SLS工艺与铸造工艺的关系极为密切，如烧结的陶瓷型可作为铸造的型壳、型芯，蜡型可做蜡模，热塑性材料烧结的模型可作为消失模使用。

6.3.2.4　无模铸型制造工艺

无模铸型制造工艺（PCM）的基本原理如图6-16所示。首先从零件CAD模型得到铸型CAD模型，由铸型CAD模型的STL文件分层，得到截面轮廓信息，再以层面信息产生控制信息。造型时，第一个喷头在每层铺好的型砂上由计算机控制精确地喷射黏结剂，第二个喷头再沿同样的路径喷射催化剂，两者发生交联反应，黏结剂和催化剂共同作用到的型砂被固化在一起，将型砂一层层固化而堆积成形，所有的层粘接完之后就得到一个空间实体。其他地方的型砂仍为颗粒态，原砂在黏结剂没有喷射的地方仍是干砂，比较容易清除。清理

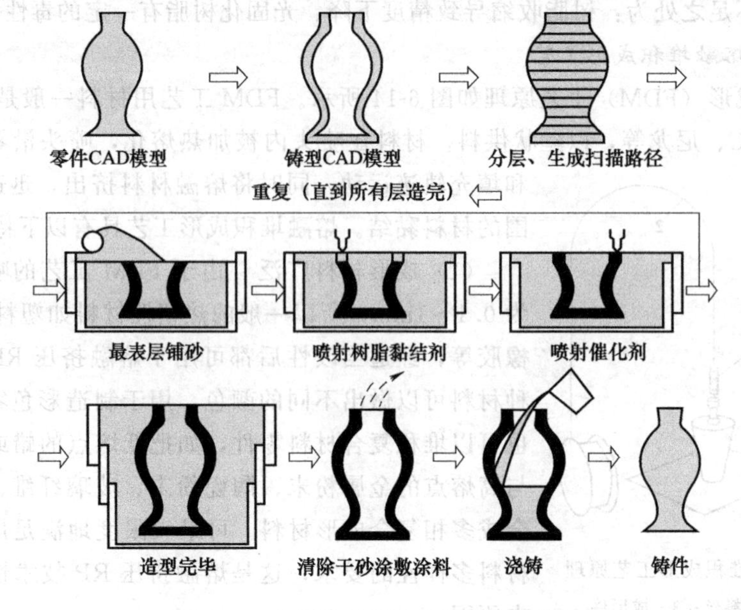

图6-16　无模铸型制造工艺的基本原理

出中间未固化的干砂就可以得到一个有一定壁厚的铸型，在砂型的内表面涂覆或浸渍涂料之后就可浇注金属。

习题与思考题

1. 试列举粉末冶金工艺的优点。粉末冶金工艺的主要缺点又是什么?

2. 粉末冶金工艺生产制品时通常包括哪些工序?

3. 对于采用压制方法生产的粉末冶金制品，在进行结构设计时，应考虑哪些工艺性要求?

4. 与传统的金属材料相比，复合材料有什么优点?

5. 何谓复合材料?列举几种实际的弥散增强、颗粒增强和纤维增强复合材料，说明这三种增强体增强机理的差别。

6. 复合材料中基体的作用是什么?按基体的性质分类，复合材料可分为哪几类?目前已得到广泛应用的是哪一类?

7. 快速成形的基本原理是什么?它与传统加工方法的根本区别是什么?

8. 快速成形技术集成了哪些先进制造技术?

9. 典型的快速成形工艺有哪几种?简述它们的成形原理。

10. 快速成形技术在机械制造工程上的主要应用有哪些?

第7章 材料成形工艺的选择

本章导读：任何一种材料都必须经过一定的成形制造过程才能成为有使用价值的产品。随着材料品种的增加，与之相对应的各种新的成形方法也不断发展，获得产品可供选择的成形工艺路径也越来越多。不同的成形工艺方法不仅影响产品的质量，而且对生产成本和生产效率都有较大的影响。所以，正确地选择材料成形工艺是学习本课程的重要任务。通过本章学习了解材料的失效形式，掌握材料成形工艺选择的原则。

材料成形工艺的选择是机械产品设计的重要内容，不同结构、不同材料的机械产品需要采用不同的成形方法，而各种成形方法对不同产品的结构与材料有着不同的适应性，不同成形方法对材料的性能与产品的质量也会产生不同的影响。成形加工方法还会与产品的生产周期、生产成本、生产条件和生产效率有着密切的关系。这些技术、经济指标相互关联、相互影响、相互依存而又相互矛盾。因此，确定材料成形工艺时要对技术、经济指标进行综合分析、比较，选择出最佳的方案。

7.1 材料成形工艺选择的原则

7.1.1 常用材料成形工艺分析

不同材料成形工艺生产不同的产品，表7-1列出了不同产品常用的工艺方法及特点。

表7-1 不同产品常用的工艺方法及特点

名称	常用成形工艺方法	工艺特点	用途
铸件	砂型铸造	操作灵活、适用性强、设备简单、成本低，铸件质量较差，生产效率低、劳动强度大	广泛用于各类机械零件，如机床床身、机架、底座、工作台、箱体等
	金属型铸造	铸件尺寸精度高、表面质量好，铸件组织细密、力学性能好、质量稳定、模具可反复使用、生产效率高、易于实现自动化。但金属型成本高，不适宜小批量生产	适合于活塞、汽缸体、油泵壳体、轴瓦、轴套等大批量铸件生产
	压力铸造	铸件形状复杂、轮廓清晰、尺寸精度高、表面质量好，操作简便，生产效率很高，由于在压力下凝固，其组织和性能好。但设备和模具费用高，仅适合于大批量生产	各种有色金属精密铸件，如电器、仪表零件，发动机缸体、箱体、化油器等
	离心铸造	在离心力作用下自外向内顺序凝固，铸件致密，力学性能好。但内孔的表面粗糙，尺寸误差大，质量差	适用于管、筒、套、盘类铸件，还可成形“双金属”的轴套

续表

名称	常用成形工艺方法		工艺特点	用途
铸件	熔模铸造		铸件精度高、表面光洁,可成形形状复杂的薄壁铸件,生产批量不受限制。但生产工序复杂、生产周期长、生产成本高,铸件不能太大	适用于各种精密复杂的小型铸件,如叶片、泵轮、复杂刀具等
铸件	消失模铸造		采用聚苯乙烯材料制作模样,加工简单方便,适用于复杂形状的大型铸件。铸件尺寸精度和表面质量较好,生产成本低	适合单件铸件的生产,如汽车覆盖件模具零件
锻件	自由锻		工艺简单、操作方便,使用范围宽,锻件的内部质量好。但锻件尺寸精度差,表面质量较低,不适宜成形形状复杂的锻件	适合单件、小批量锻件生产,如船轴、发电机轴等
锻件	模锻		锻件形状和尺寸比较精确、表面质量好,机械加工余量小,能锻出形状复杂的锻件。锻造流线分布合理,力学性能高。生产效率高,适合于大批量生产。但模具成本高,不适宜单件、小批量生产	模锻件广泛用于汽车、拖拉机、机床等行业,如连杆、拨叉、轴杆等
锻件	胎模锻		模具简单、灵活,具有通用性,操作方便,适合于具有一定形状的中、小批量锻件的生产,生产效率较高	适合如齿轮、法兰、连杆等中、小批量的锻件
冲压件	冲裁		使板材的一部分与另一部分分离。生产操作简单,产品精度高、质量好、互换性强,生产效率高。模具成本高,适合于大批量生产	金属板材的冲孔、落料、切断等
冲压件	成形		使板材成形的工艺方法。生产操作简单,产品精度高、质量好、互换性强,可生产形状复杂的产品,生产效率高。模具成本高,适合于大批量生产	金属板材的拉深、弯曲、翻边、胀形、缩口等
焊接件	熔化焊	手工焊	采用手工焊条可进行全方位焊接,操作灵活、方便,适用性强,设备简单,成本低。但焊接质量较低,生产效率低,劳动强度大	采用不同焊条可以进行不同材料的全方位焊接
焊接件	熔化焊	埋弧焊	生产效率高、节省金属,焊接质量好且稳定,劳动条件好。但焊接设备贵,操作、调整复杂	适合于长直焊缝或大曲率半径焊缝的焊接,常用于压力容器、造船、桥梁、车辆的焊接
焊接件	熔化焊	气体保护焊	焊接质量好,操作性能好,可进行全方位焊接,生产效率高。但气体成本较高,使焊接成本增高	适合于特殊要求的焊缝焊接,适用于不锈钢、耐热钢以及铝、镁、铜、钛等活泼金属的焊接
焊接件	压力焊	点焊	焊点强度高,工件表面光滑,焊件的变形小,操作方便、生产效率高	适合于薄板的非气密性焊接,常用于汽车覆盖件的焊接、电子仪表的焊接等
焊接件	压力焊	缝焊	形成连续的焊缝,具有较高的强度和气密性,焊接工件表面光滑,生产效率高	适合于焊接有气密性要求的薄壁容器,如汽车油箱、小型容器等
焊接件	压力焊	对焊	采用加热和塑性变形而连接的焊接方法,不仅能焊接同种金属,还能实现异种金属的焊接	适合于杆类零件的对接,如管道、刀具、钢轨等
焊接件	压力焊	摩擦焊	焊接电能消耗少,接头质量高、尺寸精度高、生产效率高、加工成本低,操作简单,不产生弧光和有害气体。能实现异种金属的焊接	适合于圆形截面工件的对接,如电力传输的铜-铝接头、高速钢-结构钢刀具等
焊接件	钎焊	硬钎焊	焊接接头强度较高,工作温度较高,适用于受力构件的焊接	适合于焊接自行车车架、切削刀具等
焊接件	钎焊	软钎焊	焊接接头强度低、工作温度低,主要焊接受力不大的接头	适合于电子产品的焊接

续表

名称	常用成形工艺方法	工艺特点	用途
塑料件	注射成型	注射成型能一次成型出外形复杂、尺寸精确的塑料制品。成型周期短，生产效率高，便于实现自动化生产，设备、模具的成本较高	适合于生产具有三维空间尺寸的热塑性塑料制品，如电视机外壳、齿轮、轴套等
	挤出成型	挤出成型是生产塑料连续型材的重要方法，其工艺过程容易控制，产品质量稳定，生产设备简单，投资较低，便于实现连续自动化生产，生产效率高	适合于生产热塑性塑料棒材、板材、线材、管材、薄膜、电线电缆包覆层等连续型材
	压制成型	生产设备简单、工艺成熟，模具结构简单，生产成本低，生产周期长，生产效率低	适合于生产热固性塑料模压件，如低压电器开关零件、壳体等
	压延成型	热塑性塑料片材或薄膜的成型工艺方法，其加工能力大，生产速度快，产品质量好，生产连续	适合于生产热塑性塑料板材、片材、薄膜、涂覆材料等
橡胶件	模压成型	生产工艺简单，操作方便，设备与模具成本低，制品的致密性好。生产效率低，劳动强度大	适合于生产各种橡胶制品、橡胶与金属或与织物的复合制品，如密封圈、橡胶垫等
	注射成型	产品质量好，尺寸精度高，生产效率高，便于实现自动化生产	适合于生产各种高质量的橡胶制品，如橡胶鞋底、耐高压密封圈等
陶瓷件	注浆成形	成形工艺简单，但劳动强度大，不易实现自动化，并且坯体烧结后密度较小，强度降低，收缩、变形较大，制品的尺寸精度较差，不能用于成形性能、质量要求高的陶瓷制品	适于制造大型厚胎、薄壁、形状复杂不规则的制品
	模压成形	工艺简单、操作方便、成形周期短、生产效率高，便于实现自动化。模压成形的模具、设备成本较高	模压成形由于压力分布和密度分布不均匀，所以不适宜生产大型复杂的制件
	热压注成形	该方法设备简单、生产效率高。但坯体烧结收缩变形大，不适宜制造薄、长、大的制件，操作工序较繁、能耗大、生产周期较长	适合于批量生产外形复杂、表面质量和尺寸精度要求高的中、小制件
	流延成形	其生产设备简单、工艺稳定。可连续操作，便于实现自动化，生产效率高。但由于含黏合剂较多，制品的收缩率大	主要用于生产厚度在0.2mm以下、表面光洁度好的超薄制品
粉末冶金件	模压成形	工艺简单、操作方便、成形周期短、生产效率高	可用于生产链轮、轴套等零件，还可以生产具有空隙的制品，如轴承
	等静压成形	可获得密度分布均匀、强度较高的粉末压坯。其烧结后制品的质量高	可用于质量要求高的齿轮、汽车零件等的生产
	金属粉末轧制	将金属粉末通过轧制制成坯料，然后烧结成形	可制造有一定孔隙度或致密的粉末冶金板带材
	粉浆浇注	将金属粉末制浆，然后注入能够吸收液体的石膏模内，获得型坯，再烧结获得制品	可压制脆性粉末（如碳化物、硅化物、铬、硅等粉末）制品

7.1.2 材料成形工艺的选择原则

7.1.2.1 适用性原则

适用性原则是指通过一定材料成形工艺所生产的产品能够合理地满足其使用性所提出的要求。产品的使用性要求包括对产品形状、尺寸、精度、表面质量、材料成分、组织结构的要求，以及工作条件对产品性能的要求。对机械零件而言，是否能够满足使用要求取决于其外部质量和内部质量。外部质量指零件的结构、形状、尺寸，包括零件的加工精度、表面粗糙度和外观缺陷等；内部质量指零件材料的化学成分、金属组织及材料的物理、化学和力学性能，以及零件的内部缺陷状况等。

不同零件具有不同的功能，其使用要求不同。即使同一类零件，其使用要求也会有很大的差距。因此，在选择成形工艺方法时要首先加以考虑。例如：机床的主轴，主轴是机床的关键零件，其受力复杂、在长期使用中不允许发生过量变形，一般采用 45 钢或 40Cr 钢制造。在主轴的成形工艺上应选择锻造，因为锻造能够消除材料内部的缺陷，获得细化的晶粒和合理的纤维组织流线，因而得到良好的综合力学性能，满足使用要求。锻造后的坯料经过切削加工和热处理达到主轴对形状、尺寸精度和表面质量等方面的要求。

在选择成形工艺时，必须考虑零件结构与材料性能对成形工艺的适应性，如果零件结构与材料性能不适应所选择的成形工艺，则成形无法实现。

7.1.2.2 经济性原则

经济性原则是指在满足产品使用要求的前提下，以最小的成本生产出最多的产品。对于机械零件，其成形工艺一般会有多个方案可供选择，这时应该从经济上进行分析比较，从中选择成本较低的成形方法。

在经济性原则下，应把满足使用要求与降低成本统一起来。对成形工艺提出过高的要求，会造成无谓的浪费。但只强调降低成形工艺成本，则使成形零件达不到使用要求，还会产生严重的后果。因此，为能有效降低成本，应合理选择零件材料与成形工艺方法。

应用经济性原则时，不仅要考虑单个产品的成本，还应考虑综合的经济效益，应从降低零件的总成本考虑，即应考虑零件所用材料的价格、整个加工过程的加工费、零件的成品率、材料的利用率、零件使用寿命、维修成本以及废弃物的回收处理费等多方面的问题，进行全面的经济核算，从而确定最佳的成形工艺方案。

7.1.2.3 可行性原则

根据适用性和经济性原则确定的成形工艺方案还必须考虑该方案的可行性。因为确定的机械零件成形工艺必须由具体的企业来完成，而具有的企业有自己的生产条件，能否实现成形工艺方案，制造出合格的零件，要对企业的具体条件进行综合考虑，以保证成形工艺方案能顺利实施。

企业的生产条件包括：企业技术人员和工人的技术业务水平，设备条件、生产能力及当前的生产任务情况、资金财务情况及企业的管理水平。在确定成形工艺方案时应对这些条件因素进行充分的考虑，以保证按质、按量、按时完成生产任务。

对于某些零件的成形工艺方案，除了考虑本企业的条件外，还要把企业外部的协作条件和供应条件考虑在内，以保证零件的顺利生产，达到预期的经济效益。因此，制定零件的成形工艺方案时，要尽量掌握相关信息，结合具体条件，按照保证质量、降低成本、按时完成生产任务的要求，选择最佳的方案。

7.1.2.4 环境友好性原则

现在环境已成为全球关注的大问题，经济的发展必须以最大限度地保护环境为前提。所以，在确定成形工艺方案时必须考虑对环境的影响，力求做到对环境友好。对环境的影响主要考虑以下方面。

① 资源消耗少，材料利用率高、能耗少。

② 生产废弃物少，可再生处理、循环使用。

③ 生产过程对环境的影响小，尽量不产生对环境有害的物质，对产生的环境污染物必须进行妥善的处理。

④ 产品可回收、再利用。

7.1.3 材料成形工艺的选择依据

选择材料成形工艺方法主要依据以下方面。

7.1.3.1 零件的基本要求

根据零件的类别、功能、使用性能要求、结构形状与复杂程度、尺寸与精度以及技术要求等方面的基本要求，可确定零件应选择的材料与成形工艺方法。

一般依据材料确定成形工艺方法。例如机床床身，其主要功能是支承和连接机床的各个部件，承受压力、弯曲力的作用。为了保证机床工作的稳定性，床身应有较好的刚度和减振性。另外机床床身形状复杂，并带有内部空腔。所以，机床床身多选用灰铸铁材料制造，因此其成形工艺应采用砂型铸造。

一些零件可以通过改进结构设计，调整成形工艺，达到简化零件制造工艺，提高生产率，降低成本的目的。如图 7-1 所示电流表座，此表座为金属薄板冲压件，主要起支承和连接作用，要求配合尺寸精确并具有一定的刚度。原设计结构如图 7-1（a）所示，采用冲压+焊接的成形工艺，先采用金属薄板冲压出座体、支架和定位块，然后再将三者通过点焊焊接在一起。此方法冲压模具简单，生产成本低，适合于小批量生产。如图 7-1（b）所示为改进了冲压件结构，将支架和定位块与座体做成一个整体，直接冲压成形。此方法去掉了焊接，简化了成形工艺，同时减轻了零件的质量，节省了金属材料，提高了生产效率。但冲压模具复杂，制造成本高，适合于大批量生产。

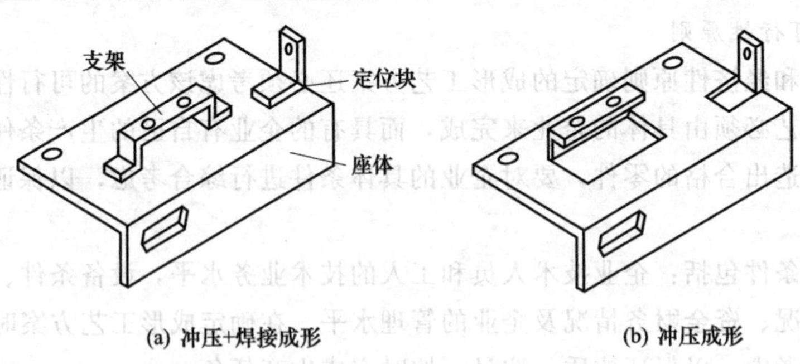

图 7-1 电流表座

7.1.3.2 零件的生产批量

零件的生产批量对成形工艺方法的选择有着重要的影响。

对于单件小批量生产时应尽可能选择较简便的成形工艺方法，采用通用设备和工具生产，这样虽然消耗的材料及工时较多，但总成本较低。例如：铸件可选用手工砂型铸造；锻件可采用自由锻、胎模锻生产；焊接件以手工电弧焊为主；薄板零件采用钳工钣金成形为主。

当大批量生产时应选择专用设备与工具，以及高精度、高生产率的成形工艺方法。这样可以降低单件的生产成本，使总成本降低。其相对应的成形方法可以采用金属模铸造、压铸、模锻、埋弧自动焊以及板料冲压。

在一定条件下，生产批量还会影响零件的材料和成形工艺选择。例如，批量生产的机床床身多采用灰铸铁铸造成形。而单件的床身可采用碳钢钢板焊接成形。这样可以降低单件的生产成本，缩短生产周期；批量生产的齿轮轴可以采用模锻件生产，而单件的齿轮轴多采用圆钢切削而成。

7.1.3.3 零件的实际生产条件

在确定成形工艺方法时还必须考虑目前生产企业的实际生产条件，如设备条件、人员条件、技术条件、管理水平等。应在满足零件生产要求的前提下充分利用现有生产条件。当现有生产条件不能满足要求时，可考虑在不影响零件基本要求的情况下，调整材料、结构及成形方法。也可以通过技术改造、更新设备来提升技术水平。还可以通过企业间协作共同完成生产任务。

7.2 材料的失效与防护

正确选择零件的材料是保证零件安全使用的前提，对机械产品失效进行研究，预测失效的发生，并有针对性地采取有效的防护措施是机械零件设计的重要内容。

7.2.1 机械失效与失效分析

7.2.1.1 机械失效

失效是指机械零件丧失规定功能的现象。机械失效的具体表现有三种情况。

① 完全破坏不能继续工作，如轴的断裂。

② 严重损伤，不能安全工作，如刹车盘磨损过薄。

③ 虽能继续安全工作，但使用效果差，如齿轮泵磨损后泄漏。

失效有时是突发的，如轴的断裂，这种失效会造成比较大的损失；另一部分失效是积累渐进的，如磨损、腐蚀、老化等，这种失效会在绝大多数机械零件上发生。

根据机械零件工作失效的特点，可将失效的形式分为如下类型。

(1) 过量变形　当机械零件发生弹性或塑性变形超过一定值后称为过量变形，过量变形会影响零件自身的精度以及与其他零件的配合精度，从而导致机械零件不能正常工作而失效。例如，机床主轴旋转时如果发生过量的弹性变形会引起主轴的振动，影响机床的精度，使机床无法正常工作。

(2) 断裂　断裂分为脆性断裂、韧性断裂和疲劳断裂。脆性断裂断口平齐，有金属光泽，呈结晶状；韧性断裂在断裂前会产生明显的塑性变形，断口呈暗灰色纤维状；疲劳断裂是在循环交变载荷作用下产生微裂纹引起的断裂。断裂往往会造成严重事故，因此，为防止断裂一般要求材料有较高的抗拉强度、疲劳强度和冲击韧性。

(3) 表面损伤　表面损伤包括表面磨损和表面腐蚀。表面磨损会造成材料的损耗，使零件的尺寸和表面质量发生变化；表面腐蚀是金属表面在周围介质化学或电化学作用下被破坏，腐蚀会减少零件的有效截面积，并产生应力集中，使金属的强度、韧性、塑性等降低影响机械零件的使用寿命和可靠性。

7.2.1.2 失效分析

失效分析是判断失效机械零件的失效模式，找出失效机理和原因，提出预防失效的方法的基础。通过失效分析可以减少和预防机械零件发生失效或重复发生失效的概率，从而减少经济损失和提高机械产品的质量。

失效分析的关键是及时、准确地找出肇事失效件，并对肇事失效件做出正确的判断。肇事失效件指直接导致其他零件失效的零件，但机械失效特别是机械事故往往有大量机械零件同时被破坏，情况复杂。因此，必须合理地进行失效分析。

一般失效分析的过程如下。

(1) 确定分析目标　确定失效机械零件的名称、型号、生产背景，零件失效前的使用情况，失效的现场情况，及失效零件失效部位的形貌，这样可以全面了解失效零件的情况。

(2) 认真调查研究　以机械零件失效现场为出发点，细致、客观、全面系统地搜集失效现场信息，为失效分析的逻辑推理打下基础。

(3) 分析失效模式　根据收集的各种信息，并可借助先进的分析手段，如采用电子显微镜进行的微观结构分析，对失效模式进行判断分析。发现失效发生的过程和真实原因，最终确定其失效模式。

(4) 提出解决方案　进行失效分析是为了防止再次发生类似的失效问题，因而确定导致失效的原因，并采取相应的预防措施是失效分析的目的。通过失效分析，提出解决的合理方案，这样完成了失效分析的全过程。

7.2.1.3 金属材料的失效模式及失效机理

失效模式是指失效的外在宏观表现形式和过程规律。失效机理是指失效的物理、化学变化本质和微观过程，其根源是原子、分子尺度和结构的变化。所以，失效模式与失效机理是宏观与微观的关系，对两者的深入了解，才能揭示材料失效的本质，提出有效的预防措施。

金属材料的失效模式有以下形式。

(1) 塑性断裂　当材料所受的实际应力大于材料的屈服强度时将产生塑性变形。如果应力进一步增加，超过材料的强度极限 σ_b 时，就会发生断裂，这称为塑性断裂。塑性断裂是一个较缓慢的过程，其断裂要不断消耗能量，产生连续大量的塑性变形。

(2) 脆性断裂　材料先产生微裂纹，当裂纹长度达到临界值后，迅速扩展，发生瞬间断裂称为脆性断裂。脆性断裂前几乎没有塑性变形，也没有明显的预兆。脆性断裂是一种非常危险的失效模式。

(3) 疲劳断裂　由循环负载或交变应力作用引起的断裂现象称为疲劳断裂。

(4) 腐蚀失效　由化学或电化学作用造成的材料失效。

(5) 磨损失效　在机械力的作用下，零件接触表面因相对运动而逐渐磨损消耗的失效模式。

金属材料的失效模式与失效机理见表 7-2。

7.2.1.4 高分子材料的失效模式及失效机理

高分子材料品种繁多，用途广泛，使用环境各异，因而其失效模式也复杂多样。高分子材料结构件的失效可分为两类：一类是因为材料本身在加工和使用过程中受各种环境因素的作用而性能逐渐下降导致最终失效，称为老化失效；另一类是在使用中长期受机械力和环境的共同作用而丧失规定的功能，称为机械失效。根据高分子材料所受的载荷及破坏的基本模式可分为以下几类。

表 7-2　金属材料的失效模式与失效机理

失效模式			失效机理	复合失效机理	断口(表面)形态	复合断口形态
断裂失效		塑性断裂	塑性断裂机理	低周疲劳	韧窝延伸带、解理(准解理)、沿晶	塑性疲劳条带、大应力疲劳特征、沿晶韧窝
断裂失效	脆性断裂	低温断裂	低温断裂机理	低周疲劳	解理(准解理)、沿晶	塑性疲劳条带、大应力疲劳特征、沿晶韧窝、脆性疲劳条带
断裂失效	脆性断裂	辐射脆化	辐射损伤机理	低周疲劳	解理(准解理)、沿晶	塑性疲劳条带、大应力疲劳特征、沿晶韧窝、脆性疲劳条带
断裂失效	脆性断裂	氢损伤	氢损伤机理	低周疲劳	韧窝延伸带、解理(准解理)、沿晶	塑性疲劳条带、大应力疲劳特征、沿晶韧窝、脆性疲劳条带
断裂失效	脆性断裂	应力腐蚀	应力腐蚀机理	低周疲劳、应力腐蚀疲劳	韧窝延伸带、解理(准解理)、沿晶	塑性疲劳条带、大应力疲劳特征、沿晶韧窝、脆性疲劳条带
断裂失效	脆性断裂	液(固)金属脆化	液(固)金属脆化机理	低周疲劳、应力腐蚀疲劳	韧窝延伸带、解理(准解理)、沿晶	塑性疲劳条带、大应力疲劳特征、沿晶疲劳条带、脆性疲劳条带
断裂失效	脆性断裂	液体浸蚀损伤	液体浸蚀机理	低周疲劳、应力腐蚀疲劳	沿晶	塑性疲劳条带、大应力疲劳特征、沿晶疲劳条带、脆性疲劳条带
断裂失效	脆性断裂	高温应力断裂	蠕变断裂机理	低周疲劳、应力腐蚀疲劳、高温疲劳、蠕变/疲劳交互作用、烧蚀、热蚀	韧窝延伸带、沿晶	塑性疲劳条带、大应力疲劳特征、沿晶疲劳条带、脆性疲劳条带
断裂失效	脆性断裂	疲劳断裂	疲劳机理	低周疲劳、应力腐蚀疲劳、蠕变/疲劳交互作用、疲劳磨损、微振磨损、腐蚀疲劳、烧蚀、热蚀	疲劳条带	塑性疲劳条带、大应力疲劳特征、沿晶疲劳条带、脆性疲劳条带
非断裂失效	磨损	磨粒磨损	磨粒磨损机理	疲劳磨损、微振磨损、腐蚀磨损、腐蚀疲劳、冲蚀磨损、烧蚀、热蚀	磨屑、磨坑	
非断裂失效	磨损	黏着磨损	黏着磨损机理	电腐蚀、腐蚀磨损、腐蚀疲劳、冲蚀磨损、烧蚀、热蚀	金属(材料)转移	
非断裂失效	腐蚀	氧化	氧化机理	电腐蚀、腐蚀磨损、腐蚀疲劳、冲蚀磨损、烧蚀、热蚀	氧化物或硅酸盐	
非断裂失效	腐蚀	电化学腐蚀	电化学腐蚀机理	电腐蚀、腐蚀磨损、腐蚀疲劳、冲蚀磨损、烧蚀、热蚀	腐蚀减薄及其产物	
非断裂失效	变形	弹性		冲蚀磨损	弹性变形	
非断裂失效	变形	塑性	塑性机理	冲蚀磨损	尺寸、形状变化	

(1) 断裂　断裂是指材料在直接载荷（拉伸、压缩、剪切及冲击载荷）的作用下，发生形变直至破裂的现象。材料断裂时所对应的应力称为断裂强度。

(2) 疲劳断裂　材料在所受应力低于其断裂强度的交变应力循环作用下发生的断裂。

(3) 蠕变断裂　材料在所受应力远低于断裂强度的恒定应力的长期作用下发生的断裂。

(4) 环境应力开裂　材料在腐蚀性环境和应力的共同作用下产生裂痕的现象。

(5) 磨损磨耗　材料在与另一种材料的摩擦过程中，其表面材料以小颗粒的形式不断剥离的现象。

7.2.1.5 陶瓷材料的失效模式及失效机理

陶瓷属于无机非金属材料，所以陶瓷材料在受力过程中不会发生塑性变形，只发生较小的弹性变形后即脆性断裂。陶瓷材料在承受循环压缩应力的作用时，也会发生疲劳破坏。

陶瓷材料在某些介质中也会产生腐蚀现象，但其腐蚀过程只限于化学溶解过程，而不包括电化学反应。

7.2.2 材料失效的防护

7.2.2.1 常用的预防失效技术

通过对材料的失效分析，找出材料失效的原因，从而建立结构设计、材料选择与使用、加工制造、装配调整、使用与保养的合理方案，增强抗失效的能力。所以，预防失效应从以下方面入手。

(1) 合理选材　针对具体的工作条件，按照与工作条件相对应的性能指标合理选材。例如：选择具体高的断裂韧性和低的塑-脆转变温度的材料，适合于要求抗脆性断裂失效的零件；选择具有高的疲劳强度和低的裂纹扩展速率的材料，适合于抗疲劳断裂失效的零件。

(2) 合理结构设计　合理的结构设计能够有效地提高材料抵抗失效的能力。例如：零件截面变化处应平滑过渡，应设有过渡圆角或过渡段；零件的壁厚应均匀；薄壁件上有孔的部位可适当加厚，孔与边的距离不能太近；螺纹、齿轮应避免尖角等。这些可以有效防止产生应力集中，提高抗失效能力。

(3) 合理加工与装配　合理的加工，可以保证零件的质量和性能。例如：锻造的零件有合理的“流线”，保证其力学性能；正确的装配可以保证零件之间的装配关系，达到合理的使用功能，保证零件的使用寿命。

(4) 合理使用与保养　按使用和维护要求正确使用与维护保养，可以有效减少环境损伤失效，提高使用寿命，例如：定期加入润滑油，可以减少磨损与发热，预防磨损失效。

除了以上方面外，在实际生产中还要进行严格的质量控制。例如：合理选材后还要保证材料的纯净度和晶粒度，这样才能保证良好的性能；对于选择材料还要考虑相容性，材料与材料之间、材料与环境之间必须相匹配；加工时要保证表面光洁度，过于粗糙的表面易产生应力集中，成为疲劳源，降低疲劳强度；热处理中要控制工件的表面氧化，因为表面氧化脱碳使疲劳强度和抗腐蚀性能降低；采用表面强化的方法造成表面残余压应力，以提高零件的抗疲劳寿命等。

7.2.2.2 材料的腐蚀控制与预防

腐蚀是物质在环境介质作用下的一个自发过程，腐蚀是随时随处存在的，绝对不腐蚀是不可能的。但是，通过有效的防护，可以减缓腐蚀的发生，提高零件的使用寿命。材料的腐蚀控制与防护应从以下方面加强。

(1) 材料选择　根据使用环境正确地选择耐腐蚀材料，可以达到控制腐蚀的目的。材料选择应注意以下几点。

① 选择材料时要综合考虑材料的力学性能、机械加工性能、价格与供应情况和材料的耐腐蚀能力。

② 要根据产品的织物介质和工作条件选择其耐腐蚀能力，不同的材料只有在一定的介质和工作条件下才具有较高的耐腐蚀性。

③ 产品应尽量选择对应力腐蚀和腐蚀疲劳不敏感的材料，特别是对工作条件恶劣的重要受力构件，选择合理的材料极为重要。

(2) 产品设计　正确地进行产品的结构设计和工艺设计对于防腐蚀是十分重要的。产品设计是应注意以下几点。

① 产品设计不仅要满足强度要求，还要满足耐腐蚀要求，要在设计时预留腐蚀余量，满足耐腐蚀寿命的要求。

② 设计合理的产品结构，保证应力均匀分布，防止应力集中。另外，还应保证产品的结构不会让水分或其他腐蚀介质在产品上长期留存。

③ 合理设计表面形状，尽量采用平直表面、流线型表面以及致密光滑的表面，以提高防腐蚀性能。

④ 针对可能发生的电化学腐蚀，进行必要的防护。例如，在不同材料的接触表面加绝缘垫片。

(3) 改善环境　环境因素对材料的腐蚀影响很大，采取改善环境的措施可以大大减少腐蚀的发生。常用的措施如下。

① 降低温度。一般随着温度的降低腐蚀速率会明显降低，因为温度越低，腐蚀反应的速率越低。

② 降低腐蚀介质的流速。降低流速可以减缓腐蚀反应，但对于钝化的金属和合金应避免静止溶液。

③ 降低腐蚀介质中的离子浓度。降低离子浓度可以有效降低腐蚀性，减少腐蚀的发生。

④ 除去水溶液中的氧。一般水溶液中的氧会促进腐蚀的发生，但对依靠氧进行钝化的金属，氧是不可缺少的。

⑤ 添加缓蚀剂，减缓腐蚀的发生。

(4) 表面保护　腐蚀大多数由表面发生，对表面加以防护，可以不改变基体材料的性质，又能提高其耐腐蚀性，是应用广泛的防腐蚀措施。常用的表面保护涂层如下。

① 金属涂层。采用与被保护金属材料不同的金属材料作为涂层，将介质与被保护金属隔开，达到防腐蚀的目的。例如在金属表面镀铬。

② 无机涂层。例如搪瓷，搪瓷是将瓷釉涂在金属表面，经过高温烧结而形成的致密玻璃质保护层。

③ 有机涂层。采用具有流动性的有机涂料在产品表面涂覆一层薄膜，并在一定条件下固化，牢固地附着在产品表面，起到隔离基体与腐蚀介质的作用。例如涂料、喷塑等。

④ 化学转化膜。采用化学或电化学的方法，使金属表面层发生反应，形成有防护性的、牢固结合的非金属膜层。例如铝合金的表面钝化。

(5) 阳极、阴极保护　阳极保护是将被保护金属与外电源正极相连，使其阳极极化至一定电位，进入保护钝化状态，从而大大降低金属的腐蚀速率。阳极保护法仅适用于能钝化的金属。阴极保护是将电子供给金属结构以达到防腐蚀的目的。例如，把电子供给钢，则钢的溶解腐蚀反应会受到抑制，而氢的释放速率会增加，从而使钢受到保护。

7.2.2.3　材料的防老化

材料的老化一般指高分子材料而言，老化使高分子材料丧失使用性能，采取适当的防老化措施，能够有效提高高分子材料的使用寿命。

(1) 化学方法　常用的化学方法如下。

① 利用高分子材料的交联、环化、氯化、氢化、取代等化学反应，改变高分子材料的分子结构，提高其耐老化性能。

② 采用共聚改性的方法，利用防老化单体与高分子材料进行共聚和接枝，可提高高分子材料的防老化性能。

③ 改进聚合工艺，减少合成高分子中的不稳定结构，提高高分子材料的稳定性，可以有效提高耐老化性能。

(2) 物理方法　常用的物理方法如下。

① 添加防老化剂。常用的防老化添加剂包括抗氧剂、光稳定剂、热稳定剂、钝化剂等。添加防老化剂可以延缓高分子材料老化的发生。

② 共混改性。将高聚物与另一种耐老化性能较好的高聚物共混，以提高耐老化性能。

③ 改变聚集态结构。改变聚集态结构可以改变老化性能，例如，可以通过改变高分子材料的结晶度和取向性来改变其耐老化性能。

④ 表面涂层。在高分子材料表面涂覆金属镀层、涂料等涂层，可以在表面形成防护层，减少环境因素对高分子材料的侵蚀，从而起到防老化的作用。

7.2.3　产品的质量控制与检验

7.2.3.1　产品的质量控制

产品的质量是指产品所具有的使用价值。机械产品的质量包括：外部质量——结构、形状、尺寸、加工精度、表面粗糙度、外部缺陷等；内部质量——化学成分、金属组织、内部缺陷、力学性能、物理性能、化学性能等。

(1) 全面质量管理　国际标准 ISO 将全面质量管理定义为：一个组织以质量为核心，以全员参加为基础，目的在于通过让顾客满意和本组织所有成员及社会受益而达到长期成功的管理途径。我国质量管理协会的定义为：企业全体职工及有关部门同心协力，综合运用管理技术、专用技术和科学方法，经济地开发、研制、生产和销售用户满意的产品的管理活动。

产品从研究设计到用户使用的全过程可划分为：设计、制造、辅助及服务和使用四个部分，全面质量管理要渗透到全过程。设计过程中要制定产品的质量目标，要对设计、工艺进行审查，对样件或样机进行质量检验和技术鉴定；制造过程是保证产品质量的关键，要建立制造质量保证体系，实现从原材料到成品的全程质量监督，保证生产出合格的产品；辅助和服务过程包括物资供应、设备维修、工具和工艺装备制造供应、动力供应等，这些方面的工作是保证生产所必需的，也是全面质量的重要组成部分；使用过程的质量管理是要做好对用户的技术服务，保证产品的正常工作，同时做好产品质量的信息反馈。

（2）质量成本　质量成本是指企业为保证和提高该产品质量所付出的各种费用的总和。

质量成本包括预防成本和损失成本两部分。预防成本是为保证产品质量所付出的各项费用，包括人员培训费、质量改进措施费、产品检验费等；损伤成本是在产品制造过程中由于各种不合格品所付出的材料费、工时费、水电费以及保修、退货、换货等费用。

质量成本与产品质量的关系如图 7-2 所示，一般预防成本越高，产品质量越高，损失成本越低。但产品质量到达一定程度后（图 7-2 中 A 点），继续提高产品质量而需要的预防成本大幅度增加，这使总的质量成本迅速增加。所以 A 点是质量成本的最佳点（最低点）。

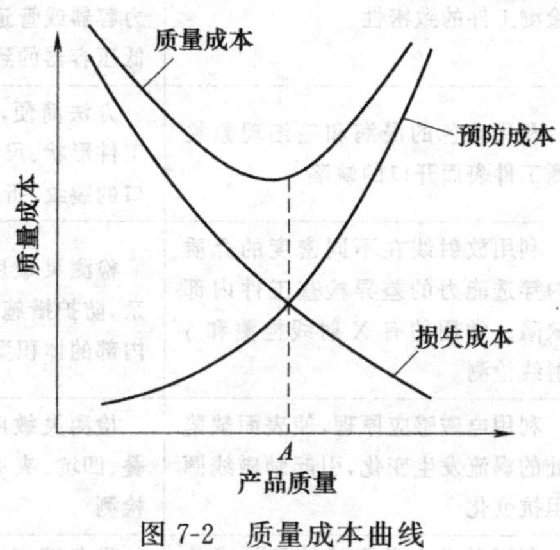

图 7-2　质量成本曲线

（3）质量体系认证　质量认证制度是随着现代工业的发展，作为一种外部质量保证的手段而逐步发展起来。

我国质量认证体系的组织机构分为三个层次：授权机构、认可机构、从事认证实践的机构和人员。授权机构由国家技术监督局组成，其职能是负责对认可机构的授权，并批准认可结果；认可机构的职能是制定认可准则，并以此对认证机构和人员的资格进行认可；从事认证实践的机构和人员包括产品认证机构、质量体系认证机构及注册审核员、评议员等。

产品和质量体系的认证包括产品质量认证和质量体系认证。产品质量认证是指，认证机构依据产品标准和相应的技术要求，通过颁发认证证书和认证标志，证明某一产品符合相应标准和相应技术要求；质量认证体系是指，认证机构依据 ISO 9000 系列标准对企业的质量体系进行审核，并以颁发认证证书的形式，证明企业的质量体系和质量保证能力符合相应的要求，又称质量体系注册。

7.2.3.2　常用的无损检测技术

机械产品的质量检测方法分为破坏性检测和非破坏性检测。破坏性检测例如力学性能测定、金相分析、化学成分分析等。非破坏性检测又称无损检测，以不破坏被检测对象的使用性能为前提，应用声、光、电、磁、射线等与被检测物的相互作用，检测产品的性能。表 7-3 列出了常用的无损检测方法。表 7-4 列出了检测工件表面及表层缺陷的方法对比。

表 7-3　常用的无损检测方法

序号	检测方法	检测原理	特点与检测对象
1	磁粉检测	利用缺陷在工件表面形成漏磁场，从而造成磁粉聚集的现象	设备简单、操作方便、快速灵敏，但只适用于检查磁铁性材料的表面缺陷和表层缺陷。可用于铸、锻、焊件的裂纹、冷隔、夹层、疏松、气孔、夹渣、未焊透及非金属夹杂物等

续表

序号	检测方法	检测原理	特点与检测对象
2	超声波检测	利用频率 20000Hz 以上的超声波在不同介质中有不同的声抗阻，并在不同介质的界面上发生反射的原理检测工件的内部缺陷	设备简单，操作方便，适合于对铸、锻、焊件内部的裂纹、白点、分层、未焊透等进行检测。但不适合于奥氏体钢的铸件和焊缝等粗晶材料，以及形状复杂或表面粗糙的工件的检测
3	致密性检测	利用煤油、水和压缩空气为介质检测工件的致密性	方法简便易行。采用煤油为介质适合于检测穿透性缺陷，采用加压后的水可以检测各类压力容器或管道，采用压缩空气可以检查常用或低压容器的致密性
4	渗透性检测	利用着色的浸润和毛细现象检测工件表面开口的缺陷	方法简便，应用范围广，成本低，不受被检测工件形状、尺寸、材质的限制。可以检测表面开口的裂纹、折叠、疏松、针孔等缺陷
5	射线检测	利用放射线在不同密度的介质内穿透能力的差异检查工件内部缺陷。常用的有 X 射线检测和 γ 射线检测	检测灵敏度高，但设备投资大，检测操作复杂，防护措施要求高。适用于检测焊缝和铸件内部的体积型缺陷，如气孔、夹渣、缩孔、疏松等
6	电磁(涡流)检测	利用电磁感应原理，使表面缺陷处的涡流发生变化，引起励磁线圈阻抗变化	检测灵敏度高，适合于导电材料的裂纹、折叠、凹坑、夹杂、疏松等表面和近表面缺陷的检测
7	激光全息检测	利用激光全息干涉计量技术检测在不同外载荷作用下工件表面的变形情况，通过分析比较确定缺陷	设备精度高，检测环境要求高，检测精度高。可以检测大尺寸、不同材料、任意表面粗糙度的工件，可用于压力容器、复合材料、固体火箭发动机等的检测
8	微波检测	利用微波波长短、频带宽、方向性好、贯穿介电材料能力强的特点，通过微波穿透工件产生的物理特性、电磁特性的变化检测缺陷	设备精度高，操作方便，便于自动化连续检测。适合于检测高分子材料、非金属材料和复合材料表面和内部的缺陷，不能检测金属内部缺陷，但可以检测金属表面粗糙度和表面裂纹
9	声发射检测	声发射是指材料或结构受力变形或断裂时，以弹性波形式释放出应变能的现象。通过检测和确定声发射源的位置可以确定缺陷	声发射检测适用于动态无损检测，它能在生产线上检测焊接接头的质量，确定缺陷的位置，特别是在压力容器焊接上，可以方便地检测出焊接应力造成的裂纹

表 7-4　检测工件表面及表层缺陷的方法对比

检验方法		磁粉检测	渗透性检测	电磁(涡流)检测
项目	原理	磁性吸引作用	浸润和毛细作用	电磁感应作用
	可检测的缺陷	表面及近表面缺陷	表面开口缺陷	表面及表层缺陷
	缺陷的表现形式	在缺陷部位产生漏磁，并吸附磁粉	着色液的渗透	涡流发生变化引起励磁线圈阻抗变化
	信息显示	磁粉	着色液、显像液	记录仪、电压表、示波器
	适合被检测材料	强磁性材料	金属和非金属	导电材料
被检测物	铸件	非常适合	非常适合	有条件适合
	锻件	非常适合	非常适合	有条件适合
	轧件	非常适合	非常适合	适合
	管件	非常适合	非常适合	非常适合
	线材	有条件适合	有条件适合	非常适合
	焊缝	非常适合	非常适合	有条件适合

续表

检验方法		磁粉检测	渗透性检测	电磁(涡流)检测
缺陷	裂纹	非常适合检测	非常适合检测	非常适合检测
	折叠	适合检测	适合检测	适合检测
	白点	非常适合检测	非常适合检测	不能检验
	疏松	适合检测	非常适合检测	不能检验
	针孔	有条件适合	非常适合检测	有条件适合
	线状缺陷(棒材)	非常适合检测	适合检测	适合检验
检测方法特点	缺陷种类判断	方便准确	方便准确	有条件准确
	记录检测结果	直观	直观	非常直观
	装置使用的方便程度	较好	好	较差
	检测速度	较快	较慢	很快
	设备费用	较低	低	较高
	耗材费用	低	低	较低

7.3 典型零件毛坯材料成形工艺的选择

常用机械零件毛坯的成形方法有：铸造、锻造、冲压、焊接、粉末冶金等，根据零件的形状与功能不同，其毛坯的成形方法也不同。

7.3.1 常用机械零件毛坯成形方法选择

7.3.1.1 轴杆类零件

轴、杆类零件其形状特点是轴向（纵向）尺寸远大于径向（横向）尺寸。轴、杆类零件有不同的使用功能，如传动轴、机床主轴、齿轮轴、曲轴、丝杠、连杆、拨叉、摇臂以及螺栓、销钉等。如图 7-3 所示为常见的轴、杆类零件毛坯。

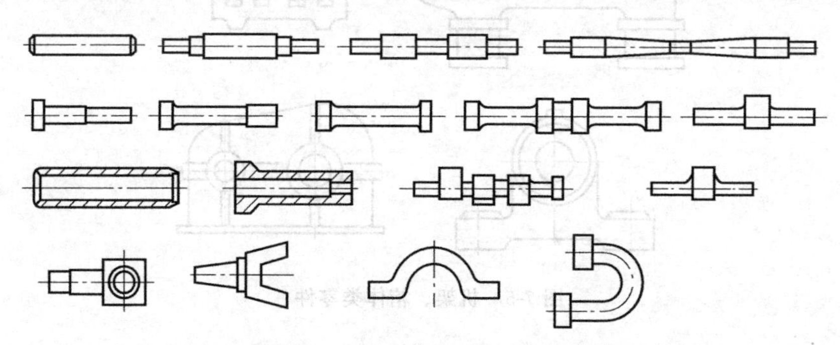

图 7-3 常见的轴、杆类零件毛坯

轴、杆类零件在机械设备中多数为重要的受力和传动零件，所以其材料多数采用钢，毛坯以锻钢件或圆钢件为主。对于一些较小、形状复杂的曲轴、凸轮轴也可以采用球墨铸铁铸造毛坯。在一些特殊情况下，还可以采用锻造-焊接、铸造-焊接的方法生产以下形状特殊或尺寸较大的轴、杆类毛坯。

7.3.1.2 盘类零件

盘类零件轴向（纵向）尺寸一般小于其径向（横向）尺寸，如齿轮、皮带轮、法兰盘、联轴器、轴承以及螺母、垫圈等。如图 7-4 所示为常见的盘类零件。

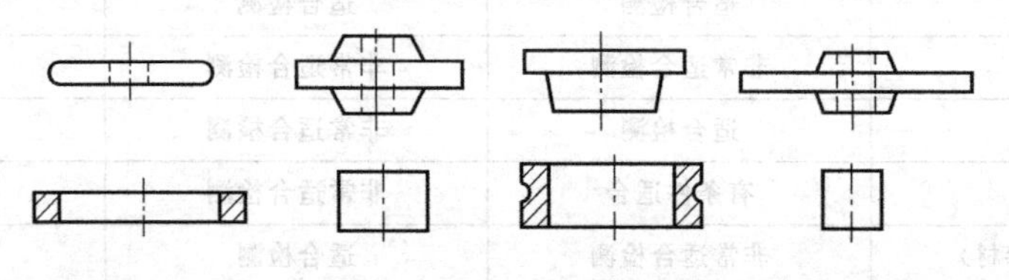

图 7-4 常见的盘类零件

盘类零件的使用功能有很大差别，所以其毛坯所用材料和成形方法也有较大的区别。常见盘类零件分为以下几种。

① 齿轮是典型的盘类零件，在机械设备中作为重要的传动零件，要求具有良好的力学性能。所以，齿轮毛坯多采用钢材锻造生产，一些较小的齿轮也可采用圆钢为毛坯。对于大型齿轮，其整体锻造困难，可以采用镶拼的方法组合。对于要求不高的大齿轮也可以采用球墨铸铁整体铸造毛坯。对于较小的齿轮，如仪器仪表内的小齿轮，可以采用冲压、挤压成形，也可以用注射成型的塑料齿轮代替金属齿轮。

② 皮带轮、飞轮、手轮等盘类零件，工作时受力较小，强度要求不高，通常采用灰铸铁材料铸造毛坯。

③ 法兰盘、联轴器、套环、轴承等盘类零件，其受力情况与功能要求有很大的区别，可以采用的毛坯材料有铸铁、碳钢、合金钢、有色金属、粉末冶金及塑料，其成形方法应根据具体情况确定。

7.3.1.3 机架、箱体类零件

机架、箱体类零件包括各种机械的机身、底座、支架、横梁、工作台以及齿轮箱、缸体、泵体、轴承座等，如图 7-5 所示。

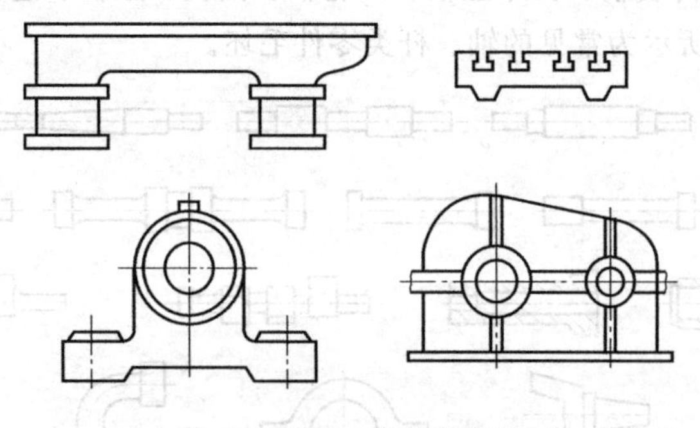

图 7-5 机架、箱体类零件

机身、底座、支架、横梁零件的特点是结构复杂，有不规则的外形与内腔，主要起支承和连接各部分机械零件的作用，工作时会受到压力、冲击力的作用，要求有很好的稳定性、刚性和减振性。工作台、导轨零件要求有较好的耐磨性。齿轮箱、缸体、泵体则要求有良好的刚度和密封性。根据这些结构特点和使用要求，机架、箱体类零件最常用的材料为铸铁，采用铸造成形毛坯。对于受力较大的机身可以采用铸钢或钢板焊接成形。对于受力不大的缸体、泵体也可以采用铝合金铸造成形。

7.3.2 毛坯成形方法选择实例

7.3.2.1 实例

（1）溢流阀 溢流阀是液压系统中的压力控制阀，由阀体、阀芯、调节机构组成，如图7-6所示。

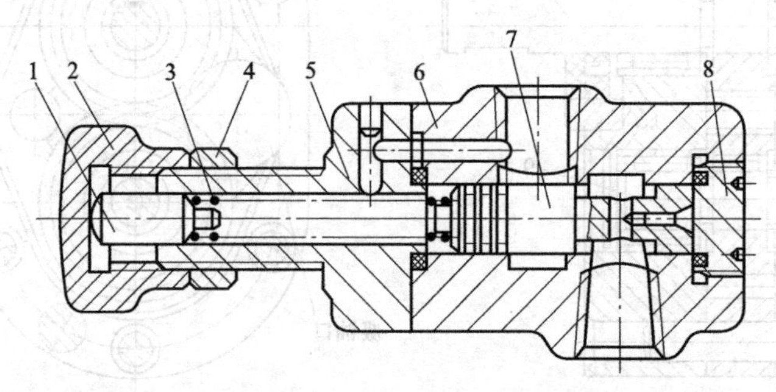

图 7-6 溢流阀

1—调节杆；2—调节手柄；3—调压弹簧；4—锁紧螺母；5—阀盖；6—阀体；7—阀芯；8—底盖

溢流阀通过调节手柄压调节杆使调节弹簧所受的压力改变，达到调节溢流压力的作用。表7-5列出了溢流阀主要零件的使用要求及毛坯材料与成形方法。

表 7-5 溢流阀主要零件的使用要求及毛坯材料与成形方法

序号	零件名称	使用要求	材料及成形方法
1	调节杆	与调节手柄配合，压迫调压弹簧，达到控制阀芯开启位置，起到确定溢流压力的作用	材料采用圆钢，通过车削、切割成形
2	调节手柄	调节手柄内部有螺纹与阀盖配合，通过手动调节对调压弹簧的压力，要求调节灵活、方便	材料可采用热固性塑料或铝合金，通过压注或压铸成形
3	调压弹簧	利用弹簧的弹性力平衡阀芯所受的液体压力，要求弹簧对外力变化敏感，动作灵活、调节方便	材料为弹簧钢钢丝，采用缠绕成形
4	锁紧螺母	当调节手柄调节完成后，用锁紧螺母将调节手柄锁住，以保持溢流阀工作时溢流压力稳定	材料为碳钢，可锻造或用型钢车削、钳工成形
5	阀盖	阀盖外部有螺纹，内部有空腔，用来安装和调节调压弹簧，阀盖与阀体构成完整的溢流阀外壳	材料为铸铁，采用铸造成形
6	阀体	阀体是阀的主体部分，其进、出油口与液压油路相连，其内部装有阀芯	材料为铸铁，采用铸造成形
7	阀芯	阀芯在调压弹簧的压迫下控制油路开口的大小，调节溢流量，以保持油路内压力的稳定	材料采用圆钢，通过车削、切割成形
8	底盖	用于封闭阀体的内部空腔，防止液压油渗漏	材料采用圆钢，通过车削、切割成形

（2）齿轮泵 齿轮泵利用齿轮啮合的原理将吸油口吸入的油加压后由压油口排出，其组成如图7-7所示。

齿轮泵由运动零件齿轮、轴等和固定零件泵体、前盖、后盖等组成，要连续平稳地输出压力油，泵必须有良好的密封性。表7-6列出了齿轮泵主要零件的使用要求及毛坯材料与成形方法。

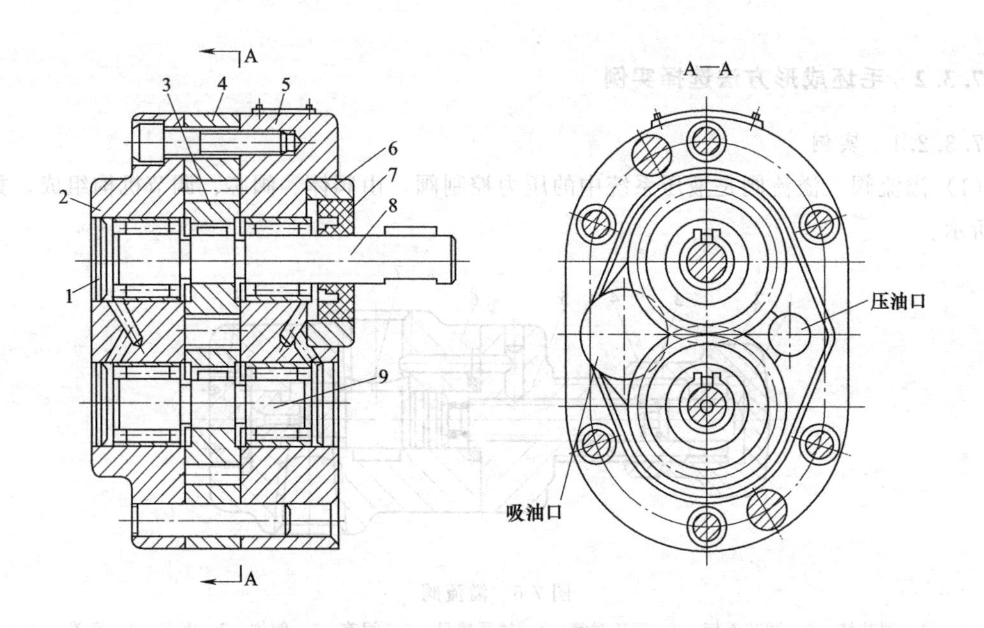

图 7-7 齿轮泵

1—端盖；2—后盖；3—齿轮；4—泵体；5—前盖；6—密封座；7—密封环；8—长轴；9—短轴

表 7-6 齿轮泵主要零件的使用要求及毛坯材料与成形方法

序号	零件名称	使用要求	材料及成形方法
1	端盖	端盖的作用是封闭轴端，阻挡异物进入轴承内，同时，防止油外泄	采用圆钢，通过车削、切割成形。也可用冲压件
2	后盖	后盖与前盖和泵体组合成齿轮泵的泵壳。后盖上开有孔，通过轴承支承齿轮轴，保证齿轮的正常啮合工作	后盖通常采用铸铁通过铸造成形，也可采用铝合金压铸成形
3	齿轮	齿轮是工作零件，通过一对齿轮的啮合挤压使油获得压力，要求齿轮啮合平稳、泄漏少、噪声低	材料碳钢锻造毛坯，也可用圆钢车削成形
4	泵体	泵体与齿轮配合，形成吸油腔和压油腔。要求泵体与齿轮有良好的配合，减少泄漏，同时，有老化的密封性	后盖通常采用铸铁或铝合金铸造成形
5	前盖	前盖是泵壳的重要组成部分，前盖与后盖配合支承齿轮轴，保证齿轮正常啮合工作	前盖的材料与成形方法与后盖和泵体相同
6	密封座	密封座的作用是固定安装密封环，防止压力油沿长轴的轴向泄漏	材料为铸铁，采用铸造成形，也可用圆钢切削
7	密封环	对齿轮泵的长轴进行密封，防止压力油泄漏	材料采用耐油橡胶，通过模压成型
8	长轴	用于安装齿轮泵的主动齿轮，外部的电机通过长轴带动齿轮旋转，完成吸油和压油的工作循环	材料采用圆钢，通过车削、切割成形，也可采用模锻成形
9	短轴	用于安装齿轮泵的被动齿轮，与主动齿轮配合，完成吸油和压油的工作循环	材料采用圆钢，通过车削、切割成形，也可采用模锻成形

(3) 内燃机　内燃机是常见的动力机械，广泛应用于汽车、拖拉机、工程机械、船舶等行业。内燃机依靠汽油、柴油在汽缸中的燃烧做功，推动活塞、连杆和曲轴，带动工作机构的运动，其基本组成如图 7-8 所示。表 7-7 列出了内燃机主要零件的使用要求及毛坯材料与成形方法。

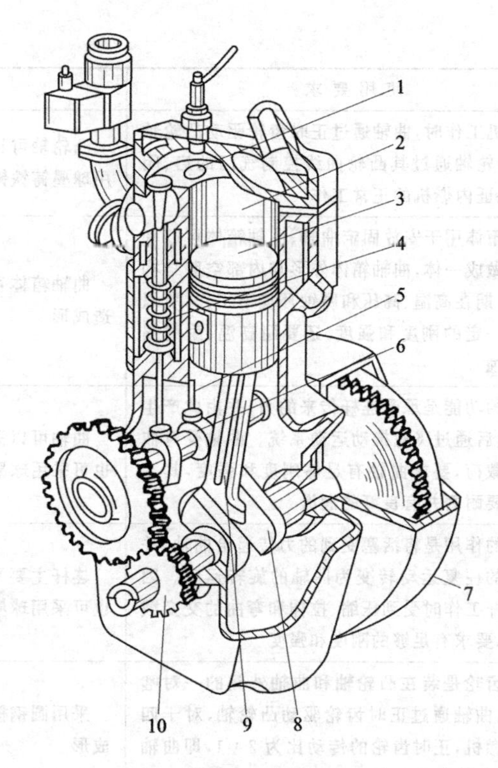

图 7-8 内燃机

1—气门；2—汽缸体；3—活塞；4—活塞环；5—推杆；6—凸轮轴；7—曲轴箱体；
8—曲轴；9—连杆；10—正时齿轮

表 7-7 内燃机主要零件的使用要求及毛坯材料与成形方法

序号	零件名称	使用要求	材料及成形方法
1	气门	气门是内燃机的配气机构阀门，包括进气门和排气门。气门由头部和杆部组成，气门头部的锥面用来与气门座的内锥面配合，以保证密封。气门头部在高温下工作，要求有足够的刚度、强度、耐热和耐磨性能	采用耐热合金钢材料。由于头部与杆部的直径相差悬殊，所以常采用平锻压力机模锻成形。也可以采用压力焊成形
2	汽缸体	汽缸体是内燃机装配的基体，其外形与内部空腔结构复杂，汽缸体工作表面长期在高温、高压和腐蚀环境下工作，所以要求有一定的刚度和强度，还要耐高温、耐磨损和耐腐蚀	汽缸体可采用铸铁、铝合金等材料铸造成形
3	活塞	活塞的主要作用是承受气体作用力，推动曲轴旋转。活塞工作时受高温、高压、高速、变速和化学腐蚀作用，要求活塞质量小、热膨胀小、导热性好、耐磨、耐腐蚀	活塞多采用铝合金材料，也可用铸铁或耐热钢材料，通过铸造、锻造等方法成形
4	活塞环	活塞环可以起到密封、导热的作用，工作时还可以在汽缸壁涂一层均匀的润滑油膜，保证润滑。活塞环受高温、高压、高速和高磨损的共同作用，工作条件非常恶劣	活塞环采用合金铸铁铸造成形
5	推杆	推杆在凸轮轴上凸轮的推动下做往复运动，克服气门弹簧的阻力，保证气门的开启和闭合	采用圆钢通过车削、切割成形

续表

序号	零件名称	使用要求	材料及成形方法
6	凸轮轴	内燃机工作时，曲轴通过正时齿轮驱动凸轮轴旋转，凸轮轴通过其凸轮曲线控制气门的启、闭动作，保证内燃机的正常工作	凸轮轴可以采用碳钢模锻成形，也可采用球墨铸铁铸造成形
7	曲轴箱体	曲轴箱体用于安放固定曲轴，曲轴箱体可以和汽缸体做成一体，曲轴箱体外形与内部空腔结构复杂，长期在高温、高压和腐蚀环境下工作，所以要求有一定的刚度和强度，还要耐高温、耐磨损和耐腐蚀	曲轴箱体可采用铸铁、铝合金等材料铸造成形
8	曲轴	曲轴的功能是承受连杆传来的力，并由此产生扭矩，然后通过飞轮推动运动系统。曲轴受弯曲和扭转载荷，要求曲轴有足够刚度和强度，其工作表面要耐磨并有良好的润滑	曲轴可以采用碳钢或合金钢模锻成形，也可采用球墨铸铁铸造成形
9	连杆	连杆的作用是将活塞受到的力传递给曲轴，并使活塞的往复运动转变为曲轴的旋转运动。因此。连杆工作时受到压缩、拉伸和弯曲的交变载荷作用，要求有足够的刚度和强度	连杆主要采用碳钢或合金钢模锻成形，也可采用球墨铸铁铸造成形
10	正时齿轮	正时齿轮是装在凸轮轴和曲轴外侧的一对啮合齿轮，曲轴通过正时齿轮驱动凸轮轴，对于四行程内燃机，正时齿轮的传动比为 2：1，即曲轴转两圈，凸轮轴转一圈	采用圆钢模锻成形，也可通过车削、切割成形

7.3.2.2 成形方法的选择比较

对于相同的零件，可以采用不同的成形方法，如图 7-9 所示的液压缸体，材料为低碳钢，年产量 500 件，工作压力 15MPa，进行水压试验的压力 30MPa，图样技术要求规定内孔及两端法兰接合面要机械切削加工，不允许有缺陷，其余外圆部分不加工。表 7-8 对液压缸体的不同成形方法进行了分析比较，在实际生产中可根据具体情况选择合适的成形方法。

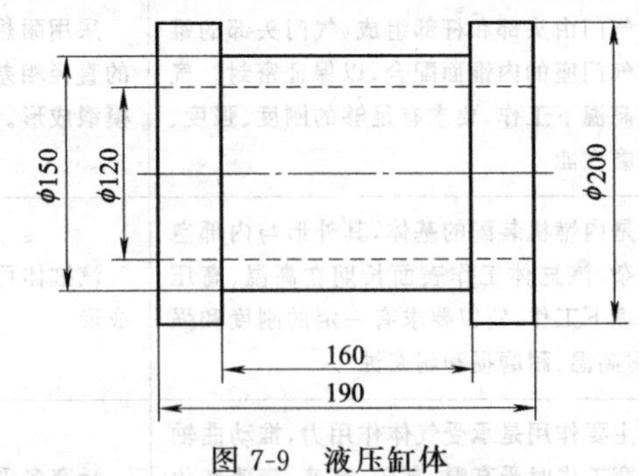

图 7-9 液压缸体

表 7-8 液压缸体不同成形方法分析比较

序号	成形方案		优点	缺点
1	圆钢切削加工		材料组织结构好，加工精度高，产品的性能一致性好，可全部通过水压试验	内外表面加工余量大，切削加工费高，材料利用率低，产品成本高
2	砂型铸造	铸件轴线水平放置	工艺简单，内孔直接铸出，切削加工量少	法兰与缸壁交接处补缩不好，内孔质量较差，易产生缩松，水压试验合格率低
		铸件轴线垂直放置	缩松问题有所解决，内孔质量提高，切削加工量少	砂型工艺较复杂。内孔上部质量仍较差，仍不能全部通过水压试验

续表

序号	成形方案		优 点	缺 点
3	离心铸造		铸件外部成形质量高,缩松问题基本解决,成形方便,水压试验通过率较高	设备和模具成本较高,内孔加工量大
4	模锻	锻件轴线垂直放置	组织结构细密,内部缺陷少,能锻出内孔(但有连皮),质量较高,可通过水压试验	模锻设备及模具成本高,不能锻出法兰,外圆面切削加工余量较大
		锻件轴线水平放置	组织结构细密,内部缺陷少,能锻出法兰,质量较高,可通过水压试验	模锻设备及模具成本高,不能锻出内孔,内孔需要切削加工,加工量大
5	胎模锻		能全部通过水压试验。可锻出法兰和内孔,加工余量小,设备与模具成本不高	生产效率比模锻低,产品尺寸精度和形状精度也低于模锻,需要通过切削加工来保证质量
6	焊接		最节省材料,工艺简单方便,能全部通过水压试验。产品成本低	焊接应力大,会在使用中产生变形。合适尺寸的无缝钢管材料较少

习题与思考题

1. 材料成形工艺选择的原则有哪些?包含哪些内容?

2. 铸件、锻件、冲压件、塑料件在成形上各有何特点?各适合成形哪些毛坯或零件?

3. 材料成形工艺的选择有哪些依据?试举例说明轴类、盘类、箱体类零件的成形工艺方法。

4. 机械零件有哪些失效形式?

5. 金属材料和高分子材料的失效模式有哪些?

6. 如何预防失效?

7. 材料的无损检测方法有哪些?各适用于什么范围?

8. 为什么轴类零件多采用锻造毛坯,而机架类零件多采用铸件?

9. 如图1所示限位开关,试说明各零件的成形工艺方法?

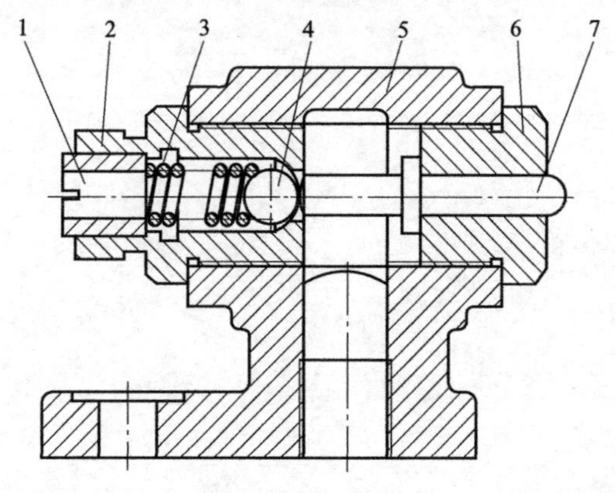

图1 限位开关

1—螺塞;2—管套;3—弹簧;4—钢球;5—壳体;6—导向套;7—推杆

参考文献

[1] 刘建华主编. 材料成型工艺基础. 西安：西安电子科技大学出版社，2007.

[2] 刘新佳，姜银方，察郭生. 材料成形工艺基础. 北京：化学工业出版社，2006.

[3] 杨明波主编. 材料工程基础. 北京：化学工业出版社，2008.

[4] 谢希文，过梅丽主编. 材料工程基础. 北京：北京航空航天大学出版社，1999.

[5] 沈其文主编. 材料成形工艺基础. 武汉：华中科技大学出版社，2003.

[6] 施江澜，赵占西主编. 材料成形技术基础. 北京：机械工业出版社，2007.

[7] 翟封祥，尹志华主编. 材料成形工艺基础. 哈尔滨：哈尔滨工业大学出版社，2003.

[8] 严绍华主编. 材料成形工艺基础. 北京：清华大学出版社，2008.

[9] 中国机械工程学会焊接学会. 焊接手册：第一卷焊接方法及设备. 北京：机械工业出版社，2001.

[10] 张文钺主编. 焊接冶金学——基本原理. 北京：机械工业出版社，2001.

[11] 周振丰主编. 焊接冶金学——金属焊接性. 北京：机械工业出版社，2000.

[12] 姜焕中主编. 电弧焊与电渣焊. 北京：机械工业出版社，1988.

[13] 杨立军主编. 材料连接设备及工艺. 北京：机械工业出版社，2009.

[14] 韩国明主编. 焊接工艺理论与技术. 北京：机械工业出版社，2007.

[15] 刘会杰主编. 焊接冶金与焊接性. 北京：机械工业出版社，2007.

[16] 李亚江主编. 焊接冶金学——材料焊接性. 北京：机械工业出版社，2007.

[17] 雷玉成，汪建敏，贾志宏主编. 金属材料成型原理. 北京：化学工业出版社，2006.

[18] 赵熹华，冯吉才主编. 压焊方法及设备. 北京：机械工业出版社，2005.

[19] 赵熹华主编. 压力焊. 北京：机械工业出版社，1989.

[20] 邹僖主编. 钎焊. 北京：机械工业出版社，1989.

[21] 齐卫东主编. 塑料模具设计与制造. 北京：高等教育出版社，2008.

[22] 刘军，余正国，戈晓岚. 粉末冶金与陶瓷成型技术. 北京：化学工业出版社，2005.

[23] 高志，潘红良. 表面科学与工程. 上海：华东理工大学，2006.

[24] 刘勇，田保红，刘素芹. 先进材料表面处理和测试技术. 北京：科学出版社，2008.

[25] 侯英玮主编. 材料成型工艺. 北京：中国铁道出版社，2002.

[26] 王先逵主编. 表面工程技术. 北京：机械工业出版社，2009.

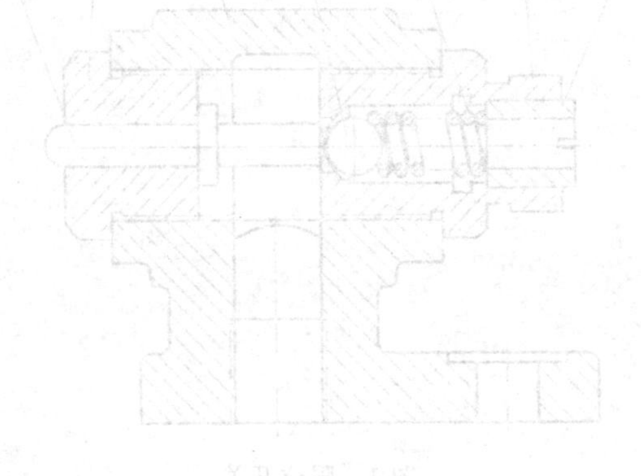